# Industrieservices für die chemisch-pharmazeutische Industrie

# Industrieservices für die chemisch-pharmazeutische Industrie

## Marktumfeld, Kundenanforderungen und Perspektiven

*Herausgegeben von Carsten Suntrop*

1. Auflage

WILEY-VCH

**Herausgeber**

**Prof. Dr. Carsten Suntrop**
CMC² GmbH
Geschäftsführender Gesellschafter
Grimmelshausenstraße 14
50996 Köln
Germany

**Cover Design:** Wiley
**Coverbild:** © KPs Photography / Adobe stock Photos

**Typesetting:** Newgen KnowledgeWorks (P) Ltd., Chennai, India

**Bibliografische Information der Deutschen Nationalbibliothek**
Die Deutsche Nationalbibliothek verzeichnet diese Publikation in der Deutschen Nationalbibliografie; detaillierte bibliografische Daten sind im Internet über <http://dnb.d-nb.de> abrufbar.

**Print ISBN:** 978-3-527-35337-8
**ePDF ISBN:** 978-3-527-84642-9
**ePub ISBN:** 978-3-527-84643-6



Bevollmächtigte des Herstellers gemäß EU-Produktsicherheitsverordnung ist die WILEY-VCH GmbH, Boschstr. 12, 69469 Weinheim, Germany, e-mail: Product_Safety@wiley.com.



Druck und Bindung:
CPI Group (UK) Ltd, Croydon, CR0 4YY

C9783527353378_270526

# Vorwort

*Dr. Jens Reichel[1] und Dr. Andreas Weber[2]*

*[1]Vorstand VAIS – Verband für Anlagentechnik und Industrie-Service e. V; Brainfleet Management GmbH.*

*[2]ehem. Vice President Commercial Interface & Development – Evonik Operations GmbH; Senior Partner bei MCP Dankl & Partner und 1. Vorsitzender 4opmc e.V.*

## Veränderung von Wertschöpfungsketten im Industrieservice!

Liebe Leserin, lieber Leser,
der zunehmende Wettbewerbsdruck in der Prozessindustrie, getrieben durch Standortfaktoren wie hohe Energiepreise und den Fachkräftemangel, wirken sich auf alle Stufen der Wertschöpfungsketten aus.

Daraus ergeben sich auch Veränderungen für den Industrieservice, der in den vergangenen Jahren wichtige Teile der Instandhaltungsaufgaben, des Betriebs von Infrastrukturanlagen und auch der Energieversorgung sowie Entsorgung übernommen hat. Das vorliegende Buch beleuchtet die aktuellen Entwicklungen im Industrieservice. Dabei liegt der Fokus auf der Prozessindustrie und hier speziell der Chemie- und Pharmabranche, die ihre Produktionseinrichtungen häufig in Industrieparks organisiert hat und damit einen wesentlichen Teil der Serviceleistungen bei Industriepark-Betreibern oder spezialisierten Dienstleistungsunternehmen bezieht. Hier haben sich zum Teil bereits langjährige Partnerschaften etabliert, die inzwischen auf stabilen Leistungsbeziehungen basieren.

Waren es zunächst im Kern Instandhaltungs- und Reinigungsdienstleistungen, die von den Partnerfirmen erbracht wurden, wurden in der Folgezeit Anlagenmodifikationen und -Optimierungen teilweise mit übernommen. Die Chemie-/Industrieparkbetreiber, branchenspezifische Logistiker und eher größere Ver- und Entsorger ergänzen diese durch Infrastrukturleistungen und Logistikprozesse.

Jetzt stehen wir an einer völlig neuen Schwelle. Einerseits stellen Dekarbonisierung bzw. Defossilisierung die produzierenden Unternehmen vor neue Herausforderungen. Im Zusammenhang mit massiv gestiegenen Energiekosten müssen Anlagenstrukturen und Prozesse modifiziert sowie Verfahren effizienter gestaltet werden. Hierzu wird auch der Industrieservice mit veränderten Dienstleistungen seinen Beitrag leisten müssen.

Andererseits stellt der demografische Wandel alle Unternehmen vor wesentliche Herausforderungen, mit weniger verfügbarem Personal die fachlich wachsenden und anspruchsvollen Aufgaben zu bewältigen. Mit den durch die Unterstützung von künstlicher Intelligenz möglichen Fortschritten bei Effizienz und Effektivität sowohl in den Anlagen- wie auch den Serviceprozessen sind auch die Servicedienstleister gefordert, ihren Beitrag mit einzubringen.

Neben den Prozessverbesserungen erschließen sich damit aber auch neue Dienstleistungen, die mit datengetriebenen Werkzeugen bisher kaum vorstellbare Geschäftsfelder ermöglichen.

Das vorliegende Buch bietet dem Leser dazu sowohl einen Überblick über die Entwicklung wie auch einen Einblick in die verschiedenen Sichtweisen der unterschiedlichen Akteure im Industrieservice-Prozess. Mit dem gelungenen Mix aus dem Blickwinkel von Forschung und Lehre, von Dienstleistern und Betreibern sowie der Beratungssicht beleuchtet das Kompendium die Herausforderungen und zeigt Lösungswege auf.

Die technische und technologische Entwicklung schreitet aktuell so zügig voran, dass kein Unternehmen, sei es noch so groß, allein in seiner Organisation dies alles mit der notwendigen Geschwindigkeit erfolgreich umsetzen kann. Deshalb sind die interdisziplinäre Sicht und die Kollaboration der richtige Weg. Die Reise ist hoch spannend. Wir hoffen, Sie finden die gleiche Inspiration wie wir.

# Inhaltsverzeichnis

# Teil 1

# Industrieservice-Markt und Kundenanforderungen

# 1

# Industrieservice-Geschäftsmodelle in der chemisch-pharmazeutischen Industrie

*Clara Hiemer, Prof. Dr. Carsten Suntrop und Dr. Thomas Wagner*

*CMC² GmbH*

**Abstract**

In der Chemie- und Pharma-Industrie erstrecken sich die Industrieservices über ein breites Spektrum. Die Abgrenzung erfolgt aus Sicht des Kerngeschäftes von Chemie und Pharma. Jegliche industriellen Services, welche zur Durchführung der chemischen und pharmazeutischen Kernprozesse Forschung & Entwicklung, Beschaffung & Produktion und Vermarktung & Vertrieb notwendig sind, werden als Industrieservices definiert.

Zu den Industrieservices zählen im weiteren Sinne die Ver- und Entsorgungs-Services, die Asset Lifecycle Management-Services, die Logistik- und Infrastruktur-Services als auch alle Standortservices. Bei den Industrieservices wird nach Beratungs-, Planungs-, Steuerungs- und Ausführungs-Prozessen differenziert.

Zur Erbringung der Industrieservices stehen in der chemisch-pharmazeutischen Praxis verschiedene Geschäftsmodelle bereit, die sich aus Sicht der Industrieservices in der Anzahl der Kunden, dem In-/Outsourcing-Grad, der Expertise (Generalist vs. Spezialist) und der Fertigungstiefe unterscheiden. Auf die Ausprägungen und Besonderheiten der Geschäftsmodelle wird im nachfolgenden Buchkapitel eingegangen – so können sich Service-Unternehmen aus ihrer Perspektive einordnen und vergleichen. Die Chemie- und Pharma-Unternehmen können aus ihrer Perspektive die optimale Aufstellung von Kern- und Support-Prozessen wählen.

## 1.1 Einleitung

### 1.1.1 Perspektiven auf den Industrieservice-Markt in der Chemie und Pharma Industrie

Die Bedeutung der Industrieservices für den Chemie- und Pharma-Markt ist existenziell. Die folgenden unterschiedlichen Perspektiven auf diesem

Industrieservice-Markt zeigen die Komplexität der teilweise heterogenen Anforderungen und Zielsysteme auf:

- **Die Industrieservice-Kunden** sind die produzierenden chemischen und pharmazeutischen Unternehmen. Die Aufgabe der Industrieservice-Kunden ist, neben dem Produzieren von chemischen und pharmazeutischen Produkten, die Forschung & Entwicklung, Marketing, Sales sowie die Verwaltung ihrer Unternehmenstätigkeiten. Ihre Interessen in Bezug auf Industrieservices liegen insbesondere in einer sehr hohen Verfügbarkeit der Services, in einem stabilen Umfeld, hohem technischem Fortschritt und wettbewerbsfähigen Industrieservice-Konditionen. Die Kunden wünschen sich maximale und aufwandsgerechte Flexibilität in der Abnahme der Industrieservices – auf der anderen Seite eine vertrauensvolle langfristige Zusammenarbeit mit der für die Chemie- und Pharma-Branche angemessenen Qualität, der Erfüllung der Sicherheits- und GMP-Anforderungen.
- **Der Industriedienstleister** erbringt Industrieservices (z. B. Ver-/Entsorgung, Logistik und Instandhaltung) für die Industrieservice-Kunden. Das Interesse der Industriedienstleister gilt einer stabilen Abnahme seiner Leistungen, also einer eher gleichbleibenden stetigen Nachfrage, dem Ermöglichen eines attraktiven Preisniveaus und einer langfristigen Partnerschaft. Diese langfristige vertrauensvolle Zusammenarbeit benötigen die Industriedienstleister als Fundament für umfangreiche Investitionen in Assets und Equipment, welche häufig von wenigen Kunden genutzt werden können. Die Dienstleister haben die Anforderung, ausreichend angemessen qualifiziertes, analoges und digitales Personal und Know How einsetzen zu können.
- **Der Standorteigentümer**: Chemie und Pharma produzieren in der Regel auf abgegrenzten, nicht frei zugänglichen Flächen, an sogenannten Chemie- und Pharma-Standorten oder in Chemie- und Pharma-Parks oder auf dem eigenen Werksgelände. Der Standorteigentümer, also der Eigentümer der Flächen und Infrastruktur des Standortes, an dem ein chemisches oder pharmazeutisches Unternehmen produziert, kann identisch mit dem produzierenden Unternehmen sein. Es kann sich jedoch auch um einen externen Standorteigentümer handeln, der den produzierenden Unternehmen die Flächen und Infrastruktur zur Verfügung stellt. In beiden Varianten sollte die Standorteigentümer-Perspektive separat betrachtet werden. Die Aufgabe des Standorteigentümers ist die Finanzierung und Entwicklung des Eigentums des Standortes (i. d. R. Flächen, Straßen und Rohrbrücken). Sein Interesse gilt einer hohen Verzinsung, guter Altlastensicherung, hoher Auslastung seiner Flächen und einer langfristigen Standortattraktivität. Die Attraktivität und damit langfristige Zukunftsfähigkeit der angesiedelten Unternehmen und auch Dienstleister ist entscheidend für die strategische Perspektive des Eigentümers.

Diese drei Perspektiven auf die Industrieservices im Chemie- und Pharma-Markt werden in Abb. 1.1 visualisiert. Das Ziel dieser Zusammenarbeit zwischen den (meistens) drei Perspektiven ist eine langfristige Partnerschaft.

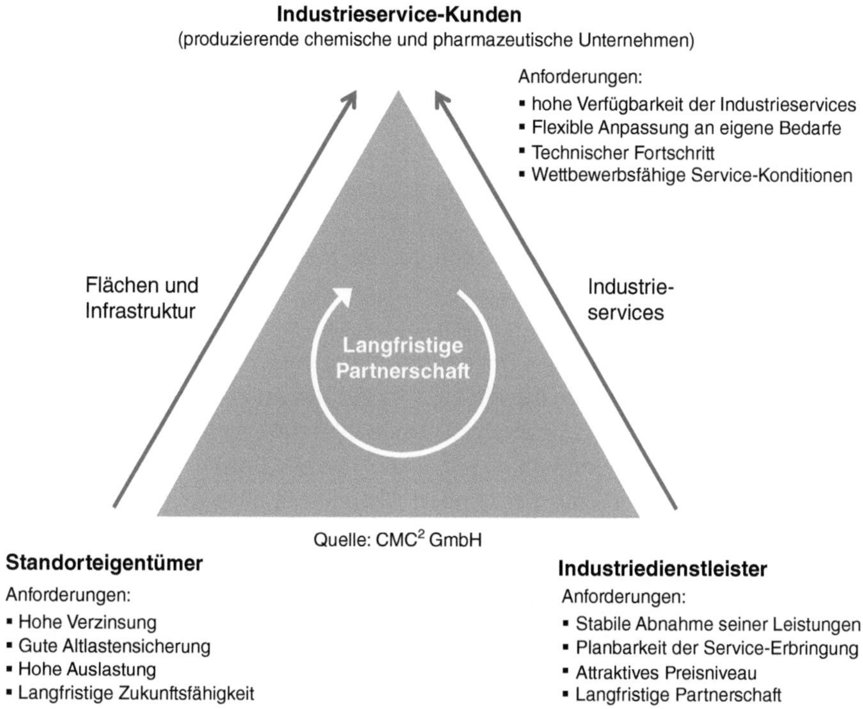


**Abb. 1.1** Perspektiven auf die Industrieservices im Chemie- und Pharma-Markt (*Quelle:* eigene Darstellung).

### 1.1.2 Herausforderungen des Chemie- und Pharma-Marktes

Der deutsche Chemie- und Pharma-Markt steht vor sehr großen Herausforderungen:

Die Jahre Ende 2022 bis Anfang 2025 sind für die chemisch-pharmazeutische Industrie die herausforderndsten seit der Wirtschaftskrise 2010 – für die energieintensive Chemie ist die Situation weitaus kritischer als es für die Pharma-Industrie derzeit der Fall ist. Die globale wirtschaftliche Lage und der internationale Wettbewerb von Chemie und Pharma sind sehr angespannt. „Das Vertrauen unserer innovativen Industrie in das Potenzial des Standorts ist groß. Deutschland hat die riesige Chance, zu einem Zentrum für grüne Zukunftstechnologien zu werden. Doch die Zuversicht schwindet, dass das industrielle Geschäftsmodell Deutschlands dem globalen Wettbewerb dauerhaft standhalten kann. Die strukturellen Defizite hängen wie Blei an unseren Füßen. Deshalb fordern wir den industriepolitischen Aufbruch, der mit aller Kraft durchgesetzt werden muss.“[2]. Produktion und Absatz befinden sich immer noch deutlich unter dem Niveau von 2021 und die Produktionskapazitäten sind seit zehn Quartalen nicht voll ausgelastet. Die hohen Produktionskosten können zudem nicht vollständig an die Kunden weitergegeben werden (vgl. [3]).

Dies führt dazu, dass die Margen kleiner werden und noch genauer geprüft werden muss, in was ein Chemie-/Pharmaunternehmen investieren kann. Dabei werden produzierende Chemie- und Pharma-Unternehmen in aller Regel Investitionen in ihr Kerngeschäft – also in Forschung und Entwicklung sowie in die Produktion – bevorzugen. Investitionen in ihre Support-Prozesse, wie u. a. in ihre Industriedienstleistungen werden sie dabei eher zurückstellen – insbesondere hohe Investitionen in Infrastrukturen und Know-How-Entwicklung, die für die Erbringung von Industriedienstleistungen erfolgskritisch sind. Zudem werden alle Kosten, eben auch die Kosten für Supportprozesse auf den kritischen Prüfstand gestellt. Dies führt zu einem erhöhten Druck auf die Preisverhandlungen mit Industrieservice-Anbietern und einem Überdenken heutiger Partnerschaften und Servicemodelle.

Die chemisch-pharmazeutische Industrie wird in Deutschland eine strukturelle Veränderung durchlaufen. Die Abnehmerbranchen der chemischen Industrie wie die Automobilbranche, Elektronik oder Consumables straucheln im internationalen Wettbewerb. Die seit Jahrzehnten einfache Strategie „Flucht in die Spezialitäten" scheint nicht mehr aufzugehen. Andere Chemie-Nationen sind ebenso in der Lage spezielle und innovative Chemieprodukte zu entwickeln und zu produzieren. Die Wettbewerbsfähigkeit der Basischemikalien war immer schon sehr kritisch aufgrund der fehlenden direkten Zugänge zu den wichtigsten Rohstoffen Erdöl und Erdgas. Die Lohnkosten sind bei weniger personalintensiven Chemieproduktionen wie im Petro- und Basischemikalien-Bereich nicht der absolut entscheidende Faktor – jedoch sind auch hier massive Abweichungen zum internationalen Wettbewerb entscheidend, wenn wettbewerbsfähige Preise das ausschlaggebende Argument im internationalen Wettbewerb sind. Bisher konnten die Kosten über die Wertschöpfungskette in attraktive Endprodukte weitergegeben werden. Dies wird unmöglich und global agierende, mittelständische und große Unternehmen vergleichen sehr genau die Herstellkosten an verschiedenen Produktionsstandorten auf der Welt. Die Pharmaindustrie hat nach Corona und durch die aktuellen Bemühungen der Bundesregierung sowie die vorliegende Pharma-Strategie wieder an Dynamik gewonnen. Die Pharma-Strategie beinhaltet unbürokratischere Zulassungen für Arzneimittel-Prüfungen, leichteren Zugang zu Gesundheitsdaten für die Forschung und Anreize zur Etablierung von Produktionsstätten in Deutschland. Lieferkettenunterbrechungen und das Risiko von Versorgungsengpässen sollen für Deutschland vermieden werden.

Derzeit entscheiden sich jedoch leider einige der Chemie-Unternehmen dafür, ihre Investitionen im Ausland zu tätigen. Die Produktion von wettbewerbsfähiger energieintensiver Chemie ist in Deutschland kaum möglich. Dies wird zu einer weiteren Regionalisierung von Angebot und Nachfrage in der chemisch-pharmazeutischen Industrie führen. In Bezug auf defossilisierte Lieferketten und nachhaltige Chemie- und Pharma-Produkte sicherlich eine zielführende Entscheidung – ohne starken Export wird die deutsche chemische Industrie jedoch einen massiven Dip von 15–25 % in den nächsten 10 Jahren erleiden. Eine Deindustrialisierung der deutschen chemisch-pharmazeutischen Industrie wird hier nicht als These verfolgt. Der Druck auf die Erhöhung der Wettbewerbsfähigkeit wird jedoch um Faktoren höher werden, als es bisher in den Unternehmen gelebte Praxis ist. Die Flucht in eine nachhaltige und zirkuläre chemische Industrie ist dabei sicherlich der richtige Weg – aber auch diesen Weg muss sich eine Nation leisten können, bis weltweit ähnliche Rahmenbedingungen als zukunftsfähig anerkannt werden.

Auf dieser Basis verändern sich die Strukturen der Industrieservice-Kunden. Viele Chemie- und Pharma-Unternehmen spezialisieren sich zunehmend und es kommt zu einer Aufspaltung von Unternehmen – Geschäftsbereiche, die weniger profitabel sind und zu wenige Synergien mit den anderen Geschäftsbereichen haben, werden abgegeben. Gleichzeitig findet eine Konsolidierung von ähnlichen Unternehmensaktivitäten standortübergreifend und teilweise auch international statt. Dies lässt sich insbesondere an der Anzahl der Transaktionen im Chemiegeschäft in den Jahren 2019 bis 2023 ablesen. In diesem Zeitraum wurden jährlich zwischen 91 und 126 Transaktionen in der deutschen Chemieindustrie getätigt (vgl. [1]).

Der Anteil eigener Geschäfte und Betriebe sinkt in der Folge an vielen Standorten. Chemie- und Pharma-Unternehmen, die bislang ihre Industriedienstleistungen in Gänze oder zumindest in großen Teilen selbst erbracht haben, müssen sich bei dieser Entwicklung zunehmend die Frage stellen, inwieweit dies bei der veränderten Marktstruktur profitabel und effizient ist. Es wird ein Sterben unattraktiver Werke, Chemie- und Pharma-Standorte in Deutschland geben – diese Konsolidierung führt zu einer höheren Dynamik in der Entwicklung von wettbewerbsfähigen Standortstrukturen und Industrieservices. Die Gesamtanzahl der Chemie- und Pharma-Standorte in Europa verringert sich. Dabei bleiben insbesondere Multi-User-Verbundstandorte sowie kleinere Single-User-Werke bestehen. An unattraktiven Standorten werden Produktionsanlagen am Ende des Lebenszyklus nicht mehr erneuert und es erfolgen keine Investitionen mehr in die Entwicklung. Der Verkauf und die Umnutzung von Chemiestandorten werden folglich notwendig.

Das Aufsplitten der Kundenstruktur und teilweise der Eigentümerstruktur an den Chemie- und Pharmastandorten hat direkte Implikationen auf die Industrieservices, die an den Standorten benötigt werden. Neue Service-Modelle entstehen bei den an den Standorten etablierten Dienstleistern, gleichzeitig werden die Chemie- und Pharma-Standorte für immer neue Industrieservice-Unternehmen interessant. Dadurch entsteht ein zunehmender Wettbewerb um die Bestands- und Neukunden. Die Lösung ist hier sicherlich nicht der erhöhte Druck auf die Mitglieder der Wertschöpfungskette und die Erhöhung von Abhängigkeiten, wie in der Automobilindustrie. Druck und Abhängigkeit führt zu weniger Unternehmertum und Kreativität – die Lösung liegt in der partnerschaftlichen und flexiblen Gestaltung zukunftsfähiger Wertschöpfungssysteme, die für die Industrie von morgen attraktiv aufgestellt sind. Kooperative Systeme sind schnell in der Reaktion und folgen modernen Anforderungen an die Zusammenarbeit und das Wertesystem.

## 1.2 Industrieservices in der Übersicht

Industrieservices rund um die Chemie- und Pharmaindustrie umfassen im weitesten Sinne folgende Leistungen:

### 1.2.1 Ver- und Entsorgung

- Energieversorgung (Bedarfs- und Anforderungsanalyse, Stromerzeugung, Stromlieferung, (Strom-)Verteilnetze, Energie-Management, Energievermarktung Energie-Dienstleistungen)
- Medienversorgung (Druckluft, technische Gase, Erdgas, (Gas-)Verteilnetze, Kälte, Wasser, flüssige Medien)
- Entsorgung (Beratungs- und Entsorgungsmanagement, Abfalldeponierung, Abfallverbrennung, Abluftverbrennung, Verwertung, Abwasserentsorgung, Abwasserabgabe)

### 1.2.2 Asset Lifecycle Management

- Bau- und Montageleistungen / Engineering (Bauplanung, Bautechnik, Apparate- und Rohrleitungsmontage, Automatisierungssysteme, technische Gebäudeausrüstung)
- Anlagenbetreuung, Anlageninstandhaltungen & TAR (Betriebstechnische Betreuung, Inspektion, Wartung, Prüfung & Revisionen, Stillstandplanung und Abwicklung, Turnaround-Planung)
- Technisches Gebäudemanagement / Facility Management (Elektrische Mess-, Steuerungs- und Regelungstechnik [EMSR])
- Process Engineering & Technical Consulting/ Digitalisierung (Digitalisierung der Chemie, Automatisierung)

### 1.2.3 Logistik und Infrastrukturleistungen

- Logistik (Logistik-Planung, Gestaltung der Lieferkette(n), LKW-Transport, Schienentransport, Schiffsverkehr, Lagermanagement)
- Infrastruktur (Standort-Management, Basisinfrastrukturplanung und -dokumentation, IT-Dienstleistungen, Kommunikationsnetzwerke (z. B. 5G), Eisenbahnnetz, Rohrnetze, Gefährdungsbeurteilungen)

### 1.2.4 Standortservices

- Sicherheitsdienstleistungen (Feuerwehr, Sicherheitszentrale, Brand- und Gefahrenabwehr, Rettungsdienst, Vorbeugender Brandschutz, Security-Management (inkl. IT-Sicherheitstechnik))
- Gesundheit, Sicherheit und Umwelt (HSE) (Arbeitsschutz, Anlagensicherheit, Gesundheitsschutz, Umweltmessungen)
- Analytik- und Labordienstleistungen (Qualitätssicherung, Chargenprüfung, R&D-Testing)
- Ausbildung und Qualifikation

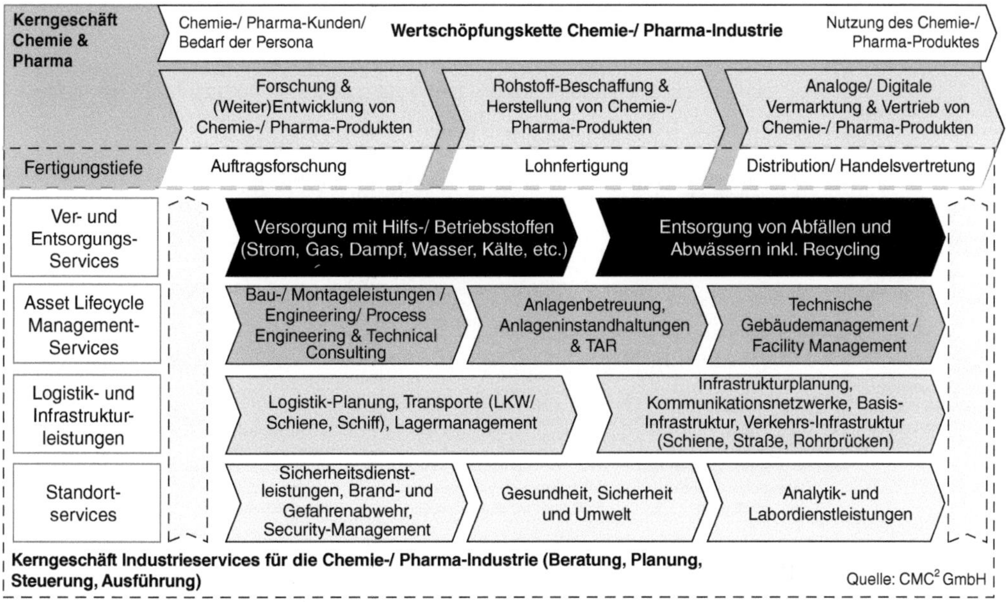


**Abb. 1.2** Übersicht Industrieservices für die Chemie-/Pharma-Industrie (*Quelle:* eigene Darstellung).

Abbildung 1.2 visualisiert die oben genannten Industrieservices für die Chemie- und Pharmaindustrie.

Entgegen anderen engeren Definitionen werden hier die Industrieservices sehr umfangreich vom Kerngeschäft der chemisch-pharmazeutischen Industrie abgegrenzt. Die Definition des Kerngeschäftes ist dabei natürlich sehr unternehmensspezifisch. Auch in den Kernprozessen von Chemie & Pharma kann es zu unterschiedlichen Fertigungstiefen kommen. So ist die Auftragsforschung, die Lohnfertigung und die Handelsvertretung in vielen Unternehmen ein selbstverständlicher Bestandteil zur Variabilisierung der eigenen Fertigungstiefe. Die Erzeugung von Medien wie Strom, Gas, Dampf oder auch die Entsorgung kritischer Abwässer zählen die chemische-pharmazeutischen Unternehmen oft zu ihren Kernkompetenzen. In der Entwicklung zukunftsfähiger partnerschaftlicher Systeme und der Erfüllung der erfolgskritischen Anforderung der Wettbewerbsfähigkeit werden Services hier als umfangreiches Portfolio verstanden, welche das Kerngeschäft von Chemie & Pharma bestmöglich unterstützen.

Die unterschiedlichen Industrieservices für die Chemie-/Pharma-Industrie lassen sich zudem anhand der folgenden drei Dimensionen charakterisieren (vgl. Abb. 1.3):

- Infrastruktur- vs. Personal-/Know-How-intensive Leistungen ($x$-Achse):
  Diese Achse zeigt auf, ob die Erbringung der Dienstleistung besonders viel Infrastruktur oder besonders viel Personal/ Know-How erfordert. Diese Unterscheidung hat eine große Auswirkung auf die Führung des Geschäftes – die Disposition von technischen Kapazitäten unterscheidet sich von menschlichen Kapazitäten.

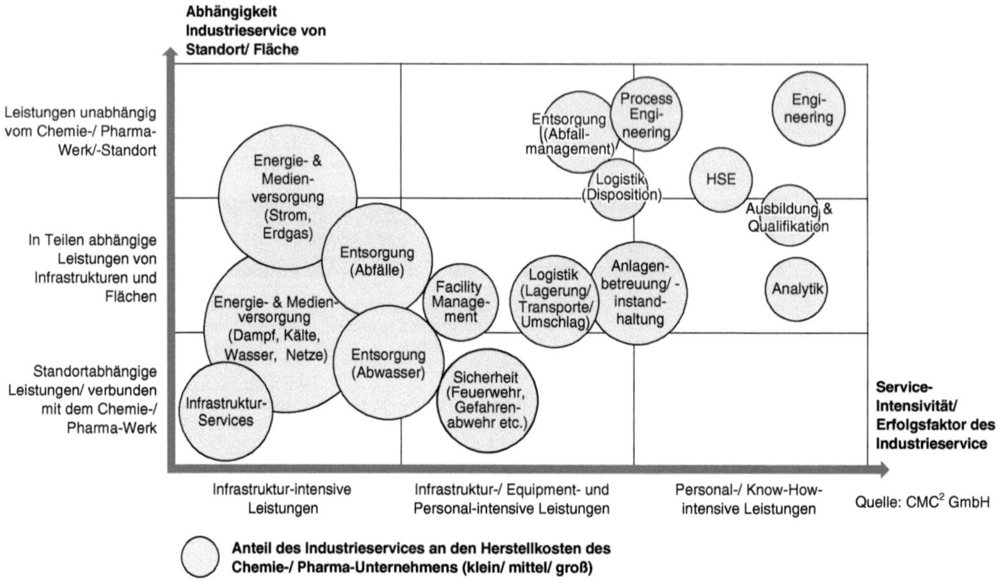


**Abb. 1.3** Einordnung der Industrieservices nach Abhängigkeit, Intensität und Anteil an den Herstellkosten (*Quelle:* eigene Darstellung).

- Standortabhängige vs. standortunabhängige Leistungen ($y$-Achse)
  Diese Achse zeigt auf, ob die Erbringung der Dienstleistung ausschließlich am Standort der chemisch-pharmazeutischen Produktion stattfinden kann oder auch standortunabhängig (d. h. nicht von einem Dienstleister vor Ort) erbracht werden kann. Die Skalierbarkeit des entsprechenden Services hat eine große Rückwirkung auf die Attraktivität des Services.
- Anteil des jeweiligen Industrieservices an den Herstellkosten des Chemie- und Pharma-Unternehmens (Größe des Kreises) – der Anteil hängt von der Wertschöpfungsstufe des Chemie-/Pharmaunternehmens ab

Die Einordnung der Services erlaubt folgende Rückschlüsse:

- Personal-/Know-How-intensivere Dienstleistungen haben tendenziell einen geringeren Anteil an den Herstellkosten als Infrastruktur-intensive Dienstleistungen. Dies liegt daran, dass die Infrastruktur-intensiven Dienstleistungen, die für die Chemie & Pharma erfolgskritischen Hilfs- und Betriebsstoffe herstellen und höhere Anfangsinvestitionen für die Servicedienstleister verursachen.
- Je standortunabhängiger eine Leistung ist, desto mehr Wettbewerber können am Markt diese Leistung anbieten und dies führt zur Möglichkeit, aus verschiedenen Dienstleistern auszuwählen und die Servicekosten kritisch auf den Prüfstand zu stellen.
- Infrastruktur-intensive Leistungen, die nicht oder nur in Teilen standortabhängig sind, wie beispielsweise Facility Management und Logistik spüren einen hohen

Druck. Diese Services haben hohe Kosten durch die für ihren jeweiligen Service erforderliche Infrastruktur und das Equipment und müssen sich mit mehreren Wettbewerbern am Markt messen.

Aus Sicht der Industrieservices sind die betriebswirtschaftlichen Möglichkeiten sehr unterschiedlich. Die Skalierbarkeit von infrastruktur- und standortabhängigen Industrieservices ist gering, da der Service der „letzten Meile" sehr attraktiv ist, aber eben auch auf den Standort begrenzt ist. Damit sind diese Services im Werk und im nahen Umfeld anzubieten – falls es aber für diese Services kein Umfeld gibt, ist die Skalierbarkeit auch sehr gering. Die Margen zwischen den dargestellten Services sind so unterschiedlich wie die Erfolgsfaktoren und kritischen Kernprozesse dieser Services sind. Die Margen bei den standortabhängigen Leistungen oder den mit einer erfolgskritischen Infrastruktur verbundenen Services fallen in der Regel höher aus – hier können Margen von 10 bis 25 % erzielt werden. Bei den Know-How-kritischen Services können die Margen ähnlich ausfallen, bei spezifischen Beratungsservices auch höher, dies hängt hier stark von den Skalierungseffekten und der Auslastungsprofessionalität ab. Die Leistungen mit dem Bedarf von Infrastruktur und Equipment, welches nicht unbedingt im Werk oder am Standort verankert sein muss, aber erfolgskritisch für die Chemie- und Pharma-Kunden sind, können Margen in Höhe von 4 bis 8 % erzielen. Hierzu zählen logistische Lager-Bahntransportleistungen oder auch spezifische Werkstätten und technische Vor-Ort-Leistungen. Die Services mit geringer Know-How-Qualität im hohen Wettbewerb mit Dienstleistern außerhalb der Werksgelände erzielen teilweise nur 0 bis 4 % Marge. Hier gilt es für die Dienstleister das besondere Know-How der Anlagen- und Supply Chain-Kenntnis der Betriebe und des Standortes in den Vordergrund zu stellen. Auch ist das Anbieten von Service-Paketen ein guter Weg, mit Misch-Kalkulationen den Kunden an sich zu binden.

## 1.3 Industrieservices in der Transformation

Der Markt für Industrieservices in der chemisch-pharmazeutischen Industrie befindet sich in einer raschen Transformation. Bisher wurden Industrieservices oftmals lediglich als sekundäre Prozesse betrachtet, doch nun spielen sie eine entscheidende Rolle als technologisch anspruchsvolle und innovationsleitende Prozesse, die dazu beitragen, die Chemie- und Pharma-Branche in Europa neu zu gestalten. Kernprozesse dieser Industrie umfassen Produktion, Entwicklung und Vermarktung von Produkten. Viele Unternehmen lagern ihre sekundären Prozesse wie Energie- und Rohstoffversorgung, Entsorgung, Asset Lifecycle Management, technische Instandhaltung, Logistik sowie Sicherheitsdienste zunehmend an externe Dienstleister aus. Diese Sekundärprozesse sind für das Überleben der chemisch-pharmazeutischen Unternehmen weiterhin von zentraler Bedeutung und werden von internen und externen Industriedienstleistern professionell und effizient erbracht, was wiederum zum Erfolg der chemisch-pharmazeutischen

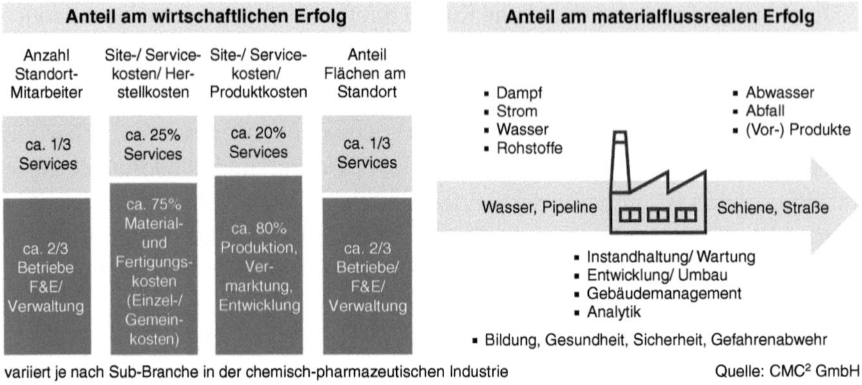


**Abb. 1.4** Beitrag der Industrieservices zum wirtschaftlichen und materialflussrealen Erfolg des Chemie- und Pharma-Produktes (*Quelle:* eigene Darstellung).

Produkte beiträgt, insbesondere in Zeiten von Energiekrisen, Lieferkettenstörungen und Fachkräftemangel.

Abbildung 1.4 zeigt, wie Industriedienstleistungen maßgeblich zum wirtschaftlichen und materialflussrealen Erfolg der Chemie- und Pharma-Produkte beitragen. Deutlich herauszustellen ist, dass kein chemisch-pharmazeutischer Betrieb ohne Industrieservice funktioniert. Der materialflussreale Erfolgsanteil liegt bei 100 %. Wenn die Betriebe nicht mit Betriebsstoffen versorgt werden, wenn die Logistik nicht die Rohstoffe und Hilfsstoffe bereitstellt oder das Zwischen- oder Fertigprodukt aus den Betrieben abtransportiert, wenn die Entsorgung nicht die Abwässer ableitet und gereinigt einleitet, wenn die technischen Services nicht die defekten Teile reaktiv oder die Wartungen proaktiv durchführt, läuft kein Produktionsbetrieb in der chemisch-pharmazeutischen Industrie. Den Endkonsumenten des Pharmaproduktes, des Klebstoffes oder faszinierend lackierten Automobils interessiert dieser Zusammenhang nicht und soll er auch nicht – für die Beteiligten in der Wertschöpfungskette muss klar sein, wie erfolgskritisch das Zusammenspiel der verschiedenen Beteiligten in der vertikalen und horizontalen Wertschöpfungskette ist. Dies kann der Grund sein, warum Chemie- und Pharma-Unternehmen in der Historie dieser Industrien die Services selbst erbracht haben, auch wenn diese nicht die Kernkompetenz waren – die Industrieservices gehörten zur Herstellung der Produkte an den Chemie- und Pharma-Standorten einfach dazu. Zu spät wurde leider erkannt, dass diese Kompetenzen, Prozesse und Investitionen differenziert zu behandeln sind – das Chemie- und Pharma-Geschäft ist anders zu steuern als das Industrieservice-Geschäft – und innerhalb der Industrieservices sind die Versorgungs-Services anders zu steuern als die Facility Management-Services. Mit dieser Erkenntnis können viele Optimierungen in der deutschen chemisch-pharmazeutischen Industrie zum Erfolg geführt werden.

Der betriebswirtschaftliche Anteil der Industrieservices am Erfolg des Chemie- und Pharma-Unternehmens ist kleiner als der Rohstoffkostenanteil, die

Forschungs- und Entwicklungskosten oder die Personalkosten der Produktion. Dennoch ist der Anteil der Industrieservices mit 15 bis 25 % an den Herstell- oder Produktkosten je nach Chemie- und Pharma-Produkt erheblich. Die Realisierung von Optimierungspotenzialen ist anspruchsvoller, weil eine 10 %ige Reduktion von Industrieservice-Kosten eben nur eine 2,5 %ige Reduktion der Gesamtkosten bedeutet. Die Realisierung einer Servicekosten-Reduktion ist teilweise sehr komplex und daher im Verhältnis nur mit mehr Aufwand zu realisieren. Dennoch muss die Optimierung der Servicekosten eine Selbstverständlichkeit sein, wenn die Industrieservices als eigener Services erbracht werden oder über gemeinsame Servicekosten-Optimierungen mit dem Dienstleister zu realisieren sind. Deutlich wird der betriebswirtschaftliche Erfolgsanteil der Industrieservices am Anteil der Mitarbeitenden im Werk oder an den Chemie- und Pharma-Standorten. Hier sind mindestens 25 bis 35 % der Mitarbeiter im Industrieservice beschäftigt. Diese Mitarbeiter sollten wertgeschätzt werden und digital bestmöglich ausgestattet das Kerngeschäft unterstützen. Das Potenzial aus einer separaten Betrachtung der Industrieservices im eigenen Chemie- und Pharma-Geschäft scheint und ist erheblich.

Der strategische Blick auf die Industrieservices bis 2035 zeigt, dass sich der Markt der Industriedienstleister – wie andere Märkte ebenfalls – insbesondere mit den Themen der Nachhaltigkeit, des zunehmenden Fachkräftemangels aufgrund des demografischen Wandels und neben dem bereits etablierten Einsatz von Digitalisierung insbesondere mit dem Einsatz von Künstlicher Intelligenz (KI) beschäftigen wird.

Nachhaltigkeit spielt zwar bereits heute bei der Erbringung von Industrieservices eine große Rolle, dies wird jedoch zukünftig noch weiter zunehmen (müssen). Angefangen vom Einsatz regenerativer Energiequellen in der Energieversorgung, der Kreislaufwirtschaft in der Entsorgung bis hin zur nachhaltigen und energieeffizienten Modernisierung der Anlagen – es gibt viel Potenzial für Industriedienstleister ihre Kunden dabei zu unterstützen, nachhaltiger zu werden.

Industriedienstleister müssen daneben als Arbeitgeber attraktiv bleiben, um junge genauso wie erfahrene Mitarbeiter langfristig gewinnen und binden zu können. Neben einer angemessenen Vergütung, Werteorientierung, Nachhaltigkeit und flexiblen Arbeitsmodellen heißt dies aber auch, Mitarbeiter durch digitale Prozesse und den Einsatz von KI zu entlasten.

Der Einsatz von KI kann Prozesse noch effizienter machen, Mitarbeiter in ihrer täglichen Arbeit unterstützen und teilweise kann die Künstliche Intelligenz Aufgaben übernehmen, so dass dem Mitarbeiter mehr Zeit für andere Tätigkeiten zur Verfügung steht.

## 1.4 Ausprägungen von Industrieservice-Geschäftsmodellen

Die in Abschnitt 1.3 beschriebene Entwicklung des Industrieservice-Marktes ist unterschiedlich weit fortgeschritten. Industrieservices werden heute in den unterschiedlichsten Konstellationen und unter den unterschiedlichsten Rahmenbedingungen erbracht. Nachfolgend werden die verschiedenen Kriterien zur Differenzierung der Industrieservice-Geschäftsmodelle erläutert, mit denen dann in der Praxis etablierte Modelle unterschieden werden können. Die Kriterien sind

1. Skalierbarkeit des Industrieservice-Angebotes
2. Integrationsfähigkeit des Industrieservice-Angebotes
3. In-/Outsourcing-Grad des Leistungsangebotes
4. Fertigungstiefe der Leistungserbringung

### 1.4.1 Skalierbarkeit der Industrieservice-Angebotes

#### 1.4.1.1 Ein Kunde – Industrieservices am Single-User-Standort

Ein Single-User-Chemie-/Pharmastandort wird von einem einzigen Unternehmen betrieben und genutzt. Dies bedeutet, dass alle Anlagen, Produktionsbereiche und Ressourcen dem Eigentümer des Standorts gehören und von diesem gesteuert werden.

Die Industrieservices an einem Single-User-Chemie-/Pharmastandort sind oft auf die spezifischen Bedürfnisse und Anforderungen dieses Unternehmens zugeschnitten. Die Dienstleister müssen eng mit dem Betreiber der Produktionsanlagen zusammenarbeiten, um maßgeschneiderte Lösungen anzubieten.

Die Services sind in der Regel stärker in den betrieblichen Ablauf des einzelnen Unternehmens integriert, da es keine Notwendigkeit für die Koordination mit anderen Unternehmen am selben Standort Standort gibt.

#### 1.4.1.2 Ein Haupt-Kunde und wenige kleinere Nebenkunden (Major-User-Standort)

Chemie- und Pharma-Unternehmen haben häufig in der Historie zufällig einen Produktionsstandort gewählt, wo das Unternehmen allein produziert, forscht, entwickelt und das Unternehmen verwaltet. Die Wahl des Standortes hing von logistischen Vorteilen ab wie der Nähe zu Flüssen oder einfach aufgrund des Wohnstandortes des Eigentümers. Diese Standorte haben sich häufig nicht weiterentwickelt, es sind in der Regel kleinere Neben-Produktionen entstanden oder andere Unternehmen haben sich wegen des Produktionsverbundes angesiedelt. Oft hat aber auch das Ursprungs-Unternehmen Teile seiner Betriebe-Landschaft und damit seines Geschäftes an Dritte verkauft, so dass durch diese Verkäufe eine aus Sicht der Services komplexere Situation entsteht. Aus dem Single-User-Standort wird eine Major User Standort, also ein Kunde ist für die Industrieservices maßgeblich, alle anderen sind jedoch auch zu bedienen und komplettieren das Kundenportfolio am Standort. Jedoch ist die Abhängigkeit der Services von dem einen Haupt-Kunden sehr groß. Durch die größere Anzahl von Kunden muss der Dienstleister das Pricing und Leistungsangebot professionalisieren. Dieses Modell gilt heute noch auch für sehr große Standorte wie Bayer Wuppertal oder auch die BASF in Ludwigshafen.

#### 1.4.1.3 Mehrere Kunden – Industrieservices am Multi-User-Standort

Ein Multi-User-Standort wird von mehreren Unternehmen gemeinsam genutzt. Verschiedene Unternehmen produzieren in separaten Anlagen oder Einrichtungen auf demselben Gelände.

Industrieservices an einem Multi-User-Standort erfordern eine enge Zusammenarbeit und Koordination zwischen den verschiedenen Standortkunden, da sie gemeinsame Ressourcen und Infrastruktur nutzen. Dienstleister müssen in der Lage sein, die Bedürfnisse aller Unternehmen am Standort zu berücksichtigen.

Ein Multi-User-Standort kann wirtschaftliche Vorteile bieten, da die Kosten für gemeinsam genutzte Dienstleistungen und Ressourcen auf mehrere Unternehmen verteilt werden können. Dies kann zu Kosteneinsparungen führen.

Multi-User-Chemie- bzw. Pharmastandorte können vielfältiger sein, da verschiedene Unternehmen unterschiedliche Prozesse und Produkte herstellen. Industrieservices müssen sich auf die verschiedenen Bedürfnisse und Prozesse der beteiligten Unternehmen einstellen. Der Produktionsverbund oder ein attraktives Alleinstellungsmerkmal aller ansässigen Produktionsunternehmen ist für diese Standorte erfolgskritisch. Viele größere Chemie- und Pharmastandorte haben sich zu diesem Modell entwickelt. Daraus entstehen für die Industriedienstleister sehr attraktive (neue) Marktpotenziale. Die Öffnung zu multivariaten, offenen Park-Modellen hat das geschlossene (interne) Service-System der Chemie- und Pharma-Unternehmen aufgebrochen und zu marktorientierten Service-Modellen geführt.

### 1.4.2 Integrationsfähigkeit des Industrieservice-Angebotes

#### 1.4.2.1 Industrieservice-Spezialisten

Industrieservice-Spezialisten sind auf einen bestimmten Leistungsbereich spezialisiert. Dazu zählen beispielsweise Planungsbüros, die ausschließlich Engineering-Leistungen anbieten genauso wie Energieversorgungsunternehmen, die sich ausschließlich auf die Energieversorgung ihrer Kunden fokussieren.

Spezialisierte Industrieservicedienstleister verfügen also über eine tiefe Expertise in ihrem bestimmten Leistungsbereich, sei es Instandhaltung, Abfallmanagement, Umweltschutz, Energiemanagement oder andere. Sie sind in der Regel hochqualifiziert und erfahren in ihrem speziellen Fachgebiet.

Dadurch können sie maßgeschneiderte Lösungen anbieten, die genau auf die spezifischen Anforderungen und Herausforderungen eines produzierenden Chemie- oder Pharmaunternehmens zugeschnitten sind. Dies ermöglicht eine hohe Anpassungsfähigkeit und Effizienz. Aufgrund ihrer fokussierten Expertise sind spezialisierte Anbieter oft in der Lage, eine besonders hohe Qualität in ihrem Fachgebiet und über die Skalierung der spezifischen Leistung auch attraktive Preise sicherzustellen. Die Zusammenarbeit mit spezialisierten Dienstleistern kann die Komplexität reduzieren, da sie sich auf einen begrenzten Leistungsbereich konzentrieren und sich nicht mit einer Vielzahl von Diensten befassen müssen. Gleichzeitig liegt die Koordination verschiedener Industrieservice-Spezialisten dann beim Kundenunternehmen, was zusätzlichen Aufwand verursacht.

#### 1.4.2.2 Industrieservice Bundling

Das Bundling, also die Bündelung von Industrieservices, ermöglicht dem Chemie- und Pharma-Kunden eine Reduktion von Ansprechpartnern, da verschiedene Industrieservice-Anbieter kooperativ ein integratives Leistungsangebot anbieten und erbringen. In dieser Konstellation bieten größere Industriedienstleister häufig weitere Dienstleistungen in ihrem Service-Portfolio an, lassen die Leistung jedoch durch die entsprechenden Spezialisten erbringen. Die Koordinationsleistung liegt in diesem Modell stärker beim Bundling-Anbieter. In der Regel sind das funktionsspezifische Service-Bundlings im Bereich Versorgung oder Entsorgung oder Technik. Insbesondere bei der gesellschaftsrechtlichen Übernahme des Service-Geschäftes inklusive der Flächen, Assets und Equipment, finden sich heute bereits attraktive Service-Partnerschaften im Markt, um dem Chemie- und Pharma-Kunden ein umfangreiches und vollständiges Industrieservice-Angebot anbieten zu können.

#### 1.4.2.3 Industrieservice-Generalisten

Industrieservice-Generalisten bieten hingegen ein breites Spektrum an Industrieservices an und können diese Leistungen in der Regel auch selbst erbringen. Sie sind in der Lage, eine Vielzahl von Aufgaben und Dienstleistungen zu erbringen, die unterschiedliche Aspekte rund um die Produktion abdecken. So werden von ihnen beispielsweise nicht nur die Energieversorgung, sondern auch die Entsorgung, Logistik und Infrastrukturleistungen erbracht. Sehr breit aufgestellte Industrieservice-Generalisten sind in der Lage, den gesamten Betrieb des Chemie- oder Pharmastandortes zu gewährleisten, indem sie die gesamte Palette der in Abschnitt 1.2 genannten Leistungen erbringen. Unternehmen, die mit Generalisten arbeiten, haben den Vorteil, nur einen Ansprechpartner für mehrere Dienstleistungen zu haben (One Face to The Customer). Dies kann die Koordination und Kommunikation erleichtern. Generalisten können zudem Synergien zwischen verschiedenen Dienstleistungsbereichen schaffen und möglicherweise Kosteneinsparungen erzielen, indem sie mehrere Industrieservices bündeln.

### 1.4.3 In-/Outsourcing-Grad des Leistungsangebotes

#### 1.4.3.1 Intern erbrachte Industrieservices (In-House-Services)

Bei Industrieservices, die vom produzierenden Unternehmen selbst – also intern (In-House) – erbracht werden, behält das Unternehmen die volle Kontrolle und Eigenverantwortung über die Planung, Umsetzung und Qualität der erbrachten Services. Es ist direkt für den Service verantwortlich. Der Industrieservice-Dienstleister entspricht in diesem Fall gleichzeitig dem Abnehmer des Kunden. Jegliche Infrastruktur und Mitarbeiter, die zur Erbringung der Services erforderlich sind, gehören zur eigenen Gesellschaft des produzierenden Chemie- oder Pharmaunternehmens.

Das Unternehmen kann die Services in diesem Fall flexibel an seine spezifischen Anforderungen anpassen und Änderungen schnell umsetzen, um den sich ändernden Bedürfnissen gerecht zu werden.

Die internen Service-Teams haben oft eine enge Vertrautheit mit dem Betrieb und eine tiefgehende Kenntnis der betrieblichen Abläufe und Prozesse des Unternehmens, was die effiziente Erbringung der Services unterstützen kann. Bei sensiblen Informationen und Prozessen kann das interne Team die Vertraulichkeit besser wahren und Sicherheitsprotokolle leichter umsetzen. Gleichzeitig hat das Unternehmen die direkte Kontrolle über die Kosten, da es keine Gewinnmarge an externe Dienstleister zahlen muss.

Die Serviceerbringung In-House kann zum jeweiligen Produktionsbetrieb zugehörig sein, ohne eine organisatorische Trennung zu haben. In diesem Fall sind die Produktion und der Industrieservice sehr eng verwoben. Eine Differenzierung zwischen Produktion und Service findet nicht statt.

#### 1.4.3.2 Intern erbrachte Industrieservices (Insourcing)

Der interne Industrieservice-Dienstleister (Insourcing) hat ebenso die beschriebenen Vor- und Nachteile und kann organisatorisch unterschiedlich aufgestellt sein.

Die Services können als eigene Division oder Abteilung mit einer organisatorischen Trennung zwischen Produktion und Industrieservices aufgebaut sein. In diesem Fall ist die Trennung zwischen Kern- und Sekundärprozessen organisatorisch erfolgt. Eine zusätzliche Schnittstelle wurde geschaffen.

Die Services können ebenso als eigene Gesellschaft innerhalb des Chemie- oder Pharmaunternehmens organisiert sein, wobei sie eine 100 %ige Zugehörigkeit zum Unternehmen haben. In diesem Fall ist die organisatorische Trennung zwischen Kern- und Sekundärprozessen noch stärker ausgebildet. Der interne Industrieservice-Anbieter hat in einer eigenen Gesellschaft vielfältigere Möglichkeiten zur professionellen Aufstellung und kann sich als „Industrieservice-Unternehmen im Unternehmen" etablieren. Dies kann der erste Schritt für eine gänzliche Ausgründung der Service-Gesellschaft in eine eigenständige Gesellschaft sein.

#### 1.4.3.3 Von externen Dienstleistern erbrachte Industrieservices (Outsourcing-Services)

In diesem Fall werden die Industrieservices von den produzierenden Unternehmen extern am Markt bezogen. Der externe Dienstleister ist organisatorisch und in seiner Eigentümerstruktur nicht mit dem produzierenden Chemie- oder Pharmaunternehmen verwoben. Externe Dienstleister bringen oft spezialisierte Fachkenntnisse und Erfahrungen in den Dienstleistungsbereich ein, was zu höherer Effizienz und Qualität führen kann. Externe Dienstleister können ihre Services zudem flexibel an die Bedürfnisse des Unternehmens anpassen und Skaleneffekte nutzen, um Kosten zu senken. Das Risiko für bestimmte Services wird auf den Dienstleister übertragen, was das abnehmende Unternehmen vor möglichen Haftungs- und Compliance-Risiken schützen kann. Die produzierenden Unternehmen können sich auf ihre

Kerngeschäftstätigkeiten konzentrieren und nicht auf die Erbringung von Industrieservices, was die Effizienz steigern kann. Durch klare Serviceverträge und Service Level Agreements (SLAs) können Unternehmen die Kosten besser kontrollieren und vorhersehbar gestalten.

### 1.4.4 Fertigungstiefe der Leistungserbringung

Die Fertigungstiefe beschreibt die vertikale Integration eines Unternehmens. Sie bezieht sich also auf den Grad, in dem ein Unternehmen in der Lage ist, verschiedene Stufen der Produktion bzw. Dienstleistungserbringung intern durchzuführen. Es beschreibt die Bandbreite der Geschäftsprozesse, die ein Unternehmen von der Rohstoffgewinnung bis zur Herstellung des Endprodukts oder Vertrieb intern durchführt, im Gegensatz zur Auslagerung von Teilen der Produktion bzw. Dienstleistungserbringung an externe Lieferanten oder Dienstleister.

#### 1.4.4.1 Hohe Fertigungstiefe bei Industrieservice-Anbietern

Ein Industrieservice-Anbieter mit hoher Fertigungstiefe führt (nahezu) alle Leistungserbringungsschritte intern durch. Diese Unternehmen haben eine umfassende Kontrolle über den Leistungserbringungsprozess, was die Qualitätssicherung und die Anpassungsfähigkeit verbessern kann. Ein Beispiel hierfür ist ein Logistikunternehmen, das ohne Subunternehmer arbeitet und bei dem entsprechend alle an der Leistungserbringung Beteiligten dem Unternehmen zugehörig sind.

#### 1.4.4.2 Niedrige Fertigungstiefe bei Industrieservice-Anbietern

Industrieservice-Anbieter mit niedriger Fertigungstiefe konzentrieren sich auf ihre Kernkompetenzen und lagern viele Leistungserbringungsprozesse an externe Lieferanten oder Dienstleister aus. Sie kaufen Dienstleistungen von Spezialisten ein, anstatt sie intern zu erbringen. Dies kann Kosteneinsparungen und eine verbesserte Ressourcenauslastung ermöglichen.

Die Wahl der Fertigungstiefe eines Industrieservice-Unternehmens hängt insbesondere von den verfügbaren Ressourcen und Fähigkeiten, sowie der Wettbewerbssituation am Markt ab. Kosten- und Effizienzüberlegungen spielen ebenfalls eine wesentliche Rolle.

#### 1.4.4.3 Hybride Fertigungstiefe

Unternehmen können auch hybride Ansätze verfolgen, bei denen sie in einigen Bereichen eine hohe Fertigungstiefe beibehalten, während sie in anderen Bereichen auf externe Ressourcen zurückgreifen, um die Vorteile beider Modelle zu nutzen.

## 1.5 Übersicht verbreiteter Industrieservice-Geschäftsmodelle

Die in Abschnitt 1.4 erläuterten Ausprägungen von Industrieservices können als morphologischer Kasten zur Entwicklung eines Geschäftsmodell-Optionenraums verstanden werden. Morphologische Kästen sind die Basis zur Entwicklung strategischer Optionenräume und werden in der Vorbereitung zu Entscheidungsfindungen aufgestellt. In der Praxis gilt es dabei, nicht alle theoretisch mögliche Modelle aufzustellen, sondern die Modelle zu identifizieren, welche auch praktische Relevanz besitzen.

### 1.5.1 Optionenraum von Industrieservice-Geschäftsmodellen

Im Optionenraum von Industrieservice-Geschäftsmodellen (vgl. Abb. 1.5) zeigt sich, wie viele unterschiedliche Möglichkeiten es für Industrieservice-Dienstleister gibt, sich aufzustellen.

Aus den Optionenraum-Kategorien „Skalierbarkeit“, „Integrationsfähigkeit“ und „In-/Outsourcing-Grad“ lässt sich der Überblick zu den Industrieservice-Geschäftsmodellen in Abb. 1.6 ableiten. Die Abbildung visualisiert, welche Industrieservice-Geschäftsmodelle denkbar sind bzw. im Markt bevorzugt vorkommen. Die Fertigungstiefe wird hier außen vorgelassen, da diese erst für die innerorganisatorische Erbringung der Dienstleistungen relevant wird.

Es ergeben sich die in Abbildung 1.6 dargestellten Industrieservice-Geschäftsmodelle:

1. **Integrierter Generalist:** Der Chemie- und Pharma-Produzent am Single User Standort, der alle Industrieservices als Generalist selbst erbringt (ohne organisatorische Trennung zur Produktion).
2. **Bundling In-House:** Es erfolgt die Eigenerbringung ausgewählter Industrieservice-Pakete durch operative Funktionen des Kunden – diese werden durch spezifische externe Dienstleister ergänzt (Outtasking/ Fertigungstiefe).
3. **In-House Spezialisten:** Interne Industrieservice-Spezialisten erbringen den Service auf Basis konkreten Personen-Wissens – das betriebsspezifische Wissen ist historisch entstanden und oft in anderen Funktionen integriert.
4. **Single User Generalist:** Die interne Industrieservice-Gesellschaft erbringt an einem Chemie-/Pharma-Standort für einen Kunden (ggf. mehrere Produktionsbetriebe, F&E-Gebäude, Verwaltung) alle Industrieservices.

| Skalierbarkeit der Industrieservice-Angebotes | Integrationsfähigkeit des Industrieservice-Angebotes | In-/Outsourcing-Grad des Leistungsangebotes | Fertigungstiefe der Leistungserbringung |
|---|---|---|---|
| Ein Kunde (Single User Standort) | Industrieservice-Generalist: alle Leistungen aus einer Hand anbieten und erbringen | Intern erbrachte Industrieservices (In-House-Services) – ohne organisatorische Trennung zur Produktion | Hohe Fertigungstiefe |
| Ein Haupt-Kunde und wenige kleinere Nebenkunden (Main User Standort) | Industrieservice-Bundling: alle Leistungen im Angebot, verschiedene Dienstleister | Intern erbrachte Industrieservices (Insourcing) – eigene Abteilung/ Division oder Gesellschaft | Hybride Fertigungstiefe |
| Mehrere Kunden am und außerhalb des Werkes (Multi User Standort) | Mehrere Industrieservice-Spezialisten: Integration übernimmt Kunde | Von exteranen Dienstleistern erbrachte Industrieservices (Outsourcing) | Geringe Fertigungstiefe |

Quelle: CMC² GmbH

**Abb. 1.5** Optionenraum Industrieservice-Geschäftsmodelle (*Quelle:* eigene Darstellung).

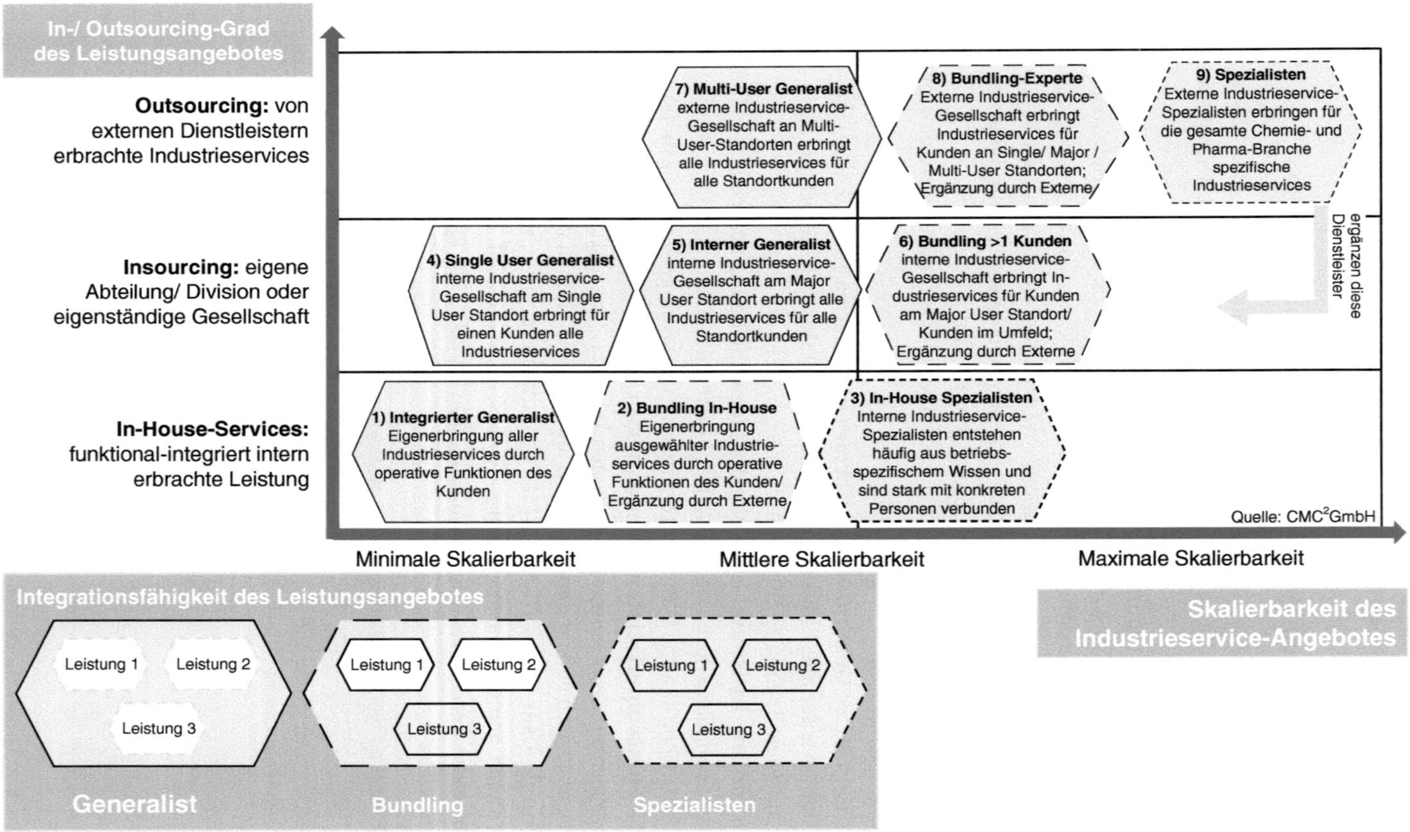


**Abb. 1.6** Industrieservice-Geschäftsmodelle (*Quelle:* eigene Darstellung).

5. **Interner Generalist:** Die interne Industrieservice-Gesellschaft ist organisatorisch separiert (kann gesellschaftsrechtlich separiert sein) und erbringt an einem Chemie-/Pharma-Standort alle Industrieservices für alle Kunden am Standort.
6. **Bundling >1 Kunden:** Interne Industrieservice-Gesellschaft erbringt Industrieservices für Kunden an einem Chemie- und Pharma-Standort und teilweise auch für Kunden im Umfeld des Standortes; in der Regel werden die asset-lastigen Industrieservices selbst erbracht und für die Kunden wird das Bundle mit personal-intensiven Services dann vollständig erbracht.
7. **Multi-User Generalist:** Externe Industrieservice-Gesellschaft an Multi-User-Standorten erbringt alle Industrieservices für alle Standortkunden – diesen gesamten Service können diese Generalisten in der Regel für viele unterschiedliche Chemie- und Pharma-Kunden erbringen – das gesamte Service-Portfolio kommt in der Praxis nicht sehr häufig vor.
8. **Bundling-Experte:** Die externe Industrieservice-Gesellschaft erbringt Industrieservices für Kunden sowohl an Single-Use-/Major-User- als auch an Multi-User-Standorten; es findet eine teilweise standort- und kundenspezifische Ergänzung durch externe Spezialisten statt – in der Praxis das Modell mit den größten Möglichkeiten der Skalierung.
9. **Spezialisten:** Die externen Industrieservice-Spezialisten erbringen für die gesamte Chemie- und Pharma-Branche spezifische Industrieservices und ergänzen das Leistungsportfolio zahlreicher anderer Geschäftsmodelle im In- und Outsourcing-Bereich.

In der Abbildung 1.7 wird eine Auswahl von Geschäftsmodellen dargestellt, mit konkreten Firmen verknüpft und bewertet. Die Modelle sind nicht grundsätzlich gut oder schlecht – alle Geschäftsmodelle können bei Einhaltung erfolgskritischer Kriterien das Chemie- und Pharma-Kerngeschäft sehr gut unterstützen (siehe Erfolgsfaktoren zur Aufstellung erfolgreicher Industrieservice-Modelle in Abschnitt 1.5.3).

### 1.5.2 Unternehmen im Markt der Industrieservices für Chemie & Pharma

Aus den zahlreichen verschiedenartigen Geschäftsmodellen wird deutlich, dass nicht das eine oder das andere Geschäftsmodell erfolgreich ist, sondern verschiedene Geschäftsmodelle erfolgreich sein können. Allerdings kann man auch feststellen, dass die Abgabe oder Optimierung von Non-Core-Prozessen bei (fast) jedem Chemieunternehmen und bei einigen Pharmaunternehmen auf der strategischen Agenda steht. Die Schnittstellen zum Kerngeschäft werden dabei klar definiert und attraktive Partner werden gefunden. Relevant für eine erfolgreiche Entwicklung ist, dass die Service-Organisation (technische Non-Core Leistungen) in Chemieunternehmen (ab ca. 150 Mitarbeiter) separiert sein muss – die Einheit benötigt eigene Ziele, eigene Investitionen, Prozesse/ IT und eigene Service-Kultur. Von diesem „Startpunkt" aus ergibt sich dann eine Reihe möglicher sinnvoller Entwicklungsszenarien.

**Abb. 1.7** Beschreibung und Bewertung ausgewählter Industrieservice-Geschäftsmodelle (*Quelle:* eigene Darstellung).

**Abb. 1.8** Beispielhafte Unternehmen im Markt der Industrieservices (Quelle: eigene Darstellung).

In der folgenden Abbildung 1.8 wird eine Reihe von Unternehmen dargestellt, welche heute den Markt für Industrieservices im Chemie- und Pharma-Umfeld ausmachen.

Die Übersicht ist nicht abschließend und es gibt zahlreiche weitere Dienstleister, insbesondere im Umfeld der Spezialisten. Je nach Definition eines Industrieservices gibt es gute Übersichten zu Industrieservice-Anbietern beim VAIS (www.vais.de), bei Lünendonk (www.luenendonk.de) oder beim VCI im Bereich der Chemieparks (https://www.vci.de/die-branche/chemieparks/listenseite.jsp). Bei der Identifikation von geeigneten Industrieservice-Partnern kommt das outsourcende Chemie- und Pharma-Unternehmen an einer eigenen Recherche mit ggf. externer Unterstützung nicht vorbei – die Auswahl eines geeigneten Partners bedarf der intensiven internen Auseinandersetzung mit dem Thema.

### 1.5.3 Erfolgsfaktoren zur Aufstellung erfolgreicher Industrieservice-Modelle

Für alle diese Geschäftsmodelle sind die nachfolgenden Handlungsszenarien relevant. Je nach Geschäftsmodell sind diese Maßnahmen unterschiedlich ausgeprägt.

1) **Organisatorische und/oder gesellschaftsrechtliche Separierung**
   Die zwingend erforderliche organisatorische und/ oder gesellschaftliche Separierung sollte bei allen Industrieservice-Geschäftsmodellen vorliegen. Je klarer die Trennung zwischen den Kernfunktionen Produktion/ Forschung & Entwicklung/ Verwaltung und Industrieservice ist, desto höher ist tendenziell die Professionalität in der Erbringung der Dienstleistungen, da die Kernkompetenz und Kernaufgabe der (separierten) Dienstleister in der Erbringung von Services

liegen und kein interner Wettbewerb um Ressourcen und Investitionen mit den produzierenden Einheiten stattfindet.

Eine klare Schnittstelle ist hier nicht negativ auszulegen, sondern hilft eher, ein eindeutiges Kunde-Lieferanten-Verhältnis zu schaffen. Die Zielvereinbarungen zwischen Kunde und Dienstleister zu entwickeln, die Anforderungen an notwendige Services klar zu formulieren und notwendige Qualitätskontrollen durchzuführen sind bei einer fehlenden Trennung zwischen Kunde und Dienstleister oft (zu) schnell erledigt. Dies führt zu unkontrollierten Service-Erbringungen, fehlenden Kostenkontrollen und überhöhten Verfügbarkeits- und Qualitätsanforderungen.

Bei den In-House-Modellen ist es teilweise sehr schwer, diese Trennung herbeizuführen, weil die Anzahl der Mitarbeiter geringer ist und Mitarbeiter sowohl die Kernfunktion als auch den Supportprozess bedienen. Hier helfen dennoch klare Rollenbeschreibungen mit einer klaren Definition der Aufgaben, der Verantwortung und der notwendigen Kompetenzen.

Bei den Insourcing-Modellen sollten die Industrieservices als eigene Division oder Abteilung mit einer organisatorischen Trennung zwischen Produktion und Industrieservices aufgebaut sein. Eine gesellschaftsrechtliche Trennung muss hier nicht erfolgen, kann jedoch für die Darstellung von Kosten und Ertrag sinnvoll sein. Dann sind die Industrieservices als eigene Gesellschaft innerhalb des Chemie- oder Pharmaunternehmens organisiert, wobei sie eine 100 %ige Zugehörigkeit zum Unternehmen haben. In einer idealen Welt, wenn also der interne Industrieservice-Dienstleister wettbewerbsfähig aufgestellt ist, also die gleichen Kosten produziert wie ein externer Dienstleister und dieselbe Qualität erzeugt, muss der interne Dienstleister günstiger als externe Dritte sein, da dort eine Marge erarbeitet werden muss. Allerdings gibt es in der Praxis nur wenige interne Dienstleister, welche denselben Ansporn aufweisen, wettbewerbsfähig zu sein und sich dem Benchmarking der externen Dienstleister zu stellen. Dies sollte jedoch der Anspruch der Insourcing-Modelle sein. Bei den outgesourcten Modellen müsste sich das Thema der Separierung bereits aus der klaren Aufstellung des externen Dienstleisters ergeben.

2) **Dienstleistungen mit klarer Zuordnung von Basisleistungen, Zusatzleistungen, Service Level und Umsatz/Kosten**
Produzierende chemisch-pharmazeutische Unternehmen dürfen als Kunden von ihren internen und externen Industrieservice-Dienstleistern klare Leistungsbeschreibungen mit Leistungsumfängen und Preisen erwarten. Die Einführung von Produkten, oder auch Leistungen bzw. Services, führt zu folgenden Vorteilen sowohl für den Chemie- und Pharma-Kunden als auch für den internen und/ oder externen Industriedienstleister:
   - Die Einführung einer bewussten Schnittstelle zwischen Kunden und Dienstleistern führt zu großer Klarheit der zu erwartenden Industriedienstleistung – in der Diskussion über das „Produkt“, also die Serviceleistung, erfolgt ein Abgleich zwischen dem Kundenbedürfnis und der gewünschten

Leistungserbringung. Die Wertigkeit der zu erbringenden Dienstleistung wird im Gespräch der beiden Partner verdeutlicht.

- Der Abgleich zwischen dem Wunsch des Kunden über den Inhalt und auch die Menge der zu erbringenden Leistung ermöglicht für den Dienstleister auch den Abgleich mit seiner eigenen Kapazität und für den Kunden natürlich auch den Abgleich mit seinem möglichen Budget – nicht alles, was gewünscht wird, muss letztendlich auch erbracht werden, weil nicht jeder Wunsch finanzierbar ist.
- Für den Industriedienstleister ermöglicht die Einführung von Produkten eine große Transparenz der Kosten, welche zur Erstellung des Produktes notwendig sind. Für externe Dienstleister ist dies eine Indikation für die Gestaltung der Preise, welche jedoch eher aus dem Nutzen- anstatt Kostenaspekt erfolgen sollte. Für interne Dienstleister schafft die Kostentransparenz Klarheit zur Wettbewerbsfähigkeit und gibt Aufschluss darüber, ob die Leistung kostendeckend erbracht wird. Diese Transparenz ist dann auch die Basis für entsprechende Effizienzsteigerungen und Kostensenkungen, welche in den Service Level Agreements zwischen Kunde und Dienstleister oft vereinbart werden.
- Eine Differenzierung der Leistungen nach Basis- und Zusatzleistungen sowie Service Level sollte erkennbar sein. Der modulartige Aufbau hilft dem Kunden, seine Bedürfnisse spezifisch mit Leistungen abzudecken.
- Die Einführung von Produkten ermöglicht die Klarheit zur Wertschöpfung, welche für den Kunden erbracht wird. Die Zusammenhänge zwischen den Kundenbedürfnissen, den Industrieservice-Produkten, den zur Erbringung notwendigen Industrieservice-Prozessen und den allokierten Ressourcen und Kosten werden mit dem Wertefluss-Modell allen Beteiligten beim Industriedienstleister klar.

3) **Standardisierung von Prozessen und Qualitätserfüllung**
Ein Dienstleister sollte aus Kundensicht (kosten-)effizient, schnell, freundlich und professionell sein, sowie eine konstant hohe Qualität seiner Leistungen sicherstellen. Eine zwingende Voraussetzung für die Erreichung dieser Punkte sind standardisierte und auf den Kunden ausgerichtete, sowie (wo sinnvoll) digital unterstützte Prozesse. In diesem Zusammenhang ist auf verschiedene Beiträge in diesem Buch zu verweisen, wo die Digitalisierung und der Einsatz künstlicher Intelligenz im Umfeld von Industrieservices aufgezeigt werden. Ebenso verweisen wir auf die eigene Studie zur Künstlichen Intelligenz in der chemischen Industrie, welche mit dem Verband der chemischen Industrie im Jahr 2025 veröffentlicht wird. Methodisch sind Prozess-Werkzeuge wie das Prozesshaus, die Prozesslandkarte, der Prozess-Steckbrief, die Swimlane-Darstellung und die Problem-/Ursache-/Lösungs-Matrix zu nutzen, um das Thema „Prozesse" zu professionalisieren.

4) **Freiheit für den Kunden**
Freie Märkte mit einem hohen Wettbewerb ermöglichen aus Kundensicht größtmögliche Wahlfreiheit. Je monopolistischer eine Leistung angeboten wird und

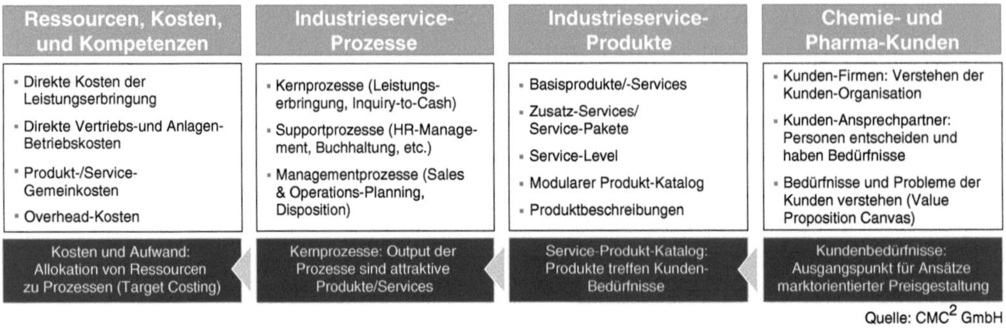


**Abb. 1.9** Werteflussmodell zur Erbringung von Industrieservices (*Quelle:* eigene Darstellung).

je weniger Wahlfreiheit dem Kunden bleibt, desto mehr wird der Kunde versuchen, die Abnahme dieser Leistung in Frage zu stellen. Es ist für einige Industrieservices in der Chemie- und Pharma-Industrie sehr sinnvoll, diese für eine Gemeinschaft von Kunden anzubieten, weil diese beispielsweise standort- und infrastrukturgebunden sind – dennoch sind die Bedürfnisse von Industrieservice-Kunden oft sehr unterschiedlich. Nur weil die Möglichkeit einer Bahnanbindung an einem Chemie-/Pharma-Standort besteht, muss nicht jeder Kunde das Bedürfnis haben, seine Rohstoffe oder Produkte mit der Bahn zu transportieren. Eine zwanghafte Verrechnung von Bahn-Infrastruktur-Servicekosten für einen Kunden ohne dieses Bedürfnis führt auf mittelfristige Sicht zu einem versuchten Ausbrechen des Kunden aus der Kunden-/Dienstleister-Beziehung.

Für Industriedienstleistungen, welche das produzierende Unternehmen für sich selbst erbringt (In-House und Insourcing-Modell), ist diese Problematik der gefühlten Abhängigkeit und Abkehr voneinander, um Faktoren höher zu bewerten. Interne Dienstleister scheinen das Selbstverständnis zu haben, dass die Erbringung der Dienstleistung selbstverständlich ist und die Erbringung auch bereits genug für eine gute Kundenbeziehung ist. Hier entstehen häufig schlechte Zusammenarbeiten zwischen Produktionsbetrieben und Dienstleistern, weil der interne Dienstleister das kollegiale Verhältnis in den Vordergrund stellt. Kollegial zusammenarbeiten bedeutet nicht, dass der Dienstleister dem Kunden vorzugeben hat, was für ein Service erbracht wird. Die Erbringung des Industrieservices, das „Wie" der Leistungserbringung, liegt in großen Teilen beim Dienstleister. Hier sollte der Dienstleister als moderner professioneller Partner die Verantwortung tragen, das Produkt bedürfnisgerecht, in angemessener Zeit, Kosten und Qualität zu erbringen.

Dies erfordert als Lösung für eine bessere Zusammenarbeit zum einen eine hohe Transparenz zu Leistungsinhalten, messbaren Leistungserfüllungskriterien wie Kosten, Zeit, Qualität und Kundenbedürfnis und eben auch entsprechende Feedback-Prozesse, zur Messung der Erfüllung der Leistungsbeziehung. Zum anderen müssen Chemie- und Pharma-Kunden und Industriedienstleister

**Abb. 1.10** Merkmale exzellenter Industrieservice-Dienstleister (*Quelle:* eigene Darstellung).

viel Zeit in die Entwicklung gemeinsamer Ziele und Service Level Agreements investieren. Dies sollte für die Zeiträume Woche, Monat, Jahr und drei bis fünf Jahres-Zeiträume erfolgen. Eine Dokumentation sowohl zur Transparenz der Erreichung der Leistungserfüllungskriterien als auch der Ziele ist dringend notwendig – ansonsten wird zu wenig dokumentiert und dann vergessen. Je innovativer und realzeitlicher dies erfolgt, desto besser – Dashboards und digitale Zielsysteme unterstützen diese Steuerungs- und Kontrollprozesse.

**5) Service-Exzellenz**

Professionelle Industrieservice-Dienstleister haben eine sehr gute Service-Kultur, eine hohe Professionalität und eine exzellente Dienstleister-Mentalität. Sie zeichnen sich durch eine ganze Reihe weiterer Merkmale aus (vgl. Abb. 1.10).

Das Thema Service-Kultur ist das Differenzierungsmerkmal zwischen guten und sehr guten Industriedienstleistern. Eine exzellente Servicekultur wird spürbar im Verhalten aller Mitarbeiter. Oft drückt sich diese Exzellenz in Kleinigkeiten aus, welche den Unterschied ausmachen – hierzu zählt die Einhaltung der Grundtugenden wie Höflichkeit, Pünktlichkeit, Sauberkeit und die Bereitschaft, für den Kunden, sein letztes Hemd zu geben!

## 1.6 Bewertung ausgewählter Industrieservice-Geschäftsmodelle

Nachfolgend sollen die Industrieservice-Geschäftsmodelle vorgestellt werden, die in der Praxis am verbreitetsten sind. Dabei wird gezeigt, welche Auswirkungen die jeweilige Aufstellung des Dienstleisters in den o. g. Punkten auf den Kunden hat.

### 1.6.1 Der interne Industrieservice-Generalist am Single User Standort

Bei dem internen Industrieservice-Generalisten am Single User Standort handelt es sich um ein produzierendes chemisch-pharmazeutisches Unternehmen, das alle (oder nahezu alle) Industrieservices selbst (in-House) erbringt. Die Services werden zudem ausschließlich für das eigene Unternehmen erbracht. Andere Unternehmen werden nicht bedient. In diesem Modell, weniger ein Geschäftsmodell, werden die Ressourcen für Services und Produktion folglich sehr integriert genutzt. Dieses Modell wird global an vielen Single-User-Standorten praktiziert.

Wie bereits in Abschnitt 1.4.2 beschrieben können interne Industrieservice-Dienstleister organisatorisch unterschiedlich aufgestellt sein. Beim internen Industrieservice-Generalisten sind die Service-Einheiten zum jeweiligen Produktionsbetrieb zugehörig und es liegt keine (klare) organisatorische oder gesellschaftsrechtliche Trennung vor.

Eine klare Zuordnung von Basisleistungen, Zusatzleistungen, Service Level und Umsatz/Kosten findet oft nicht statt. Ggf. erfolgt eine interne Leistungsverrechnung und die Service-Einheiten sind als Cost Center aufgestellt. Für den Kunden (die Produktion) hat dies den Nachteil, dass kaum Transparenz zum Mehrwert der erbrachten Leistungen vorliegt.

Eine Standardisierung der Prozesse zur Erbringung der Services findet so weit möglich statt. Da die Erbringung der Services jedoch nicht die Kernaufgabe des produzierenden Unternehmens ist, ist das Augenmerk auf eine hohe Standardisierung und Professionalität der Services geringer.

Der (interne) Kunde, d. h. die Produktion als Leistungsbezieher, hat eine geringe Freiheit. Er ist an seinen internen Dienstleister gebunden, der in der Regel als Teil der Produktion oder selbst als separate Division nicht als Dienstleister wahrgenommen wird.

Entsprechend ist ein klassisches Kunde-Dienstleister-Verhältnis kaum ausgeprägt, da sowohl Kunde als auch Dienstleister dem gleichen Unternehmen angehören. Eine Service-Kultur und eine Dienstleister-Mentalität sind entsprechend weniger vorhanden. Die Professionalität ist i. d. R. durch die fehlende Kunden-Schnittstelle eher mittelmäßig. Externe Dienstleister unterstützen ggf. in ausgewählten Services.

In der Praxis ist dieses Geschäftsmodell häufig bei mittelständischen, produzierenden chemisch-pharmazeutischen Unternehmen anzutreffen. Ab ca. 150 Mitarbeitern empfiehlt sich eine Separierung der Service-Organisation von der Produktion mit eigenen Zielen, eigenen Investitionen, Prozessen und einer eigenen Service-Kultur.

### 1.6.2 Die interne Industrieservice-Dienstleister-Gesellschaft am Multi User Standort

Bei der internen Industrieservice-Dienstleister-Gesellschaft am Multi User Standort handelt es sich um ein produzierendes chemisch-pharmazeutisches Unternehmen, das alle (oder nahezu alle) Industrieservices selbst (Insourcing) erbringt. Die Services werden zudem für weitere Unternehmen am Standort erbracht.

Wie in Abschnitt 1.4.2 erläutert kann die interne Industrieservice-Dienstleister-Gesellschaft als eigene Division oder Abteilung mit einer organisatorischen

Trennung zwischen Produktion und Industrieservices aufgebaut sein oder als eigene Gesellschaft innerhalb des Chemie- oder Pharmaunternehmens organisiert sein. In beiden Fällen ist eine klare Trennung zwischen Produktion (Kunde) und Industrieservice (Dienstleister) erfolgt.

Hierbei kann das Geschäftsmodell in zwei Ausprägungen vorliegen:

1) **Shared-Service-Modell:** Die (ggf. sogar bilanziell) separierte (interne) Service-Gesellschaft *eines* produzierenden Unternehmens mit einer 100 %igen Zugehörigkeit zu diesem Unternehmen stellt sich mit Preisen und der Leistungserbringung wettbewerbsfähig auf. Für die eigenen internen Kunden werden Nachlässe realisiert.
2) **Sharing-Modell:** Die Chemie- und Pharmaunternehmen am Standort investieren *gemeinsam* in eine Dienstleister-Gesellschaft. Die Dienstleister-Gesellschaft ist organisatorisch eigenständig und gesellschaftsrechtlich beispielsweise ein gemeinsames Tochterunternehmen der am Standort ansässigen Unternehmen. Das Leistungsangebot ist sehr kundenspezifisch und muss sich im Wettbewerb behaupten.

Eine klare Zuordnung von Basisleistungen, Zusatzleistungen, Service Level und Umsatz/Kosten findet bedingt statt. Durch einen vermehrten Wettbewerb mit externen Industriedienstleistern wird dies zunehmend auch für interne Dienstleister erforderlich. Dies ist insbesondere der Fall, wenn – wie in diesem Geschäftsmodell – nicht nur die eigene Produktion, sondern weitere (fremde) produzierende Unternehmen mit Industrieservices versorgt werden.

Dies trifft ebenfalls auf die Standardisierung von Prozessen zu. Je höher der Wettbewerb am Markt ist, desto zwingender ist die Standardisierung von Prozessen zur Erreichung einer hohen Effizienz zum Zwecke der Kostensenkung, Erhöhung der Schnelligkeit in der Erbringung der Dienstleistungen und letztlich zur Erhöhung der Kundenzufriedenheit.

Die Freiheit des Kunden ist in diesem Fall dennoch geringer zu bewerten. Da die interne Industrieservice-Gesellschaft am Standort ansässig ist, häufig langjährige und enge Kundenbeziehungen bestehen, sind die Wechselmöglichkeiten der Kunden begrenzt. Dies gilt insbesondere für Leistungen, die Infrastruktur-lastig und damit ortsabhängig sind. Für die eigene Produktion der internen Industrieservice-Gesellschaft ist ein Wechsel zudem (nahezu) ausgeschlossen.

In der Praxis ist dieses Geschäftsmodell beispielsweise an vielen EVONIK-Standorten (Shared-Service-Modell) oder im von der YNCORIS betriebenen Chemiepark Hürth-Knapsack (Sharing-Modell) anzutreffen.

### 1.6.3 Der externe Industrieservice-Spezialist

Das Unternehmen des externen Industrieservice-Spezialisten hat keine organisatorische oder gesellschaftsrechtliche Verbindung zu einem produzierenden chemisch-pharmazeutischen Unternehmen. Es ist ein gänzlich eigenständiges Unternehmen.

Es kann standortgebunden sein, erbringt seine Dienstleistungen jedoch meistens standortunabhängig. Als Spezialist fokussiert es sich lediglich auf einen oder wenige Dienstleistungsbereich(e) (siehe auch Abschnitt 1.2).

Als eigenständiges professionelles Dienstleistungsunternehmen ist seine Kernkompetenz die Erbringung der Industrieservices. Es gibt keine Konkurrenz um Ressourcen (Finanzen, Mitarbeiter) zu produzierenden Einheiten. Da es im externen Wettbewerb steht, existiert in der Regel eine klare Zuordnung von Basisleistungen, Zusatzleistungen, Service Level und Umsatz/Kosten, da dies maßgeblich für das wirtschaftliche Handeln des Unternehmens (Rechnungsstellung, Abrechnung, Bilanzierung) ist. Dies schafft eine hohe Leistungstransparenz für den Kunden.

Aufgrund des größeren Wettbewerbs am Markt ist der Druck zur Standardisierung von Prozessen und Effizienzsteigerung noch wesentlicher als bei der internen Industrieservice-Dienstleister-Gesellschaft am Multi User Standort.

Der Kunde hat bei der Entscheidung für oder gegen den externen Industrieservice-Spezialisten eine hohe Wahlfreiheit, da der Spezialist am freien Markt mit hohem Wettbewerb agiert.

Dies ist auch der Grund, warum die Service-Exzellenz beim externen Industrieservice-Spezialisten in der Regel sehr hoch ist und der Kunde einen sehr professionellen Dienstleister erwarten kann.

In der Praxis wird dieses Geschäftsmodell beispielsweise von technischen Dienstleistern (wie Bilfinger oder Spie), Logistikern (wie TALKE oder Bertschi) oder Entsorgern (wie Remondis) oder von Planungsbüros gelebt, die produzierende chemisch-pharmazeutische Unternehmen zu ihrem Kundenstamm zählen.

## 1.7 Fazit und Ausblick

Industriedienstleister für die Chemie- und Pharma-Branche sind heute mit unterschiedlichen Geschäftsmodellen aufgestellt. Am Markt ist alles vertreten – vom voll integrierten Modell ohne klare Trennung zwischen Produktion und Services bis hin zum externen Service-Anbieter als eigenständige Unternehmung.

Die Entwicklung wird – insbesondere bei Unternehmen ab ca. 150 Mitarbeitern – mittelfristig weiter hin zu einer Separierung der Industrieservices von der Produktion führen. Der Grund hierfür ist, dass durch eine Separierung in der Regel die Professionalität in der Erbringung der Dienstleistungen steigt, da die Kernkompetenz und Kernaufgabe der (separierten) Dienstleister in der Erbringung der Dienstleistungen liegen und kein interner Wettbewerb um Ressourcen und Investitionen mit den produzierenden Einheiten stattfindet. Dadurch können die Dienstleistungen wiederum einen höheren Wertbeitrag zum Erfolg der produzierenden chemisch-pharmazeutischen Unternehmen leisten.

Die Herausforderungen, vor denen die chemisch-pharmazeutische Industrie in Deutschland steht – $CO_2$-neutrale Produktion, Zirkularität, künstliche Intelligenz, hohe Energiekosten, Fachkräftemangel – erfordern u. a. professionelle

Industrieservice-Dienstleister, die durch ihre hohe Effizienz und Flexibilität die vorhandenen Fachkräfte bestmöglich einsetzen, sowie eine hohe Expertise und Erfahrung in ihren Dienstleistungen mitbringen. In dieser disruptiven Phase der deutschen chemisch-pharmazeutischen Industrie benötigen die produzierenden Industrieunternehmen starke Partner, auf die diese sich verlassen können, um ihre eigene Transformation bewältigen zu können. Auf den Schultern aller Industriedienstleister-Modelle liegt eine große Last, ihren Beitrag zu einer Abwehr der De-Industrialisierung von Deutschland leisten zu können.

## Quellenverzeichnis


1. Jagusch, H., Dr. (2024, 25. April). Disruption der deutschen Chemieindustrie durch M&A?, in: Goingpublic [online]: https://www.goingpublic.de/allgemein/disruption-der-deutschen-chemieindustrie-durch-ma/#AutorAutorin [16.05.2024].
2. Verband der Chemischen Industrie e. V. (12. September 2024). Pressemitteilung; Chemie & Pharma diskutieren mit politischen Spitzenvertretern über die Zukunft der Branche. https://www.vci.de/presse/pressemitteilungen/steilemann-wir-muessen-den-aufbruch-wagen.jsp.
3. Verband der Chemischen Industrie e. V. (2024, 15. Mai). Quartalsbericht 1.2024 – Lichtblicke im Chemiegeschäft, S. 4f., in: Verband der Chemischen Industrie e.V., [online] https://www.vci.de/ergaenzende-downloads/vci-quartalsbericht-q1-2024.pdf [15.05.2024].
4. https://www.bundesregierung.de/breg-de/aktuelles/pharma-strategie-2249116.

# 2

# Industrieservices in der Chemie- und Pharmaindustrie: Ein Fokus auf Instandhaltung

*Prof. Dr.-Ing. Karla Ohler-Martins*

*Hochschule Ruhr West (HRW), Wirtschaftsinstitut Industrielles Dienstleistungsmanagement*

**Abstract**

In der Chemie- und Pharmaindustrie erstrecken sich die Industrieservices von der Planung bis zur Instandhaltung, einschließlich Anlagenwirtschaft und -management. Durch ein umfassendes Dienstleistungsangebot können Kunden sämtliche benötigten Leistungen von einem Anbieter erhalten, was zu einer Steigerung von Effizienz und Leistungsfähigkeit führt. In diesem Beitrag wird die Rolle von Industrieservices breitbandig dargestellt und der Fokus liegt auf Instandhaltung. Regulatorische Vorschriften, Gewährleistung von Qualität und Sicherheit sind der wichtigste Aspekt bei der Übernahme von Services. Externe Dienstleister, die Predictive Maintenance durchführen, müssen Digitalisierungskompetenz haben. Serviceanbieter, welche Obsoleszenzmanagement betreiben und Environmental Social Governance (ESG)-Standards im Fokus haben, bewegen sich in Richtung einer nachhaltigen Instandhaltung und gewinnen somit auch an Bedeutung bei Outsourcing.

## 2.1 Einführung in die Bedeutung von Industrieservices

Industrieservices sind eine wichtige Säule der modernen Wirtschaft. Sie tragen dazu bei, die Betriebsbereitschaft und Effizienz von industriellen Anlagen sicherzustellen. In der Chemie- und Pharmaindustrie spielen Industrieservices eine besonders wichtige Rolle, da sie sich mit komplexen und sicherheitskritischen Anlagen befassen müssen. Industrieservice umfasst ein breites Spektrum, und es lässt sich feststellen, dass in Deutschland etwa jeder dritte Berufstätige, der frühmorgens in einem Industriebetrieb seine Arbeit aufnimmt, bei einem Dienstleistungsunternehmen angestellt ist. Trotz dieser weiten Verbreitung bleibt der Begriff „Industrieservice“ unscharf definiert. Hauptsächlich sind die chemische Industrie mit einem Anteil von etwa 37,3 % am Gesamtumsatz der Industrieservices sowie

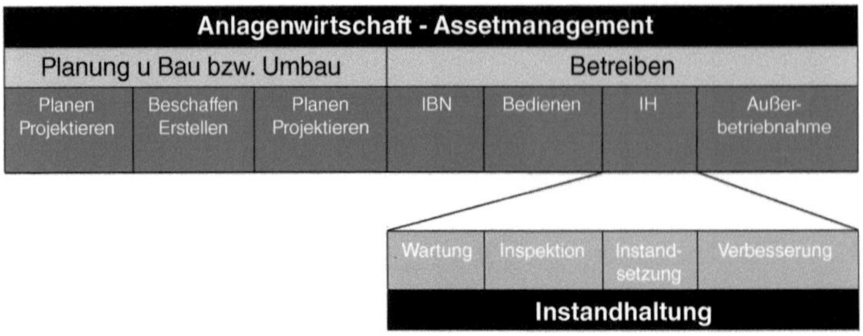


**Abb. 2.1** Industrieservice, von der Planung bis zur Instandhaltung. (*Quelle:* eigene Darstellung).

Kraftwerke, Energie- und Umwelttechnik mit etwa 31,4 % und Automobil- und Fahrzeugbau mit 23,3 % die Hauptkunden. Industrieservice positioniert sich zwischen den After-Sales-Dienstleistungen produzierender Unternehmen, internen Instandhaltungsabteilungen und reinen Serviceunternehmen. After-Sales-Dienstleister verfügen zwar über technisches Know-how, konzentrieren sich jedoch auf die Betreuung von selbst produzierten Maschinen. Interne Instandhaltung kennt das Anwendungsszenario, während Industrieserviceanbieter als externe Dienstleister per se keine spezifischen Kenntnisse über Anlagenanwendungen haben und gleichzeitig verschiedene Kunden bedienen, was zu einer höheren Anlagenvielfalt im Serviceportfolio führt. Industrieservice ist ein umfassender Begriff, der verschiedene Dienstleistungen einschließt, um die optimalen Funktionsweisen industrieller Anlagen sicherzustellen. Neben den Instandhaltungsleistungen gemäß DIN 31051 werden im Industrieservice eine Vielzahl von Aufgaben wahrgenommen.

In der Chemie- und Pharmaindustrie bietet der Industrieservice spezialisierte Dienstleistungen wie Instandhaltung, Reinigung, Engineering und andere technische Dienstleistungen an.

Abbildung 2.1 zeigt, dass der Industrieservice ein breites Spektrum von der Planung bis zur Instandhaltung deckt. Anlagenwirtschaft, Anlagenmanagement, und Instandhaltung sind eng miteinander verwobene Disziplinen, die im Industrieserviceportfolio mit behandelt werden. Diese breite Ausrichtung ist ein Vorteil des Industrieservices, da sie dem Kunden ein umfassendes Angebot an Dienstleistungen bietet.

Tabelle 2.1 zeigt, dass Industrieserviceanbieter ein breites Spektrum an Dienstleistungen anbieten, einschließlich After-Sales-Services und interner Instandhaltungsabteilungen. Dies ermöglicht es Kunden, einen Anbieter zu wählen, der alle benötigten Dienstleistungen aus einer Hand bietet. Zusätzlich werden Dienstleistungen angeboten, die Kunden dabei unterstützen können, die Leistungsfähigkeit und Effizienz ihrer Anlagen zu steigern.

Die breite Palette an Leistungen von Industrieservices ist ein Vorteil für Kunden und Anbieter. Durch die Bündelung von Leistungen können Industrieserviceanbieter Synergien erzielen, die letztendlich für den Kunden von Vorteil sind.

**Tab. 2.1** Kategorien von Industrieservices.

| Kategorie | Beschreibung | Service Zuordnung |
|---|---|---|
| After-Sales-Dienstleistungen | Leistungen, die ein Unternehmen nach dem Verkauf eines Produkts oder einer Dienstleistung erbringt | Montage, Gewährleistung, Beratung, Schulung, Inbetriebnahme, Instandhaltungsleistungen, Software-Updates, Ersatzteilversorgung |
| Interne Instandhaltungsabteilungen | Abteilungen in Unternehmen, die ihre eigenen Produktionsanlagen und / oder Gebäude instand halten | Instandhaltungsleistungen, Revisionen, Umbau, und Durchführung von Instandhaltungsprojekten, Instandhaltungs- und Ersatzteilmanagement |
| Industrieservice-anbieter | Externe Serviceunternehmen, die sich auf die Instandhaltung von Industrieanlagen spezialisiert haben | After-Sales-Dienstleistungen, Instandhaltungsleistungen, Turnaround-Management, Revisionen, Instandhaltungs-, Ersatzteil-, und Anlagenmanagement, IT-Harmonisierung und interne Logistik, Engineering |

(*Quelle:* verändert nach [1])

## 2.2 Definition von Industrieservice und seine Bandbreite – Die Vielfalt von Industrieservices

Industrieservices umfassen eine Vielzahl von Dienstleistungen, die auf die folgenden Bereiche ausgerichtet sind:

- Instandhaltung
- Reinigung
- Engineering
- Logistik
- Beratung

Instandhaltungsleistungen gemäß DIN 31051, wie Wartung, Inspektion, Instandsetzung und Verbesserung, sind essentielle Bestandteile des Industrieservices. Zusätzlich zu diesen Standards umfasst der Industrieservice technische Reinigung, innerbetriebliche Logistik, Anlagenoptimierung, Planung und Standortservices. Darüber hinaus bietet der Industrieservice Outsourcing-Möglichkeiten, Beratungsdienstleistungen, Schulungen für das Betriebspersonal, Datenanalyse, vorausschauende Wartung (predictive maintenance), Ersatzteile und Lagerverwaltung sowie umfassende Lösungen für das Anlagenmanagement [2–7].

Industrieserviceanbieter fungieren als externe Dienstleister, die ihre Fachkenntnisse, Personal und Ressourcen nutzen, um Industrieunternehmen in verschiedenen Branchen zu unterstützen. Die chemische Industrie ist für deutsche Industrieserviceanbieter die wichtigste Kundengruppe.

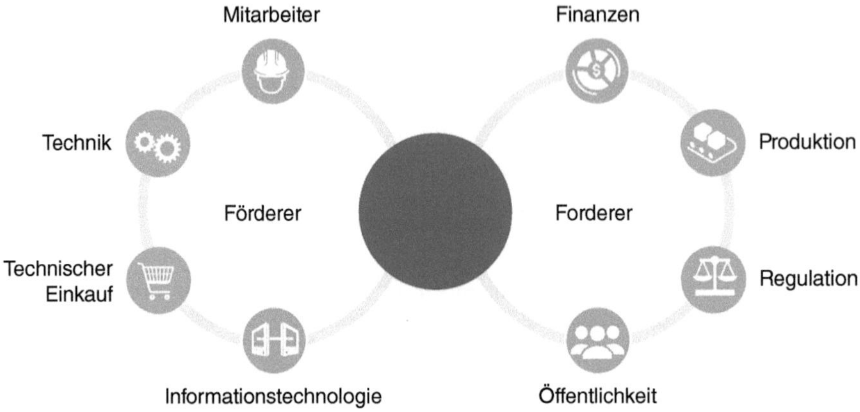


**Abb. 2.2** Anspruchsgruppen der Instandhaltung. (*Quelle:* [9] Mit freundlicher Genehmigung von RWTH).

### 2.2.1 Instandhaltung von Chemie- und Pharmaanlagen

Die Instandhaltung von Chemie- und Pharmaanlagen ist eine komplexe Aufgabe mit einer Reihe von Herausforderungen. Dazu gehören die Komplexität und Vielfalt der Anlagen, die extremen Betriebsbedingungen und die Notwendigkeit einer zuverlässigen Rund-um-die-Uhr-Verfügbarkeit. Um diesen Herausforderungen zu begegnen, sind effektive Instandhaltungsstrategien erforderlich. Dazu gehört auch ein ganzheitlicher Ansatz, der den Schwerpunkt auf vorbeugende Maßnahmen und die Optimierung der Instandhaltungsprozesse legt. Die Instandhaltung von Chemie- und Pharmaanlagen ist eine wichtige Aufgabe, die eine sorgfältige Planung und Umsetzung erfordert. Als Querschnittsfunktion ist die Instandhaltung in alle Bereiche eines Unternehmens integriert. Daher hat die Instandhaltung mit vielen unterschiedlichen Anspruchsgruppen zu tun. Diese Anspruchsgruppen lassen sich in zwei Gruppen einteilen: Förderer und Forderer [9]. Abbildung 2.2 zeigt die Anspruchsgruppenkreise. Diese sind jedoch nicht trennscharf abzugrenzen, obwohl eine Seite meist überwiegt [9].

Die Tabelle (2.2) bietet einen Überblick über die Anspruchsgruppen der Instandhaltung, einschließlich derjenigen in der Chemie- und Pharmaindustrie, sowie ihrer jeweiligen Rollen und Erwartungen an die Instandhaltung. Mitarbeiter sind sowohl als Anspruchsgruppe zu sehen, da sie die Instandhaltung unterstützen und gleichzeitig Erwartungen an sie haben. Ebenso verhält es sich mit der Anspruchsgruppe Umweltschutz:

- Umweltschutz als Forderer stellt spezifische Anforderungen an die Instandhaltung:
  - Einhaltung von Umweltschutzbestimmungen,
  - Reduzierung der Umweltbelastung durch die Instandhaltungsmaßnahmen,
  - Entwicklung und Umsetzung von Maßnahmen zur nachhaltigen Ressourcennutzung,

- Gewährleistung von Energieeffizienz durch präventive Wartungsmaßnahmen
- Reduzierung von Emissionen,
- Ressourcenschonung und Vermeidung von Umweltschäden.

- Umweltschutz als Förderer unterstützt die Instandhaltung bei der Erfüllung ihrer Aufgaben durch:
  - Bereitstellung von Informationen und Ressourcen für die Umsetzung umweltfreundlicher Maßnahmen,
  - Entwicklung und Umsetzung von Umweltmanagementsystemen,
  - Zusammenarbeit mit Instandhaltung bei der Durchführung von Umweltaudits.

Die Öffentlichkeit erwartet einen sicheren Betrieb der Maschinen und Anlagen, der durch die Einhaltung der GUS-Konformität (Gesundheit, Umweltschutz, Sicherheit) gewährleistet wird. GUS-Konformität bedeutet die Einhaltung von Standards in folgenden Bereichen:

- Gesundheit: Sicherstellung, dass Maschinen und Prozesse die Gesundheit der Mitarbeiter nicht gefährden, einschließlich ergonomischer Arbeitsplatzgestaltung, Schutz vor schädlichen Stoffen und Minimierung von Unfallrisiken.
- Umweltschutz: Sicherstellung, dass der Betrieb von Maschinen und Anlagen die Umwelt nicht schädigt, durch Reduktion von Emissionen, sparsamen Umgang mit Ressourcen und fachgerechte Entsorgung von Abfällen.
- Sicherheit: Implementierung von Sicherheitsvorkehrungen zur Verhinderung von Unfällen und Verletzungen, einschließlich regelmäßiger Wartung, Schulungen für Mitarbeiter und Einhaltung gesetzlicher Vorschriften.

Die Einhaltung der GUS-Standards ist entscheidend für den sicheren und nachhaltigen Betrieb von Maschinen und Anlagen und trägt wesentlich zur Verantwortung der Industrie bei.

#### 2.2.1.1 Life Cycle Management (LCM) und Obsoleszenz im Industrieservice

Ein zentraler Aspekt des Industrieservices ist das Life Cycle Management (LCM), das sich grundlegend vom LCM in der Produktenentwicklung unterscheidet:

- Ein Großteil der Anlagen stammt von verschiedenen Herstellern.
- Ersatzteile sind oft herstellerspezifisch und müssen von diesen bezogen werden.
- Katalogteile von anderen Zulieferern werden häufig vom Hersteller umbenannt. um den direkten Kauf beim ursprünglichen Hersteller zu erschweren.
- Nach mehr als zehn Jahren Betrieb bieten viele Hersteller keinen Support mehr an.

Kunden in der Instandhaltung haben nur begrenzten Einfluss auf das LCM der Anlagenhersteller. Sie sind von den Vorgaben des Herstellers abhängig, sofern ihnen diese überhaupt mitgeteilt werden. Daher sind die Kommunikation mit den Herstellern und ihre Informationspolitik entscheidend. [10]. Für die Instandhaltung bedeutet das, dass, der langfristige Betrieb der Anlage stark davon abhängt, wie gut der aktuelle Lebenszyklus bekannt ist und welches Obsoleszenzrisiko besteht. Obsoleszenz beschreibt den Zustand, in dem ein Komponente, Baugruppe oder ein ganzes System während ihrer Nutzungsdauer nicht mehr beschaffbar ist. Für Hersteller und Betreiber langlebiger Produkte entsteht dieses Problem, wenn zur Produktion oder Instandhaltung benötigte Teile oder Materialien nicht mehr verfügbar sind. Dies betrifft nicht nur physische Bauteile, sondern auch Software und spezifisches Know-how. Dieses Phänomen stellt eine erhebliche Herausforderung dar. Bereits zum Zeitpunkt der Beschaffung eines Systems müssen Betreiber und Lieferanten gemeinsam planen, wie sie den Betrieb und die Versorgung mit Ersatzteilen über die gesamte Nutzungsdauer sicherstellen können. Eine sorgfältige Planung und enge Zusammenarbeit sind notwendig, um die Auswirkungen der Obsoleszenz zu minimieren und den reibungslosen Betrieb langfristig zu gewährleisten. Obsoleszenz wird zunehmend zu einem ernsthaften Problem in der Industrie, insbesondere durch die Digitalisierung und die Abhängigkeit von komplexen elektronischen Bauelementen. Obsoleszenzmanagement ist eine relativ neue Disziplin mit dem Ziel, das Risiko und die Auswirkungen von Obsoleszenz zu verhindern. Es ist ein wichtiges Thema für die Instandhaltung und sollte von allen Anspruchsgruppen berücksichtigt werden. Mitarbeiter und Umweltschutz wurden in Tab. 2.2 hinzugefügt, um ihre Bedeutung für die Instandhaltung zu unterstreichen.

#### 2.2.1.2 Reparaturkomplexität in der Chemie- und Pharmaindustrie

Die Anforderungen und Erwartungen der Anspruchsgruppen (Tab. 2.2) haben direkte Auswirkungen auf die Instandhaltungsstrategien und -prozesse. Das Bild 2.3 veranschaulicht die Reparaturkomplexität in der Chemie- und Pharmaindustrie und gliedert Reparaturen in vier Kategorien: einfach, moderat, hoch und Obsoleszenzrisiko. Es betrachtet die Anlagenkomplexität sowie die Beschaffung und Kosten von Ersatzteilen. Weitere Faktoren wie das Anlagenalter, die Verfügbarkeit von Fachpersonal und die Dokumentation spielen ebenfalls eine Rolle.

Die Tabelle 2.3 bietet einen Einblick in die Vielfalt der Anlagenkomplexität und verdeutlicht den Zusammenhang zwischen Anlagenkomplexität, Ersatzteilverfügbarkeit und Reparaturkosten. Dies kann Fachleuten helfen, effektive Instandhaltungsstrategien zu entwickeln und angemessene Budgets für Reparaturen festzulegen.

Industrieserviceanbieter, die bei der Entwicklung ihrer Instandhaltungsstrategie die Bedürfnisse und Interessen relevanter Anspruchsgruppen wie Kunden, Mitarbeiter, Obsoleszenz und Umweltschutz berücksichtigen, sind besser aufgestellt, um eine nachhaltige Instandhaltung zu gestalten, die die ESG-Standards erfüllt und bei der Vergabe von Aufträgen und Ausschreibungen immer wichtiger wird.

#### 2.2.1.3 Turnaroundmanagement

Nach der Betrachtung der Anspruchsgruppen der Instandhaltung und ihrer Bedeutung für den Betrieb ist es wichtig, auch komplexe Instandhaltungsprojekte wie den Turnaround (TAR) bei Chemie- und Pharmaanlagen näher zu beleuchten. Ein

**Tab. 2.2** Rollen und Erwartungen der Anspruchsgruppen der Instandhaltung.

| Anspruchsgruppe | Rolle | Erwartungen |
|---|---|---|
| **Mitarbeiter** | Unterstützt Instandhaltungstätigkeiten | Sicherheit, Gesundheit, Arbeitsbedingungen, Weiterbildung, Karrieremöglichkeiten |
| **Forderer** | | |
| | Produktion | Maschinen und Anlagen jederzeit einsatzbereit halten: Unbeeinträchtigte Produktionsprozesse |
| | Finanzen | Wirtschaftliche Arbeitsweise: Einhaltung des Budgets |
| | Öffentlichkeit | Sicherer Betrieb der Maschine und Anlagen: GUS-Konformität |
| | Umweltschutz | Energieeffizienz: Präventive Wartungsmaßnahmen |
| | Obsoleszenzmanagement | Proaktive Anpassung der Instandhaltungsstrategie, Management zusätzlicher Kosten, Erhöhter Bedarf an Know-how |
| **Förderer** | | |
| | Technik | Unterstützung bei Planung, Durchführung und Überwachung der Instandhaltungsaufgaben |
| | Technischer Einkauf | Beschaffung von Ersatzteilen und Dienstleistungen für die Instandhaltung |
| | Informationstechnologie | Bereitstellung von IT-Systemen für Datenerfassung und -Analyse |
| | Qualitätssicherung | Sicherstellung von Qualitätsstandards und Produktqualität: Unterstützung bei Instandhaltungsmaßnahmen |
| | Umweltschutz | Reduzierung der Umweltbelastung durch Instandhaltungsmaßnahmen |
| | Obsoleszenzmanagement | Unterstützung bei der Veralterungsinformation, Lebensdauerverlängerung von Maschinen, Erhöhung der Produktionssicherheit, Umweltbelastungsreduktion durch Instandhaltungsmaßnahmen |

(*Quelle:* verändert nach. [9])

Turnaroundmanagement umfasst die Planung und Durchführung aller erforderlichen Arbeiten während einer geplanten Abstellung einer Anlage oder Produktionslinie. Diese Projekte stellen eine Vielzahl von Herausforderungen dar:

- Wartung zahlreicher Bauteile: von komplexen Maschinen bis hin zu sicherheitskritischen Systemen,
- Koordination zusätzlicher Arbeitskräfte: Temporäre Teams aus internen und externen Fachkräften müssen effizient zusammenarbeiten,

**Tab. 2.3** Komplexitätsstufen, Ersatzteilverfügbarkeit und Reparaturkosten am Beispiel der Chemie- und Pharmaindustrie.

| Reparatur-komplexität | Beschreibung | Beispiele | Ersatzteile | Reparatur-kosten |
|---|---|---|---|---|
| Einfach | Einfache Bauweise, standardisierte Komponenten | Standardisierte Armaturen, z. B. Kugelhähne, Absperrventile; Steuerung, z.B. Relaisschaltungen, kleine Motoren und Getriebe | Leicht verfügbar | Gering |
| Moderat | Komplexere Bauteile, einige proprietäre Systeme | Kompressoren mit modularem Aufbau, Rührwerke mit proprietären Antriebssystemen; Wärmebehandlungsanlagen mit einigen spezialisierten Sensoren | Schwieriger zu beschaffen | Höher |
| Hoch | Hochkomplexe Systeme, viele proprietäre Komponenten | Turbinen mit komplexen Lagersystemen; Robotersysteme mit spezifischer Steuerungssoftware; Vakuumkammern mit integrierten Reinigungssystemen | Nur vom Hersteller erhältlich | Sehr hoch |
| Obsoleszen-zrisiko | Veraltete Bauteile, nicht mehr vom Hersteller unterstützt | Analysengeräte mit veralteten Datenschnittstellen; Produktionsanlagen mit nicht mehr unterstützten Steuerungssystemen; Sondermaschinen mit nicht mehr verfügbaren Ersatzteilen | Nicht mehr verfügbar | Reparatur oft unmöglich |

(*Quelle:* verändert nach[10])

- Minimierung von Stillstandzeiten: Kostensenkung, um die Produktion schnellstmöglich wiederaufzunehmen,
- Einhaltung von Sicherheit- und Umweltstandards: Gesundheit der Mitarbeiter und Umweltschutz [11, 12].

TAR in Chemie- und Pharmaanlagen bieten jedoch nicht nur die Möglichkeit zur Modernisierung und Verbesserung von Anlagen, sondern auch die Chance, die Effizienz und Betriebssicherheit zu steigern:

- Optimierung von Instandhaltungsprozessen: Digitalisierung von Abläufen und die Nutzung von Datenanalysen,

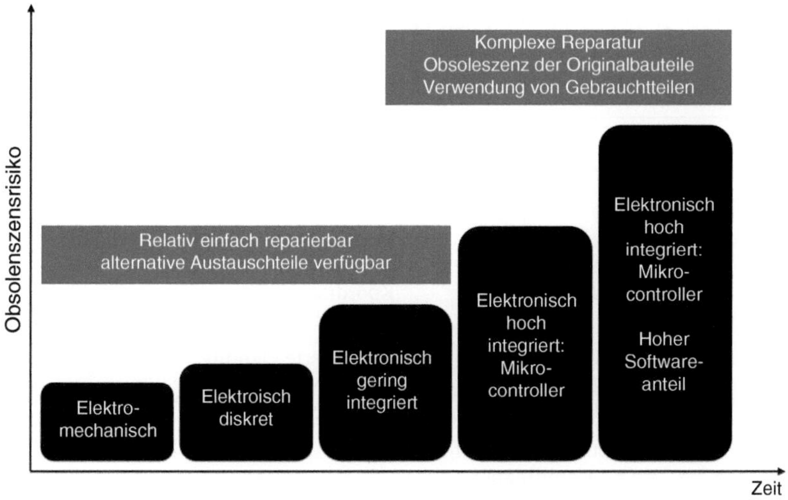


**Abb. 2.3** Obsoleszenzrisiko von Bauteilen als Funktion der Zeit / Komplexität der Reparatur. (*Quelle:* i.A. [10] Mit freundlicher Genehmigung von GMP German Machine Parts.).

- Verbesserung der Kommunikation und Zusammenarbeit: Einsatz von cloudbasierten Plattformen und mobilen Anwendungen,
- Reduzierung von Kosten und Risiken: Vermeidung von unvorhergesehenen Stillständen und teuren Reparaturen.

Die Digitalisierung beschleunigt und erhöht die Effizienz von Planung und Durchführung von TAR:

- Vereinfachung zeitaufwändiger Prozesse: Automatisierung von manuellen Tätigkeiten, z. B. durch Checklisten und digitale Prüfberichte,
- Verbesserung der Kommunikation: Echtzeit-Updates für alle Beteiligte, z. B. durch mobile Apps und Dashboards,
- Reduzierung von Fehlern und Risiken: Datengestützte Entscheidungen und Vermeidung von menschlichem Versagen durch Machine Learning (ML).

Tabelle 2.4 zeigt verschiedene Maßnahmen zur Digitalisierung von TAR und vergleicht diese mit herkömmlichen Methoden.

Während eines TAR-Projekts in der Chemie- und Pharmaindustrie können verschiedene Aktivitäten und Ereignisse auftreten, die eine klare Kommunikation und Koordination erfordern. Die Anwendung von M1- und M2-Meldungen trägt dazu bei, dass das Projekt reibungslos und effizient abläuft, indem sie eine klare Kommunikation über dringende Probleme und geplante Aktivitäten ermöglichen und sicherstellen, dass das Team entsprechend handeln kann.

M1-Meldungen: Um unmittelbare Sicherheitsrisiken oder Störungen zu signalisieren, die sofortige Maßnahmen erfordern. Dies könnten beispielsweise unerwartete Probleme sein, die während der Anlageninspektionen oder -wartungen entdeckt

**Tab. 2.4** Digitalisierung von TAR im Vergleich zu herkömmlichen Methoden.

| Maßnahme | Beschreibung | Nutzen | Status |
|---|---|---|---|
| Scope-Management | Definiert und überwacht TAR-Anforderungen | Verbesserte Planung und Überwachung von TAR-Prozessen | Standard |
| M1/M2-Meldungen | Effiziente Kommunikation und Koordination | Verbesserte Kommunikation und Koordination während des TAR | Standard |
| Abstellung-sterminplan | Planung und Koordination von TAR-Terminen | Verbesserte Planung und Koordination von TAR-Terminen | Standard |
| Erste Auswertung und Entzerrung der Termine | Hilft bei der Planung und Koordination von TAR-Terminen | | Standard |
| Tagesarbeits-Plan | Planung und Koordination von TAR-Arbeiten | Verbesserte Planung und Koordination von TAR-Arbeiten | Standard |
| Visualisieren der Arbeiten im 3D-Modell | Verbesserte Kommunikation und Sicherheit | Verbesserte TAR-Kommunikation und Sicherheit durch 3D-Modelle | Seit 2017 |
| Erweiterung der Simulation-smöglichkeiten | Komplexere Prozesssimulationen | Verbesserte Prozesssimulationen während des TAR | Seit 2017 |
| Automatisierung von Prozessen | Automatisierung von TAR-Aufgaben | Verbesserte Effizienz und Genauigkeit von TAR-Prozessen | Seit 2017 |
| Vereinfachung zeitaufwändige Prozesse | Automatisierung von Checklisten und Prüfberichten | Verbesserte Effizienz und Genauigkeit von TAR-Prozessen | Seit 2015 |
| Verbesserung der Kommunikation | Echtzeit-Updates durch mobile Apps und Dashboards | Verbesserte Kommunikation und Koordination während des TAR | Seit 2018 |
| Reduzierung von Fehlern und Risiken | Datengestützte Entscheidungen und Vermeidung von menschlichem Versagen (ML) | Reduzierung von Fehlern und Risiken durch datengestützte Entscheidungen und Vermeidung von menschlichem Versagen | Seit 2020 |
| KI und Robotik | Nutzung von KI und Robotik zur Verbesserung von TAR-Prozessen | Verbesserte Effizienz und Genauigkeit von TAR-Prozessen durch KI und Robotik | In Entwicklung |
| Nutzung von VR und AR | Verbesserte Schulung und Simulation von TAR-Prozessen durch VR und AR-Technologien | | In Entwicklung |

(*Quelle:* verändert nach. [12]).

werden und die sofortige Aufmerksamkeit erfordern, um die Sicherheit des Personals und die Integrität der Anlage zu gewährleisten.

M2-Meldungen: Um geplante Aktivitäten, wie z. B. den Zeitplan für bestimmte Wartungsarbeiten oder Änderungen im Betriebsablauf, zu kommunizieren. Diese Meldungen ermöglichen es dem Team, sich auf bevorstehende Aufgaben vorzubereiten und sicherzustellen, dass alle erforderlichen Ressourcen und Materialien rechtzeitig verfügbar sind.

Um die Effizienz und Wirksamkeit eines TARs zu gewährleisten, ist es entscheidend, die richtige Instandhaltungsstrategie zu wählen. Diese Strategie beeinflusst maßgeblich, wie der TAR geplant, durchgeführt und bewertet wird. Die Abbildung 2.4 vergleicht die Leistung von vier verschiedenen Instandhaltungsstrategien [13]:

- Reaktiv: Problemlösung nach dem Auftreten von Störungen,
- Präventiv: Geplante Wartungsarbeiten in regelmäßigen Intervallen zur Vorbeugung von Ausfällen,
- Prädiktiv: Nutzung von Daten zur Vorhersage des Anlagenzustands und Durchführung von Wartungsarbeiten nur bei Bedarf,
- Proaktiv: Kontinuierliche Verbesserung der Anlagen, um ihre Lebensdauer zu verlängern und Effizienz zu steigern

Predictive Maintenance (PdM) bzw. prädiktive Instandhaltung ist eine Strategie zur vorausschauenden Instandhaltung, die auf der kontinuierlichen Überwachung des Anlagenzustands basiert, um potenzielle Fehler frühzeitig zu erkennen und zu beheben. In der Chemie- und Pharmaindustrie sind die Zuverlässigkeit und Verfügbarkeit der Anlagen und Produktionsprozesse von entscheidender Bedeutung. PdM spielt eine Schlüsselrolle, um diese Zuverlässigkeit zu gewährleisten, indem sie ungeplante Stillstände minimiert und die Produktionseffizienz steigert. Die Implementierung von PdM erfordert einen hohen Digitalisierungsgrad und den Einsatz

**Abb. 2.4** Leistung von vier verschiedenen Instandhaltungsstrategien. (*Quelle:* verändert nach [14]).

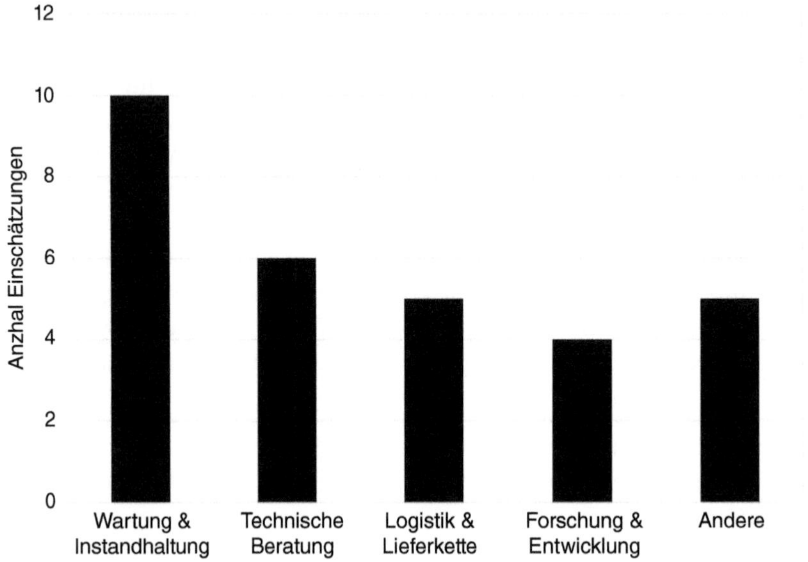


**Abb. 2.5** Frage 19: Welche Arten von Industrieservices werden in Ihrem Bereich angeboten? (*Quelle:* [16] Mit freundlicher Genehmigung von Wirtschaftsinstitut).

von KI-gestützten Systemen. Dazu gehören die Sammlung von Daten aus verschiedenen Quellen, die Entwicklung von Methoden zur Fehlerfrüherkennung und die Implementierung von Prozessen zur Reaktion auf Warnungen. Die Digitalisierung von TAR kann eine wichtige Grundlage für den Einsatz von PdM sein. Während des TARs werden umfangreiche Daten über den Zustand der Anlagen gesammelt, z. B. Informationen über durchgeführte Wartungsarbeiten, Leistung und Zustand der Anlagenkomponenten. Diese Daten können genutzt werden, um KI-gestützte Methoden für die Fehlerfrüherkennung zu entwickeln. Zusätzlich können während des TARs auch zusätzliche Sensoren oder Überwachungssysteme installiert werden, die kontinuierlich Daten über den Betrieb der Anlagen liefern. Diese Daten können dann in Echtzeit analysiert werden, um den Zustand der Anlagen kontinuierlich zu überwachen und frühzeitig auf potenzielle Probleme zu reagieren [12].

### 2.2.2 Industrieservice: Einschätzungen aus der Chemie- und Pharmabranche

In einer eigens für dieses Kapitel durchgeführten [16] Befragung zu Industrieservices in der Chemie- und Pharmaindustrie wurden 35 Personen befragt. Die Befragten waren überwiegend Führungskräfte mit mehr als 15 Jahren Berufserfahrung. Sie waren in Unternehmen tätig, die mehr als 750 Mitarbeiter haben und seit über 20 Jahren etabliert sind. Die Befragten definieren Industrieservices als technische Dienstleistungen, wobei die Instandhaltung als der wichtigste Teil heraussticht. 57 % der Befragten bezeichnen die Instandhaltung als ihre Kerntätigkeit. Zum größten

Teil bestehen diese aus externen Dienstleistern. Die Befragten bewerten die Anforderungen an die Industrieservicebranche als hoch. Regulatorische Compliance, Produktionsprozesse, Sicherheit und Gefahrenmanagement sowie Qualitätskontrolle werden alle als wichtig oder sehr wichtig eingestuft. Die Innovationsfähigkeit wird dabei als am wenigsten wichtig betrachtet. Im Vergleich zu anderen Branchen gibt es unterschiedliche Einschätzungen in den Bereichen Produktion und Qualitätskontrolle, während Sicherheit und Gefahrenmanagement als ähnlich wichtig bewertet werden [16].

Die Abbildung 2.6 zeigt, dass Kunden von Industrieservices hohe Ansprüche an die Qualität und Sicherheit der Leistungen haben. Diese Anforderungen sind eng mit der wichtigen Rolle von Industrieservices für die Funktionsfähigkeit von Prozessen und Anlagen verbunden. Die Umfrageergebnisse betonen zudem, dass Kunden auch großen Wert auf Flexibilität und Anpassungsfähigkeit legen, da sich die Anforderungen an Industrieservices im Laufe der Zeit verändern können. Es gibt mehrere mögliche Gründe dafür, dass die Befragten die Innovationsfähigkeit als weniger wichtig bewertet haben als die anderen genannten Faktoren (siehe Abb. 2.6):

1. Innovationsfähigkeit ist ein langfristiger Faktor, während die Befragten eher kurzfristige Einflüsse auf die Definition und das Angebot von Industrieservices bewerten könnten.

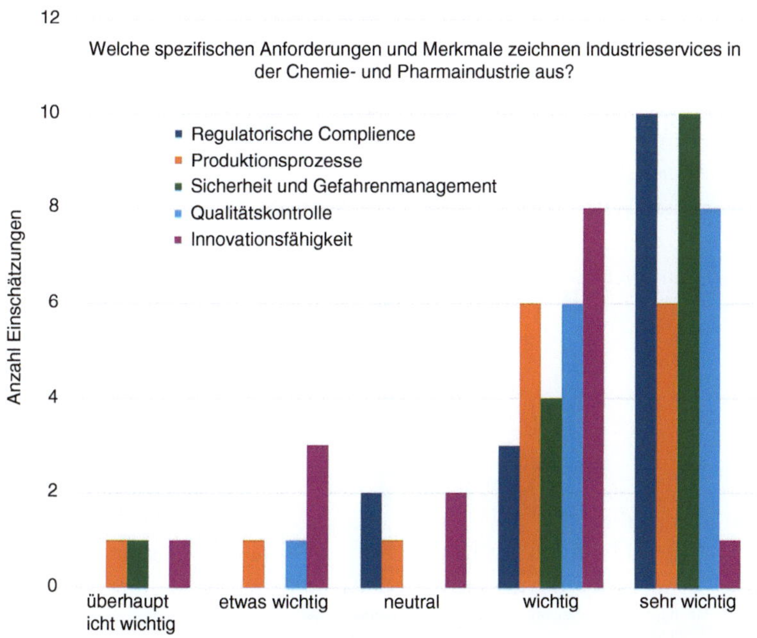


**Abb. 2.6** Frage 12: Welche spezifischen Anforderungen und Merkmale zeichnen Industrieservices in der Chemie- und Pharmaindustrie aus? [16] mit freundlicher Genehmigung von Wirtschaftsinstitut.

2. Abstraktheit der Innovationsfähigkeit könnte es den Befragten erschwert haben, sich vorzustellen, wie sie sich auf ihre Arbeit auswirkt.
3. Unsicherheit bezüglich der Innovationen könnte bei den Befragten Bedenken hinsichtlich unerwarteter Risiken oder Kosten ausgelöst haben.

In der Chemie- und Pharmaindustrie sind folgende branchenspezifische Anforderungen besonders wichtig:

- Einhaltung von regulatorischen Vorschriften
- Gewährleistung von Sicherheit
- Gewährleistung von Qualität

Branchenspezifische Vorschriften in der Chemie- und Pharmaindustrie sind wichtig, komplex und stellen eine Herausforderung dar. Unternehmen müssen diese Vorschriften verstehen und umsetzen können. Die Abbildung. 2.7 zeigt, dass Good Manufacturing Practice (GMP) die maßgeblichen branchenspezifischen Vorschriften für Industriedienstleistungen sind. Sie haben einen signifikanten Einfluss auf die meisten Industriedienstleistungen. Good Laboratory Practice (GLP), Pharmakovigilanz und Agency Occupational Safety (EPA) haben ebenfalls einen spürbaren Einfluss. Im Gegensatz dazu haben Occupational Safety and Health Administration (OSHA) und International Conference on Harmonisation (ICH) einen geringeren Einfluss.

Die Faktoren, die Industriedienstleister bei der Definition und Angebotspalette von Industriedienstleistungen beeinflussen, werden in der Abb. 2.8 gezeigt. Branchenspezifische Anforderungen sind ein beträchtlicher Einfluss. Registration, Evaluation, Authorisation and Restriction of Chemicals (REACH)-Verordnung, Globally Harmonised System (GHS) und Seveso-Richtlinie sind die am häufigsten genannten Beispiele für regulatorische Anforderungen in der Chemie- und

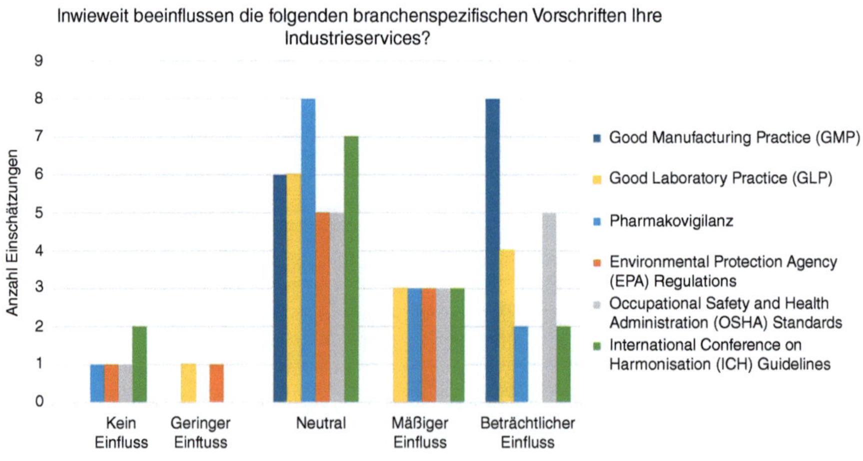


**Abb. 2.7** Frage 16: Inwieweit beeinflussen diese branchenspezifischen Vorschriften Ihre Industrieservices? [16] Mit freundlicher Genehmigung von Wirtschaftsinstitut.

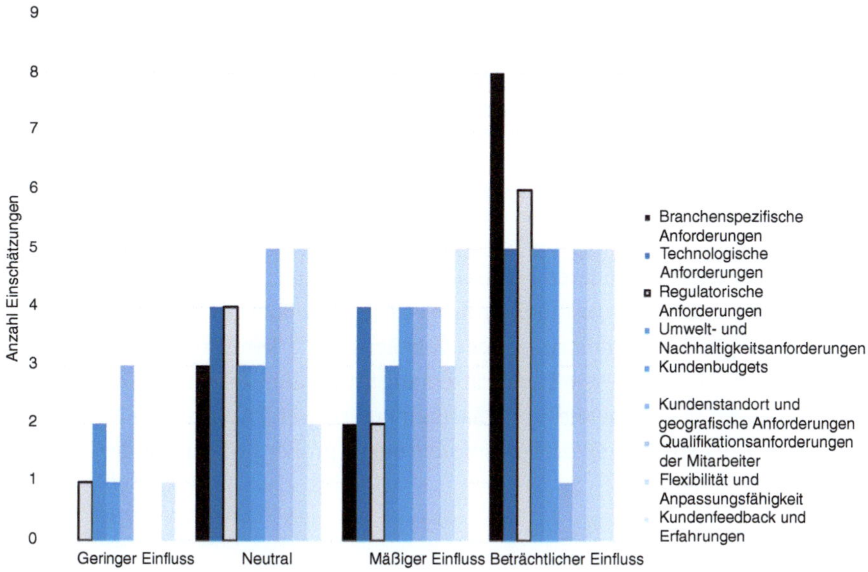


**Abb. 2.8** Frage 20: Welche Kundenanforderungen und Voraussetzungen beeinflussen am stärksten Ihre Definition und Angebotspalette von Industrieservices? [16] Mit freundlicher Genehmigung von Wirtschaftsinstitut.

Pharmaindustrie. Diese Anforderungen sind von großer Bedeutung, da sie die Konformität mit den ESG-Standards, Sicherheit und regulatorische Compliance gewährleisten. Zu den wichtigsten regulatorischen Anforderungen für die Pharmaindustrie wurden die GMP-, GLP- und ICH-Richtlinien von den Befragten erwähnt. Die Chemie- und Pharmaindustrie weist einige Gemeinsamkeiten bei den Einflussfaktoren auf die Definition und Angebotspalette von Industriedienstleistungen auf. Beide Branchen unterliegen einer Vielzahl von regulatorischen Anforderungen, die einen großen Einfluss auf die benötigten Dienstleistungen haben. Die Befragten bewerteten die Faktoren Technologische Anforderungen, Qualifikationsanforderungen der Mitarbeiter, Flexibilität und Anpassungsfähigkeit, Kundenfeedback und Erfahrungen, Kundenbudgets und Umwelt- und Nachhaltigkeitsanforderungen etwa als gleich wichtig.

Nach Einschätzung der Befragten wird die Zusammenführung von Produktion, Instandhaltung und Anlagenbau durch die Nutzung gemeinsamer und integrierter Datenbestände in Zukunft intensiviert. Zustandsorientierte und vorausschauende Instandhaltungsstrategien werden im Vergleich zu reaktiven und präventiven Ansätzen an Bedeutung gewinnen. Die Implementierung kostengünstiger Sensoren, IoT- und Cloud-Technologien ermöglicht zusammen mit Softwaresystemen zur Visualisierung und Prognose die Entwicklung neuer Geschäftsmodelle für das betriebliche Anlagenmanagement. Diese neuen Wertschöpfungsketten haben das Potenzial, die traditionellen Beziehungen zwischen Anlagenherstellern, -betreibern und Instandhaltern grundlegend zu verändern [4, 16, 17].

### 2.2.3 Outsourcing in der Chemie- und Pharmaindustrie

Outsourcing von Industrieservices kann sich für Unternehmen in der Chemie- und Pharmaindustrie aus folgenden Gründen lohnen:

- Kosteneinsparungen
- Fachkräftemangel
- Optimierung von Anlagen

Auftraggeber legen besonderen Fokus auf Kosteneffizienz und Know-how im Facility Management und in Instandhaltungsleistungen wobei Größe, Zuverlässigkeit und Vielseitigkeit der Industrieservice-Anbieter als Stärken wahrgenommen werden. Herausforderungen wie Fachkräftemangel und die Einhaltung von Compliance-Standards in der Chemie- und Pharmaindustrie werden als relevante Anliegen betrachtet. Die Erfüllung spezieller Anforderungen großer Kunden aus der Chemieindustrie im Bereich

- Datenpflege,
- Sensorik und
- Energieeffizienz

sind entscheidend. Zudem werden Einhaltung von ESG-Standards und Digitalisierung als integrale Bestandteile von Outsourcing-Verträgen betrachtet. Zielgerichtet streben Auftraggeber Kosteneinsparungen an, insbesondere im Bereich Fluidmanagement, Stillstandmanagement und Digitalisierung der Instandhaltungsprozesse und betonen die Bedeutung von Synergieeffekten sowie spezialisierten Dienstleistern, besonders bei Stillständen. Die Herausforderung bei der Suche nach qualifiziertem Personal ist dabei eine zentrale Thematik.

Seitens des Industrieservice-Anbieters wird die historische Entwicklung des Unternehmens als Referenzpunkt herangezogen. Die enge Zusammenarbeit mit der Produktion sowie der Zugang zum IT-System (z. B. ERP-System) des Kunden sind von wesentlicher Bedeutung.

Industrieservice-Auftraggeber treffen strategische Entscheidungen für Outsourcing, um Personal zu sparen, Kosten flexibler zu gestalten und die Effizienz zu steigern [16].

### 2.2.4 Digitalisierung und Fachkräftemangel: Herausforderungen für den Industrieservice

Digitalisierung bietet Industrieservices neue Chancen und Herausforderungen. Chancen bestehen beispielsweise in der Entwicklung von innovativen Lösungen für die Instandhaltung, die Optimierung von Prozessen und die Steigerung der Effizienz. Herausforderungen sind beispielsweise der Fachkräftemangel und der Umgang mit Datensicherheit und Datenschutz.

In der chemischen Industrie eröffnen sich vielfältige Möglichkeiten für digitale Innovationen im Industrieservice. Digitale Lösungen im Energiemanagement werden genutzt, um den Energieverbrauch zu optimieren und Ressourcen effizient zu nutzen, z. B. Integration von erneuerbaren Energien in das Energiesystem. Mobile Geräte und Wearables erleichtern die Arbeit von Anlagenläufern und das Management von Fremdfirmen. Digitale Videoanalysen verbessern das Standortmanagement und die Zugangskontrolle. Die Digitalisierung bietet auch Chancen für das Ersatzteilmanagement, die Mitarbeiterausbildung, Prozesssimulationen und vorausschauende Instandhaltung. Kunden profitieren von Online-Services, Track-and-Trace-Systemen und der Analyse von Geschäftsdaten. Die Digitalisierung ermöglicht auch Optimierungen in der Logistik, wie die Einführung von automatisierten Flottenmanagementsystemen, um die Wartungskosten zu senken und logistische Prozesse zu verbessern. Die Digitalisierung im Industrieservice der Chemieindustrie umfasst Folgendes:

- KI-basierte Datensammlung: Durch die Nutzung von Sensoren, Betriebsdaten und auch Daten von Randbedingungen der Prozesse, wie z. B. Wetterdaten, prognostiziert KI den Zustand der Anlagen, um vorbeugende Maßnahmen zu ermöglichen,
- Zustandsüberwachung von Rohrleitungen: Sensoren erfassen Vibrationen und erkennen Anzeichen von Schäden, wobei KI-basierte Systeme Ausfälle prognostizieren,
- Überwachung von Maschinen: Sensoren erfassen Betriebsdaten wie Temperaturen und Drücke, welche von KI-Anwendungen genutzt werden, um Ausfälle vorherzusagen,
- Cloudbasiertes Serviceangebot: Kunden können ihre Anlagendaten über eine Plattform verwalten und analysieren, um die Anlagen besser verstehen und effizienter betreiben zu können, z. B. Datenvisualisierungen, Alarmmeldungen und automatisierten Berichtsfunktionen [4, 16, 18].

## 2.3 Fazit

Industrieservice stellt eine Lösung von eigenständigen Betrieben dar, die unabhängig von den Chemie- und Pharmaindustrieunternehmen operieren und von ihnen beauftragt werden. Die Umfrage [16] legt nahe, dass Industrieservices vermehrt von externen Dienstleistern erbracht werden. Während Wartung und Instandhaltung die häufigsten Tätigkeitsbereiche im Industrieservice darstellen, fallen auch weitere Tätigkeiten in diesem Bereich an. Dies erfordert einerseits die Ausbildung von entsprechendem Fachpersonal, andererseits ermöglicht es durch Spezialisierung, maßgeschneiderte Lösungen zu entwickeln und Prozesse bei verschiedenen Firmen mit ähnlichen Abläufen zu optimieren und Fehler zu beheben.

Zusammenfassend lässt sich aus den Umfrageergebnissen ableiten, dass Industrieservice nicht nur Wartung, Reinigung und Instandhaltung umfasst, sondern auch analytische und beratende Tätigkeiten. Dank ihrer Schlüsselrolle bei der Unterstützung der Industrieunternehmen können sich diese Unternehmen vollständig auf ihre Haupttätigkeiten konzentrieren. Aspekte wie Obsoleszenzmanagement, die Berücksichtigung von ESG-Standards und die Kompetenz in der Digitalisierung spielen eine entscheidende Rolle. Durch diese Kompetenzen trägt der Industrieservice dazu bei, die erforderlichen Dienstleitungen in den Industrieunternehmen abzudecken.

Die Erforschung der Umsetzung von Industrieservice als Ausführungstätigkeit birgt Potenzial für zukünftige Untersuchungen. Sie könnte dazu beitragen, die genauen Anpassungen an Kundenbedürfnisse zu verstehen und daraus ableitend verbesserte Instandhaltungsstrategien zu entwickeln. Darüber hinaus könnten innovative Ansätze zur Optimierung der Anlagenleistung erforscht werden. Ein weiteres wichtiges Thema ist die Nachhaltigkeit des Industrieservices, sowohl in Bezug auf Ressourcenschonung als auch auf Wiederverwendung, um eine nachhaltige Instandhaltung zu fördern. Es ist auch interessant zu untersuchen, welche Rolle die Verlagerung von Industrieserviceleistungen ins Ausland spielt und wie entsprechende Tätigkeiten geplant werden können, um eine langfristig sichere wirtschaftliche Entwicklung zu gewährleisten.

## Abkürzungsverzeichnis

| | |
|---|---|
| HRW | Hochschule Ruhr West |
| ESG | Environmental Social Governance |
| DIN | Deutsches Institut für Normung |
| IBN | Inbetriebnahme |
| IH | Instandhaltung |
| LCM | Life Cycle Management |
| GUS | Gesundheit, Umweltschutz, Sicherheit |
| TAR | Turnaround |
| PdM | Predictive Maintenance |
| KI | Künstliche Intelligenz |
| GMP | Good Manufacturing Practice |
| GLP | Good Laboratory Practice |
| EPA | Environmental Protection Agency |
| OSHA | Occupational Safety and Health Administration |
| ICH | International Conference on Harmonisation |
| REACH | Registration, Evaluation, Authorisation and Restriction of Chemicals |
| GHS | Globally Harmonised System |
| IoT | Internet of Things |
| ERP | Enterprise Resource Planning |

## Quellenverzeichnis


1. Deutsches Institut für Normung (2012). *DIN 31051 – Grundlagen der Instandhaltung*, 4–12.
2. Reichel, J., Müller, G. und Haeffs J. (2018). *Betriebliche Instandhaltung*. Heidelberg: Springer Berlin, 35–48.

**3.** Berger, R. (2010). *Industrieservices in Deutschland.* Status Quo und zukünftige Entwicklung, 1–34.

**4.** Oro Saavedra, C. (08 Sept. 2023). *Wie das Heute das Morgen bestimmt – Weichen stellen für die Maintenance 2030.* FVI-Treffen-Forum Vision Instandhaltung e. V., 8–38.

**5.** Kampker, A., Frank, J.und Schwartz M. et al. (2018). Lernen von den Besten: Fünf Erfolgsfaktoren bei der Entwicklung von Smart Services: Smart Services überführen die technischen Möglichkeiten der Industrie 4.0 in konkrete Geschäftsmodelle und ermöglichen es Unternehmen, bisher ungeahnten Nutzen für ihre Kunden zu erzeugen. *Service Engineering: Von Dienstleistungen zu digitalen Service-Systemen*, 151–165.

**6.** Lukas, M., (2019). *Quantitative Bewertung von Standardisierung für Ausführungsprozesse im Industrieservice.* Apprimus Wissenschaftsverlag, 14–17.

**7.** Ball, T. und Krumm, L. (2019). So verändert sich der Industrieservice: Instandhaltung. *Sonstiges* (2): 34–35.

**8.** Mittelviefhaus, C., Müller, R. und Meier, W. (2019). INTERVIEW Standortdienstleister unter neuer Flagge. *CHEMIE TECHNIK* (6): 72–73.

**9.** Defèr, F., Stich, V. und Schuh G. (2022). *Datenbasierte zuverlässigkeitsorientierte Instandhaltung von Produktionsanlagen.* RWTH, Lehrstuhl für Produktionssystematik, 91–95.

**10.** Heinbach, W. (2020). *Ersatzteile sind nicht mehr lieferbar – proaktiver Umgang mit Obsoleszenz.* Instandhaltungstage, 107–111.

**11.** BASF (2018). *BASF-internes Regelwerk G-P-ME 010*, 1–3.

**12.** Mendrella, A. (2018). *Erfahrungsbericht aus dem Turnaround Management.* 3. Jahrestreffen der Young Professionals der chemischen Industrie, 1–23.

**13.** Verein Deutscher Ingenieure-Richtlinien (2022). *VDI 2889 – Instandhaltung 4.0 Diagnoseprozesse und Methoden*, 2–3.

**14.** Meindl, C. (2020). *Fluid Condition Monitoring 4.0 – Baustein Moderner Instandhaltungskonzepte.* Instandhaltungstage, 143–150.

**15.** Deichmann, T. (2020). Predictive Maintenance für die Druckluftversorgung im Industriepark. abgerufen von https://www.chemietechnik.de/service-standorte/predictive-maintenance-fuer-die-druckluftversorgung-im-industriepark.html.

**16.** Reimann, F. (2024). *Branchenspezifische Analyse und Definition von Industrieservices in der Chemie- und Pharmaindustrie durch Befragung.* Hochschule Ruhr West, Wirtschaftsinstitut, Masterarbeit, 25. April 2024.

**17.** Günther, G. und Höller, L. (2018). *Die digitale Transformation der Instandhaltung*, 28–32.

**18.** Grahl, H. (2023). Fachkräfte für die Chemieindustrie, Strategien im Personal- und Wissensmanagement. *CHEManager*, abgerufen von https://www.chemanager-online.com/news/fachkraefte-fuer-die-chemieindustrie.

# 3

# Quo vadis, Industrieservice? Eine Einschätzung aus mehr als zehn Jahren Marktanalyse

*Stefan Schubert*

*Consultant bei Lünendonk & Hossenfelder GmbH*

**Abstract**

*Dieser Beitrag bietet einen umfangreichen Rückblick auf die Entwicklung des Industrieservice-Marktes in der Chemie- und Pharmaindustrie im Laufe der letzten Jahre. Es werden zentrale Trends, wie die zunehmende Auslagerung von Services, die Professionalisierung der Dienstleister und die wachsende Bedeutung von Nachhaltigkeit und Digitalisierung, beleuchtet. Lünendonk & Hossenfelder analysieren die Auswirkungen von Marktveränderungen, wie Konsolidierungen und neue Wettbewerber, und geben einen Ausblick auf zukünftige Herausforderungen. Dazu zählen u.a. der Umgang mit Energie- und Rohstoffpreisen, der demografische Wandel und die Notwendigkeit, innovative Serviceangebote zu entwickeln. Abschließend werden Erfolgsfaktoren für Dienstleister und Kunden im sich wandelnden Marktumfeld herausgestellt.*

## 3.1 Definition Industrieservice

Die deutsche Industrieproduktion hängt eng an der deutschen und internationalen Konjunktur und ist damit von einer dynamischen Auslastung geprägt. Das gilt sowohl für die Fertigungsindustrie als auch für die Prozessindustrie, auf die sich dieser Beitrag konzentriert. Innerhalb der Prozessindustrie nimmt insbesondere die Chemie- und Pharmaindustrie eine zentrale Rolle ein und beeinflusst damit die Marktstruktur. Eine hohe Flexibilität ist damit für das Risikomanagement und die Wettbewerbsfähigkeit der Unternehmen entscheidend. Diese Flexibilität wird zu wesentlichen Teilen durch den Industrieservice bereitgestellt. Was aber ist Industrieservice? Diese Frage wird im Markt unterschiedlich beantwortet.

Das Research- und Beratungsunternehmen Lünendonk & Hossenfelder analysiert den Markt seit dem Jahr 2009. Industrieservice geht dabei über die klassische Definition der Instandhaltung von Produktionsanlagen gemäß der

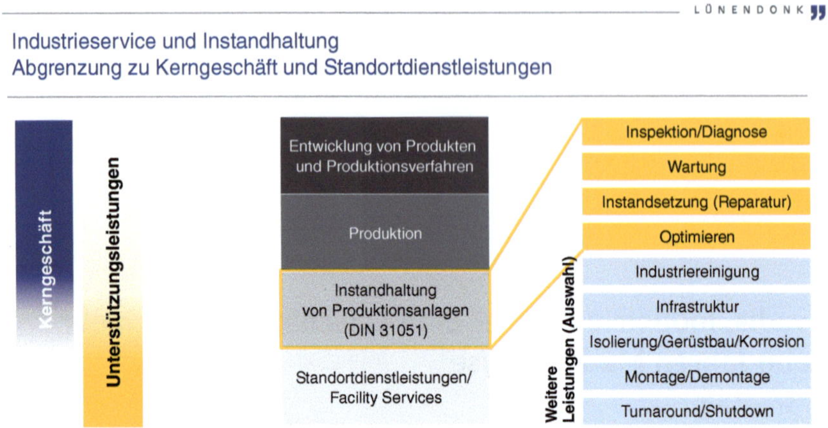


**Abb. 3.1** Leistungen im Industrieservice und in der Instandhaltung. Abgrenzung zum Kerngeschäft von Industrieunternehmen. (*Quelle:* Eigene Darstellung).

DIN 31051 hinaus (Abb. 3.1). Er umfasst weitere industriespezifische Sekundär- und Tertiärleistungen wie Industriereinigung, Isolierung/Gerüstbau/Korrosionsschutz, Montage/Umzug/Demontage von Anlagen sowie Turnaround und Shutdown. Industrieservice-Unternehmen bieten regelmäßig auch Standortdienstleistungen oder Facility Services an wie Werkschutz, Betriebsfeuerwehr, Betreuung von Aus- und Weiterbildung, Grünanlagenpflege, Unterhaltsreinigung und viele mehr. Auf der anderen Seite haben Industrieservice-Unternehmen auch kerngeschäftsnahe Leistungen wie Auftragsfertigung und Intralogistik in ihrem Portfolio. Damit unterscheiden sie sich von kerngeschäftsfernen Tertiärdienstleistungen wie unter anderem Grünanlagenpflege und Speisenversorgung. Aufgrund der hohen Produktionsnähe sind eine hohe Leistungsqualität und das Einhalten von HSEQ- und weiteren Normen besonders wichtig. Intralogistik, Anlieferung von Rohstoffen, Entsorgung von Abfallprodukten und weitere Logistikleistungen sind insbesondere in der Chemie- und Pharmaindustrie üblicherweise kein Teil der Industrie- und Facility Services, sondern werden meist von spezialisierten Dienstleistern erbracht.

Die Abgrenzung von Industrieservice und dem etablierten Markt der Facility Services ist nicht einfach. Lünendonk folgt der üblichen Definition entlang der „gelben" Linie innerhalb der Fabrik, die Sicherheits- und Gefahrenbereiche markiert und somit nur von qualifiziertem Personal betreten wird. Dienstleistungen, die an der Produktionsanlage ausgeführt werden, zählen zum Industrieservice, diejenigen, die an der Gebäudehülle erbracht werden, zu den Facility Services.

Diese akademische Einordung lässt sich im Industrieservice als Querschnittsmarkt nur bedingt beobachten. Der Markt bündelt unterschiedliche Gewerke, um die Komplexität für Industrieunternehmen zu reduzieren.

Da der Markt noch relativ jung ist, befindet er sich in einer Phase der Reifung (Abb. 3.2). Ein Merkmal für einen etablierten Markt wäre zum Beispiel ein von Multidienstleistern konsolidiertes Anbieterfeld. Der Industrieservicemarkt ist wenig

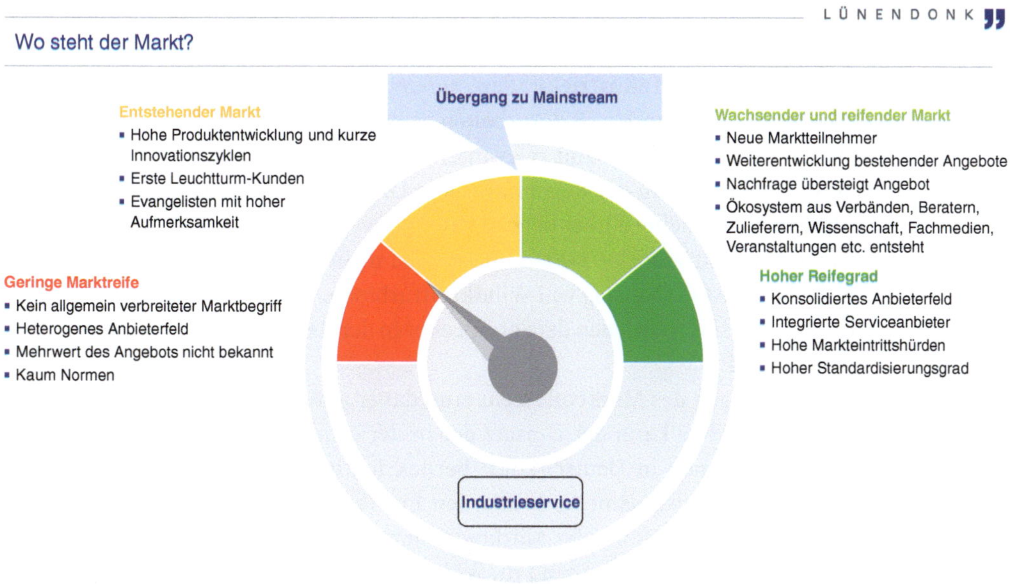


**Abb. 3.2** Einordnung des Industrieservice-Markts in ein Marktreifemodell. (*Quelle:* Eigene Darstellung).

dynamisch und hat hohe Eintrittshürden – sofern er als Querschnittsmarkt definiert wird, in dem Anbieter mit mehr als einem Gewerk präsent sind.

Von einem hohen Reifegrad ist der Industrieservicemarkt noch weit entfernt: Ein Ökosystem aus Marktbeobachtern, Beratern, Medien und Wissenschaft ist in den Grundfesten vorhanden, jedoch wenig entwickelt und kompetitiv. Das Anbieterfeld ist von Unternehmen geprägt, die meist über einen klaren Schwerpunkt verfügen und weitere Industrieservices ergänzend anbieten.

Insgesamt ist die Frage, wohin sich der Industrieservice entwickelt, noch nicht ausreichend beantwortet: Steht ein deutlicher Outsourcing- und Bündelungsschub an? Dieser Beitrag möchte zu der anhaltenden Debatte auf der Basis von 14 Jahren Marktanalyse und -forschung einen Beitrag leisten. Im Mittelpunkt steht dabei eine Auseinandersetzung mit wesentlichen Parametern der Marktstruktur und deren Veränderung wie Marktgröße, führende Anbieter, Umsatzentwicklung, Leistungsspektrum, übliche Rentabilität, Kundenbedarf sowie Themen und Trends. Die Quellen sind die Lünendonk-Primärdatenerhebung unter führenden Anbietern sowie zahllose Hintergrundgespräche im Laufe der Jahre.

## 3.2 Marktgröße

Der Markt für Industrieservices gehört zu den größeren B2B-Service-Märkten in Deutschland. Zur genauen Größe gibt es wenig belastbare und aktuelle Zahlen. Gründe hierfür sind, dass die Tätigkeiten sehr heterogen sind, Industrieservice in der Systematik des Statistischen Bundesamtes nicht genau genug abgebildet wird und die Grenze zu den im Industrieservice tätigen Unternehmen, die nicht ausschließlich für Industriekunden, sondern branchenübergreifend und zum Teil auch für Endkunden (B2C) arbeiten, fließend ist. Eine weitere Komplikation sind die im Markt insgesamt relevanten Serviceumsätze der Anlagenhersteller (OEMs), die jedoch in der Regel nicht dem Drittmarkt offenstehen.

Zudem gibt es keine einheitliche Definition, welche Leistungen für welche Kunden zum Industrieservice zählen und welche nicht (mehr). Ein Grenzfall ist zum Beispiel die Instandhaltung von Windkraftturbinen, die keine klassischen Produktionsanlagen sind, bei denen der Service aber in der Regel über externe Dienstleister erbracht wird.

Berechnungen des Marktvolumens sind daher außerordentlich herausfordernd. Als Mindestgröße kann der Umsatz der in der Lünendonk-Studie „Industrieservice-Unternehmen in Deutschland“ berücksichtigten Unternehmen gelten, die in Deutschland insgesamt 7,0 Milliarden Euro erwirtschaften. Die vorhandenen Berechnungen zur Größe des Marktvolumens sind mehrere Jahre alt und daher nicht mehr aktuell. Der Verband für Anlagen und Industrieservice (VAIS) respektive der Vorgängerverband WVIS hatte das Marktvolumen in den 2010er-Jahren auf 20 Milliarden Euro taxiert, die Beratung TME Associates basierend auf einer Berechnung, die den Anteil an den Produktionsausgaben der Industrieunternehmen zugrunde legte, auf 30 Milliarden Euro – wobei hier die Kosten für interne Instandhaltung nicht extra ausgewiesen sind. Beide Quellen haben eine große Nähe zur Chemie- und Pharmaindustrie, so dass insbesondere die Leistungen für die Fertigungsindustrie hier unterrepräsentiert sind respektive in den Zahlen nur zum Teil berücksichtigt sein dürften.

## 3.3 Führende Anbieter

Wer sind die führenden Anbieter im Markt? Lünendonk & Hossenfelder erstellt alljährlich ein Umsatz-Ranking der 20 führenden Dienstleister im Markt (siehe hierzu Abb. 3.3). Die Lünendonk®-Liste gilt als Barometer der Marktentwicklung. In ihr sind Anbieter aufgenommen, die mindestens zwei Drittel des Umsatzes mit Industrieservice nach der DIN 31051 erwirtschaften, die mehrheitlich Umsätze am Drittmarkt oder im Wettbewerb generieren und die Umsätze zu mindestens zwei Dritteln in Eigenleistung erwirtschaften.

Die führenden Anbieter verfolgen unterschiedliche Strategien und Positionierungen im Markt. Zu ihnen gehören:

- Unternehmen, die neben Industrieservices mehrheitlich Facility Services anbieten. Hierzu zählen neben der Wisag auch Unternehmen wie GIG, Piepenbrock, Spie (nicht im Ranking geführt) sowie Leadec mit dem Schwerpunkt Fertigungsindustrie
- Industrieparkbetreiber und deren Instandhaltungsgesellschaften wie Yncoris, Infraserv Wiesbaden und Gendorf, Currenta mit der Tochtergesellschaft Tectrion

LÜNENDONK

Lünendonk®-Liste 2023: Führende Industrieservice-Unternehmen in Deutschland

| Unternehmen | | Signifikante Umsätze in der Fertigungsindustrie | Umsatz in Deutschland in Mio. € 2022 | Umsatz in Deutschland in Mio. € 2021 | Gesamtumsatz in Mio. € 2022 | Gesamtumsatz in Mio. € 2021 | Mitarbeitende in Deutschland 2022 | Mitarbeitende in Deutschland 2021 |
|---|---|---|---|---|---|---|---|---|
| 1 | Bilfinger Engineering & Maintenance GmbH, Oberhausen | | 1.002,8 | 1.019,0 | 4.312,0 | 3.737,0 | 6.333 | 6.425 |
| 2 | Wisag Industrie Service Holding SE, Frankfurt am Main | • | 996,0 | 900,3 | 996,0 | 900,3 | 14.080 | 13.431 |
| 3 | Remondis Maintenance & Services GmbH & Co. KG, Köln 1) | | 850,0 | 750,0 | 1.300,0 | 1.100,0 | 5.500 | 5.500 |
| 4 | Leadec Holding BV & Co. KG, Stuttgart | • | 419,2 | 392,2 | 1.120,9 | 941,7 | 5.800 | 6.300 |
| 5 | Weber Unternehmensgruppe GmbH & Co. KG, Pulheim | | 371,8 | 355,0 | 390,8 | 375,0 | 1.989 | 1.978 |
| 6 | Kaefer SE & Co. KG, Bremen | | 278,2 | 254,4 | 1.617,4 | 1.432,4 | 1.215 | 1.139 |
| 7 | Robur Industry Service Group GmbH, München | • | 263,0 | 200,0 | 352,8 | 250,0 | 2.600 | 2.500 |
| 8 | Altrad Germany GmbH, Lingen 2) | | 261,0 | 250,0 | 261,0 | 250,0 | 2.270 | 2.211 |
| 9 | Yncoris GmbH & Co. KG, Hürth | | 158,0 | 144,3 | 158,3 | 144,8 | 1.027 | 1.037 |
| 10 | Griesemann Gruppe, Wesseling | | 151,7 | 145,7 | 157,2 | 150,5 | 1.530 | 1.522 |
| 11 | Ebert Hera Esser Holding GmbH, Baden-Baden | | 145,0 | 130,0 | 200,0 | 155,0 | 1.465 | 1.400 |
| 12 | Johann Rohrer GmbH, Jockgrim *) | | 142,0 | 131,9 | 142,0 | 131,9 | 550 | 566 |
| 13 | Plant Systems & Services PSS GmbH, Bochum 3) | | 121,5 | 99,4 | 213,0 | 154,6 | 831 | 859 |
| 14 | InfraServ Wiesbaden Technik GmbH & Co. KG, Wiesbaden | • | 57,8 | 56,6 | 57,8 | 56,6 | 381 | 402 |
| 15 | S.I.S. Süd Industrie-Anlagen-Service GmbH, Karlsfeld | • | 55,7 | 49,9 | 64,9 | 59,5 | 1.769 | 1.750 |
| 16 | InfraServ Gendorf Technik GmbH, Burgkirchen a.d. Alz | | 50,0 | 50,3 | 50,0 | 50,3 | 230 | 258 |
| 17 | Stork Technical Services GmbH, Regensburg *) | | 34,0 | 37,0 | 42,0 | 46,0 | 240 | 270 |
| 18 | Baumüller Reparaturwerk GmbH & Co. KG, Nürnberg | • | 33,3 | 31,8 | 58,3 | 54,5 | 220 | 225 |
| 19 | GSN Maschinen-Anlagen-Service GmbH, Rottenburg am Neckar | • | 32,0 | 26,8 | 40,0 | 29,8 | 250 | 241 |
| 20 | Clavey Holding GmbH, Braunschweig *) | • | 21,5 | 20,0 | 28,5 | 27,0 | 400 | 405 |

*) Umsatz und/oder Mitarbeitendenzahlen teilweise geschätzt

1) Teil der Remondis-Gruppe und Gesellschafter der Unternehmensverbunde Buchen und Xervon.
2) Inkl. Altrad Kiel Industrial Services GmbH, Altrad Maintenance & Projects GmbH und Altrad Industrial Services GmbH.
3) Inkl. Etabo und Veltec.

Weitere Informationen zum Industrieservice-Markt erhalten Sie unter www.luenendonk.de und in der dazugehörigen Lünendonk®-Studie „Industrieservice-Unternehmen in Deutschland". Die Ergebnisse basieren auf Einschätzungen von 29 IS-Gesellschaften, die in Deutschland aktiv sind.

Aufnahmekriterien für diese Liste: Mindestens 50 Prozent des Inlandsumsatzes werden mit Industrieservices (Instandhaltungsleistungen nach DIN 31051, Anlagen- und Maschinenreinigung, Gerüstbau, Rohrleitungsbau etc. sowohl in der Prozess- als auch Fertigungsindustrie ohne Anlagenbau, Software-Verkauf oder Energiemanagement/Energieversorgungsdienstleistungen) erwirtschaftet. Keine OEMs (Original Equipment Manufacturer) sowie Industrieparks, keine Kraftwerk-Services. Mindestens 66 Prozent des Umsatzes resultieren aus externen Aufträgen.

**Abb. 3.3** Lünendonk-Liste 2023 der führenden Industrieservice-Unternehmen in Deutschland. Das Ranking basiert auf kontrollierten Selbstangaben der Unternehmen zum Inlandsumsatz. (*Quelle:* Lünendonk-Studie 2023 Industrieservice-Unternehmen in Deutschland © Lünendonk & Hossenfelder GmbH, Mindelheim 2023).

und Mainsite, die vor allem für Kunden aus der Chemie- und Pharmaindustrie tätig sind
- viele Unternehmen mit hoher Spezialisierung, worauf auch das Wettbewerbs-Benchmarking hindeutet, in dem nur wenige Unternehmen mehrere Nennungen als wichtigste Wettbewerber erhalten

Seit Anbeginn der Lünendonk-Marktbeobachtung ist Bilfinger auf Rang 1 geführt. Im Ranking 2023, das auf den Geschäftszahlen von 2022 basiert, hat sich der Abstand des Unternehmens mit einem Umsatz von rund 1 Milliarde Euro zur Wisag Industrieservice Holding auf Rang 2 auf nunmehr 6 Millionen Euro verringert. Remondis Maintenance and Service gehört mit einem Umsatz von 850 Millionen Euro zu den „Big Three" im Markt. Zu den breit aufgestellten Dienstleistern gehört neben vorgenannten Anbietern auch die Weber Unternehmensgruppe aus Pulheim bei Köln.

Der Markt und die führenden Anbieter haben sich in den vergangenen Jahren professionalisiert. Hierzu haben zahlreiche Übernahmen beigetragen. Häufig hinzugekauft, mit dem Ziel der Verbreiterung des Leistungsangebots, haben insbesondere Leadec, die Weber Unternehmensgruppe und Robur Industry Service, die selbst im Jahr 2024 von Spie erworben wurde. Aber auch innerhalb der führenden Anbieter haben Konsolidierungen stattgefunden: Jüngst hat Altrad mit Hauptsitz in Frankfurt zunächst die Hertel und später einen Großteil der Gesellschaften der

Kiel-Gruppe übernommen. Damit hat die lange intensiv und kontrovers diskutierte Konsolidierung im Markt zugenommen. Viele Marktteilnehmer hatten aufgrund des heterogenen Anlagenbestandes der Kunden und der damit verbundenen Instandhaltungsmanagementprozesse wenig Mehrwert in Multidienstleistern gesehen. Zahlreiche Unternehmen führen noch heute nicht den Begriff Industrieservice oder eine vergleichbare Bezeichnung im Firmennamen.

## 3.4 Umsatzentwicklung

Die Umsatzentwicklung der führenden Unternehmen (Abb. 3.4) spiegelt die hohe Volatilität im Markt wider: 2022 steigerten die Dienstleister ihren Inlandsumsatz um 7,5 Prozent gegenüber dem Vorjahr. Das ist das größte Wachstum seit 2012. Hierin sind Erholungseffekte nach Corona ebenso mit enthalten wie Preiseffekte im Zuge der allgemeinen Teuerung und als Reaktion auf den Personalmangel.

Im Langzeitvergleich waren die Jahre 2013 bis 2016 von einer Stagnation gezeichnet, die auf die Abschaltung und den Reservebetrieb fossiler Kraftwerke zurückzuführen ist. Die Anpassungsphase im Markt wurde von einem Zyklus der gehäuften Turnarounds und Shutdowns in der Chemie- und Pharmaindustrie abgelöst. Unterbrochen wurde diese Phase der stärkeren Unternehmensentwicklung im Corona-Jahr 2020, in dem die Industrieservice-Unternehmen, die traditionell einen hohen Anteil ihres Umsatzes mit dem Projektgeschäft erwirtschaften, erstmals seit Beginn der Lünendonk-Marktbeobachtung einen Umsatzrückgang verzeichneten.

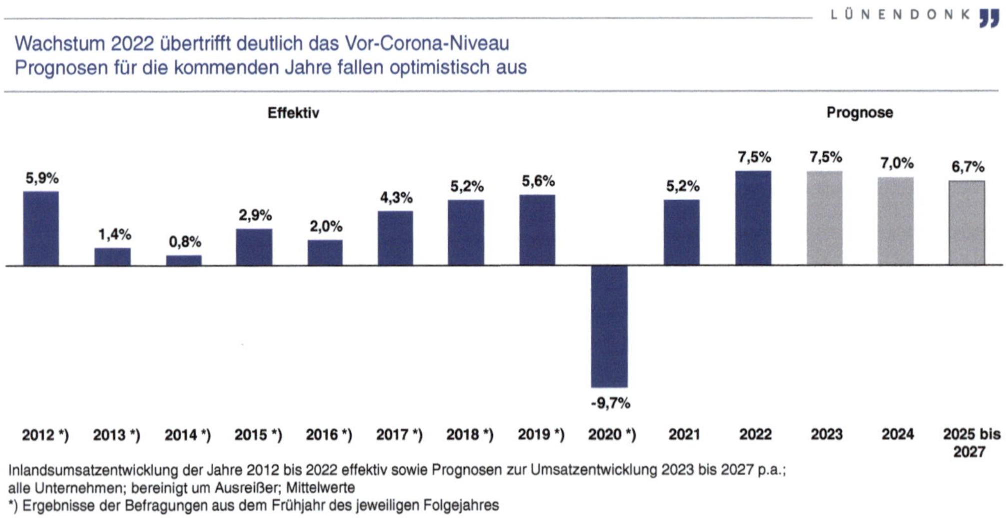


**Abb. 3.4** Langzeitdarstellung der durchschnittlichen Umsatzentwicklung von führenden Industrieservice-Unternehmen in Deutschland. Quelle Industrieservice-Unternehmen in Deutschland (2023) / Lünendonk & Hossenfelder GmbH.

Dem Umsatzplus steht indes ein Rückgang der Zahl der Beschäftigten um durchschnittlich 0,5 Prozent gegenüber. Für das Delta sind Effekte maßgeblich, die nicht der klassischen Dienstleistungslogik – ein Mensch erbringt eine Tätigkeit für einen Kunden – zuzuordnen sind. Hierfür sind je nach Unternehmen höhere Lohn- und Materialkosten ausschlaggebend.

## 3.5 Leistungsspektrum

Mit welchen Leistungen generieren Industrieservice-Unternehmen Umsätze? Mit Einzelgewerkeanbietern aus welchen Segmenten treten die Unternehmen in Konkurrenz? Mit welchen Leistungen wird der Markt von außen wahrgenommen? Diese Fragen stehen hinter der Darstellung des detaillierten Leistungsspektrums.

Die analysierten Unternehmen erwirtschaften 88,2 Prozent ihres Inlandsumsatzes mit klassischen Industrieservices. Davon entfallen rund 60 Prozent auf Kunden aus der Prozessindustrie. Mit knapp 21 Prozent der Umsätze entfällt der größte Anteil auf Instandsetzung beziehungsweise Reparatur (Abb. 3.5). Darauf folgen Montage/Demontage/Umzug sowie Infrastrukturleistungen mit je 10,3 Prozent.

**Abb. 3.5** Durchschnittliches Leistungsspektrum der analysierten Industrieservice-Unternehmen. Die Abfrage erfolgte gestützt und die Ergebnisse wurden um statistische Ausreißer bereinigt. (*Quelle:* Industrieservice-Unternehmen in Deutschland (2023) / Lünendonk & Hossenfelder GmbH).

Das Leistungsspektrum zeigt die große Heterogenität im Markt. Nur Instandsetzung und Wartung werden von einem Großteil der Anbieter erbracht. Im Vergleich zum Vorjahr verliert die Instandsetzung etwas an Bedeutung (-1 %-Punkt), während die Umsatzanteile mit Isolierung, Gerüstbau, Korrosion sowie Diagnose/Inspektion und Logistik etwas zunehmen. Isolierung, Gerüstbau und Korrosion bieten nur fünf Dienstleister an, dennoch hat diese Dienstleistung mit 8,8 Prozent eine wichtige Position in der durchschnittlichen Gesamtbetrachtung.

Kunden, die auf der Suche nach einem möglichst breit aufgestellten Komplettdienstleister sind, stehen vor großen Herausforderungen. Zwar gibt es Anbieter, die vergleichsweise viele Leistungen aus einer Hand erbringen, es sind jedoch nur wenige. Werden darüber hinaus die geografische Verteilung der Industrie in Deutschland und die notwendige Standortnähe berücksichtigt, wird es angesichts der vergleichsweise kleinteiligen Marktstruktur noch schwieriger, einen Dienstleister mit breitem Portfolio in Eigenleistung zu finden. Eine Entwicklung hin zu einem Markt, der von gewerke- und branchenübergreifenden Gesamtdienstleistern dominiert ist, ist derzeit nicht zu beobachten.

## 3.6 Umsatzrendite

Die übliche Umsatzrendite im Markt liegt bei einem EBIT zwischen 2 und 5 Prozent. Damit erwirtschaften die Industrieservice-Unternehmen eine vergleichbare Rendite wie andere personalintensive B2B-Service-Unternehmen. Das Geschäftsmodell ist aufgrund des hohen Anteils an Projektaufträgen und dem Charakteristikum als Flexibilisierungsinstrument mit Risiken verbunden und ähnelt der Zeitarbeit. Das erfordert von den Dienstleistern die Fähigkeit, bei hoher Nachfrage schnell Personal einzusetzen, bei geringer Auslastung aber auch nur geringe Fixkosten zu haben.

Im Gegensatz zu Zeitarbeitsunternehmen sind jedoch nur wenige Unternehmen im Industrieservice in der Lage, das Risiko durch eine erhöhte Umsatzrendite auszugleichen. Insgesamt sind zudem deutlich weniger Anbieter im Markt aktiv – gleichzeitig ist die Eigenleistungsquote in der Instandhaltung deutlich höher als in anderen Märkten.

Die vergleichsweise schwache Renditelage ist ein Indiz, dass Angebot und Nachfrage grundsätzlich ausgeglichen beziehungsweise durch externe Faktoren wie Personalmangel und -kosten limitiert sind. Treten weitere Unternehmen in den Markt ein, ist mit einem höheren Wettbewerb zu rechnen.

## 3.7 Vergabe von Industrieservices

Industrieservices decken eine große Bandbreite an kerngeschäftsnahen und -fernen Dienstleistungen und Tätigkeiten ab. Diese große Komplexität spiegelt sich hinsichtlich Eigenleistungen, Fremdvergaben und der Vergabemodelle in den am Markt zu beobachtenden Modellen wider.

Bei den Leistungen der klassischen Instandhaltung von Produktionsanlagen verzichten nur die wenigsten Unternehmen komplett auf eine eigene Mannschaft. Auf der anderen Seite kann und möchte kaum ein Industrieunternehmen alle Instandhaltungstätigkeiten in Eigenleistung erbringen. Für viele Aufgaben – insbesondere bei Lastspitzen oder bei besonderen Aufgaben – wird nur zeitweise Personal benötigt.

Der Markt ist abseits von den führenden Unternehmen überwiegend von mittelständischen Handwerksbetrieben geprägt, die eine hohe Spezialisierung auf ein oder wenige Gewerke aufweisen.

Beim Einkauf von Fremddienstleistungen sind daher unterschiedliche Modelle im Markt zu beobachten. Dies sind idealtypisch die folgenden:

- Direktbeauftragung durch Instandhaltungs-, Produktions- oder Werksleitung von bekannten Servicepartnern und großen Multidienstleistern
- Rahmenvertrag und Abruf nach Bedarf
- strukturiertes und einkaufsgetriebenes Vergabeverfahren – Einzelleistungen
- strukturiertes und einkaufsgetriebenes Vergabeverfahren – Servicebündelung

In der Praxis sind beim Industrieservice die Direktbeauftragungen an bekannte Unternehmen deutlich häufiger anzutreffen als in weniger produktionsnahen Bereichen oder etwa in den Facility Services respektive Standortdienstleistungen.

Viele Industrieunternehmen organisieren die Instandhaltung als Kernprozess und kaufen Fremdleistungen ein, wenn sie nicht mit eigenem Personal erbracht werden können. Der Fremdleistungsgrad variiert dabei erheblich von Unternehmen zu Unternehmen. Dies hängt auch damit zusammen, dass Leistungen häufig mit kurzer Vorlaufzeit erbracht werden müssen und nicht immer langfristig planbar sind. Die Qualität der Arbeit ist jedoch für die Produktion und möglichst kurze Stillstandzeiten von entscheidender Bedeutung. Die Zusammenarbeit mit bekannten und erprobten Dienstleistern und deren Personal wird dadurch begünstigt.

Unternehmen, die sich auf wenige Kernprozesse konzentrieren wollen und variable Kosten gegenüber Fixkosten bevorzugen, wählen vor allem die Bündelung von Instandhaltungs- und Industrieservice-Leistungen bei einem oder wenigen Dienstleistern in einem mehrjährigen Vergabepaket.

Gerade in der Chemie- und Pharmaindustrie werden aufgrund der nicht einfach zu unterbrechenden chemischen Prozesse Instandhaltungsarbeiten so weit wie möglich gebündelt und während geplanter Shutdowns ausgeführt. In dieser Zeit werden zudem auch Modernisierungen und Umbauten durchgeführt. Die Menge der üblicherweise durchzuführenden Arbeiten ist in der Regel nicht mit eigenem Personal zu stemmen und erfordert eine Vielzahl an externen Dienstleistern. In der Fertigungsindustrie kommen längere Shutdowns nur sehr selten und im Rahmen von umfassenden Modernisierungen oder Produktionsumstellungen vor.

Für die zukünftige Marktentwicklung und die Leistungsfähigkeit des Marktes wie auch der Unternehmen wird es angesichts des Personalmangels und der damit verbundenen notwendigen Disposition der Dienstleister entscheidend sein, inwiefern sich die Bereitschaft zur Fremdvergabe von Regelleistungen entwickelt. Dies gilt insbesondere für mittelständische Industrieunternehmen, die bereits heute Schwierigkeiten haben, Personal zu finden.

## 3.8 Trends

Der Industrieservice unterliegt – wie nahezu alle Branchen – externen und marktinternen Trends. Diese zu erkennen und deren Auswirkungen auf den Markt zu verstehen, ist eine wesentliche Voraussetzung, um die Marktdynamik zu erfassen.

Am häufigsten nannten die Unternehmen in der Lünendonk-Studie Industrieservice als positive Entwicklung die gestiegenen Investitionen auf Kundenseite und die damit verbundenen Neuaufträge für Service-Unternehmen (Abb. 3.6). Die ökologische Transformation erfordert zum Teil Investitionen in neue Anlagen oder Anpassungsinvestitionen durch umfangreiche Prozessänderungen. Die Energie- und Nachhaltigkeitstransformationen der Industrie sehen Service-Provider generell als Chance für die Erschließung neuer Geschäftsfelder. Nachhaltige Services wie etwa die energetische Anlagenoptimierung oder Unterstützung beim Ersatz von fossilen Energieträgern in der Prozessindustrie werden immer stärker nachgefragt. Eine weitere positive Entwicklung nehmen die Unternehmen in einem gestiegenen Qualitätsbewusstsein der Kunden wahr. Des Weiteren berichten die Dienstleister über ein erhöhtes Verständnis der Kunden in Bezug auf die Thematik des Planungshorizonts.

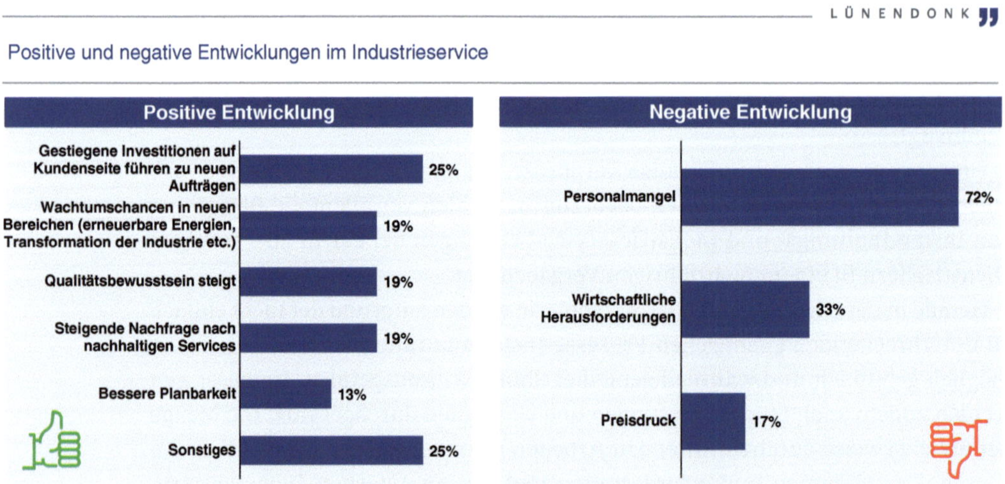


**Abb. 3.6** Von Industrieservice-Unternehmen wahrgenommene, positive und negative Entwicklungen im Markt. Freitextantworten wurden unter Oberbegriffen zusammengefasst. (*Quelle:* Industrieservice-Unternehmen in Deutschland (2023) / Lünendonk & Hossenfelder GmbH).

Herausforderungen sehen die Unternehmen überwiegend im Personalmangel. Auch wirtschaftliche Unsicherheiten wie beispielsweise lange Lieferzeiten und hohe Lieferkosten oder Faktoren, die die Kunden und deren Nachfrage betreffen (Inflation, Energiepreise, Rohstoffkosten etc.), belasten die Branche. Nicht zu vernachlässigen ist der Preisdruck.

## 3.9 Erfolgshindernisse

Auf welche Rahmenbedingungen im Markt müssen die führenden Unternehmen mit guten Lösungsansätzen reagieren, um erfolgreich zu sein? Der Mangel an qualifiziertem Personal ist derzeit mit Abstand das größte Erfolgshindernis (Abb. 3.7 und 3.8). Im Umkehrschluss bedeutet das: Unternehmen mit einem funktionierenden Lösungsansatz dürfen sich Wettbewerbsvorteile ausrechnen.

Traditionell eine ebenso große Herausforderung ist die zunehmend strikte Regulierung der Arbeitnehmerüberlassung. Industrieservice-Unternehmen sind aufgrund des hohen Anteils an Projektgeschäft darauf angewiesen, flexible Strukturen zu unterhalten. Gleichzeitig legen viele Auftraggeber Wert darauf, das Servicepersonal anweisen zu können. Dies ist bekanntlich im Rahmen von Werkverträgen nur sehr eingeschränkt möglich. Die Arbeitnehmerüberlassung bietet hier deutlich größere Freiheiten.

Für die Zukunft erwarten die Unternehmen, dass digitale Lösungskomponenten in der Wertschöpfungskette und Engineering Services im Gesamtangebotsportfolio

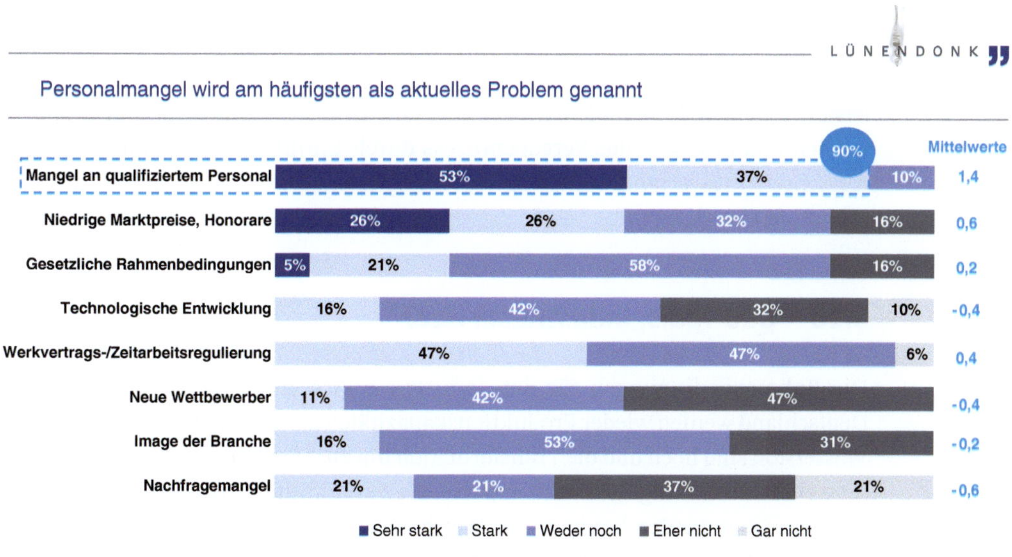


**Abb. 3.7** Erfolgshindernisse für Industrieservice-Unternehmen. Vorgegebene Thesen konnten auf einer Skala von -2 („Gar nicht“) bis +2 („Sehr stark“) angeben, inwiefern die genannten Faktoren ihren Geschäftserfolg behindern. (*Quelle:* Industrieservice-Unternehmen in Deutschland (2023) / Lünendonk & Hossenfelder GmbH).

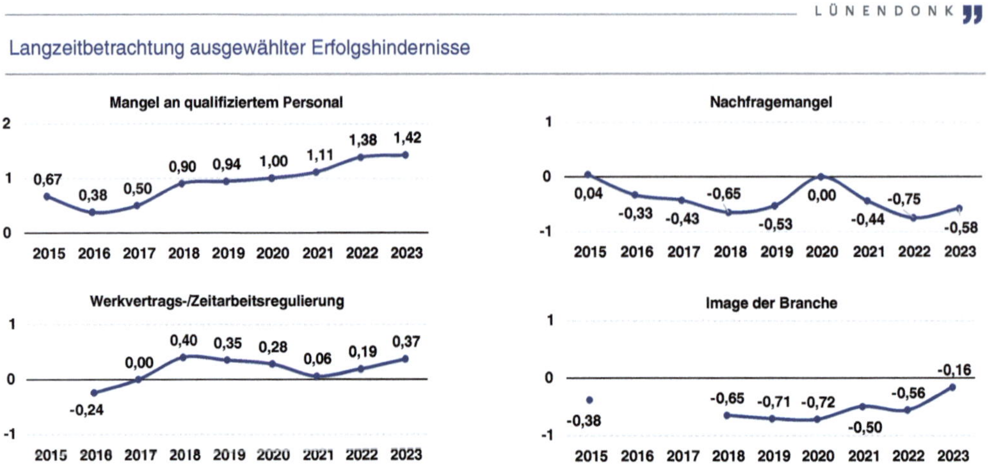


**Abb. 3.8** Langzeitauswertung von Erfolgshindernissen im Industrieservice. (*Quelle:* Industrieservice-Unternehmen in Deutschland (2023) / Lünendonk & Hossenfelder GmbH).

des Dienstleisters für den Kunden immer wichtiger werden. Digitale Lösungskomponenten sind nicht nur in Bezug auf Predictive und Preventive Maintenance sowie Condition und Remote Monitoring Schlüsselfaktoren, sondern werden auch im Zuge der ESG-Reporting-Anforderungen immer wichtiger. Immer mehr Unternehmen müssen zukünftig berichten, wie viel Energie sie verbrauchen und welchen $CO_2$-Fußabdruck sie damit erzeugen.

Die führenden Unternehmen erwarten, dass in einigen Jahren integrierte Dienstleister respektive Systemdienstleister eine gewichtigere Stellung im Markt haben werden und dass sich der Vergabeprozess durch Einführung von Standards wie Ausschreibungsverfahren, Einkaufsabteilungen und zwischengeschalteten Beratern professionalisiert.

## 3.10 Quo vadis, Industrieservice?

Die Rahmenbedingungen für den Industrieservice sind grundsätzlich gut: In Deutschland werden wieder Produktionskapazitäten aufgebaut, die Investitionen in Wasserstoff sind hoch und die Transformation hin zu einer $CO_2$-neutralen Fertigung setzt ebenfalls wichtige Zukunftsimpulse, die nur mithilfe von externen Dienstleistern bewältigt werden können. Der Wertbeitrag geht dabei von der Planung und Beratung über den Bau bis hin zur Instandhaltung im Betrieb.

Wermutstropfen sind die benötigte Energiemenge und die damit verbundenen Kosten sowie der hohe Personalmangel. Mittelfristig wird das vorhandene Personal nur dann mit höchster Effizienz der Industrie in Deutschland zur Verfügung stehen, wenn die vorhandene Expertise über externe Dienstleister unterschiedlichen Bedarfsträgern im Markt zur Verfügung gestellt wird. Hierin liegt eine – Chance – nicht nur für die Kunden der Industrieservice-Unternehmen, sondern auch für die Anbieter, die es zu nutzen gilt. Die gebündelte Erfahrung bei den Dienstleistern, Service als Kerngeschäft und die Ausrichtung auf hochflexible Leistungserbringung sind wichtige Wertbeiträge für den Industriestandort Deutschland.

Warum ist die Marktreife dennoch geringer als in anderen B2B-Service-Märkten? Bisher haben sich nur wenige breit aufgestellte Multidienstleister herausgebildet, die ein großes Leistungsspektrum in einer hohen Flächenabdeckung anbieten. Ein wesentlicher Grund dafür liegt in der bestehenden Einkaufspraxis, die im Vergleich wenig auf langlaufende Verträge mit fest definierten Dauerleistungen setzt. Zudem ist die Eigenleistungsquote hoch. Erst eine veränderte Vergabe ermöglicht es den Unternehmen, längerfristig zu planen und leistungsfähigere Strukturen aufzubauen.

In den vergangenen Jahren gab es mehrere Hinweise, die eine optimistische Sicht auf den Markt unterstützen. Finanzinvestoren haben in mehrere führende Unternehmen investiert und Zusammenschlüsse und Übernahmen haben zu einer breiteren Aufstellung der führenden Dienstleister geführt, die über eine bessere Kapitalausstattung für Zukunftsinvestitionen verfügen. Das alles sind für den Markt ermutigende Entwicklungen.

Alle Inhalte des Beitrages basieren auf der Lünendonk-Marktbeobachtung und der umfassenden Lünendonk-Studie „Industrieservice-Unternehmen in Deutschland“, für die die führenden Unternehmen analysiert wurden. Die vollständige Studie ist über www.luenendonk.de erhältlich.

# 4

# Reorganisation eines Standortes und Neuausrichtung der Industriedienstleistungen – Sicht des Chemieunternehmens

*Andreas Freutsmiedl und Dr. Albrecht Schwerin*

*OQ Chemicals*

**Abstract**

*Dieser Beitrag schildert praxisnah die Reorganisation eines Chemie-Standorts vor dem Hintergrund aktueller Marktentwicklungen. Dargestellt werden die Definition von Kerngeschäft und Erfolgsfaktoren, Strategien für das Nicht-Kerngeschäft sowie die Entwicklung tragfähiger Business- und Operating-Modelle für Serviceeinheiten. Die Wahl geeigneter Kooperationsmodelle mit Dienstleistern, Outsourcing- und Carve-Out-Aspekte sowie die Analyse bestehender Strukturen, Projektbeispiele und Optimierungsfelder zeigen, wie Wettbewerbsfähigkeit und Unternehmenswert gezielt gesteigert werden können.*

## 4.1 Intro

### 4.1.1 Chemieindustrie Deutschland

Die deutsche Chemieindustrie steht seit Jahren vor erheblichen Herausforderungen. Der globale Wettbewerb, insbesondere aus Asien und der arabischen Halbinsel, zwingt Chemieunternehmen dazu, Produktionskosten zu senken und gleichzeitig hohe Qualitätsstandards zu wahren. Der zunehmende Druck zur Einhaltung strenger Umweltauflagen erfordert zusätzliche Investitionen in nachhaltige Technologien. Fusionen und Übernahmen haben zu einer Branchenkonsolidierung geführt, die insbesondere kleinere Chemieunternehmen betrifft. Veraltete Produktionsanlagen und niedrige Netto-Investitionen führen gegenüber Ländern mit moderneren Infrastrukturen zu Wettbewerbsnachteilen. Politische Unsicherheiten, hohe Steuerlasten, umfangreiche Bürokratie, lange Genehmigungszeiten und hohe Kosten am Standort Deutschland erschweren Investitionsentscheidungen und belasten zusätzlich die Industrieunternehmen.

Die Begleiterscheinungen der Corona-Pandemie haben diese Entwicklungen vorübergehend verschleiert. Nach der Pandemie setzte der Druck auf die Chemieindustrie wieder ein, zunächst charakterisiert durch den Anstieg der Energiepreise, die im Zuge des russischen Überfalls auf die Ukraine einen schnellen Gipfelpunkt erreichten. Die Auswirkungen dieser Ereignisse belasten die deutsche Chemieindustrie nach wie vor erheblich, insbesondere aufgrund ihrer bereits erwähnten strukturellen Nachteile.

### 4.1.2 Übersicht Industriedienstleistungen

Unternehmen der chemischen und pharmazeutischen Industrie (im Folgenden „Chemieunternehmen" genannt) haben eine lange Tradition, mit Anbietern industrieller Services zusammen zu arbeiten oder die benötigten Industriedienstleistungen in Eigenregie zu erbringen.

Eine Übersicht typischer Industriedienstleistungen befindet sich in der folgenden Grafik:

Zur Charakterisierung der Industriedienstleistungen bieten sich mehrere Möglichkeiten an:

- Services, die an Assets gebunden und kapitalintensiv sind (wie Ver- und Entsorgung sowie Infrastruktur) oder sehr spezifisch darauf ausgerichtet sind (in Abb. 4.1 blau markiert).
- Services, die eher personalintensiv sind (in Abb. 4.1 orange markiert)

Die Mehrzahl der an Assets gebundenen Industriedienstleistungen ist weniger wettbewerbsintensiv, sei es, weil sie aufgrund von Verträgen als gemeinschaftliche Pflichtleistung definiert sind oder weil sie die Merkmale eines natürlichen Monopols aufweisen.

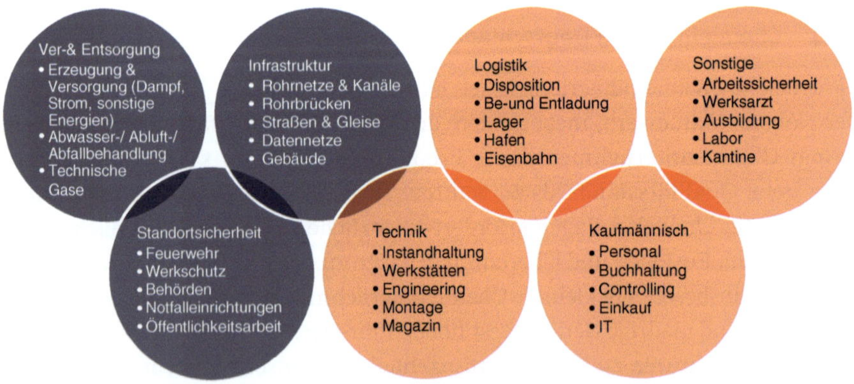


**Abb. 4.1** Industriedienstleistungen für Chemieunternehmen (exemplarisch) (*Quelle:* Inotectis GmbH).

Merkmale solcher natürlichen Monopole sind:

- Hohe Fixkosten: Der Einstieg in den Markt erfordert große Anfangsinvestitionen, die schwer zu amortisieren wären, wenn mehrere Unternehmen um denselben Markt konkurrieren würden.
- Skaleneffekte: Die Durchschnittskosten sinken mit zunehmender Produktionsmenge, was einem einzigen großen Anbieter einen Kostenvorteil gegenüber mehreren kleineren Anbietern verschafft.
- Unteilbare Infrastruktur: Einige Dienste erfordern eine Infrastruktur, die nicht sinnvoll dupliziert werden kann, wie Stromleitungen, Pipelines oder Schienennetze.

Infolgedessen entstehen hohe Abhängigkeiten zwischen Leistungserbringern und Leistungsnehmern. Der Erfolg dieser Industriedienstleistungen ist stark an die Entwicklung des jeweiligen Standorts gebunden.

Im Gegensatz dazu sind die meisten personalgebundenen Services deutlich wettbewerbsintensiver. Auch dies erfordert eine entsprechende Strukturierung in der Zusammenarbeit und den folgenden Projekten. Allerdings ist der Erfolg der personalgebundenen Industriedienstleistungen weniger stark an die Entwicklung des jeweiligen Standorts gebunden, da sie bei positiver Geschäftsentwicklung zunehmend auch für Kunden außerhalb des Standorts erbracht werden können.

Weitere Sortiermöglichkeiten sind:

- Services, die üblicherweise in Eigenleistung erbracht werden
- Services, die üblicherweise von Dritten bezogen werden

Die Situation variiert hier von Unternehmen zu Unternehmen, auch wenn sich in den letzten Jahren bei einigen Leistungen vorzugsweise der Bezug von Dritten etabliert hat. Dazu zählen im Bereich Technik u. a. Reinigung, Gerüstbau, Dämmung, Tiefbau, Entsorgung, Rohrleitungsbau und Elektromontagen.

Gleichzeitig verfügen fast alle Chemieunternehmen über Strukturen, um Industriedienstleistungen auch mit eigenen Ressourcen zu erbringen. Dazu gehören üblicherweise:

- Leistungen, die wenig zyklisch oder gut planbar sind und bei laufenden Anlagen erbracht werden, wie beispielsweise Instandhaltungsleistungen
- Leistungen, die nahe am Hauptprozess liegen, wie beispielsweise betriebsnahe Logistik inklusive der Lagerung von Rohstoffen sowie Zwischen- und Endprodukten
- Leistungen, die standort- und infrastrukturgebunden sind, wie beispielsweise Ver- und Entsorgung, Gebäude und Straßen sowie Netze
- Leistungen, die für das Produktverständnis wichtig sind, wie beispielsweise Laborleistungen
- Leistungen, die im Markt nicht gängig sind und daher im Notfall nicht verfügbar sind oder für die aus diesem Grund Premiumpreise bezahlt werden müssen

Die Interessen der beauftragenden Chemieunternehmen, die beim Bezug von Dritten zu berücksichtigen sind, werden üblicherweise wie folgt definiert:

- Transfer von Risiken und Verantwortung
- Herstellung größtmöglicher Transparenz
- Etablierung und Überwachung von Leistungsstandards
- Möglichkeiten frühzeitiger Einflussnahme bei Abweichungen
- Preisbildung nach objektiven Kriterien
- Teilnahme an Verbesserungen und Incentivierung
- Absicherung gegen Ausfall des Dienstleistungspartners
- Schaffung von Alternativen bei Vertragsende

### 4.1.3 Organisationsformen Industriedienstleistungen

Auffällig ist, dass sich die Situation der Chemieunternehmen in Bezug auf Eigenleistung und Leistungsbezug der Industriedienstleistungen stark unterscheidet.

Der unternehmensinterne Widerstand, Nebenaktivitäten zu veräußern oder durch Dienstleistungsunternehmen ausführen zu lassen, wird oftmals als sehr groß empfunden. In den meisten Chemieunternehmen müssen von außen kommende Anstöße oder Notsituationen vorliegen, bevor in bestehende Strukturen eingegriffen wurde. Beispiele dafür sind die Auflösung der großen Chemiekombinate in Ostdeutschland nach der Wiedervereinigung, die Umgestaltung der Hoechst AG ab 1994 mit den Änderungen der deutschen Werke zu Chemieparks oder der Bayer AG mit ähnlichen Entwicklungen. Darüber hinaus wurde oft mit der Angst vor Abhängigkeitsverhältnissen argumentiert, obwohl die meisten Chemieunternehmen produktseitig heutzutage auch nicht mehr voll integriert sind und wie früher alles selbst herstellen.

Nach wie vor besteht in vielen Chemieunternehmen der Glaube, der „Best Owner" von diversen Industriedienstleistungen zu sein. Oft fällt in diesem Zusammenhang der Begriff „Verdünnung von Kosten" mit entsprechender Argumentation. Stößt man auf diesen Begriff, ist das ein guter Indikator für ein Unternehmen der deutschen Großchemie, das in seiner Transformation der Nebenaktivitäten in der Vergangenheit stehen geblieben ist. Dieser Begriff ist nicht nur betriebswirtschaftlich ungenau, sondern führte auch immer wieder zu falschen Entscheidungen wie dem Versuch, durch Gewinnung von Aufträgen zu Grenzkosten tiefergehenden, strukturellen Änderungen und Anpassungen auszuweichen.

## 4.2 Treibende Faktoren

### 4.2.1 Externe Entwicklungen

Die aktuellen Herausforderungen für die Chemieindustrie werden bereits an anderer Stelle ausführlich beschrieben, daher hier nur die wesentlichen Punkte, die für die weiteren Entscheidungen in den vorliegenden Beispielprojekten wesentlich waren.

Mit dem Beginn des neuen Jahrtausends sind neue Herausforderungen auf die Chemieunternehmen zugekommen: Die Digitalisierung und die aktive

Auseinandersetzung mit dem Klimawandel sowie in Deutschland die demografische Entwicklung, die zu einem zunehmend umkämpften Arbeitsmarkt führt und es für Chemieunternehmen schwierig macht, benötigtes Fachpersonal auf dem lokalen Markt zu rekrutieren.

Dies bedeutet, dass zukünftig auch im Dienstleistungssektor signifikant investiert werden muss, nicht nur um die Leistungsfähigkeit zu erhalten, sondern auch um die Digitalisierung voranzutreiben und technische Maßnahmen zur Erreichung der Klimaziele umzusetzen. Um diese Dienstleistungen zukunftsfähig und wettbewerbsfähig zu halten, ist ebenso die Weiterentwicklung der Leistungen notwendig. Dafür wird es wichtig sein, auch im Dienstleistungssektor ein attraktiver Arbeitgeber zu bleiben, um die nötige Fachkompetenz zu sichern.

Im Zuge der Multikrisen 2022 bis 2025 war die Chemieindustrie mit steigenden Kosten für Energien und Rohstoffe bei gleichzeitigem Einbruch der Nachfrage konfrontiert. Dies führte zu einer Verschärfung des Wettbewerbs und insgesamt zu einem Einbruch der Unternehmensgewinne. Gleichzeitig stehen im Rahmen der geplanten Dekarbonisierung in den nächsten Jahren massive Investitionen an.

Aus dieser Situation wurden im genannten Chemieunternehmen mehrere Maßnahmen entwickelt, die die Verbesserung der finanziellen Kennzahlen (u. a. Umsatz, Kosten und Liquidität), eine flexiblere Struktur angesichts der weiterhin zu erwartenden Zyklizität des Geschäfts sowie zusätzliche Finanzierungsmöglichkeiten vorsahen.

### 4.2.2 Definition Kerngeschäft

Für das Kerngeschäft existieren verschiedene Definitionen. Vereinfacht kann man zwischen einer eher weiten Definition (z. B. die verschiedenen Geschäftsfelder eines Mischkonzerns) und einer engeren Definition (z. B. das Operating Model, die Aktivitäten und Prozesse eines bereits fokussierten Unternehmens) unterscheiden.

Für unseren Fall wählen wir einen einfachen und pragmatischen Ansatz, der der engeren Definition folgt. Demzufolge zählen jene Aktivitäten nicht zum Kerngeschäft, die nicht direkt zur spezifischen Wettbewerbsfähigkeit des fokussierten Unternehmens beitragen und nicht sehr kritisch für die Kernprozesse sind.

Zugegebenermaßen ist dies eine eher dynamische Definition, die auch zu unterschiedlichen Antworten führen kann. Ein Beispiel dafür ist der Kantinenbetrieb, der bei Chemieunternehmen in den verschiedensten Konstellationen – die sich im Laufe der Zeit auch ändern können – erfolgt. Da sich die Rahmenbedingungen ständig ändern, sollte die Frage nach dem Kerngeschäft immer wieder aufs Neue gestellt werden.

Noch eine Anmerkung dazu: Die Nicht-Zugehörigkeit zum Kerngeschäft bedeutet nicht, dass man auf die entsprechende Aktivität verzichten kann. Daraus ergibt sich lediglich die Unterscheidung zwischen Eigenleistung und Fremdbezug. Dabei ist keine Wertung abzuleiten – Eigenleistung ist nicht per se gut und Fremdbezug nicht per se schlecht. Des Weiteren ergibt sich keine feste Entwicklungsrichtung

– Aktivitäten können mal als zum Kerngeschäft zugehörig definiert werden und mal nicht, und dies kann sich im Laufe der Zeit mehrfach drehen.

### 4.2.3 Situation Chemieunternehmen

Die folgenden Punkte werden am Beispiel eines mittelständischen international tätigen Chemieunternehmens mit den Geschäftsfeldern Basischemikalien und Spezialchemikalien erläutert. Das Chemieunternehmen – es handelt sich um OQ Chemicals – betreibt sechs Produktionsstandorte weltweit.

An den Standorten bezieht das Chemieunternehmen einen Teil der benötigten Industriedienstleistungen von Dritten (z. B. vom Industrieparkbetreiber oder anderen Dienstleistungspartnern) oder erbringt sie selbst ausschließlich für den eigenen Bedarf oder erbringt sie sowohl für sich als auch für Dritte.

Wie dem Beispiel zu entnehmen ist, gibt es innerhalb dieses Chemieunternehmens kein einheitliches Operating Model. Dementsprechend werden Entscheidungen zur Anpassung von Strukturen jeweils abhängig von den Möglichkeiten und Gegebenheiten des einzelnen Standorts getroffen.

Dieses Beispiel ist unseren Erfahrungen nach repräsentativ für die meisten Unternehmen aus der Prozessindustrie. Die Situation an einzelnen Standorten ist entscheidender für die jeweilige operative Organisationsform als grundlegende standortübergreifende Festlegungen das gesamte Unternehmen betreffend.

Ausgehend von den oben beschriebenen wandelnden Rahmenbedingungen für die chemische Industrie in Deutschland verschlechterten sich die finanziellen Kennzahlen des Chemieunternehmens in kurzer Zeit dramatisch. Damit einhergehend wurde angenommen, dass die Veränderungen in der Marktsituation nicht konjunkturbedingt und vorübergehend, sondern strukturell und dauerhaft sind.

Um darauf zu reagieren, wurden zahlreiche Initiativen entwickelt, um in die Erfolgszone zurückzukehren und dies durch eine grundlegende Transformation des Chemieunternehmens nachhaltig abzusichern. Die Restrukturierung betraf alle Geschäftseinheiten.

Eine der Initiativen hatte die komplette Reorganisation des größten Standorts der Gruppe sowie die tiefgreifende Umorganisation und Neuausrichtung der Industriedienstleistungen zum Inhalt.

## 4.3 Projektbeispiel

### 4.3.1 Ausgangslage

Das Projektbeispiel betrifft ein mittelgroßes Werk mit etwa 1000 bis 2000 Mitarbeitern, das vor etwa 100 Jahren gegründet wurde und sich in Nordrhein-Westfalen befindet. Es ist der größte Produktionsstandort des Chemieunternehmens.

Die Services im Werk werden vom Chemieunternehmen nach dem Major User-Prinzip erbracht. Das bedeutet, dass das größte produzierende Unternehmen am

Standort Industriedienstleistungen auch für weitere produzierende Industrieunternehmen im Werk erbringt.

Die Situation ist vor allem historisch bedingt und spiegelt die Entwicklung des Werks wider, das vor etwa 100 Jahren als wirtschaftliche Einheit gegründet wurde. In den 1990er Jahren wurde der damalige Mutterkonzern – die Hoechst AG – aus strategischen Gründen aufgespalten, wodurch in diesem Werk sechs unabhängige produzierende Industrieunternehmen mit unterschiedlichen Eigentümern entstanden. Die Anlagen im Werk bilden firmenübergreifend einen energetischen Verbund und werden größtenteils rund um die Uhr betrieben. Der Energiebedarf wird durch die Erzeugung von Strom und Dampf in Kraft-Wärme-Kopplung im werkseigenen Kraftwerk gedeckt.

Im vorliegenden Projektbeispiel bietet das Chemieunternehmen Industriedienstleistungen aus den folgenden Organisationseinheiten an: Instandhaltungswerkstätten, Technische Planung, Magazin, Energieerzeugung und Utilities, Netzwerke, Sicherheit (einschließlich Behördenkontakt, Genehmigungsverfahren, Werkschutz, Anlagensicherheit, Arbeitssicherheit), Betriebsarzt, Umweltschutz und Entsorgung, Engineering, Disposition, Logistik und Verladung, Eisenbahnbetrieb, Ausbildung, Infrastrukturbetrieb, Gebäudemanagement und -vermietung.

Für diese Dienstleistungen sind bei dem Chemieunternehmen mehrere Hundert Mitarbeiter im Einsatz und die Wiederbeschaffungswerte der damit verbundenen Assets belaufen sich auf einen höheren dreistelligen Millionenbetrag in der oberen Hälfte. Die Umsätze dieser Serviceeinheiten mit Dritten variieren stark und machen in einigen Fällen einen signifikanten Anteil an den Aktivitäten aus.

#### 4.3.1.1 Vorteile

Die vorhandene Struktur bietet die Möglichkeit, durch das Drittgeschäft Deckungsbeiträge für die eigenen Serviceeinheiten zu erwirtschaften. Zudem trägt sie durch Synergieeffekte dazu bei, die Serviceeinheiten in ausreichender Größe zu halten. Dies kommt der Schlagkraft und Professionalität der Serviceeinheiten sowie deren Kunden, darunter dem Chemieunternehmen selbst, zugute.

#### 4.3.1.2 Nachteile

Es liegt auf der Hand, dass eine Serviceeinheit, die nach der Logik und den Maßstäben eines Chemieunternehmens organisiert und geführt wird, nicht „best in class“ sein kann. Die Natur der Geschäfte und die zugrunde liegenden Erfolgsfaktoren sind zu unterschiedlich. Diese Unterschiede beeinträchtigen sowohl direkt die Industriedienstleistungen als auch indirekt die Wettbewerbsfähigkeit des Kerngeschäfts Chemie.

Einige Beispiele verdeutlichen dies: Während das Controlling eines Chemieunternehmens detaillierte monatliche Berichte über Effizienz und Ausbeuten in der Produktion erstellt, fehlen vergleichbare Reports zur Auslastung der Mitarbeiter in den Serviceeinheiten. Während ein Chemieunternehmen tendenziell arbeitsteilig organisiert ist, liegt bei Mitarbeitern in Dienstleistungsunternehmen oft eine ganzheitliche Verantwortung für die Arbeitsergebnisse (end-to-end) vor. Während in Chemieunternehmen die bestimmende Finanzkennzahl für einzelne Abteilungen die Kosten sind, werden Dienstleistungsunternehmen bereits in den kleinsten Organisationseinheiten nach Umsatz und Ergebnis gesteuert.

Die Herausforderung liegt auch darin, dass die Finanzkennzahlen der Industriedienstleistungen, wie z. B. die zu erzielenden Profitmargen, in der Regel geringer sind als im Kerngeschäft der Chemie. Zudem sind bestimmte Dienstleistungen wie technische Werkstätten deutlich personalintensiver, während andere, wie z. B. Kraftwerke für Chemiestandorte, sehr kapitalintensiv sind und langfristige Investitionen erfordern, die über den typischen Horizont des Chemiegeschäfts von etwa fünf Jahren hinausgehen.

Dies erschwert einen Vergleich der Produktionsstandorte und ein Benchmarking erheblich. Mitarbeiterzahlen oder Renditen müssen aufwendig den jeweiligen Aktivitäten zugeordnet werden, um eine Vergleichbarkeit mit den anderen Werken des Chemieunternehmens herzustellen. Diese Herausforderungen können zu suboptimalen Standortentscheidungen bezüglich Investitionen oder Anlagenstilllegungen führen.

Angesichts der sehr unterschiedlichen Geschäftsfelder, des Kerngeschäfts Chemie und der Industriedienstleistungen, ist es für ein fremdfinanziertes Unternehmen unabdingbar, die Serviceeinheiten separat auszuweisen und idealerweise durch eine eigene Gesellschaft vom Kerngeschäft abzugrenzen.

### 4.3.2 Strategische Optionen

Grundsätzlich standen in dieser Ausgangssituation mehrere Entwicklungsmöglichkeiten zur Auswahl. Unter den verschiedenen Optionen, die in Betracht gezogen wurden, sind die folgenden Strategien als die wahrscheinlichsten hervorgegangen.

#### 4.3.2.1 Strategie „Verkleinerung"

##### *4.3.2.1.1 Beschreibung*

In dieser Variante entscheidet sich das Chemieunternehmen dafür, die Dienstleistungen für Dritte einzustellen und sich ausschließlich auf die eigenen Bedarfe zu konzentrieren. Dies führt zu einem Personalabbau in den personalintensiven Bereichen, der relativ schnell umgesetzt werden kann. Bei den kapitalintensiven Dienstleistungen erfordert dies einen entsprechenden Vorlauf, damit die bisherigen Kunden Alternativen entwickeln können. Die Fristen dafür können bei den Assetgebundenen und kapitalintensiven Services erheblich bis prohibitiv sein, bis diese finanziert, geplant und gebaut sind. Das Ergebnis ist ein Unternehmen mit einer traditionellen Struktur, das vollständig auf die eigenen Bedürfnisse ausgerichtet ist, wie es in der Chemieindustrie weit verbreitet ist.

##### *4.3.2.1.2 Bewertung*

Die Umsetzung dieser Strategie ist teilweise langwierig und erfordert in allen Bereichen hohe Kosten für Abfindungen und Investitionen. Die entstehenden Organisationseinheiten haben aufgrund der teilweise unveränderbaren Fixkosten eine ungünstigere Kostenstruktur. Insbesondere wenn die vorhandenen Anlagen nicht angepasst und umgebaut werden verringert sich ihre Wirtschaftlichkeit aufgrund geringerer Auslastung. Die Umstellung erfordert einen hohen Aufwand, da die Organisationseinheiten vollständig restrukturiert werden müssen. Durch die Verkleinerung der Serviceeinheiten geht zum Nachteil der Produktion wertvolles Spezialwissen verloren, ebenso Reaktionsgeschwindigkeit und Flexibilität. Strukturelle Probleme wie die hohen spezifischen Personalkosten, die durch Zuordnung der Industriedienstleistungen zum Chemietarif bestehen, bleiben bestehen. Durch den reinen Abbau von Leistungen und Fähigkeiten wird Wert vernichtet.

### 4.3.2.2 Strategie „Beibehalten und Optimieren"

#### *4.3.2.2.1 Beschreibung*

In dieser Variante setzt das Chemieunternehmen die bisherige Strategie fort. Das heißt, die bestehenden Industriedienstleistungen werden beibehalten. Die Serviceeinheiten werden operativ optimiert und es werden Verbesserungen im Detail durchgeführt. Das Chemieunternehmen verselbständigt die Serviceeinheiten, entwickelt die Organisation und führt Profit Center sowie angepasste Reportingstrukturen ein, um von einer Kosten- zu einer Ergebnisorientierung zu gelangen. Die Serviceeinheiten werden perspektivisch wie Tochterunternehmen mit dem Geschäftszweck Industrieservice geführt. Für einige Leistungen müssen neue Märkte erschlossen werden, um Schwankungen oder Rückgänge in der Nachfrage zu kompensieren

#### *4.3.2.2.2 Bewertung*

Bei dieser Strategie fallen keine besonderen Aufwendungen für zusätzliches Anlageninvestment oder Personalmaßnahmen an. Die Beibehaltung des existierenden Modus verhindert Unruhe in der Belegschaft. Die bewährten technischen Kompetenzen bleiben erhalten und Effizienzgewinne werden schrittweise erschlossen. Allerdings sind notwendige Investitionen in die Geschäftsentwicklung, wie z. B. der Aufbau von Marketing und Vertrieb, sowie die mit der entsprechenden Lernkurve verbundenen Kosten, nicht zu unterschätzen. Beispiele aus anderen Chemieunternehmen zeigen, dass dieser Prozess oft viele Jahre dauern kann. Das Chemieunternehmen bleibt im Wesentlichen in den alten Strukturen verankert und riskiert Abschläge in der Unternehmensbewertung aufgrund der Tätigkeit in artfremden Geschäftsfeldern. Das Risikoexposure wird durch die Betätigung in fremden Geschäftsfeldern negativ beeinflusst. Die Unternehmenskultur und die Prozesse bleiben weiterhin stark durch das Chemiegeschäft geprägt. Da die Industriedienstleistungen nicht zum Kerngeschäft gehören, wird nicht ausreichend in deren Entwicklung investiert, man bewegt sich immer weiter vom „state of the art" weg. Auch für neue Mitarbeiter verlieren die Einheiten an Attraktivität. Dem Fachkräftemangel wird mit den falschen Incentives (d. h. Vergütungsmodellen aus dem Chemietarif) begegnet, dadurch verschlechtern sich die Kostenposition und Wettbewerbsfähigkeit weiter.

Im Vergleich zur Ausgangssituation könnte die Etablierung eigenständiger Serviceeinheiten jedoch zu einer Professionalisierung der Industriedienstleistungen mit potenziellen Effizienzsteigerungen führen. Diese strategische Option stellt eine gute und meist auch notwendige Vorstufe zur späteren Umsetzung der Strategie „Externalisierung" dar.

#### 4.3.2.3 Strategie „Externalisierung"

##### *4.3.2.3.1 Beschreibung*

In dieser Variante werden aus internen Abteilungen ergebnisverantwortliche Organisationseinheiten geschaffen. Um den Prozess zu beschleunigen, werden die Serviceeinheiten selbständig aufgestellt und bekommen neue Gesellschafter. Dies kann vollständig und auf einmal geschehen oder graduell durchgeführt werden, bis das Chemieunternehmen seine Gesellschaftsanteile weitgehend oder vollständig veräußert hat. Meist bleibt das Chemieunternehmen Hauptkunde der veräußerten Industriedienstleistungen. Typischerweise erfolgt dies im Rahmen eines Asset Deals, bei dem die betroffenen Mitarbeiter des Chemieunternehmens durch einen Betriebsübergang zum neuen Eigentümer wechseln.

##### *4.3.2.3.2 Bewertung*

In der Chemieindustrie, in der Gewerkschaften und Arbeitnehmervertreter traditionell starke Mitbestimmungsrechte haben und in der die Mitarbeiter sich meist stark mit ihren Unternehmen identifizieren, wird diese Variante ungern gewählt. Die Unternehmenskultur in den Industriedienstleistungen, die dynamisch geprägt ist, unterscheidet sich von der in der Chemieindustrie, was den Übergang für manche Mitarbeiter schmerzhaft macht. Hinzu kommen andere Tarifstrukturen und deutlich weniger Betriebsvereinbarungen. Daher erfordert diese Variante starke Überzeugungskraft und Führung. Mit Übernahme der Industriedienstleistungs-Einheiten durch einen Strategen und „Best Owner" lassen sich relativ schnell Synergien und spürbare Änderungen realisieren. Das Chemieunternehmen kann sich verstärkt auf sein Kerngeschäft konzentrieren. Mit dem Übergang der Serviceeinheiten an neue Eigentümer werden strukturelle Veränderungen in den Industriedienstleistungen eingeleitet, die mittelfristig positiv wirken könnten: eine schlankere Organisation, stärkerer Fokus auf Profitabilität und Effizienz sowie schnellere Anpassungen an Marktbedingungen.

Insgesamt könnte diese Strategie die Wettbewerbsfähigkeit des Chemieunternehmens verbessern, indem es Ressourcen freisetzt, während die Industriedienstleistungen optimiert und weiterentwickelt werden.

#### 4.3.2.4 Entscheidung

Um die ungenutzten Potenziale der Geschäftseinheit „Industriedienstleistungen" zu erschließen, wurden entsprechende Projekte initiiert.

Projektbeispiel 1 und Projektbeispiel 2 setzen die Strategie „Externalisierung" um, während Projektbeispiel 3 mit der Strategie „Beibehalten und Optimieren" startet als Vorstufe zur späteren Realisierung der Strategie „Externalisierung". Eine Übersicht der Projektbeispiele und der zugeordneten Serviceeinheiten befindet sich in Abb. 4.2.

**Abb. 4.2** Übersicht der Projektbeispiele und Serviceeinheiten (*Quelle:* Inotectis GmbH).

### 4.3.3 Definition Umfang

Die Aktivitäten am Standort umfassen neben den bereits erwähnten Serviceeinheiten auch mehrere Produktionsbetriebe, Forschung und Entwicklung sowie administrative Einheiten wie Finanz- und Rechnungswesen, IT, Personal, Einkauf, Customer Service, Produktionsplanung und andere.

Zur Vorbereitung der Reorganisation des Standorts wurden alle Funktionen und Abteilungen am Standort nach den folgenden Gesichtspunkten analysiert:

- Welcher ist der optimale Entwicklungspfad und die richtige Strategie für die Organisationseinheit?
- Gehört die Organisationseinheit in Folge zum Kerngeschäft oder nicht?
- Welche Aktivitäten aus dem Kerngeschäft des Chemieunternehmens sind dem Standort zuzuordnen, welche sind Corporate Functions?

Im Ergebnis wurde das Kerngeschäft des Chemieunternehmens, das dem Standort zuzuordnen ist, im Wesentlichen auf die Produktionsaktivitäten festgelegt. Andere Organisationseinheiten sind Kerngeschäft, aber Corporate Functions.

Weiter wurden die Industriedienstleistungen identifiziert, die im Umfang der Strategie „Externalisierung" ausgelagert werden sollen (siehe Abb. 4.2).

Diese Definition der Organisationseinheiten erfüllte eine wichtige Voraussetzung für die Neuorganisation des Standorts.

### 4.3.4 Ziele und Rahmenbedingungen

Die mit der Fortentwicklung der Industriedienstleistungen verknüpften Ziele – bezogen auf OQ Chemicals – sind wie folgt:

- Die Industriedienstleistungen haben einen erheblichen Einfluss auf den Geschäftserfolg des Chemieunternehmens. Der Bezug dieser Leistungen von professionellen

Dienstleistungspartnern statt der Eigenleistung muss zugunsten des Chemieunternehmens sein. Ein wichtiger Aspekt dabei ist die Fähigkeit des Dienstleistungspartners, übernommene Aktivitäten weiterzuentwickeln und zu optimieren.
- Die gelebte Sozialpartnerschaft mit der Belegschaft war eine der wesentlichen Rahmenbedingungen des Projekts. Daher strebt das Chemieunternehmen die Übernahme der Mitarbeiter nach dem Transfer der entsprechenden Einheiten im Rahmen eines Betriebsübergangs nach § 613a BGB durch den neuen Eigentümer an, die weiteren Anpassungen sind sozial verträglich und über einen längeren Zeitraum umzusetzen.
- Das Chemieunternehmen konzentriert sich auf sein Kerngeschäft in der Chemie und trennt sich von Nicht-Kerngeschäften mit signifikanter Größe. Dies soll den Unternehmenswert steigern, da fokussierte Unternehmen in der Regel höher bewertet werden.
- Die Herauslösung von Geschäftseinheiten bietet dem Chemieunternehmen die Möglichkeit zusätzlicher (finanzieller) Wertschöpfung. Angesichts der zukünftigen Anforderungen (Stichwort Dekarbonisierung) sind erhebliche Investitionen erforderlich, die finanziert werden müssen, ohne die Investitionen ins Chemie-Kerngeschäft zu gefährden. Die Umsetzung der Projekte ermöglicht dazu verschiedene Modelle wie Fremdfinanzierungen, Joint Ventures oder den Verkauf von Unternehmensanteilen.

Die Ziele im Zusammenhang mit der Weiterentwicklung der Industriedienstleistungen sind wie folgt formuliert:

- Es ist wichtig, mit Dienstleistungspartnern zusammenzuarbeiten, die in Industriedienstleistungen als deren Kerngeschäft investieren, diese weiterentwickeln und marktfähig machen. Dies umfasst die Modernisierung des Anlagenparks, die Einführung marktüblicher Tarifstrukturen, die Weiterentwicklung von Prozessen und Systemen, die Anpassung der Organisation, die Kompetenzentwicklung der Mitarbeiter, die Nutzung von Skaleneffekten (economies of scale) und Verbundvorteilen (economies of scope) durch bestehende Geschäftsbereiche der Dienstleistungspartner außerhalb des Standorts. Ziel ist es, die Wettbewerbsfähigkeit der Industriedienstleistungen zu stärken und einen Kulturwandel innerhalb dieser Einheiten zu initiieren.
- Eine zentrale Überlegung war es, die Stärken der bestehenden Industriedienstleistungen zu bewahren. Sowohl die Leistungserbringer als auch die Leistungsnehmer am Standort sollen weiterhin von den Synergien profitieren, die durch die Bereitstellung von Dienstleistungen für alle produzierenden Industrieunternehmen am Standort entstehen.

### 4.3.5 Festlegung Projekte

Im Ergebnis der Strategieüberlegung wurden drei Projekte mit den folgenden Inhalten formuliert (siehe auch Abb. 4.2):

- Logistik und Disposition
- Instandhaltungswerkstätten und Magazin
- Standortservices und Infrastruktur

Die Vorgehensweise der genannten Projekte unterschied sich gemäß dem jeweiligen Geschäftscharakter.

#### 4.3.5.1 Projektbeispiel 1: Logistik und Disposition

Die Leistungserbringung erfolgt fast ausschließlich für das Chemieunternehmen. Daher wurde dieses Projekt als klassisches Outsourcing-Projekt definiert, bei dem die Leistung zugekauft wird, der Auftraggeber aber die Einrichtungen – sofern der Dienstleistungspartner die bestehenden im Werk nützt – zur Verfügung stellt.

#### 4.3.5.2 Projektbeispiel 2: Instandhaltungswerkstätten und Magazin

In diesem Bereich wurde die vergangenen Jahre bereits wichtiges Drittgeschäft entwickelt, das zeitweise fast die Hälfte der Aktivitäten umfasst. Für die weitere Entwicklung des Drittgeschäfts wird noch erhebliches Potential gesehen. Dieses Projekt wurde als M&A-Projekt konzipiert, bei dem das Chemieunternehmen die vollständige Organisation samt Drittgeschäft verselbständigt und die dazugehörigen Einrichtungen verkauft oder vermietet.

#### 4.3.5.3 Projektbeispiel 3: Standortservices und Infrastruktur

In diesem Bereich hat das Drittgeschäft einen bedeutenden Anteil. Für die Aufrechterhaltung der Industriedienstleistungen ist in den nächsten Jahren erheblicher Investitionsbedarf nötig. Dieses Projekt wurde als Carve Out-Projekt konzipiert, um hier weitere finanzielle Handlungsfreiheiten zu erlangen. Der erste Schritt ist die Entwicklung der Einheit zu einer eigenständigen Tochter des Chemieunternehmens, danach soll die weitere Zukunft entschieden werden.

### 4.3.6 Projektplanung

#### 4.3.6.1 Projektorganisation

Der erste entscheidende Schritt in den Projekten war die Einrichtung der Projektorganisation. Dazu wurden zunächst die Rollen des Projektleiters und des PMO (Project Management Office) besetzt.

Die Projekte wurden nach klassischen Organisationsprinzipien durchgeführt. Dabei wurden folgende Elemente berücksichtigt:

- Projektorganisation: Workstream-Leiter, Steering Committee, Projektmitarbeiter
- Informationsmanagement: Dokumentenablage und -struktur, Meetings und Berichterstattung, Templates
- Ablauf- und Terminplanung: Arbeitspakete, Projektinhalte, Termine

Für die verschiedenen Projektphasen wurden Unterprojekte definiert, die hier als Workstreams bezeichnet werden. Für jeden Workstream wurden verantwortliche Workstream-Leiter ernannt, die für die Planung und die Ergebnisse ihres Workstreams verantwortlich waren.

#### 4.3.6.2 Vorgehensweise

Wie schon oben gezeigt unterscheiden sich die Projektbeispiele inhaltlich. Entsprechend unterscheidet sich die Vorgehensweise in den Projekten wie in Abb. 4.3 und Abb. 4.4 gezeigt.

### 4.3.7 Vorbereitung

Die folgenden Punkte erläutern wichtige Aspekte, die zum Teil bereits vor Projektstart, zum Teil auch mitlaufend in der Projektbearbeitung durch das Chemieunternehmen vorbereitet werden müssen.

In der Praxis haben sich dafür gemischte Teams bestehend aus externer Unterstützung und internen Schlüsselpersonen als besonders effektiv erwiesen.

#### 4.3.7.1 Kommunikation

Die durchgängige und intensive Kommunikation ist Voraussetzung für Akzeptanz und Unterstützung der Vorhaben. Am Projektbeginn stand die Entwicklung eines Kommunikationsplans mit der Festlegung von Kommunikationswegen und -mitteln sowie Häufigkeit der Berichterstattung. Ziel war die Sicherstellung des Informationsflusses an folgende Stakeholder:

- Arbeitnehmervertreter
- Belegschaft
- Kunden
- Lieferanten
- Gesellschafter

Besonderes Augenmerk wurde auf die Einbindung der betroffenen Mitarbeiter und Führungskräfte gelegt, die teilweise intensiv in die Projektarbeit eingebunden waren.

#### 4.3.7.2 Zielbild

Der erste Schritt in der Vorbereitung bestand in der Erstellung eines Zielbildes für die Interaktion der verschiedenen Einheiten.

Ausgangspunkt der Überlegungen war das operative Kerngeschäft des Chemieunternehmens am Standort. Dies sind in den vorliegenden Beispielen die Produktionseinheit bzw. die Produktionsanlagen.

Die Produktionseinheit musste nun am Standort befähigt werden, eigenständig und kompetent als Auftraggeber für Industriedienstleistungen zu agieren, unterstützt durch entsprechende Zuarbeit der Corporate Functions. Das bedeutet, dass in der Produktionseinheit alle erforderlichen Kompetenzen in Bezug auf Anlagengenehmigung, Anlagenbetrieb, Anlagenoptimierung sowie Produktkenntnisse und die Steuerung angrenzender Bereiche etabliert wurden. Zusätzlich wurden den Produktionseinheiten die Funktionen Process Technology, Quality Assurance & Control und Asset Management zugeordnet.

Ausgehend von der mittel- und langfristigen Produktionsplanung wurde der Ressourcenumfang der Produktionseinheit so bestimmt, dass die Produktionsanlagen sicher und wirtschaftlich betrieben werden können. Dabei bestand die Herausforderung darin, den minimal erforderlichen Umfang für jede Aufgabe zu bestimmen. Die resultierenden Restrukturierungsmaßnahmen im Rahmen der grundlegenden Transformation des Chemieunternehmens richten sich hier nach der Strategie „Verkleinerung".

Hilfreiche Fragestellungen waren dabei:

- Wofür trägt die Produktionseinheit unmittelbar und direkt Verantwortung?
- Was muss zwingenderweise selbst gemacht werden, wofür genügt es, Kontroll- und Beurteilungskompetenz zu haben, welche Leistungen können vereinfacht, verringert, ausgelagert oder aufgegeben werden?

#### 4.3.7.3 Leistungen

Im nächsten Schritt wurde – weiterhin fokussiert auf die Produktionseinheit – festgestellt, welche Industriedienstleistungen bezogen werden müssen.

Folgende Fragestellungen waren dabei hilfreich:

- Welche zukünftige Menge der bezogenen Leistungen wird benötigt, und ist sie steigend oder fallend?
- Wie entwickeln sich die Abnahmemengen im Zeitverlauf? Gibt es Spitzen oder Täler, wie kurzfristig sind Bedarfsänderungen?
- Welche Qualitätsanforderungen stellen die benötigten Leistungen und welche objektiven Beurteilungskriterien sind anzusetzen?

#### 4.3.7.4 Prozesse

Ein nicht zu vernachlässigendes Element in der Vorbereitungsphase war die Prüfung und Anpassung der wichtigsten Prozesse.

Im Rahmen einer ganzheitlichen Optimierung der Organisation wurden wichtige Hauptprozesse in der Leistungserbringung (z. B. Quote-to-Order-to-Cash) sowie essenzielle Nebenprozesse (z. B. der Freigabeprozess für Arbeiten in Prozessanlagen) analysiert, visualisiert und angepasst.

Die damit verfolgten Ziele sind:

- Sichtbarmachung der Prozesse und Schaffung eines grundlegenden Verständnisses der Arbeiten (wichtig auch für externe Dienstleistungspartner und Anbieter)
- Identifizierung von Optimierungspotenzialen und Durchführung von Verbesserungen (z. B. Vereinfachung und Neudefinition von Prozessen, Digitalisierung der Arbeitsabläufe, Neuordnung von Zuständigkeiten)
- Definition der Schnittstellen zwischen den Einheiten und des Übergangs von Verantwortlichkeiten

#### 4.3.7.5 Strukturen

In einem zweiten Schritt der Strukturanpassung (nach den Maßnahmen, die im Kapitel 4.3.7.2 beschrieben sind) wurden die Industriedienstleistungen des Chemieunternehmens am Standort nach den folgenden Gesichtspunkten neu strukturiert:

- Übernahme von Erkenntnissen der Prozessanalyse
- Schaffung der Einheit von Organisation und Verantwortung für zugeordnete Mitarbeiter, Assets sowie Kosten- und Ergebnisverantwortung
- Zusammenführung von Kompetenzen und Aufgaben
- Auflösung und Zuordnung von zu kleinen Organisationseinheiten mit geringer Führungsspanne
- Reduzierung von Aktivitäten, die nicht wertschöpfend sind

#### 4.3.7.6 Strategien

Ausgehend von der Definition der Leistungen wurden für die Industriedienstleistungen des Chemieunternehmens auch die dazu gehörigen Geschäftsfelder definiert.

Danach wurden für alle Geschäftsfelder die jeweiligen Marktstrategien erarbeitet. Diese lieferten Aussagen zu:

- Kundennachfrage und Marktwachstum
- Wettbewerbssituation
- Positionierung im Markt
- Potential und Entwicklungsmöglichkeiten
- Business Plan

Die weitere Anpassung der Organisation, die Optimierung von Prozessen sowie die Umsetzung von Maßnahmen zur Erreichung der wirtschaftlichen Ziele der Organisationseinheiten basieren auf diesen Marktstrategien.

#### 4.3.7.7 Systeme

Ein wesentliches und oft unterschätztes Element, das beim Carve Out und bei der anschließenden Umsetzung neuer Strukturen nach einem Übergang am längsten dauert, ist die Neugestaltung der IT-Strukturen und digitalen Systeme.

Im Projekt startet dies mit der Inventarisierung der eingesetzten Systeme und der Visualisierung der Prozesse.

Auf Basis dieser Übersichten erfolgen Festlegungen unter anderem zu folgenden Punkten:

- Welche Systeme sollen weiterhin verwendet werden?
- Welche Systeme sollen übertragen werden und welche beim Chemieunternehmen verbleiben? Wie sind die Zugriffsrechte und Berechtigungen geregelt?
- An welchen Stellen in den Prozessen erfolgt der Übergang der Verantwortung?
- Welche Schnittstellen müssen bereitgestellt werden?
- Wer ist für welche Aktivitäten verantwortlich?
- Wie sind Standards und Qualitätssicherung geregelt?
- Wem gehören die zukünftig erzeugten Daten?

Wenn erforderlich kann auch ein separater IT-Servicevertrag abgeschlossen werden, der folgende Inhalte umfasst:

- Technischer Übergabepunkt und Verantwortlichkeiten
- Governance und IT-Architektur

- Betrieb, Nutzungsrechte, Mitwirkungsleistungen und Pflichten
- Informationssicherheit, Compliance-Management und Datenschutz

#### 4.3.7.8 Datenraum

Für das Einholen der Angebote wurde eine Checkliste der zur Verfügung zu stellenden Informationen erstellt. Die Dokumente wurden den Anbietern durch einen virtuellen Datenraum mit den folgenden Inhalten zur Verfügung gestellt:

- Organisationseinheit
- HR
- IT & Data
- HSE & Quality
- Legal & Contracts
- Controlling
- Procurement

#### 4.3.7.9 Verträge

Ein zentrales Element bei der Vorbereitung besteht in der Erstellung der Verträge. Dies nicht nur, weil in den Verträgen durchaus angebotsrelevante Details festgelegt werden. Noch wichtiger ist die Tatsache, dass das Geschäftskonzept und die Strategie des Chemieunternehmens in Hinsicht auf die Zukunft der Industriedienstleistungen in den Verträgen für die interne als auch externe Kommunikation detailliert und konsistent definiert werden.

Folgende Verträge wurden zu diesem Zweck ausgearbeitet:

- Kauf- und Übertragungsvertrag, der den Transfer von Vermögenswerten und Personal regelt
- Mietvertrag für Grundstücke, Gebäude und Vermögenswerte sowie die Instandhaltung der Mietobjekte
- Rahmenvertrag über die Erbringung von Dienstleistungen durch den Dienstleistungspartner an Kunden
- Rahmenvertrag über den Bezug obligatorischer und fakultativer Standortdienstleistungen
- Standortvertrag zur Regelung der Beziehungen zwischen den Gesellschaften am Standort

### 4.3.8 Vertragsthemen exemplarisch

Die Vertragsgestaltung orientiert sich an den folgenden Grundprinzipien:

- Partnerschaft, Fairness, Gain and Pain Share
- Transparenz und Wettbewerb
- Innovation und Entwicklung

Neben den üblichen Regelungen wie Haftung, Gewährleistung, Vertragspartner, Vertragsdauer, Leistungsbeginn, Vertragsende, Leistungsvergütung, Beauftragung und Abrechnung etc. werden im Folgenden einige Vertragsthemen beschrieben, die die gewählten Geschäftsmodelle besonders widerspiegeln.

#### 4.3.8.1 Leistungsinhalte

Die zu bepreisenden Leistungen werden einzeln aufgeführt und möglichst präzise definiert. Dabei orientiert man sich idealerweise an bereits etablierten Leistungsbeschreibungen, die jedoch kritisch geprüft und gegebenenfalls verbessert werden müssen, bevor sie übernommen werden.

Die Leistungsbeschreibungen dienen auch dazu, vertragliche Verpflichtungen festzuhalten. Ein Beispiel hierfür ist die Unterscheidung in folgende Leistungsarten:

- Exklusivleistungen werden ausschließlich vom Dienstleistungspartner für das Chemieunternehmen erbracht, und es besteht eine Leistungspflicht seitens des Partners
- Normalleistungen sind alle anderen bepreisten Leistungen, die nicht unter die Exklusivleistungen fallen
- Nebenleistungen werden vom Dienstleistungspartner kostenfrei erbracht und ergänzen die Hauptleistungen, ohne dass dafür eine separate Vergütung vorgesehen ist

#### 4.3.8.2 Preisbildung

Die Leistungen sind über die gesamte Vertragslaufzeit zu bepreisen. Bei langfristigen Verträgen geschieht dies üblicherweise durch die Vereinbarung eines Preisbildungsmechanismus.

Ein bewährtes Verfahren ist die jährliche Anpassung gemäß einer festgelegten Preisformel. Diese Preisformel sollte die Kostenstruktur der jeweiligen Dienstleistung widerspiegeln. Faktoren, die preisanpassungsrelevant sein können, umfassen Lohnänderungen, Änderungen der Materialpreise sowie andere betriebliche Kostenkomponenten.

Damit wird sichergestellt, dass die Preisanpassung für beide Seiten fair und transparent erfolgt.

#### 4.3.8.3 Erfolgspartnerschaft

Im Sinne einer guten Partnerschaft sollten Vereinbarungen getroffen werden, die sicherstellen, dass Einsparungen und Verbesserungen allen Partnern zugutekommen. Zusätzlich sollte der Dienstleistungspartner durch Anreize für Innovation und Entwicklung am Gain Share beteiligt werden. Andererseits wird die Nichterreichung von Leistungskennzahlen pönalisiert.

#### 4.3.8.4 Lieferantenmanagement

Wie bereits oben ausgeführt setzen Chemieunternehmen für die Erbringung der Industriedienstleistungen eigene Serviceeinheiten ein oder beziehen diese Leistungen von weiteren externen Lieferanten (im weiteren „Subunternehmer" genannt). Die eigenen Serviceeinheiten koordinieren und beauftragen in der Regel diese

Subunternehmer. Bei der Übertragung der Serviceeinheiten an Dienstleistungspartner wird es erforderlich, für diese Subunternehmer genaue vertragliche Vereinbarungen zu treffen.

Hier gibt es mehrere Modelle:

- Modell 1: Das Chemieunternehmen hält den Vertrag mit dem Subunternehmer, der Dienstleistungspartner greift darauf zurück und hat volle Verantwortung für seine Leistung und die des Subunternehmers.
- Modell 2: Das Chemieunternehmen hält den Vertrag mit dem Subunternehmer und stellt diese Leistung bei. Der Dienstleistungspartner trägt die Verantwortung für seine eigene Leistung.
- Modell 3: Der Dienstleistungspartner hält den Vertrag mit dem Subunternehmer, er hat die volle Verantwortung für seine eigene Leistung und die des Subunternehmers.

Weiterhin gibt es verschiedene Ausgestaltungsmöglichkeiten dieser Modelle, in denen Details wie Zulassung von Subunternehmern, verschiedene Vergütungsvarianten oder die Offenlegung der Kosten (Open Book) zu regeln. Die Wahl des Modells hängt von den strategischen Zielen des Chemieunternehmens und den Präferenzen der Dienstleistungspartner ab, um die Verantwortlichkeiten und Risiken klar zu definieren.

#### 4.3.8.5 ERP und IT

Die Nutzung von ERP-, IT-Strukturen und digitalen Systemen ergibt sich aus dem gewählten Geschäftsmodell in der Zusammenarbeit. Diese Aspekte sind absolut erfolgskritisch. Da sie sehr stark von den Gegebenheiten der Vertragspartner abhängen, müssen sie später in den Details gemeinsam erarbeitet werden und können nur in den Grundzügen vom Chemieunternehmen vorgegeben werden.

Folgende Varianten bieten Beispiele für die Nutzung von ERP:

- Variante 1: Der Dienstleistungspartner implementiert sein eigenes ERP. Die Schnittstelle zwischen dem ERP des Chemieunternehmens und dem ERP des Partners sowie die übergebenen Daten sind im Detail zu spezifizieren.
- Variante 2: Der Dienstleistungspartner arbeitet im ERP des Chemieunternehmens. Der Chemieunternehmen stellt den Zugang und die notwendigen Lizenzen bereit.

Zur klaren Regelung der Nutzung von Software und IT sollten folgende Vereinbarungen getroffen werden:

- Software/IT, die im Eigentum des Chemieunternehmens bleiben und vom Dienstleistungspartner für Aufträge des Chemieunternehmens verwendet werden, werden unentgeltlich beigestellt.
- Software/IT, die der Dienstleistungspartner für Aufträge Dritter verwenden kann, sind zu vergüten (Miet-/Betreuungs-/Lizenzkosten).

#### 4.3.8.6 Assets und Materialien

Die Regelung für die Verantwortung für Assets und Materialien ist wiederum ganz vom gewählten Geschäftsmodell abhängig. Auf bestimmte Leistungen bezogen stehen in vielen Fällen mehrere Optionen gleichzeitig zur Verfügung. Exemplarisch wird hierzu das Magazin dargestellt:

Für das Magazin stehen dementsprechend zur Auswahl:

- Option 1: Der Dienstleistungspartner übernimmt eigenständig das operative Geschäft des Magazins, in dem er das dafür erforderliche Personal stellt. Er betreibt die entsprechenden Einrichtungen und leistet den vertragsgemäßen Service. Die Prozesse laufen weiterhin im ERP des Chemieunternehmens.
- Option 2: Zusätzlich zu Option 1 erfolgt die Übernahme des Warenbestandes und des Einkaufs durch den Dienstleistungspartner. Die Prozesse laufen im ERP des Partners. Die Aufwendungen des Partners werden durch Beaufschlagung auf den Einkaufspreis beglichen, daher gilt hier das Open Book-Prinzip.
- Option 3: Zusätzlich zu Option 1 erfolgt die Übernahme des Warenbestandes und des Einkaufs durch den Dienstleistungspartner. Die Prozesse laufen im ERP des Partners. Der Dienstleistungspartner ist in der Preisbildung der Artikel frei.

Im vorliegenden Projektbeispiel ist es vorgesehen, mit Option 1 zu starten. Optionen 2 oder 3 können gegebenenfalls zu einem späteren Zeitpunkt zu einer Ausweitung des Auftrags führen.

Ebenso müssen Regelungen bezüglich der Assets und der Verbrauchsmaterialien getroffen werden, für die ebenfalls Optionen mit unterschiedlicher Komplexität zur Auswahl stehen. Die Nutzung von KPIs zur Bewertung der Leistung und Optimierungspotentiale sei hier ebenfalls erwähnt.

#### 4.3.8.7 Personal

Wie bereits ausgeführt ist in allen Projektbeispielen die Übernahme von Mitarbeitern des Chemieunternehmens im Rahmen eines Betriebsübergangs Voraussetzung. Die Gestaltung des Betriebsübergangs sowie die Erfahrung damit aus anderen Projekten sind wichtige Qualifikationsmerkmale für potenzielle Dienstleistungspartner.

Diese Aspekte werden nicht nur mit dem Dienstleistungspartner, sondern auch mit den Arbeitnehmervertretern des Chemieunternehmens verhandelt und vereinbart. Die Inhalte würden den Rahmen dieses Buches sprengen, daher nur der Hinweis, dass dieses „Unterprojekt" sowohl inhaltlich als auch vom zeitlichen Rahmen zu den kritischsten Vorgängen in den Projekten zählt. Besonders sensibel sind dabei die Themen Tarifzugehörigkeit, Betriebsvereinbarungen und Pensionskasse.

Eine sorgfältige Planung und Umsetzung sowie eine enge Zusammenarbeit mit allen Beteiligten sind für den Erfolg des Vorhabens entscheidend. Die Berücksichtigung der genannten Aspekte und Empfehlungen kann dabei helfen, die Akzeptanz und Unterstützung der betroffenen Mitarbeiter und ihrer Vertreter zu sichern und den Übergang so reibungslos wie möglich zu gestalten.

#### 4.3.8.8 Vertragsende

Regelungen für das Vertragsende werden häufig vernachlässigt, obwohl sie für beide Vertragspartner von großer Bedeutung sind.

Die Interessenlage der Vertragspartner lässt sich wie folgt zusammenfassen:

- Chemieunternehmen: Vor dem Vertragsende müssen alle relevanten Informationen vorliegen, um dem Chemieunternehmen zu ermöglichen, erneut Angebote für die Industriedienstleistungen einzuholen. Es muss sichergestellt werden, dass ein nahtloser Übergang zu einem neuen Dienstleistungspartner ohne Nachteile für das Chemieunternehmen möglich ist.
- Dienstleistungspartner: Bei einem Verlust des Auftrags möchte der Dienstleistungspartner sicherstellen, dass die spezifischen Kosten und Verpflichtungen, die er nur für diese Auftragskonstellation übernommen hat, ihn nach Auftragsende nicht weiter belasten.

Für beide Interessenslagen gibt es bewährte Modelle, die im Rahmen der Vertragsverhandlungen einzuarbeiten sind.

### 4.3.9 Dienstleistungspartner

#### 4.3.9.1 Vorgehensweise

Die Vorgehensweise in den Projekten und zur Auswahl der Anbieter und möglichen Dienstleistungspartner wird in Abb. 4.3. Vorgehensweise Projektbeispiel 1 – Logistik und Disposition sowie Projektbeispiel 2 – Instandhaltungswerkstätten und Magazin und in Abb. 4.4. Vorgehensweise Projektbeispiel 3 – Standortservices und Infrastruktur vollständig dargestellt.

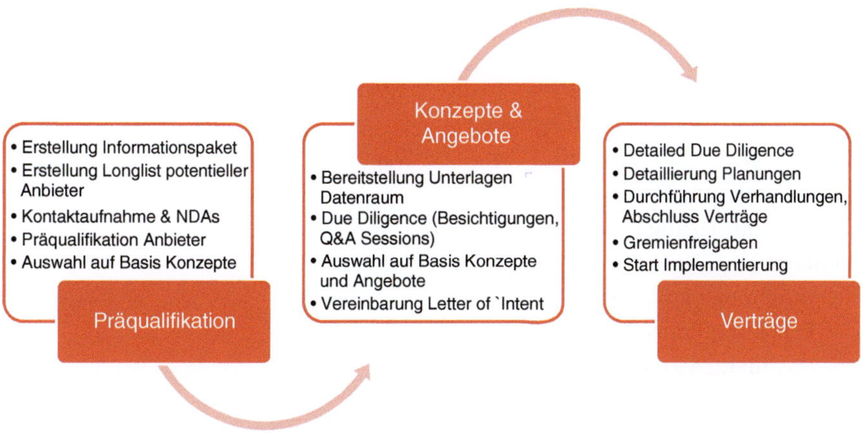


**Abb. 4.3** Vorgehensweise Projektbeispiel 1 – Logistik und Disposition sowie Projektbeispiel 2 – Instandhaltungswerkstätten und Magazin (*Quelle:* Inotectis GmbH).

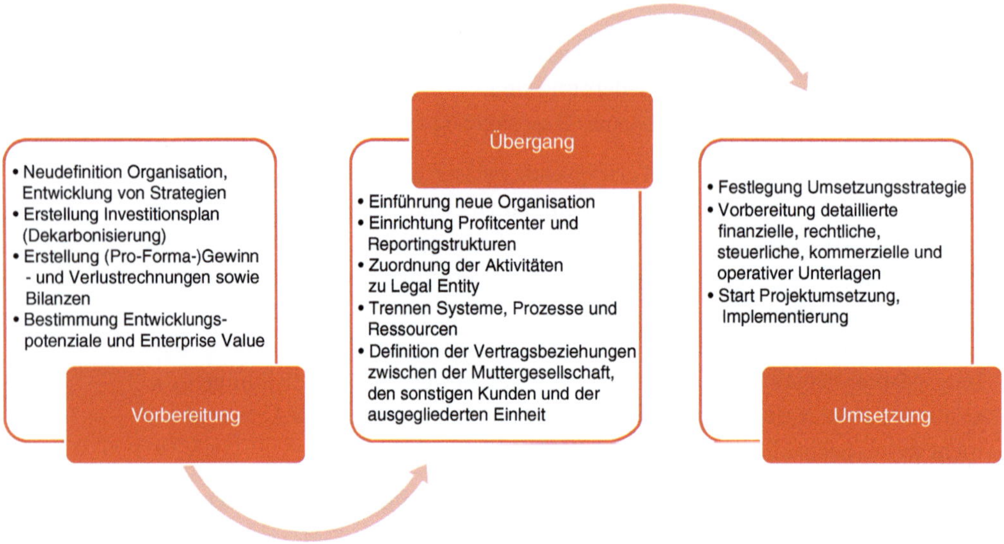


**Abb. 4.4** Vorgehensweise Projektbeispiel 3 – Standortservices und Infrastruktur (*Quelle:* Inotectis GmbH).

#### 4.3.9.2 Auswahlkriterien

In allen Projektphasen erfolgt eine Beurteilung der Anbieter nach qualitativen und quantitativen Kriterien.

Wie bereits im Kapitel 4.3.4 dargestellt verfolgt das Chemieunternehmen mit der Neuorganisation der Industriedienstleistungen verschiedene Ziele, die sich aus den übergeordneten Unternehmenszielen sowie dem aktuellen Restrukturierungsprogramm bzw. dem Projekt zur grundlegenden Transformation des Chemieunternehmens ableiten.

Zur weiteren Operationalisierung der Ziele wurden davon ausgehend die folgenden Einzelziele entwickelt.

- Strategie
  - Neuausrichtung Geschäftsmodell
  - Reduzierung Komplexität
  - Minimierung Risiken
  - Variabilisierung Kosten
- Finanz
  - Erhöhung Liquidität
  - Erhöhung Transparenz und Kontrolle
  - Nachhaltige Reduzierung Kosten
- Projekt
  - Erhalt Reputation und Mitarbeitermotivation
  - Erhöhung Leistungsflexibilität
  - Steigerung Know-how
  - Ständige Verbesserung der Kennzahlen

Diese Einzelziele wurden zur Auswahl der Anbieter und möglichen Dienstleistungspartner verwendet.

Im ersten Schritt wurden die oben aufgeführten Einzelziele detailliert und mit nachweisbaren Kriterien und beobachtbaren Beispielen definiert. Zusätzlich wurden die Kriterien gewichtet, um eine gemeinsame, nachvollziehbare und objektive Entscheidungsbasis zu haben.

An jedem Meilenstein, bei dem Selektionen und Richtungsentscheidungen anstanden, wurde die Entscheidungsmatrix weiter vervollständigt. Waren in der ersten Phase als Ergebnis der Präqualifikation nur qualitative Kriterien in den Kategorien „Strategie“ und „Projekt“ ausschlaggebend, kam zum Abschluss der zweiten Phase auch die quantitative Bewertung aus der Kategorie „Finanz“ hinzu.

#### 4.3.9.3 Business Pläne

Wie oben dargestellt kamen nach Vorliegen der Angebote auch quantitative Auswertungen zum Tragen.

Hierzu wurden Business Pläne für die Geschäftseinheiten erstellt, die über die gesamte vorgesehene Vertragsdauer liefen. Dies ermöglichte es, verschiedene Konzepte und Angebote der Dienstleistungspartner zu vergleichen und anhand der Ausgangssituation des Chemieunternehmens zu bewerten.

## 4.4 Fazit

Auf Basis der verschärften Marktanforderungen und der erforderlichen strategischen Weiterentwicklung eines Chemieunternehmens wurden gezielt Projekte zur Transformation identifiziert und ausgewählt.

In diesem Kapitel werden die Reorganisation des größten Standorts eines Chemieunternehmens sowie die Neuausrichtung der Industriedienstleistungen exemplarisch dargestellt. Wie bei Transformationsprojekten üblich, galt es dabei zahlreiche Herausforderungen zu bewältigen. Das Ziel dieses Beitrags ist es, diese Hindernisse aufzuzeigen und dem Leser mögliche Lösungsansätze an die Hand zu geben. Die Autoren stehen für einen weiterführenden Austausch gerne zur Verfügung.

# 5

# Zwischen Markt und Monopol – Dienstleistungen in Chemieparks

*Dr. Ernst Grigat*

*Sapherior Consult GmbH*

**Abstract**

*Es wird die besondere Situation von Dienstleistungen in Chemieparks analysiert, die sich zwischen marktwirtschaftlichen Prinzipien und monopolistischen Strukturen bewegen. Es wird erläutert, wie Chemieparkbetreiber als zentrale Dienstleister agieren und ein breites Spektrum an Services – von Infrastruktur über Energieversorgung bis zu Entsorgung – bereitstellen. Die Herausforderungen der Preisbildung, der Sicherstellung von Qualität und Versorgungssicherheit, sowie der Umgang mit regulatorischen Anforderungen werden dargestellt. Zudem wird diskutiert, wie Innovationen und Wettbewerb in einem Umfeld gefördert werden können, das häufig von wenigen großen Anbietern dominiert wird. Abschließend werden Perspektiven für die Weiterentwicklung von Chemieparkdienstleistungen aufgezeigt.*

## 5.1 Der Rahmen

Eine Definition vorweg: in diesem Kapitel steht das Wort „Chemiepark" für Standorte mit mehreren Nutzern und einem aktiven Standortmanagement. Je nach Nutzung heißen sie Industriepark, Chemiepark oder Pharmapark. In all diesen Parks gibt es eine Standortmanagement- und Dienstleistungsgesellschaft mit Pflicht- und Wahlleistungen, sowie Kunden, die diese Leistungen in Anspruch nehmen. Während sich die spezifischen Dienstleistungen in ihren Inhalten je nach Nutzung unterscheiden, spielt das für das Prinzip eines Parks keine nennenswerte Rolle.

### 5.1.1 Semipermeable Märkte: Industriepark / Chemiepark / Pharmapark

Ein Chemiepark ist ein Gelände mit einer gewissen Abschottung. Die Erschließungs-Liegenschaften, manchmal alle Liegenschaften, sowie die Infrastruktur sind meistens im Privateigentum entweder der Betreibergesellschaft oder der Eigentümer

**Abb. 5.1** Beispiel für einen typischen Chemiepark: ein traditioneller Standort, gegründet von einer Firma (in diesem Fall durch das Chemieunternehmen Dr. E. ter Meer & Cie. im Jahr 1877) und im Lauf der Geschichte in einen Park umgewandelt. Die Infrastruktur wird von den Firmen im Standort gemeinsam genutzt. (Foto: Ernst Grigat)

der Betreibergesellschaft. Die Betreibergesellschaft ist dadurch automatisch der einzige Anbieter von Leistungen, die auf diesen Liegenschaften oder der Infrastruktur beruhen. Auch für ausgelagerte Infrastruktur, beispielsweise eine Kläranlage in der Hand eines externen Unternehmens wie in Schkopau, gilt das gleiche Prinzip, dass kein Nutzer an dieser Infrastruktur vorbeikommt.

Darüber hinaus gibt es eine Reihe von Dienstleistungen, die nicht an die Infrastruktur gebunden sind und von mehreren Anbietern erbracht werden können. Die Zugangskontrollen zu den Standorten stellen für Anbieter von außen ein Hindernis dar. Daher muss der Eintritt in den Markt eines Chemieparks für viele Leistungen vorbereitet werden. Für Gewerke wie beispielsweise größere Handwerksbetriebe, Facility Management oder bestimmte Logistik-Aufgaben sind Stützpunkte innerhalb des Parks sinnvoll oder sogar notwendig. Deren Errichtung setzt eine Vereinbarung mit der Betreibergesellschaft oder einer der angesiedelten Park-Partnerfirmen voraus.

### 5.1.2 Der Zwang zur permanenten Erneuerung

Investitionen in Chemieparks sind deren Zukunftssicherung. Ein durchschnittlicher Chemiebetrieb wird auf eine „Lebenszeit“ von etwa 30–40 Jahren geschätzt. Zuverlässige Zahlen dazu sind nicht bekannt, das ist eine Annahme aus eigener Beobachtung. Als Konsequenz muss im Durchschnitt jedes Jahr 1/40 bis 1/30 der kumulierten Investitionssumme an neuen Investitionen eingeworben werden, um den Park in gleicher Größe auch in 30–40 Jahren aufgestellt zu haben. In 30–40 Jahren wäre damit ein Park „runderneuert“, also rein rechnerisch wären alle Betriebe durch neue Betriebe mit modernen Produkten und Technologien ausgetauscht. Für

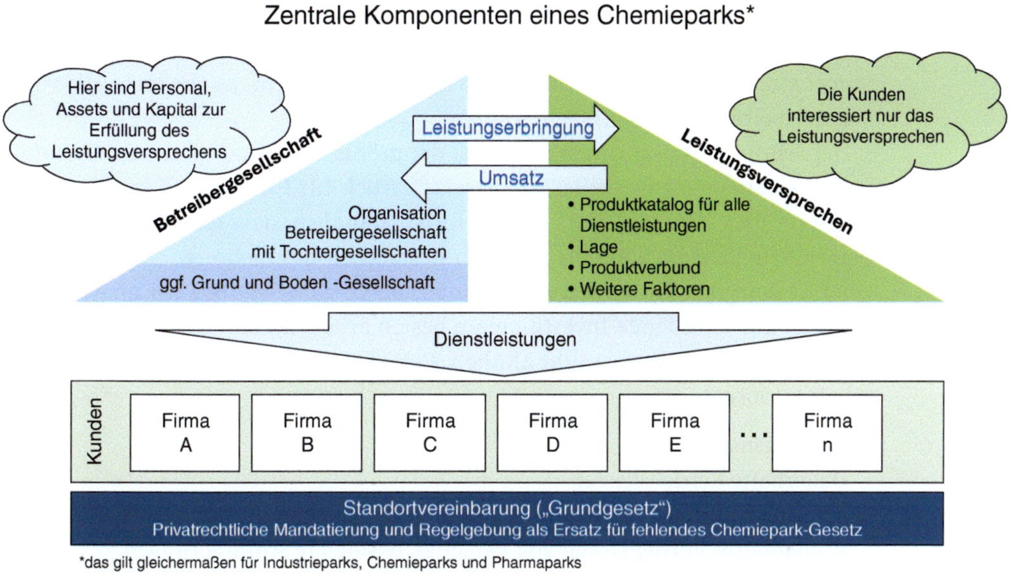


**Abb. 5.2** Schematischer Aufbau eines typischen Chemie-, Industrie- oder Pharmaparks. Entscheidend für die Attraktivität ist das Leistungsversprechen. Nur eine saubere Definition und Schärfung durch die Parkmanager bringen das volle Potenzial des Parks zur Wirkung. (Quelle: eigene Darstellung)

einen Beispielpark mittlerer Größe mit 3–4 Milliarden Euro Wiederbeschaffungswert bedeutet das ein Investitionsziel von 100 Millionen Euro pro Jahr im Durchschnitt. Ein Überschreiten dieser Summe bedeutet Wachstum, ein Unterschreiten Schrumpfen.

Zur Begriffsschärfung: mit Investitionen sind hier kapitalisierte Mittel gemeint, die abgeschrieben werden. Instandhaltungsaufwendungen, die in die Betriebskosten gerechnet werden, gehören nicht dazu. Instandhaltung ist zwar für den Erhalt der Standorte wichtig, aber die Zukunft im Sinne neuer Anlagen, Produkte und Verfahren hängt am Investitionskapital.[1]

### 5.1.3 Parks im Wettbewerb – der Effizienztreiber

Die Wettbewerbsfähigkeit beim Einwerben von Investitionen ist eine entscheidende Größe für das Park-Management . . . oder sollte es zumindest sein. Erfolgreiche Parks veröffentlichen ihre Investitionszahlen [1, 2].

1 Rein praktisch ist das investierte Kapital der verschiedenen Unternehmen in einem Park recht gut ermittelbar. Die Instandhaltungsaufwendungen stecken dagegen in den Betriebskosten der einzelnen Einheiten der Unternehmen, so dass dem Standortmanager meist nur eine grobe Schätzung genannt wird.

Damit signalisieren sie dem Markt, dass sie ein attraktives Angebot für Investoren zu bieten haben. Das schließt wettbewerbsfähige Dienstleistungen am Standort immer ein. Solche Dienstleistungen müssen verfügbar sein, jedoch nicht alle vom Standortbetreiber selbst erbracht werden.

Der Wettbewerb um Investitionen ist der größte Effizienztreiber von Chemieparks. Kaum eine Investition ist „gesetzt". Auch für Firmen und Betriebe, die schon im Park arbeiten, ist es nicht selbstverständlich, dass die nächste Investition in den gleichen Standort geht. Bei Konzernen mit mehreren Standorten in einer Region gibt es in der Regel einen internen Vergabe-Wettbewerb, an welchem Standort die betreffende Investition am besten arbeiten kann. Die Kriterien sind denen eines Neu-Investors sehr ähnlich. Relevant sind mit je nach Projekt wechselnder Priorität

- Kapitaleinsatz
- Dauerhafte Betriebskosten
- Standortbedingungen wie Energieversorgung, Logistik, Rohstoffe, Nähe zu Abnehmern, Verfügbarkeit von Personal, besondere Anforderungen
- Time to Market einschließlich Genehmigungen
- Projektspezifische Faktoren (bei Umsiedlungen beispielsweise die Entfernung vom ursprünglichen Standort, wenn die Mitarbeiter gehalten werden sollen)

Noch aufwändiger ist der Wettbewerb bei internationalen Investitionen von Firmen, die noch keinen Standort in Europa haben. Das übliche Verfahren von Longlist, Shortlist und mehreren Pitch-Runden in der Endrunde sorgt dafür, dass der Investor zur Überzeugung kommt, den für seine Anforderungen attraktivsten Standort gefunden zu haben. Wer seine „Hausaufgaben" als attraktiver Standort – einschließlich einer klaren Definition seiner Unique Selling Proposition (USP) – nicht ausreichend macht, hat in solchen Auswahlverfahren geringe Chancen auf Erfolg.

Für die aktuellen Nutzer ist die Attraktivität von Parks für Investitionen ein doppelter Nutzen. Zum einen können sie sicher sein, dass die Standortmanagement-Gesellschaft wettbewerbsfähige Arbeit macht. Zum anderen ist die Notwendigkeit zur Wettbewerbsfähigkeit auch für sie ein guter Verhandlungshebel bei der Bepreisung von Pflichtleistungen.

Ein Wort über den Begriff „Economy of Focus"

Für ein Management, das sich beispielsweise um die Produktion von Wirkstoffen für Pharmaka kümmern muss, sind Themen wie Standortinfrastruktur oder Standortsicherheit zwar auch wichtig. Sie stehen aber nicht hoch in der Aufmerksamkeit, solange sie funktionieren.

Ein Management, für das diese Themen und andere Standortdienstleistungen der Kern ihres Geschäftes sind, also ihre Firma ausschließlich davon lebt, wird sich mit ganz anderer Aufmerksamkeit den Details widmen. Die positive Entwicklung von spezialisierten Firmen wie Lanxess, Ineos, ICIG und anderen, bei denen die Aufmerksamkeit des Managements auf frühere Randthemen erhebliche Potentiale freisetzte, gibt davon ein eindrucksvolles Zeugnis ab.

### 5.1.4 Die Rolle der Eigentümer

Eigentlich sollte es egal sein, wer Eigentümer einer Standortmanagement-Gesellschaft ist. In der Praxis haben die Erwartungen des/der Eigentümer jedoch erhebliche Auswirkungen.

Da gibt es zunächst die Eigentümer, die aus der Historie kommend ihre Betriebe am Ort und damit ein operatives Interesse am Standort haben. Als Beispiel einer Art Genossenschaft kommt Leuna in den Sinn. Die Eigentümer sind vor allem an einem gut funktionierenden Standortbetrieb interessiert (Annahme des Autors).

Wenn jedoch die historischen Eigentümer aus dem Standort „herauswachsen" und den operativen Bezug verlieren, ändern sich die Erwartungen in Richtung einer soliden Rendite der Betreibergesellschaft. Eine Konsequenz des Herauswachsens konnte am Verkauf der Currenta beobachtet werden. Nachdem Bayer durch Abspaltung der Covestro kein Hauptnutzer mehr war, fiel die Entscheidung zum Verkauf. Richtig ist aber auch, dass das Festhalten in einer (Minderheits-)Eigentümerrolle an den früheren Standorten eine historische bzw. traditionelle Komponente hat und nicht zwingend sachlich erforderlich ist. Alle großen Konzerne haben Erfahrung mit Investitionen an Fremdstandorten und den Verträgen, um diese abzusichern. Die gleichen Mechanismen gelten auch für die früheren eigenen Standorte nach einem Verkauf.

Für Kapitalinvestoren ist ein Chemiepark „bewirtschaftete Infrastruktur", etwa in einer Kategorie wie Mautstraßen oder Datennetze. Die Kernerwartung ist konstante Rendite mit möglichst geringer Abhängigkeit von Zyklen. Die Haltezeiten bei Private Equity sind für Infrastruktur länger als für typische Chemie-Investments.

Die Konsequenz ist im Idealfall ein sehr professionelles Standortmanagement mit effizienten Dienstleistungen, das die nötigen Investitionen für eine langfristige Wertsteigerung des/der Chemieparks erhält. Selbstverständlich möchte der Eigentümer für eine gute Leistung auch gute Preise haben, was regelmäßig zu intensiven Preisverhandlungen führt.

### 5.1.5 Das Leistungsspektrum

Die Betreibergesellschaften leben vom Verkauf von Dienstleistungen. In einer schwarz-weiß-Betrachtung können diese Dienstleistungen in zwei Kategorien unterteilt werden: Pflicht- und Wahlleistungen. Vor den Einzelheiten zu den Pflicht- und Wahlleistungen ist der Hinweis auf ein paar allgemeine Prinzipien wichtig.

Der Unterschied zwischen Pflicht- und Wahlleistungen ist sehr groß. An den Pflichtleistungen kommt kein Chemiepark-Partner vorbei – wie der Name sagt, sind sie verpflichtend. Für die Wahlleistungen gibt es in den meisten Parks gut funktionierende Alternativen. Interessant ist daher das Verhältnis von Pflicht- zu Wahlleistungen, die ein Anbieter an einen Kunden verkauft.

Am relativen Umsatz-Verhältnis lässt sich die Zufriedenheit des Kunden mit dem Anbieter messen. Ein Chemiepark-Kunde, der sich über die Pflichtleistungen

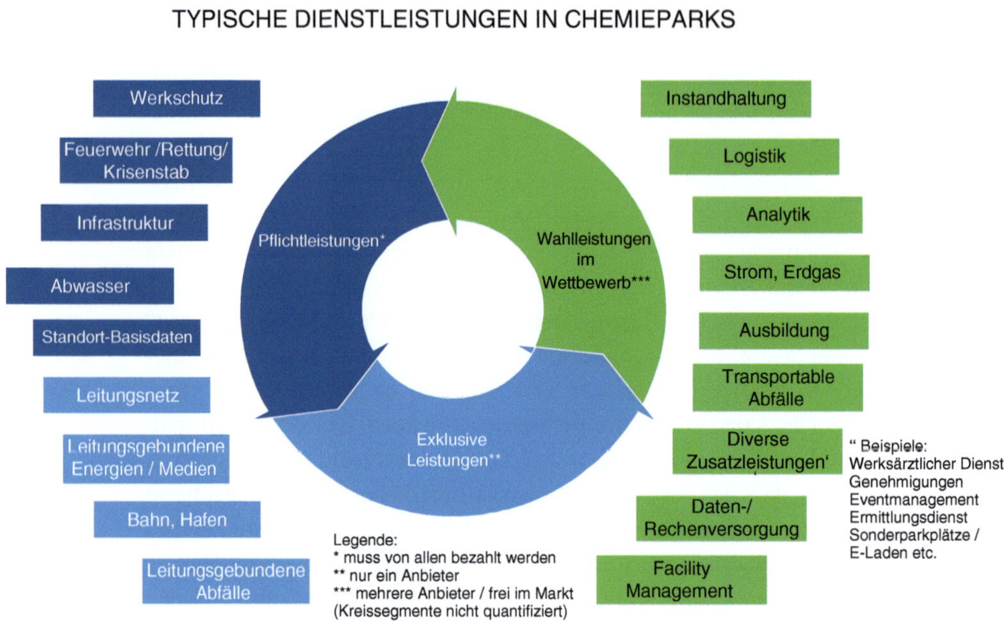


**Abb. 5.3** Typische Dienstleistungen in Chemieparks (*Quelle:* eigene Darstellung).

ärgert und sich übervorteilt fühlt, ist weniger geneigt, beim gleichen Anbieter auch Wahlleistungen zu kaufen. Der Schluss gilt auch umgekehrt – ein Kunde, der mehr Wahlleistungen als Pflichtleistungen seines Betreibers kauft, ist eher ein zufriedener Kunde. Für die Betreiber ist diese einfache Analyse ein wichtiges Indiz, welche ihrer Kunden wo auf der Zufriedenheitsskala stehen.

Interessant ist auch das Verhältnis der Renditen. Ein Betreiber, der mit den Pflichtleistungen signifikant höhere Renditen als mit den Wahlleistungen erwirtschaftet, sollte sich über die Attraktivität seiner Leistungen Gedanken machen. Offenbar zahlen seine Kunden nur dort gut auskömmliche Preise, wo sie nicht daran vorbeikommen. Das bremst üblicherweise die Gesamt-Umsatzentwicklung, weil die Kunden das spüren und seinen Wahlleistungen misstrauen – siehe Kapitel 5.1.3. Eine Analyse der Attraktivität, Kosten und Bepreisung aller Leistungen ist in solchen Fällen sehr empfehlenswert. Im Wort „Attraktivität" sind neben dem Preis die Eigenschaften Kundenorientierung, Qualität, etc. enthalten.

## 5.2 Pflichtleistungen

Die Pflichtleistungen sind ein wichtiger Grund, dass es Chemieparks überhaupt gibt. Da sie an jedem Standort mit Störfallbetrieben erbracht werden müssen, ist es günstiger, sie zwischen den ansässigen Unternehmen zu teilen. In der Verantwortung des Standortmanagements liegt es, sie möglichst effizient zu erbringen.

Ein Teil der Pflichtleistungen muss immer bezahlt werden (z. B. Feuerwehr), ein Teil nur bei Bedarf (z. B. rohrleitungsgebundene Abfälle – wer keine zu entsorgen hat, zahlt auch nicht).

### 5.2.1 Typische Pflichtleistungen

Typische Pflichtleistungen enthalten

- Infrastruktur
- Sicherheit (Safety und Security des Standortes, nicht HSE der einzelnen Firmen)
- Abwasserreinigung
- Standortgebundene Basisdaten und Genehmigungen
- Versorgung mit Energien und Medien (Utilities, nur was gebraucht wird, außer Strom und Erdgas als frei handelbare Energien)
- Entsorgung leitungsgebundener Abfälle (nur wenn vorhanden)

Den Pflichtleistungen ist gemeinsam, dass sie für den Standort essenziell sind und nur von einer Partei erbracht werden können. In der Regel werden für die Erbringung strategische Assets benötigt, also infrastrukturelle Anlagen, die es nur einmal am Standort gibt. Ein Betreiber sollte so viele Pflichtleistungen wie nötig, aber so wenige wie möglich ansetzen. Nur die eigentliche Basisleistung sollte eine Pflichtleistung sein, beispielsweise Schutz des Standortes vor unbefugtem Zutritt. Alle Aktivitäten über die Basisleistung hinaus sollten Wahlleistungen sein, beispielsweise Ermittlung bei Diebstählen oder erhöhte Schutzstufe besonderer Objekte.

Pflichtleistungen sind eine beiderseitige Verpflichtung: der Anbieter muss sie erbringen und darf keinen Kunden des Standorts davon ausschließen. Die Kunden müssen sie akzeptieren und bezahlen. Lediglich der Umfang und die Qualität der Erbringung sowie die Bepreisung sind verhandelbar.

### 5.2.2 Abrechnungsmodelle für Pflichtleistungen

Neben der kommerziellen Seite sind Abrechnungsmodelle vor allem Anreizsysteme. Das Interesse des Betreibers ist eine hohe Rendite mit niedrigem Risiko, das Interesse der Standortpartner und der Kunden sind funktionierende Dienstleistungen zu akzeptablen Preisen.

Grundsätzlich gibt es in einer schwarz-weiß-Betrachtung zwei Abrechnungsmodelle: Kosten-basiert („Cost-plus"-Modell) und Preis-basiert.

#### 5.2.2.1 Das „Cost-plus"-Modell

Die Kosten einer Leistung werden von allen Nutzern getragen. Der Anbieter erhält auf die Kosten eine vereinbarte Gebühr („handling fee") als prozentuale Marge. Die Verteilung der Kosten und der Gebühr auf die Nutzer geschieht nach Kennzahlen, die die Nutzung der Leistung in ein möglichst faires Verhältnis zwischen den verschiedenen Nutzern setzt, aber möglichst einfach und transparent in der Festsetzung ist.

**Abb. 5.4** Werkfeuerwehr in permanenter Bereitschaft. (Foto: Ernst Grigat)

Das wirtschaftliche Risiko trägt damit die Gemeinschaft der Nutzer. Im Gegenzug muss der Anbieter den Nutzern eine hohe Transparenz über die Leistung gewährleisten sowie ihnen eine Mitsprache bei der Gestaltung einräumen. Das Öffnen der Bücher ist dabei nicht gemeint, wohl aber eine Einsicht in Strukturen und Kostentreiber.

Die Anwendung des Cost-plus-Modells wird nur empfohlen, wenn der Dienstleister geringe Kontrolle über die Kosten hat. Das kann bei der Feuerwehr der Fall sein, deren Kosten stark von behördlichen Anordnungen abhängt – siehe auch Abb. 5.4.

#### 5.2.2.2 Preis-basierte Modelle

Die Nutzer zahlen Preise für die Leistungen. Vereinbart wird ein bestimmter Betrag pro „Einheit". Die abrechenbaren Einheiten können Mitarbeiterzahlen, Fläche, Volumen oder andere pauschalisierende Indikatoren sein. Eine gut gesetzte Pauschalisierung vereinfacht die Abrechnung sehr, ohne das Ergebnis stark zu verzerren. Die Einheiten sollen nachvollziehbare Kenndaten sein, die jederzeit einfach erfasst werden können.

Die Preise pro Einheit sind echte Preise im Sinne, dass sie keine direkte Verknüpfung mit den Kosten haben. Der Dienstleister trägt das wirtschaftliche Risiko von Kostenveränderungen oder Veränderungen der Einheitsgröße. Als Beispiel: der Werkschutz sollte die Mitarbeiterzahl in der Preisformel haben. Wenn eine Firma ihre Belegschaft vergrößert, ist das zusätzlicher Gewinn für den Betreiber – und umgekehrt. Das gibt dem Betreiber einen weiteren Anreiz, seine Kunden so zu behandeln, dass sie an seinem Standort wachsen wollen.

Längerfristig orientieren sich die Preise an den Kosten, vor allem an der Kostenentwicklung. Der Anbieter hat den Anreiz, seine Marge zu erhöhen. Gleichzeitig ist er darauf angewiesen, den Park wirtschaftlich attraktiv zu halten. Er wird also zusehen, seinen Kunden nicht mit überhöhten Preisen zu belasten, die die Kunden aus dem Park vertreiben. Für alle Verträge über 2 Jahre Laufzeit wird eine

Inflationierungsklausel empfohlen. Sie verhindert hektische Reaktionen in Zeiten unsicherer Inflationsentwicklung und gibt beiden Seiten Planungssicherheit.

Eine Preis-basierte Pflichtleistungsabrechnung gibt dem Anbieter einen permanenten Anreiz, seine Kosten zu optimieren. Kostentransparenz gegenüber dem Nutzer ist nicht erforderlich. In regelmäßigen Abständen, beispielsweise alle fünf Jahre, sollten die Preise neu besprochen oder verhandelt werden. Sollte der Anbieter eine zu hohe oder zu niedrige Marge erzielen, wird die eine oder andere Partei das korrigieren wollen. Auch bei Pflichtleistungen funktioniert in der Regel das Finden des angemessenen Preises durch Verhandlungen.

Dieser Punkt stößt auf viel Unverständnis, wenn man sich neu mit Park-Strukturen beschäftigt. Eine Pflichtleistung ist ein monopolistisches Angebot am Standort, an dem der Kunde nicht vorbeikommt und dem Anbieter scheinbar machtlos ausgeliefert ist. Wie kann dann eine Verhandlung stattfinden, die kein Diktat des Anbieters ist?

Dazu sehen wir uns die beiden Perspektiven an:

### 5.2.3 Die Anbieterperspektive

Der Anbieter möchte mit seinen Dienstleistungen einen Profit machen und profitabel im Umsatz wachsen.

Mit dem Cost-plus-Modell kann er nur begrenzten Profit machen. Da das wirtschaftliche Risiko auf die Kunden verteilt wird, kann eine hohe Marge nicht rechtfertigt werden. 3 bis 10 % erscheinen angemessen, je nachdem ob noch Teil-Risiken beim Anbieter verbleiben oder nicht. Werden die Risiken weitestgehend von den Kunden getragen, sind eher 3 bis 5 % angemessen. (Das allgemeine Zinsniveau spielt dabei auch eine Rolle, zur Vereinfachung lassen wir das hier aber außen vor.)

Mit dem Preismodell auf Pflichtleistungen kann ein Anbieter zwar eine höhere Marge erzielen, wenn er geschickt ist. Pflichtleistungen bieten jedoch kaum Wachstumspotential.

Ein Anbieter muss also vor allem in den Leistungen wachsen, bei denen seine Kunden die Wahl haben, von wem sie sie beziehen.

Das Umsatzverhältnis von Pflichtleistungen zu Wahlleistungen mit einem bestimmten Kunden ist ein Indikator für die Zufriedenheit des Kunden mit dem Anbieter. Je höher der Anteil an Pflichtleistungen ist, desto unzufriedener ist der Kunde.

Ein weiterer Indikator ist die Profitabilität von Pflichtleistungen vs. Wahlleistungen. Wenn die Pflichtleistungen durchweg profitabler sind als die Wahlleistungen, sollte der Anbieter die Attraktivität seiner Wahlleistungen überprüfen. Vielleicht können Innovationen oder verbesserte Kundenorientierung die Attraktivität steigern.

Im Ergebnis sollte ein Anbieter seine Kunden nicht mit den Preisen für Pflichtleistungen verärgern, wenn er profitabel wachsen möchte.

### 5.2.4 Die Kundenperspektive

Der Kunde ist bereit, für solide Leistungen auch solide Preise zu bezahlen, auch wenn er das seinem Anbieter gegenüber so nicht sagen wird. Er möchte sich nicht übervorteilt fühlen. Bei Pflichtleistungen möchte er verstehen, wie die Preise zustande kommen. Außerdem wird er bei jeder Leistung hinterfragen, ob es wirklich eine Pflichtleistung sein muss oder ob es einen Markt/Wettbewerb dafür geben kann.

Viele Kunden haben Anlagen in mehr als einem Standort. Das können andere Parks oder auch selbst bewirtschaftete Standorte sein. Die Standorte stehen im Wettbewerb miteinander und geben einen internen Benchmark für diesen Kunden ab. Insbesondere für die Pflichtleistungen vergleichen viele Kunden ihre eigenen Daten. Nun stimmen die Zuschnitte der Leistungen an verschiedenen Standorten selten miteinander überein. Aber spätestens bei den Gesamt-Standortkosten hat man für einigermaßen vergleichbare Betriebe eine Übersicht, wie wettbewerbsfähig die Standorte miteinander sind.

Diese Vergleiche sind eine wichtige Grundlage für kommende Investitionsentscheidungen.

### 5.2.5 Verhandlungen über die Preise von Pflichtleistungen

Nun treffen die Anbieter- und die Kundenperspektive aufeinander.

Der Anbieter wirft seine lokale Marktmacht mit der Exklusivität in den Ring. Er verweist auf die Unersetzlichkeit der Pflichtleistungen, dass er die Preise eigentlich diktieren können müsste.

Der Kunde erwidert, dass er so kurzfristig wie er kann alle Wahlleistungen des Anbieters überprüfen wird und alles kündigt, was kündbar ist. Darüber hinaus wird er weitere Investitionen vom Ergebnis der Verhandlung abhängig machen.

Damit ist an allgemeinen Argumenten alles gesagt. Am Ende der Verhandlung entsteht ein Preis, der für beide Seiten einigermaßen akzeptabel ist.

#### 5.2.5.1 Ein Wort über Benchmarks:

Regelmäßig kommt die Frage nach Benchmarks insbesondere von Pflichtleistungen typischer Chemieparks. Genauso regelmäßig folgt dann die Enttäuschung, dass es dazu nichts Belastbares veröffentlicht gibt. Der Versuch, die Branche zu benchmarken, ist bislang kläglich gescheitert. Es gab zwei Anläufe von Kunden diverser Chemieparks deutschlandweit zu einem Preisbenchmark typischer Leistungen aus Kundensicht in den Jahren 2008 und 2010.[2] Nur das 2010er ist auswertbar, man lernte aus den Erfahrungen der ersten Runde. Aus kartellrechtlichen Gründen wurde eine neutrale Agentur, in dem Fall A.T.Kearney, mit der Durchführung und

2 Die Ergebnisse der Studie von 2010 wurden vom Projektleiter auf der Euroforum Konferenz Chemie- und Industrieparks vorgestellt, vermutlich 2011. Es sind darüber keine veröffentlichten Aufzeichnungen zu finden.

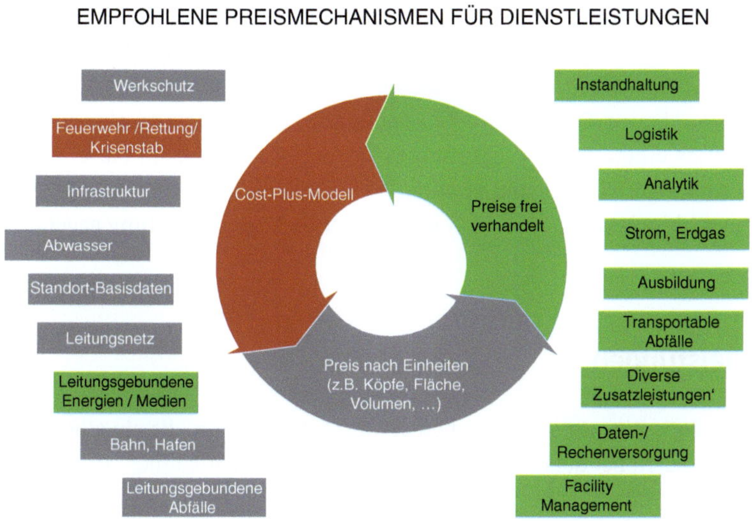


**Abb. 5.5** Empfohlene Preismechanismen für bestimmte Dienstleistungsarten als Orientierungsmodell – im Einzelfall kann es gute Gründe geben, davon abzuweichen. (Quelle: eigene Grafik)

Anonymisierung der Ergebnisse beauftragt. Es gab zwei große Kategorien: Energieversorgung und Infrastruktur. Ein großes Hindernis war, dass nicht nur die Leistungen zwischen verschiedenen Parks variierten, sondern auch ähnliche Leistungen in den Verträgen anders gebündelt wurden. A.T.Kearney versuchte gewissenhaft, die verschiedenen Leistungsspektren vergleichbar zu rechnen, stieß dabei jedoch an Grenzen. Darüber hinaus war der Aufwand sehr groß und das Benchmark war nur mit direkter Beteiligung zahlreicher Kunden von Chemieparks möglich. Es gibt keine veröffentlichten Zahlen über Preise in Chemieparks.

**Abb. 5.6** Industriekulisse eines Verbundstandortes. (Foto: Ernst Grigat)

Die Ergebnisse sind nach einer tieferen Analyse informativ. Wenig überraschend zeigte sich, dass große Parks gewisse Vorteile bei skalierbaren Leistungen haben. Das ist aber nicht konsistent. Man muss im Gedächtnis behalten, dass es ein Preisbenchmark aus Kundensicht war. Die Kosten oder Renditen der Betreiber sind nicht erfasst.

Seit 2020 gibt es einen neuen Anlauf eines systematischen Benchmarks. Der Ansatz erscheint längerfristiger und systematischer als die früheren Anläufe [3]. Bei Redaktionsschluss konnte dazu noch keine abschließende Bewertung gegeben werden.

## 5.3 Wahlleistungen

Wahlleistungen sind, wie schon weiter oben erwähnt, Leistungen, die ein Chemiepark-Betreiber anbietet, bei denen seine Kunden sich aussuchen können, ob sie sie in Anspruch nehmen oder nicht.

### 5.3.1 Typische Wahlleistungen

#### 5.3.1.1 Energieversorgung (Strom, Erdgas, Dampf)

In den meisten Parks bietet die Betreibergesellschaft die Energieversorgung als Dienstleistung an. Strom und Erdgas sind in der EU frei handelbar. Die Netze sind reguliert und der Netzbetreiber muss dem Kunden die gewünschte Lieferung durchleiten. Die Betreibergesellschaft, die in der Regel eine Stromerzeugung betreibt, ist ein Anbieter von vielen.

Anders ist die Situation beim wichtigsten Wärmeträger Dampf. Hier hat der Kunde die Wahl, vom zentralen Dampfnetz zu kaufen oder sich eine Eigenerzeugung zu bauen. Als Faustregel gilt: wenn sich die Investition in eine eigene Dampfversorgung für einen Kunden lohnt, ist der Dampfpreis am Standort zu hoch. Es mag davon Ausnahmen bei sehr kleiner oder ungünstig gelegener Dampferzeugung geben. Das Dampfnetz ist nicht reguliert, in vielen Fällen sind daher im Dampfpreis die Netzkosten enthalten.

#### 5.3.1.2 Instandhaltung

Viele, aber nicht alle, Standortbetreiber bieten Instandhaltung als Dienstleistung an. Manchmal ist sie sogar die wichtigste Dienstleistung des Betreibers wie im Beispiel Yncoris [4, 5]. Je nach Angebot ist damit auch Engineering (Planung etc.) verbunden oder nicht. In allen größeren Standorten gibt es externe Instandhaltungsdienstleister, teils mit festen Stützpunkten im Standort. Instandhaltung ist daher eine der Leistungen, die in einem Wettbewerb stehen, so dass die Kunden die Preise mit den Anbietern frei verhandeln können.

#### 5.3.1.3 Logistik

Unter den Begriff Logistik fallen eine Reihe sehr unterschiedlicher Tätigkeiten in Chemieparks, die unterschiedlich bewertet werden müssen. Zunächst ist das der

Transport an sich, für den es in der Regel eine Reihe von Anbietern gibt. Ähnliches gilt für die Ver- und Entladung und Transportplanung.

Ganz anders ist der standortspezifische Teil der Logistik, insbesondere die Abfertigung bei den Tordurchfahrten. Hier übernimmt der Logistik-Zweig des Standortbetreibers, oft eine Tochtergesellschaft, die Regie als Pflichtleistung.

Sollte der Standort ein nicht-öffentliches Werksbahnnetz haben, ist dies ein geschlossenes Verteilernetz und unterliegt der Weisung der Bundesnetzagentur. Eine Zwangsöffnung – die mit erheblichen Kosten verbunden wäre, wenn alle Weichen und Signale auf das Schaltniveau des öffentlichen Netzes gebracht werden müssen – kann in der Regel vermieden werden, indem alle Bahnnetz-Anschließer eine Gemeinschaft bilden. Diese muss gegenüber der Bundesnetzagentur erklären, dass sie keine Öffnung wünscht. Als Folge einer solchen Regelung darf nur ein Unternehmen den Rangierdienst im Standort ausführen. Der Rangierdienst könnte von der Anschließergemeinschaft als Dienstleistung ausgeschrieben werden.

Weitere Angebote, wie beispielsweise eine Kesselwagen-Reinigung falls vorhanden, sind optional.

Die Hafeninfrastruktur, falls ein Hafen vorhanden ist, gehört meistens dem Betreiber, ebenso wie die stationären Verladeeinrichtungen. Die Hafen-Wasserfläche ist in der Regel vom Bund angepachtet. Alle mobilen Verladeeinrichtungen können nach Bedarf ausgetauscht werden. Der Beauftragung eines oder – je nach Flächenangebot – mehrerer Dienstleister für die Verladung steht nichts im Weg.

#### 5.3.1.4 Technische Gase

Das Angebot an technischen Gasen (beispielsweise Stickstoff, Sauerstoff, Druckluft, etc.) variiert von Standort zu Standort. In der Regel werden sie vom Standortbetreiber angeboten. Dieser erzeugt sie meistens jedoch nicht selbst, sondern kauft

**Abb. 5.7** Verladebrücken als Beispiel für logistische Infrastruktur. (Foto: Ernst Grigat)

sie von einem Großanbieter und verkauft sie weiter oder leitet sie durch. Der Markt ist nicht reguliert.

#### 5.3.1.5 Abfallentsorgung und Abwasser

Die Entsorgung und das Recycling von Abfällen gehören zum Leistungsportfolio aller Chemieparks. In einigen Fällen ist es fremdvergeben, oft wird es jedoch vom Betreiber als Leistung angeboten. Auch hierbei ist Skalierung ein Vorteil, die größeren Betreiber haben die leistungsfähigeren Anlagen und die kleineren Betreiber setzen daher gerne auf Partner.

Wichtig ist die Unterscheidung zwischen Abfällen, die am Standort entsorgt werden müssen, und Abfällen, die danach außerhalb transportiert werden können.

Vor Ort müssen vor allem rohrleitungsgebundene Abfälle wie Abgase oder Flüssigkeiten entsorgt werden. Das schließt Abwasser mit ein. In einigen Fällen sind Abfälle aufgrund ihrer Eigenschaften nicht gut transportabel und gehören auch in die Kategorie der vor Ort zu vernichtenden Stoffe. Diese Entsorgung gehört damit zu den monopolistischen Angeboten. Die Preisgestaltung muss analog zu den Pflichtleistungen verhandelt werden.

Anders steht es mit den transportablen Abfällen. Für sie gibt es einen Markt außerhalb der Chemieparks. Daher stehen die Betreiber im Wettbewerb mit anderen Anbietern. Die Preisgestaltung entspricht der Systematik für Wahlleistungen.

#### 5.3.1.6 Ausbildung

An allen größeren Standorten werden neue Fachkräfte ausgebildet, in der Regel direkt im Standort. Viele, aber längst nicht alle, Standortbetreiber bieten Ausbildung als eigene Dienstleistung an. Die Erfahrungen mit Ausgliederung der eigenen Ausbildung sind durchwachsen. Infraserv Knapsack (heute Yncoris) verkaufte ihre Ausbildung 2010 an einem größeren Ausbildungsanbieter [6]. Der war jedoch mit den spezifischen Anforderungen der chemischen Industrie nicht so vertraut, was zu einer wechselseitigen Lernkurve führte.

Ausbildung kann ein Politikum sein. Jede Firma möchte damit werben, wie sie junge Leute ausbildet. Daher sollte der Anbieter nach Absprache mit seinen Kunden die Fassade der beauftragenden Firma für das Recruiting zur Verfügung stellen und die eigentliche Ausbildungs-Dienstleistung im Hintergrund gestalten.

#### 5.3.1.7 Analytik

Analysen als Dienstleistung sind ein Geschäft mit hoher Einstiegshürde. Nicht viele Standortmanager bieten es selbst an. Allerdings liefert eine leistungsfähige Analytik eine enge Bindung an Kunden. Optimierungspotenzial für den Kunden erschließt sich vor allem mit der Übergabe der Betriebsanalytik an den Dienstleister. Der Kunde spart sich eigene Leute in den Betrieben und der Dienstleister kann skalieren.

Analytische Dienstleistungen können eine große Breite abdecken. Von der Begleitung von Forschungsarbeiten bis zur betrieblichen Qualitätskontrolle gibt es ein weites Feld von Anforderungen und Methoden. Im Fall von Pharma-Kunden kommt je nach Beauftragung die GLP-Zertifizierung („Good Laboratory Practice" [7]) hinzu. Manche Pharma-Firmen zögern noch mit der Fremdbeauftragung und vertrauen lieber auf ihre eigene Qualitätssicherungs-Kette. Aber früher oder später macht es für sie Sinn, zumindest Teile davon an qualifizierte Dienstleister zu vergeben.

#### 5.3.1.8 Facility Management

Viele Aspekte des Facility Managements, der Gebäudepflege und -bewirtschaftung sind üblicherweise externalisiert. Es gibt dafür Marktpreise, die mit den typischen Personalkosten eines Standortbetreibers keine Renditen erlauben. Das beste Beispiel dafür ist Gebäudereinigung. Anders sieht es mit der technischen Gebäudeinstandhaltung aus. Das kann ein lukratives Aufgabengebiet für den Betreiber sein, wenn er Instandhaltung als Dienstleistung anbietet. Vertraglich spannen sich die Angebote von einzelnen Reparaturaufträgen bis zum Gebäude-Komplettpaket, was auch das Berücksichtigen der sich stets weiterentwickelnden Vorschriften beinhaltet.

In der Regel stehen für diese Art Leistungen mehrere Anbieter an einem Standort zur Verfügung.

#### 5.3.1.9 Genehmigungs-Unterstützung

Das Einholen der richtigen Genehmigungen ist Aufgabe eines jeden Anlagenbetreibers. Dabei können die Kunden eines Chemieparks sehr wirkungsvoll vom Genehmigungsmanagement des Betreibers unterstützt werden. Die Unterstützung ist eine Wahlleistung und die Preise orientieren sich daher am Wettbewerb. Doch hat das Beauftragen der Betreiberorganisation einen doppelten Vorteil. Einerseits kennen die Genehmigungs-Fachleute des Betreibers die relevanten Behörden sehr gut bis hin, dass sie die einzelnen Behördenmitarbeiter persönlich kennen und daher auch frühzeitige Informationsgespräche führen oder vermitteln können. Andererseits ist es auch im Interesse des Betreibers und der Behörden, dass alle Genehmigungsvorgänge aus dem Chemiepark durch einen Bereich laufen und bekannt sind. Das macht die Arbeit für die Behörden einfacher, schafft beiderseits Vertrauen und beschleunigt dadurch die Genehmigungsverfahren.

#### 5.3.1.10 Event-Management

Ein eigenes Team für Event-Management klingt nach Luxus, den sich ein Betreiber leistet, wenn es ihm gut geht. Der Wert einer solchen Gruppe wird damit weit unterschätzt. Zum einen kennen sie alle Wege innerhalb und außerhalb des Chemieparks, von den verfügbaren Räumlichkeiten über die Sicherheits-Rahmenbedingungen bis zu den Genehmigungen auch für ungewöhnliche Veranstaltungen. Zum anderen hat ein solches Eventteam nicht nur die Aufgabe, geplante oder angenehme Events zu organisieren. Auch für Notfall-Evakuierungen oder Kommunikation im Krisenfall stehen sie zur Verfügung. Wer einmal wegen eines Großbrands im Chemiepark in der Nacht von Samstag auf Sonntag ein funktionstüchtiges Krisen-Pressezentrum brauchte, weiß sein Event-Management zu schätzen.

Für die Kunden stehen sie als optionaler Dienstleister zur Verfügung.

| Leistungen | | Preismodell-Empfehlung |
|---|---|---|
| | | |
| Pflichtleistungen | | |
| | Standortleitung | Paketpreis nach einfachen Kenndaten |
| | Werkschutz | Paketpreis nach einfachen Kenndaten |
| | Feuerwehr | Cost-Plus Abrechnung, normiert nach Gefährdungskenndaten |
| | Medizinischer Notdienst | Paketpreis nach einfachen Kenndaten |
| | Infrastruktur inkl. Trassen und Parkplätze | Paketpreis nach einfachen Kenndaten |
| | Standort-Grunddaten | Pauschalpreis |
| | Krisenmanagement | Pauschalpreis |
| | Standortkommunikation | Pauschalpreis |
| | | |
| Exklusive Leistungen (Kauf bei Bedarf, nur ein Anbieter) | | |
| | Strom- und Gasnetz (reguliert) | Preis nach Freigabe Bundesnetzagentur |
| | Rohrbrücken | Preis nach Gewicht gefüllt |
| | Dampf und andere Energien aus Netz | Arbeits- und Leistungspreis inkl. Netz |
| | Eisenbahn-Rangierdienst | Preis für Nutzung |
| | Hafenverladung | Ufergeld |
| | Pacht / Miete | Preis nach Vereinbarung |
| | | |
| Marktleistungen | | |
| | Strom | frei verhandelbar |
| | Erdgas | frei verhandelbar |
| | Logistik | frei verhandelbar von Einzelleistung bis Paketen |
| | Instandhaltung | frei verhandelbar von Einzelleistung bis Paketen |
| | Ausbildung | frei verhandelbar |
| | Analytik | frei verhandelbar von Einzelleistung bis Paketen |
| | Genehmigungs-Unterstützung | frei verhandelbar von Einzelleistung bis Paketen |
| | diverse Angebote nach Bedarf | frei verhandelbar |

**Abb. 5.8** Empfohlene Preismodelle, die in vielen Parks für die betreffenden Leistungen gut funktionieren. Selbstverständlich kann es gute Gründe geben, von diesen Empfehlungen im konkreten Fall abzuweichen. (Quelle: eigene Grafik)

## 5.3.2 Preisfindung von Wahlleistungen

Die Palette an Wahlleistungen ist also breit und je nach Chemiepark unterschiedlich. Ihnen allen ist aber gemeinsam, dass sie im Wettbewerb stehen.

Das macht die Bepreisung übersichtlich. Der Betreiber kann die Preise nicht einfach an seinen Kosten orientieren, entscheidend ist der Marktpreis.

Bei etwas detaillierterer Betrachtung des Marktes stellt man schnell fest, dass es keinen exakten Vergleich für viele Leistungen gibt. Im Portfolio der Chemieparkbetreiber haben nur hochwertige Leistungen Platz, die sich mit den Preisen von spezialisierten Fachfirmen messen müssen. Sie müssen sich nicht unbedingt mit dem Durchschnitt der entsprechenden Handwerksleistungen messen. Diese Aussage bedarf etwas Erläuterung. Die Ansprüche an Handwerksarbeiten sind gerade für chemische oder pharmazeutische Anlagen sehr hoch. Man kann sich keine Fehler erlauben. Für viele Gewerke, wie beispielsweise das Schweißen, gibt es unterschiedliche Qualifikationsgrade. Die einfachen Arbeiten werden gern an kostengünstige Handwerksfirmen vergeben und die komplizierten Montagen, für die die am besten ausgebildeten Leute benötigt werden, werden entweder selbst gemacht oder an qualifizierte Fachfirmen vergeben. Um den „richtigen" Preis für eine Schweißarbeit anbieten zu können, muss also zunächst das Gewerk- und Qualitätsniveau genau beschrieben werden. Leistungen, bei denen die Differenzierung durch hohe Qualitätsansprüche fehlt, haben im Portfolio der Chemiepark-Betreiber in der Regel nichts mehr verloren. So hatten viele große Chemiewerke eigene Schreinereien, bevor sie Parks wurden. Nach Kenntnis des Autors sind sämtliche dieser Schreinereien verschwunden, weil es keine Differenzierung zu den Schreinereibetrieben im Umfeld der Chemieparks gab.

Letztlich werden die Preise für Wahlleistungen anhand von Indikationen aus dem Markt frei verhandelt. Auch für die Art der Angebote gibt es keine Beschränkungen. Von Einzelbeauftragungen über Rahmenverträge mit Abrufleistungen bis hin zu Voll-Serviceverträgen gibt es alle Varianten.

Als lebendiges Beispiel für Preisfindungsverhandlungen mag folgendes Szenario dienen:

Ein Kunde in einem Chemiepark möchte die Instandhaltung und den Betrieb eines größeren Gebäudes mit gemischter Büro- und Labornutzung dem Parkbetreiber oder einem anderen Dienstleister anvertrauen. Das Eigentum des Gebäudes soll jedoch beim Kunden bleiben. Der Kunde möchte in der Lage sein, zum Ende der Vertragslaufzeit den Auftrag neu ausschreiben zu können.

Kerngedanke des zu erarbeitenden Dienstleistungsvertrages ist, dass der Auftragnehmer zunächst die Strukturen und Kostenpositionen des Auftraggebers einschließlich des relevanten Personals übernimmt und dann nach eigener Expertise optimiert. Die Laufzeit eines solchen Vertrages sollte zwischen vier und acht Jahren liegen.

Das führt zu einem Beispiel-Vertrag mit folgenden Komponenten:

- Die Vergütung für die Leistung gemäß Leistungsbeschreibung als Pauschalbetrag. Die Höhe der Vergütung wird in einem Bieterwettbewerb ermittelt.
- Die Vergütung schließt erwartbare Instandhaltungsmaßnahmen und wiederkehrende Prüfungen mit ein. Die Organisation der Instandhaltung wird dem Auftragnehmer überlassen, auch das Verhältnis von proaktiver zu reaktiver Instandhaltung ist seine Angelegenheit. Damit soll dem Auftragnehmer die Gelegenheit gegeben werden, sein Knowhow ertragreich einzubringen.
- Zur Kontrolle der Dienstleistungsqualität muss ein Ticketsystem für die Nutzer des Gebäudes etabliert sein oder werden. Aus der Auswertung der Tickets wird das Qualitätsniveau der Dienstleistung für die Nutzer ermittelt und regelmäßig besprochen.
- Alle Zertifikate, beispielsweise für Aufzugprüfungen, werden dem Auftraggeber zur Verfügung gestellt – vorzugsweise direkt in das Dokumentationssystem des Auftraggebers eingestellt.
- Zur Qualitätskontrolle wird ein Satz an Indikatoren (KPIs) festgelegt, überwacht und regelmäßig besprochen. Für Qualitätsmängel außerhalb festgelegter Toleranzen muss eine abgestufte Pönale-Option vereinbart werden.
- Der Vertrag beginnt und endet mit einem Wertgutachten für die Objekte. Der Umgang mit einer Wertänderung ist Bestandteil des Vertrages.
- Es wird unvermeidlich sein, inventarisierte Bestandteile der Objekte auszutauschen, beispielsweise Lüftermotoren. Der Umgang damit muss vorher festgelegt

werden, weil oft modernere Geräte mit erweitertem Leistungsspektrum eingebaut werden, statt die alten Geräte nur zu ersetzen.
- Nutzungsänderungen und andere Umbauten sind nicht in der Pauschale enthalten. Derartige Projekte müssen im Einzelfall vereinbart werden.
- Die Leistungsbeschreibung muss Flexibilität enthalten, beispielsweise der Verzicht auf Reinigung von temporär ungenutzten Gebäudeteilen. Grundlegende Änderungen der Leistungsanforderungen sind jederzeit möglich und müssen vereinbart werden.

## 5.4 Weitere Geschäftsbeziehungen

Um die Beziehungen zwischen Chemiepark-Betreibern und Chemiepark-Kunden zu stärken, kann der Betreiber noch weitere Unterstützungen anbieten. Beispiele dafür sind

- Datenbereitstellung für das Energiemanagement der Kunden. Es gibt Parkbetreiber, die das tun [8] und damit sowohl für den Park als auch für ihre Kunden Geld durch besser koordiniertes Spitzenlastmanagement sparen.
- Vermittlung von Leistungen: manchmal benötigt ein Kunde bestimmte Expertise oder Leistungen in Gewerken, mit denen er sich nicht auskennt. Zum Beispiel brauchte ein Kunde für seinen Neubau, den er mit externen Architekten plante, Unterstützung bei der Planung der Fundamente. Weder der Kunde noch seine Planer kannten sich mit industriellen Fundamenten für den Park aus und nahmen die Unterstützung gerne an. Wenn der Parkmanager hier unterstützt oder für die gesuchten Leistungen passende Ansprechpartner vermittelt, ist das ein Vorteil für beide Seiten. Insbesondere in einer Ansiedlungsphase, in der der

**Abb. 5.9** Sonderabfall-Entsorgungszentrum. (Foto: Ernst Grigat)

neue Kunde mit vielen Themen zu tun hat, die nicht sein Kerngeschäft sind, ist er für solche Hilfe dankbar. In der Regel äußert sich das später in einem guten Verhältnis und einem höheren Wahlleistungsumsatz für den Betreiber.

- Krisenmanagement mag ein unerwartetes Beispiel sein, da es sich um eine verpflichtende Aktivität für beide Seiten, Parkmanager wie Kunde, handelt. Dennoch setzt die Art und Weise der Zusammenarbeit in einer Krisensituation den Ton für die Zusammenarbeit nach der Krise. Wer sich in der Krise gut umsorgt fühlt, wird das auch nach der Krise nicht vergessen.

Das sind nur beispielhafte Themen. Es gibt viele weitere Gelegenheiten zur Zusammenarbeit, vom Erfahrungsaustausch zu Unfällen bis hin zu Elektroladestationen. Geschickt platziert kosten diese Themen dem Parkmanager wenig Ressourcen, liefern aber ein gutes Verhältnis zu seinen Kunden, in dem es sich über Liefer- und Leistungsverträge besser verhandeln lässt.

## 5.5 Fazit

Das typische Leistungsportfolio für Chemiepark-Betreiber und -Dienstleister sind Pflichtleistungen und Wahlleistungen. Die Pflichtleistungen stehen unkündbar in einer gegenseitigen Abhängigkeit. Der Anbieter muss sie erbringen und der Kunde muss sie abnehmen.

Pflichtleistungen haben wenig geschäftliches Risiko und wenig Wachstumspotential. Gesunde Chemiepark-Betreiber wachsen in ihren Wahlleistungen. Die Pflichtleistungen setzen jedoch den Ton bei den Kunden, wie die grundsätzliche Bereitschaft zur Abnahme von Wahlleistungen ist. Das relative Verhältnis des Umsatzes von Pflicht- zu Wahlleistungen mit einem Kunden kann man als Indiz für die Zufriedenheit des Kunden mit dem Park-Betreiber werten.

Zum Titel „Zwischen Markt und Monopol“ lässt sich festhalten:

- für die Wahlleistungen gelten die Gesetzmäßigkeiten des Marktes innerhalb eines Chemieparks so wie außerhalb.
- Die Pflichtleistungen werden zwar monopolistisch angeboten. Aber die Kunden haben Hebel für Preisverhandlungen. Zum einen stehen die Standorte untereinander im Wettbewerb um Ansiedlungen/Investitionen, was überzogene Preise für Pflichtleistungen verbietet. Zum anderen steckt das Umsatz-Wachstumspotenzial für die Standortmanager in den Wahlleistungen, und wer seine Kunden mit Pflichtleistungen verärgert, verkauft weniger Wahlleistungen an sie.

Im Ergebnis ergibt sich daraus für alle Leistungen ein balanciertes Verhältnis zwischen Anbietern und Kunden für das Ausverhandeln der Dienstleistungsverträge, wenn beide Seiten ihre Verhandlungen richtig vorbereiten und führen.

## Quellenverzeichnis

1. Infraserv GmbH & Co. Höchst KG (2018, 16. Mai). Stabiles Investitionsniveau im Industriepark Höchst, in Infraserv Höchst [online]: https://www.infraserv.com/de/aktuelles/presse/pressemeldungen/pressemeldung-nc_56195.html [17.06.2024].
2. Westdeutsche Zeitung (2018, 21. März). Zehn Jahre Chempark: Investitionen so hoch wie nie, in Westdeutsche Zeitung [online]: https://www.wz.de/nrw/burscheid-und-region/zehn-jahre-chempark-investitionen-so-hoch-wie-nie_aid-25767139 [17.06.2024].
3. CHEManager (11.9.2024). Kosten-Benchmark für Site Services. https://www.chemanager-online.com/news/kosten-benchmark-fuer-site-services.
4. YNCORIS GmbH & Co. KG (2024). Referenzen, in Yncoris [online]: https://www.yncoris.com/unternehmen/referenzen [17.06.2024].
5. YNCORIS GmbH & Co. KG (2024). YNCORIS – Näher dran ist keiner, in Yncoris [online]: https://www.yncoris.com/unternehmen/standorte [17.06.2024].
6. YNCORIS GmbH & Co. KG (2024). Unsere Geschichte, in Yncoris [online]: https://www.yncoris.com/unternehmen/profil/unsere-geschichte [17.06.2024].
7. Wikimedia Foundation Inc. (2023, 21. März). Gute Laborpraxis, in Wikipedia [online]: https://de.wikipedia.org/wiki/Gute_Laborpraxis [17.06.2024].
8. MVV Energie AG (2024). Transparenz und Effizienz mit dem MVV Energiecockpit, in MVV [online]: https://www.mvv.de/partner/effizienz/ihrer-energiebeschaffung/energiecockpit [17.06.2024].

# Teil 2

# Integrierte Industrieservice-Modelle für Chemie und Pharma

# 6
# Ganzheitliche Instandhaltungslösungen als Industrieservice in einer sich massiv wandelnden Chemisch-Pharmazeutischen Industrie

*Dennis Lubsch und Franz Prattes*

*Bilfinger Engineering & Maintenance GmbH*

**Abstract**

*Die Entwicklung und Umsetzung ganzheitlicher Instandhaltungslösungen in der Chemie- und Pharmaindustrie werden dargestellt. Die Autoren beschreiben, wie sich die Anforderungen durch technologische, wirtschaftliche und regulatorische Veränderungen verschärfen und wie innovative Servicekonzepte darauf reagieren. Im Fokus stehen integrierte Ansätze, die sowohl präventive als auch digitale Elemente einbeziehen, um Effizienz, Anlagenverfügbarkeit und Sicherheit zu erhöhen. Praxisbeispiele illustrieren die Vorteile von Partnerschaften zwischen Betreibern und Dienstleistern. Abschließend werden Erfolgsfaktoren und Herausforderungen bei der Implementierung ganzheitlicher Instandhaltungslösungen diskutiert, insbesondere im Hinblick auf Fachkräftemangel und den Wandel der Arbeitswelt.*

*Die Autoren danken Bilfinger Engineering & Maintenance GmbH für die wertvolle Unterstützung und Gelegenheit, diesen Artikel im Rahmen ihrer beruflichen Tätigkeit zu verfassen.*

## 6.1 Einleitung

Im jungen und sehr heterogenen Industriedienstleister-Markt stellt Bilfinger seit vielen Jahren eine feste Größe dar. Einer unabhängigen Studie zufolge ist es das größte Industrieservice-Unternehmen in Deutschland, in vielen Ländern Europas gehört der weltweit agierende Dienstleister ebenfalls zu den Marktführern (vgl. [1]).

Dieses Kapitel geht der Frage nach, durch welche Serviceleistungen und Technologien der Marktführer eine Vorreiterrolle einnimmt – und wie seine Kunden aus der Chemie- und Pharmaindustrie von der Innovationskraft des Unternehmens profitieren. Beispiele aus der Praxis runden das Bild ab und zeigen Entscheidern in der chemisch-pharmazeutischen Industrie neue Wege zu größerer Profitabilität in herausfordernden Marktumfeldern auf.

## 6.2 Herausforderungen und Transformationsbedarf des Industrieservices in der Chemisch-Pharmazeutischen Industrie in volatilen Märkten

Industrieservice-Unternehmen erbringen als B2B-Partner Dienstleistungen für die Prozessindustrie. Sie bestehen aus einer Vielzahl an Gewerken, da sie ihre spezialisierten Leistungen für die unterschiedlichen Anlagen entlang der Produktionsketten ihrer Auftraggeber erbringen. Das bedeutet einen hohen Anteil an Projektgeschäft, das sich parallel zur wirtschaftlichen Situation ihrer Auftraggeber entwickelt. Im Allgemeinen sind Industrieservice-Anbieter ebenso wie ihr Markt sehr abhängig von der jeweiligen konjunkturellen Lage – und die letzten Jahre haben die chemische sowie die pharmazeutische Industrie vor große Herausforderungen gestellt.

Während der Corona-Pandemie war auch diese Prozessindustrie von gestörten Lieferketten und stillstehenden Produktionsanlagen betroffen, was gravierende Umsatzeinbußen zur Folge hatte. Anfang 2022 schien sich die Wirtschaft zunächst zu erholen, doch dann begann der Ukraine-Krieg, der eine allgemeine Preissteigerung nach sich zog. Besonders die Kosten für Rohstoffe und Energie stiegen immens. Vor allem die stark auf Gas angewiesene Chemieindustrie litt sehr unter dem Verzicht auf russisches Gas und dem zwischenzeitlich dramatischen Gaspreisanstieg. Aktuell prägt auch die angespannte deutsche Konjunktur die Stimmung auf Seiten der Prozessindustrie.

Doch nicht nur die weltwirtschaftliche Lage fordert die chemisch-pharmazeutische Industrie. Unternehmen sehen sich zudem mit weitreichenden Transformationsbedarfen konfrontiert, auf die sie oft kurz-, aber auch langfristig reagieren müssen, um Marktpositionen weiterhin behaupten oder ausbauen zu können.

### 6.2.1 Neue Herausforderungen und Trends am Markt der Bilfinger SE

Hier wie fast überall in der Wirtschaft belastet der demografische Wandel die Unternehmen: Der „War for Talents" ist keineswegs ausgefochten, ein Ende des Fachkräftemangels noch nicht in Sicht. In diesem Zusammenhang wird auch das Know-how-Sharing, welches u. a. die Wissensweitergabe an jüngere Generationen umfasst, eine immer wichtigere Aufgabe, die gelöst werden muss. Noch immer stellen hohe Energiepreise eine Belastungsprobe dar, vor allem für die chemische Industrie. Zudem baut die Bürokratie in Europa immer neue Hürden auf, die es zu nehmen gilt: Beispielsweise wurde mit den ESG-Richtlinien ein umfassender Kriterienkatalog aufgestellt, um die nachhaltige Entwicklung von Unternehmen in den Themenfeldern „Environmental", „Social" und „Governance" wirksam zu fördern sowie zu fordern. Und schließlich ist die noch immer nicht abgeschlossene Digitalisierung eine Challenge, die es so rasch wie möglich zu meistern gilt.

Diese drängenden Handlungsbedarfe weisen den bisher oft noch als „Dienstleistern von Sekundärprozessen" bezeichneten Industrieservices eine neue Rolle zu. Die Prozessindustrie hat erkannt, dass sie bei der Umstellung auf mehr Effizienz und Nachhaltigkeit bei bestehenden Anlagen und neuen Technologien genau diese Dienstleister dringend braucht: als strategisch denkende sowie gezielt und nachhaltig handelnde Solution Partner.

Die Industrieservices sind zu einem wichtigen Innovationstreiber in der chemisch-pharmazeutischen Industrie geworden.

### 6.2.2 Transformationsbedarf auf die volatilen Märkte

Die Wahl des richtigen Industriedienstleisters stellt heute einen Schlüsselmoment für das Setzen neuer Wachstumsimpulse dar. Das Unternehmen sichert sich einige offensichtliche, im Folgenden geschilderte Vorteile – sowie im besten Falle die Aufdeckung und gezielte Nutzung von wertvollen Optimierungspotenzialen im gesamten Lebenszyklus seiner Industrieanlagen.

Vielen Entscheidern ist klar: Das Auslagern oder Zentralisieren von Sekundärprozessen schafft Raum für Fokussierung – das Unternehmen hat beispielsweise mehr Kapazitäten für die Entwicklung neuer Produkte und stärkt so seine Wettbewerbsfähigkeit. Die Standardisierung und Automatisierung unterschiedlichster Prozesse mithilfe des Dienstleisters steigern die Effizienz – Kosten werden gesenkt und die Auslastung optimiert. Die effektive Bündelung von Ressourcen wie Investitionen und Mitarbeiter optimiert die Auslastung der Anlagen und steigert die Produktivität – Engpässe werden verringert, Spezialisten optimal eingesetzt und die Fehlerquote gesenkt.

Die größere Erkenntnis ist jedoch: Das ganze Spektrum an Optimierungspotenzialen erschließt sich erst, wenn das Unternehmen gemeinsam mit dem Dienstleister die Maßnahmen von der angestrebten Lösung aus entwickelt. Und nicht mehr nur versucht, ein einzelnes, vielleicht sogar akutes Problem zu lösen. Sondern von einer partiellen in eine ganzheitliche Betrachtungsweise wechselt, um beispielsweise Instandhaltung, aber auch Sicherheit sowie Personalbeschaffung und -qualifizierung nachhaltig zu optimieren.

Eine professionelle Analyse von Instandhaltungsprozessen kann zweifellos eine strategische Herangehensweise an notwendige Transformationsprozesse ermöglichen und die Basis für größere Resilienz gegenüber wirtschaftlichen Turbulenzen darstellen. Viele Unternehmen scheuen jedoch diesen im Alleingang aufwendigen Prozess. Hier bietet Bilfinger eine praxiserprobte Lösung, um den Analyseprozess für die Instandhaltung ohne viel Aufwand starten zu können.

## 6.3 Systematische Ermittlung des Reifegrads des Industrieservices und Asset Managements

Damit große sowie kleine Organisationen in kürzester Zeit und kostenlos einen Überblick über schlummernde Optimierungspotenziale in ihren Anlagen erhalten können, stellt der Industriedienstleister Bilfinger seinen Internet-basierten Maintenance Radar zur Verfügung. Es ist eine Schnellanalyse zum Status der Instandhaltung und der dazu gehörenden Prozesse, die das Unternehmen ganz selbstständig durchführen kann.

Die Anwendung ist so barrierefrei wie möglich gestaltet: Der Anlagenbetreiber ruft die entsprechende Internetseite auf und beantwortet dort zehn Fragen, die alle wesentlichen Aspekte einer Instandhaltung abdecken und zu denen er mithilfe eines Schiebereglers eine Selbsteinschätzung abgibt. Alternativ ist es auch möglich, sich telefonisch bei Bilfinger zu melden, so dass Interessent und Dienstleister ganz unverbindlich gemeinsam die Analyse durchgehen können.

Sind alle Fragen beantwortet, erhält der Anlagenbetreiber eine visuelle Aufbereitung seiner Antworten in Form einer zweidimensionalen Bewertungsmatrix. Diese zeigt erste Optimierungspotenziale prägnant auf: Es ist auf einen Blick sichtbar, wo Verbesserungen des derzeitigen Instandhaltungsansatzes möglich und vielleicht sogar dringend nötig sind.

Bei der Zusammenstellung und Formulierung der Fragen im Maintenance Radar hat Bilfinger sein jahrzehnteumspannendes Know-how bei der Instandhaltung von Anlagen verschiedenster Art und unterschiedlichster Branchen einfließen lassen. Anlagenbetreiber erhalten mit diesem Tool eine praktische Hilfestellung, die eine wichtige Unterstützung beim Erkennen von dringenden Handlungsbedarfen darstellt. Das Kundenunternehmen kann sich selbst einen ersten Überblick verschaffen, welcher sich im Anschluss durch eine Bilfinger Maintenance Analyse vertiefen lässt.

### 6.3.1 Bilfinger Kundendialog zur Analyse der Kundenbedürfnisse

Nach dieser ersten Bestandsaufnahme folgt bei Kundenunternehmen oft der dringende Wunsch nach einer tiefergehenden Analyse, um Optimierungspotenziale noch konkreter fassen zu können. Diese wird durch die Bilfinger Maintenance Analyse (BMA) bereitgestellt: Es ist ein standardisiertes und methodisches Instrument, um Stärken und Schwächen der Instandhaltungsorganisation zu bewerten. Dieses durchleuchtet die gesamte Unternehmensstruktur, insgesamt werden 21 Bereiche wie Company Culture and Vision, Maintenance Management, Training Program, Maintenance Strategy & Program, Planning & Scheduling, Execution oder Material Management unter die Lupe genommen. Zum Prozess gehören auch Interviews mit Mitarbeitern und Führungskräften aus all diesen Bereichen. Inklusive aller Vorbereitungen und Abstimmung mit dem Kunden, einer Woche Vor-Ort-Analyse und Ausarbeitung des Berichtes sowie der Präsentation dauert die Bilfinger Maintenance Analyse sechs bis acht Wochen. Die Ergebnisse werden dem Kunden als detailliertes Spinnennetzdiagramm (siehe Abb. 6.1) sichtbar gemacht, auf welchem Stärken und Optimierungspotenziale quantifiziert sind.

Auf Basis dieser Untersuchungserbnisse können dann systematisch Ziele definiert und – daraus abgeleitet – Maßnahmen zur Verbesserung der bestehenden

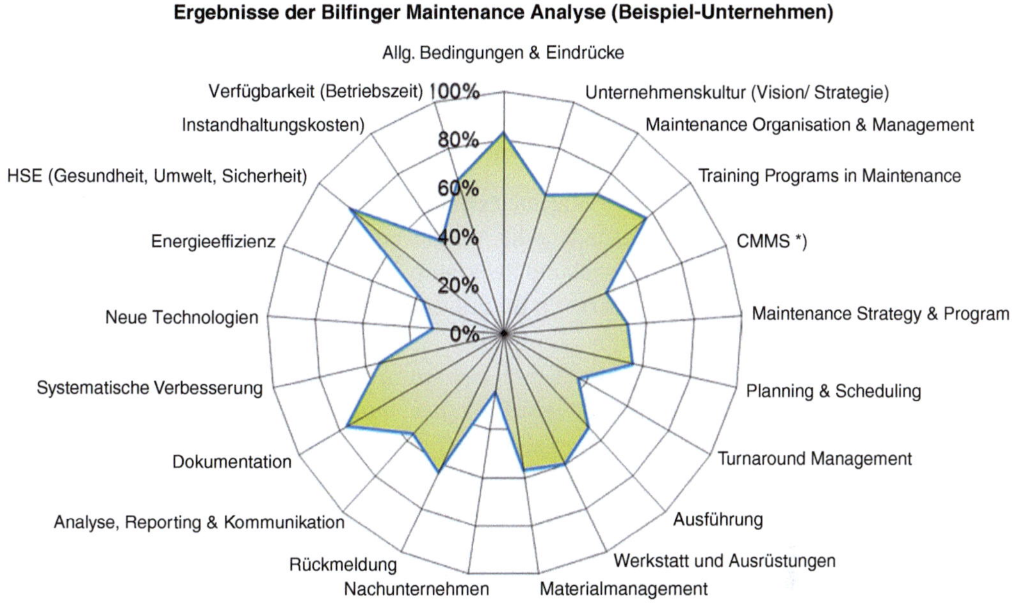


**Abb. 6.1** Spinnennetzdiagramm (*Quelle:* Mit freundlicher Genehmigung von Bilfinger SE).

Organisationsstrukturen und Prozesse für die Instandhaltung entwickelt werden. Hierbei fließen die Erfahrungen aus mehr als 400 Bilfinger-Instandhaltungsanalysen ein.

Es ist eine der wichtigsten Analyse-Methoden der Instandhaltungsorganisation und deren Prozesse innerhalb der Bilfinger Maintenance Solution (BMS). Auf Basis der Ergebnisse aus der BMA entsteht ein maßgeschneidertes Instandhaltungskonzept für das Unternehmen – die Bilfinger Maintenance Solution (BMS).

Deren Ziel ist es, die Zuverlässigkeit von Anlagen zu erhöhen und gleichzeitig Kosten zu senken. Bei größtmöglicher Kosteneffizienz und Transparenz können eine erhöhte Zuverlässigkeit sowie Qualität des Equipments und der Prozesse erzielt werden. Zudem ist es möglich, das Sicherheitsniveau deutlich anzuheben. In Zahlen ausgedrückt heißt das: Bei konsequenter Anwendung liege das Potenzial zur Reduzierung der jährlichen Instandhaltungskosten über einen Zeitraum von fünf Jahren bei bis zu 40 Prozent, während sich die Anlagenproduktivität unter bestimmten Voraussetzungen um bis zu 10 Prozent erhöhen ließe.

### 6.3.2 Asset Management Strategie und aktiver Beitrag des Service Partners auf das Betriebsergebnis

Die BMS ist ein „State of the Art"-Werkzeugkasten, welcher Instandhaltungs-Know-how, Methoden, Werkzeuge und Verbesserungsprozesse auf Basis von Lean-Prinzipien für den Kunden bereithält (vgl. Abb. 6.2). Er besteht aus neun Modulen und 35 Methoden, welche alle wichtigen Themen der Instandhaltung abbilden. In ihn sind mehr als 400 Instandhaltungsanalysen eingeflossen, über 100 Partnerschaftsvereinbarungen bilden die Basis von BMS. Zudem ist das Wissen von über 23 000 Mitarbeitenden in der Bilfinger Industrial Maintenance in der Bilfinger Maintenance Solution gebündelt.

**Die Vorteile der Bilfinger Maintenance Solution:**

- **Niedrigere Kosten:** Die allgemeinen Ausgaben für die Anlagen-Instandhaltung sinken deutlich; insbesondere die Ausgaben für die korrektive Instandhaltung, bspw. ungeplante und geplante Reparaturen werden verringert – wobei die freiwerdenden Assets verstärkt für die präventive Instandhaltung verwendet werden können. (Siehe Abb. 6.3)
- **Erhöhte Zuverlässigkeit:** Durch modernste digitale Werkzeuge wird einerseits die Anlagenzuverlässigkeit gesteigert (u. a. durch standortbezogenes Reliability Engineering, präzises priorisiertes Risikomanagement, Backlog-Management und Identifizierung von Kostentreibern „Bad Actors"), anderseits wird die gesamte Prozesskette kontinuierlich verbessert (u. a. durch verstärktes Networking zwischen Standorten, die Bildung von Fach- und Expertenzentren, Innovationen, Konzernressourcen).
- **Mehr Sicherheit:** Mit BMS werden null Unfälle ein erreichbares Ziel. Dies wird durch das Zusammenwirken aller Instrumente aus der Bilfinger HSE-Toolbox „Safety Works!" erreicht (diese enthält u. a. Life Saving Rules, Gefährdungsbeurteilung, Last Minute Risk Analysis).
- **Herausragende Service-Qualität:** Es werden Top-Leistungen für die Instandhaltung gewährleistet, u. a. durch standardisierte Werkzeuge und Arbeitsprozesse (BMS), Spezialisten-Netzwerk mit Instandhaltungsexperten, Fachkräfte mit neuesten Erfahrungen und umfassenden Anlagenkenntnissen, digitale Lösungen für eine effektive Planung und Durchführung der Instandhaltung.

**Abb. 6.2** Bilfinger Maintenance Solution (QuelleMit freundlicher Genehmigung von Bilfinger SE).

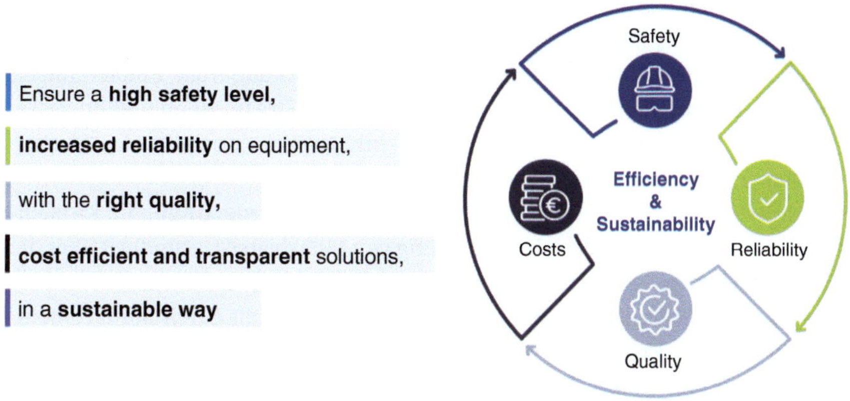


**Abb. 6.3** Auswirkungen der BMS (*Quelle:*Mit freundlicher Genehmigung von Bilfinger SE).

## 6.4 Standardisierte Bilfinger Lösungsansätze für effiziente Geschäftsmodelle

Im Folgenden werden die neun Module der Bilfinger Maintenance Analyse näher betrachtet, mit denen Bilfinger einen methodischen Ansatz bei der Konzeption von Instandhaltung offeriert. Die Module sind frei wählbar und auch einzeln verfügbar – entfalten jedoch im Zusammenspiel ihre größte Wirkung.

### 6.4.1 Die neun Module der Bilfinger Maintenance Solution

**Das erste Modul** ist das wichtigste für die Zusammenarbeit zwischen Kundenunternehmen und Dienstleister: der **BMS-Kundendialog**. Hierbei steht das Kundenunternehmen mit seinen Anforderungen im Mittelpunkt. Gemeinsam und im Austausch mit dessen Entscheidern wird Zug und Zug die perfekte Maintenance Solution entwickelt.

Bei Neukunden nach erster Konzeptpräsentation und danach einmal im Jahr kommen Dienstleister und Kunde zu einem Gespräch zusammen. Von Kundenseite nehmen daran idealerweise der Standortleiter, der Technische Leiter/Instandhaltungsleiter und der Leiter der Beschaffung teil, von Seiten Bilfinger sind Vertrieb, Instandhaltungs-Spezialist sowie bei bestehenden Verträgen der Standortleiter dabei: eine Expertenrunde auf Augenhöhe. Diese wiederkehrenden Termine sind wichtig, um das gegenseitige Vertrauen zu vertiefen und die partnerschaftliche Zusammenarbeit zu stärken.

Um die Ziele für die Instandhaltung genau definieren zu können, folgt bei Neukunden die schon beschriebene Bilfinger Maintenance Analyse (BMA) mit Mitarbeiter-Interviews in den relevanten Ableitungen des Kundenunternehmens, einer anschließenden auf Fakten und Beobachtungen basierenden Bewertung und der

Ermittlung des Reifegrades der Instandhaltung nach eigener Darstellung auf Basis des Gartner Maturity Modells (Source: Gartner Inc.) (Abb. 6.4, siehe unten, Gartner Maturity Model, Bilfinger Overview Presentation). Der Kunde erhält Empfehlungen zu klar priorisierten Maßnahmen, wie z. B. Anpassung Organisation und Prozesse, Einführung von digitalisierten Abläufen, etc., inklusive einer detaillierten Quantifizierung der wirtschaftlichen Potenziale.

**Das zweite Modul** dient der Erfüllung der **HSEQ-Anforderungen** im Kundenunternehmen: vom Erhalt und der Förderung von Mitarbeiter-Gesundheit über die Erfüllung strengster Anforderungen an Arbeitssicherheit, dem Schutz der Umwelt, der Bereitstellung von Dienstleistungen in höchster Qualität durch Managementsysteme bis hin zur Erreichung von Nachhaltigkeitszielen.

Eine Vielzahl an unterschiedlichen, ineinandergreifenden Services und Best Practice Lösungen sind hierfür bei Bilfinger verfügbar:

- Sicherheitsbegehungen (Safety Walk)
- Risikobewertung unmittelbar vor Arbeitsbeginn
- Sicherheitsarbeit
- Bilfinger Gefährdungsbeurteilungen
- Bilfinger Toolbox Meetings – kurze Besprechungen auf täglicher Basis mit Schwerpunkt auf aktuelle Sicherheitsthemen
- Einsatz von Visual Boards bei Toolbox-Meetings und zur Nachbereitung
- HSE-Untersuchungen
- Standardisierte HSE-Warnungen – OnePager (HSE steht für Health, Safety, Environment. Übersetzt ins Deutsche: Gesundheit, Sicherheit, Umwelt. Industrie-Unternehmen müssen den Anforderungen zum Schutz der Gesundheit und Umwelt sowie der Arbeitssicherheit in immer stärkerem Maße gerecht werden.)
- HSEQ-App & IT-Systeme (ACTIVE) – Berichterstattung über Vorfälle, Qualitätsabweichungen, Verbesserungen, Sicherheitsbegehungen und LMRA (Abb. 6.5, Oberfläche der HSEQ-App, Bilfinger Overview Presentation)

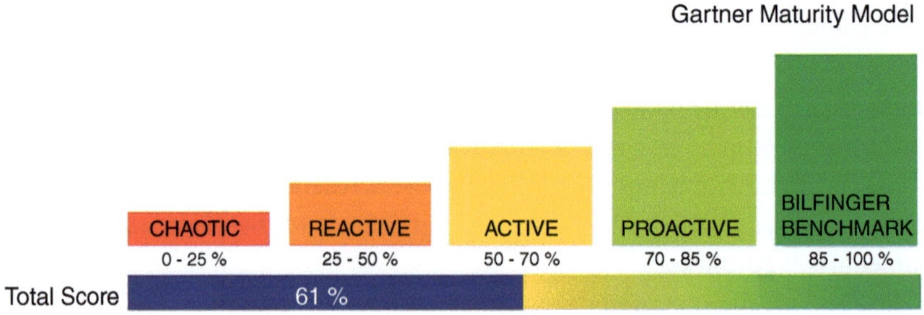


**Abb. 6.4** Gartner Maturity Model, (*Quelle:* Mit freundlicher Genehmigung von Bilfinger) SE(Beispiel).

Neben verschiedenen durch Personal erbrachten Leistungen kommen hier also auch durch Bilfinger entwickelte digitale Tools zum Einsatz, die beispielsweise Arbeitsabläufe und Folgeprozesse vernetzen und automatisiere, qualitativ hochwertige Daten generieren.

Mit SAFETYWORKS! hat Bilfinger zudem ein nachhaltig wirksames Programm zur Verbesserung der Arbeitssicherheitskultur in Unternehmen entwickelt. (Siehe Abb. 6.6, Modell SAVETYWORKS! Quelle: Bilfinger Overview Presetation) Durch eine Vielzahl an Maßnahmen und Schulungen wird das Bewusstsein aller Mitarbeiter für sicheres Verhalten trainiert. Das Ziel ist: null Unfälle im Jahr. Dazu soll jede/r einen Beitrag leisten: Vorgesetzte, Mitarbeiter und Sicherheitsfachkräfte.

**Das dritte Modul** widmet sich der **Organisation** der Instandhaltung, wobei klare Definitionen von Rollen und Verantwortlichkeiten eine wichtige Rolle spielen. Darüber hinaus wird einer effizienten Schnittstellengestaltung zwischen Produktion, Technik und Instandhaltung sowie standardisierten Prozessen große Bedeutung beigemessen.

Der Gatekeeper auf Seiten des Kundenunternehmens sowie der Instandhaltungskoordinator in entsprechender Funktion auf Seiten Bilfinger nehmen dabei zentrale Positionen ein: Sie sorgen dafür, dass Prozesse wie geplant ablaufen. Ein partnerschaftliches Hand-in-Hand-Arbeiten mit gegenseitigem Vertrauen ist dabei die Basis. Im engen Austausch miteinander wird so u. a. ein bestmögliches Verhältnis zwischen Management und operativem Personal erzielt. Zudem werden Spiegelfunktionen im Unternehmen und beim Dienstleister oder bei Nachunternehmen sowie damit verbundene unnötige

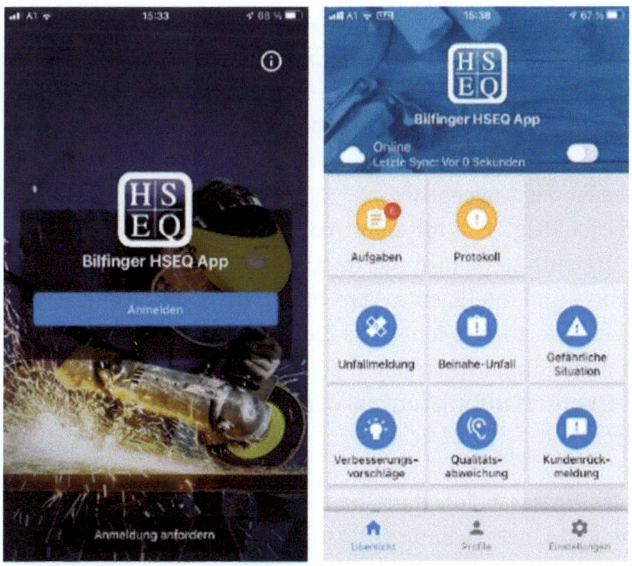


**Abb. 6.5** Oberfläche der HSEQ-App, Bilfinger Overview Presentation.

**Abb. 6.6** Modell SAVETYWORKS! (*Quelle:* Mit freundlicher Genehmigung von Bilfinger SE).

Kosten vermieden. Auch hierbei ist es von Vorteil, dass Bilfinger am Standort des Kunden präsent und bestens mit den externen Dienstleistern in der Region vernetzt ist.

**Das vierte Modul** nennt sich schlicht **Wissensmanagement & Mitarbeiter** – und beinhaltet dabei nicht weniger als die Beschaffung, Evaluierung und Qualifikation des wichtigsten Assets für das Kundenunternehmen: des Personals. Vom Sourcing-Prozess über das Onboarding, der systematischen Beurteilung, der Erweiterung von Mitarbeiterwissen, dem Ausbau von Unternehmenskultur, effizienten Prozessen und angewandter Technologie bis hin zum Aufbau von Netzwerken für den Know-how-Transfer ist an alles gedacht, was für das Kundenunternehmen in punkto Personal Mehrwert schafft. (Siehe Abb. 6.7, Sicherung von Standards in der Mitarbeiterentwicklung, Quelle Bilfinger Overview Presentation)

Darüber hinaus rundet eine ganzheitlich strategische und operationale Personalplanung basierend auf den Erkenntnissen aus der BMA in Bezug auf Volumen und Kompetenzen der Mitarbeiter das Angebot ab.

**Das fünfte Modul** beschäftigt sich mit dem **Auftragsmanagement** eines Kundenunternehmens. Hierfür stellt Bilfinger modernste, SAP-basierte EDV-Technologien, digitale Tools und intelligente Apps bereit, um klare, trennscharf definierte Rollen und Verantwortlichkeiten sowie die reibungslose Vorbereitung und Durchführung von Instandhaltungsarbeiten zu ermöglichen. Auch die Einhaltung von HSE- und Qualitätsanforderungen wird durch das Bilfinger-Auftragsmanagement sichergestellt.

#### 6.4.1.1 Digitalisierung der Prozessabläufe durch mobile Lösungen

Die Erteilung, Steuerung und Überwachung der Auftragsausführung sowohl im Tagesgeschäft als auch bei kurzzeitig, mittel- oder langfristig geplanten Projekten wird zuverlässig ausgeführt. Hierfür werden Datenbank- und Web-basierte Anwendungen wie Bilfinger Note, Bilfinger Schedule, Bilfinger Work mit mobilen Apps

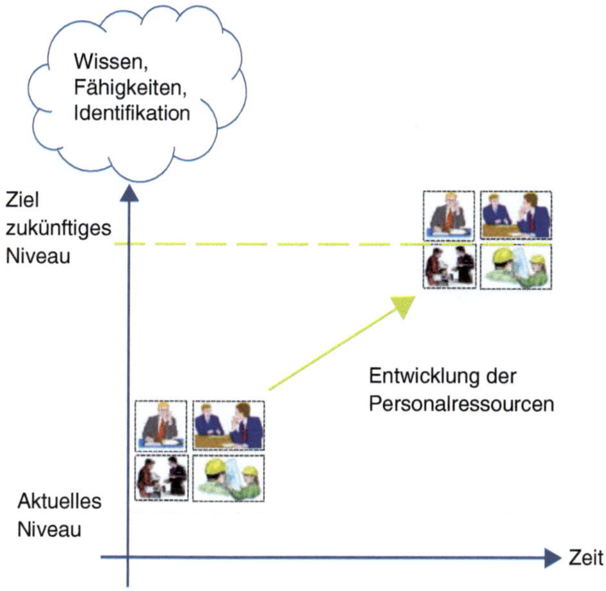


**Abb. 6.7** Sicherung von Standards in der Mitarbeiterentwicklung, (Quelle Mit freundlicher Genehmigung von Bilfinger SE).

für die Handwerker vernetzt. Diese funktionieren auf Smartphones, Tablets und ex-geschützten Geräten und machen alle Informationen rund um den Auftrag sowie Reporting- und Dokumentationsmöglichkeiten am Einsatzort verfügbar.

Die digitalen Lösungen sorgen im Arbeitsalltag auf vielfache Arten für mehr Effizienz: Handwerker vor Ort im Kundenunternehmen erhalten beispielsweise ihre Arbeitsaufträge per Push-Nachrichten aufs Handy. So wissen sie nicht nur ganz genau, was zu tun ist – sie können zudem die Situation an der Anlage detailliert dokumentieren und Arbeitsergebnisse teilen: Der Entscheider im Kundenunternehmen weiß sofort, wann die Anlage wieder einsatzbereit ist.

Auch der Einsatz der Remote-Expert-Glasses (siehe Abb. 6.8, ATEX Z1 certified hands-free glasses with a camera and a built-in screen, Quelle: Prestation Remote Expert) vereinfacht Abläufe, denn er ermöglicht schnellen weltweiten Know-how-Transfer unter Kollegen. Der Handwerker trägt eine Brille mit integrierter Kamera, während er an der Anlage tätig ist. So kann er bei Bedarf anderen Experten im Bilfinger-Netzwerk die Situation vor Ort zeigen und sich mit ihnen austauschen. So werden Reisekosten vermieden und Kommunikationsaufwand minimiert: Dank Remote Expert ist der Bilfinger Mitarbeiter, der vielleicht gerade in Skandinavien im Einsatz ist, via Kamerabild genauso nah am Geschehen wie der an der Anlage arbeitende Handwerker.

**Das sechste Modul** sorgt für **Reliabilty & Verbesserung** von Anlagen und Instandhaltung. Der Instandhaltungsaufwand und damit die Kosten werden durch Beseitigung von Kostentreibern optimiert, wiederkehrende Ausfälle werden eliminiert. (Siehe Abb. 6.9, Optimaler Nutzen durch ganzheitliches Zuverlässigkeitsmanagement, Quelle: Bilfinger Overview Presentation) Dafür sorgt u. a. ein Reliabilty Engineer vor Ort im Kundenunternehmen.

**Abb. 6.8** ATEX Z1 certified hands-free glasses with a camera and a built-in screen, (*Quelle:* Prestation Remote Expert).

Dabei handelt Bilfinger stets im Sinne des Kunden wirtschaftlich – so ist nicht eine übermäßig instand gehaltene Anlage das Ziel, sondern eine Topleistung bei minimalem Risiko mit einem ausbalancierten Kostenmodell.

Innovativ ist auch der regelmäßige Newsletter vom Reliability Engineer, der via Intranet des Kundenunternehmens und Social Media zur Verfügung gestellt wird. (Siehe Abb. 6.10, Bilfinger Reliability Newsletter, Quelle: Bilfinger Overview Presentation) Kurz und knapp beantwortet der Onepager die Fragen: Was war das Problem? Welche Methoden wurden zur Identifikation des Problems verwendet? Was war die Lösung? Im Kundenunternehmen wird so das Bewusstsein für Zuverlässigkeit geschärft – zugleich wirkt der via Social Media verbreitete Newsletter weltweit als branchenübergreifendes Best-Practise-Tool.

**Das siebte Modul** liefert ausgereifte Lösungen für das **Beschaffungsmanagement**. Das Kundenunternehmen profitiert von modernsten Beschaffungsmethoden, -prozessen und -werkzeugen, nutzt Bilfingers Nachunternehmen und intelligente Parameter für eine effiziente Lagerhaltung und Ersatzteilverwaltung.

Bis hin zum Ersatzteilmanagement und der Lagerhaltung inklusive Wareneinund -ausgang bietet Bilfinger mit seinem umfassenden Beschaffungsmanagement einen nachhaltigen Wettbewerbsvorteil.

**Mit dem achten Modul** werden **Monitoring & Kommunikation** gemanagt, um die Leistung der Bilfinger-Verträge mit dem Kunden auf Basis von KPIs zu bewerten. Das heißt: Es werden laufend Kennzahlen zur kontinuierlichen Verbesserung und Sicherstellung der Performance generiert, Ziele definiert und umgesetzt. Arbeits- und Abstimmungsprozesse auf allen Ebenen der Kooperation werden durchleuchtet.

Dazu dienen u. a. regelmäßige Treffen mit Mitarbeitern vom Kunden und von Bilfinger – wie die täglichen Abstimmungsmeetings zur Organisation des Tagesgeschäfts und die wöchentliche Planungsmeetings. Zudem gibt es jeden Monat einen Termin, bei dem es ausschließlich um die Kontrolle der Vertragsleistung

**Abb. 6.9** Optimaler Nutzen durch ganzheitliches Zuverlässigkeitsmanagement, wodurch optimierte Kosten, vermindertes Risiko und Leistungssteigerung erzielt werden, (*Quelle:* Mit freundlicher Genehmigung von Bilfinger SE).

Bilfingers geht. Einmal im Halbjahr kommen zu diesem Zweck auch die Lenkungskreise beiden Vertragsparteien zusammen.

Die KPIs werden mithilfe von BMS Analytics erhoben, einem rollenbasierten Berichterstattungs- und Analysetool für die Instandhaltung. Es evaluiert die Bilfinger-Performance, zeigt alle dazu gehörigen finanziellen und personellen Kennzahlen und alle KPIs rund um den Anlagenzustand.

So sorgt Bilfinger für vollkommene stets überprüfbare und in diesem Umfang branchenweit einzigartige Transparenz seiner Leistungen.

**Im neunten Modul** geht es um die Gestaltung der **Kooperation**. Es stehen unterschiedliche Modelle zur Verfügung, mit denen das Kundenunternehmen Zugang zu den Kernkompetenzen Bilfingers erhalten kann. Die Intensität der Zusammenarbeit ist individuell skalierbar: von Einzelverträgen zu minimierten

**Abb. 6.10** Bilfinger Reliability Newsletter, (*Quelle:* Bilfinger Overview Presentation).

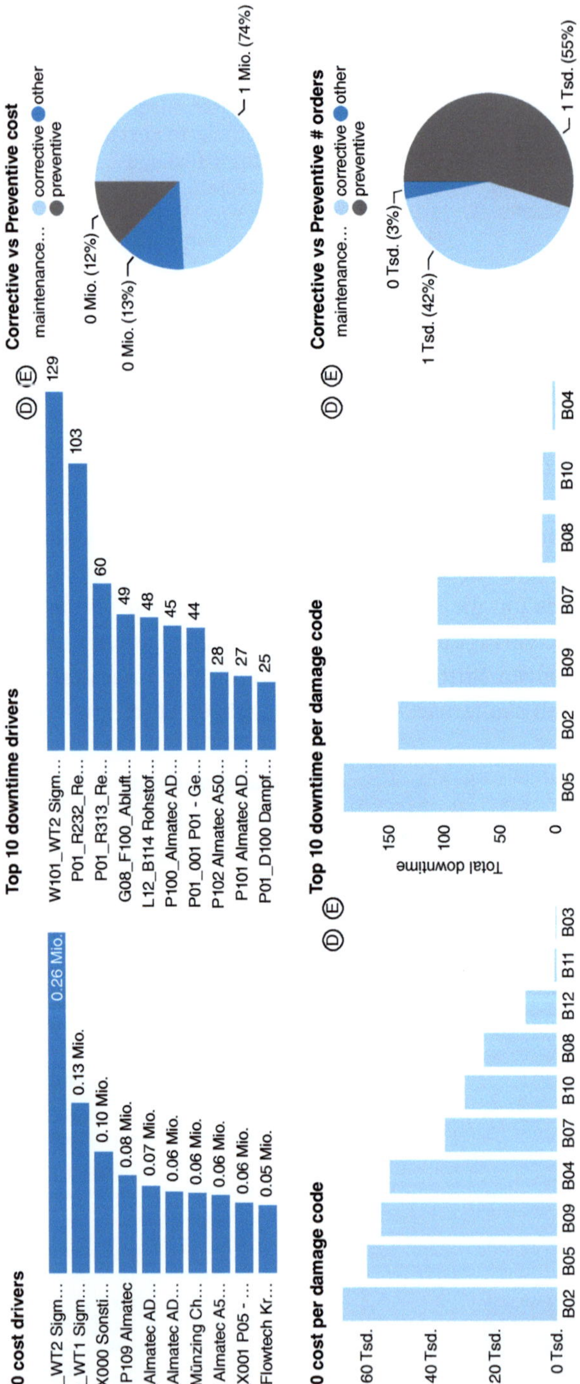


**Abb. 6.11** BMS Analytic Dashboard, (Quelle Mit freundlicher Genehmigung von Bilfinger) SE.

Kosten, über Rahmenverträge mit gebündelten Services bis hin zu Partnerschaftskontrakten mit integrierten Asset Services zur Schaffung von signifikantem Mehrwert für das Unternehmen. Bei einem Value Performance Contract übernimmt Bilfinger beispielsweise die Gesamtverantwortung für das jeweils gewählte Budget und trägt eigenverantwortlich dafür Sorge, dass verabredete Benchmarks nicht überschritten werden. Bei dieser Art von langfristig angelegten Verträgen profitiert das Kundenunternehmen oft von der ganzen Palette an Dienstleistungen, patentierten Tools und innovativen Systemen der BMS.

## 6.5 Transformationsprozesse richtig gestalten – Ansatz und Erfahrungen aus der Praxis

Wie dieser systematische Ansatz in der Umsetzung wirken kann, zeigen folgende Beispiele aus der Praxis. Für diesen Beitrag wird auf Referenzen aus der Chemisch-Pharmazeutischen Industrie fokussiert, obwohl Bilfinger auch für viele weitere Wirtschaftszeige tätig ist.

Die branchenübergreifenden Kompetenzen sind eine der großen Stärken des Industriedienstleisters. Unternehmen aller Sparten profitieren davon, da Bilfinger seine gesammelten Learnings von einer auf die andere überträgt. Zudem ist der Industriedienstleister weltweit tätig – rund 80 % seiner Kunden kommen aus dem Ausland. So fließt laufend von überall auf der Welt das Know-how seiner Mitarbeitenden zu Bilfinger zurück und wird nach wissenschaftlicher Optimierung in künftigen Planungen berücksichtigt.

Die Kundenunternehmen erwarten die Bilfinger-Performance auch an ausländischen Standorten. So entstand die BMS als einheitlicher Standard, nach dem der Industriedienstleister rund um den Globus arbeitet und in der alle Leistungen international gebenchmarkt sind.

### 6.5.1 Chemiekonzern Kemira. Null Unfälle im Jahr.

Ein Praxisbeispiel ist die mehrfach verlängerte Zusammenarbeit von Bilfinger mit dem schwedischen Chemiespezialisten und globalen **Chemiekonzern Kemira**. Hier trägt ein multidisziplinäres Team von 50 Mitarbeitenden der schwedischen Bilfinger-Einheit Bilfinger Engineering & Maintenance Nordics AB die Verantwortung für die Planung, Durchführung und Koordination von Instandhaltungsleistungen, u. a. in den Bereichen Mechanik, Elektrik, Schweißen sowie Isolierung, Gerüstbau und Lackierung. Auch Engineering-Projekte im Zusammenhang mit der Modifizierung von Anlagen führt das Team durch, und es ist für das Materialmanagement zuständig. Im Zusammenspiel aller Maßnahmen wird so eine signifikante Steigerung der Produktivität sowie Integrität und Effizienz der Anlagen erzielt.

Ein weiterer Schwerpunkt der Instandhaltungsarbeiten für Kemira liegt auf der Optimierung der Arbeitssicherheitsstandards. Durch eine Vielzahl von Maßnahmen wie Sicherheitstrainings, Inspektionen sowie Sicherheits- und Gefährdungsanalysen hat Bilfinger mit Kemira in diesem Bereich mit null Unfällen im Jahr 2021 hohe Standards gesetzt.

Das Beispiel Kemira zeigt: Das Unternehmen konnte von der Kombination aus einem lokalen Instandhaltungsteam und dem globalen Netzwerk technischer Experten des weltweit agierenden Industriedienstleisters Bilfinger nachhaltig profitieren. Die Anlagenzuverlässigkeit konnte deutlich bei gleichzeitiger Optimierung der Instandhaltungskosten erhöht werden.

> „Wir haben uns entschieden, die Zusammenarbeit mit Bilfinger zu verlängern, da wir eine positive Entwicklung in Bezug auf die Effizienz bei einer weiterhin hohen Verfügbarkeit in der Produktion sehen. Wir schätzen die Kompetenz und das Engagement von Bilfinger, nicht zuletzt im Bereich Arbeitssicherheit und Gesundheitsschutz. Wir sind überzeugt, dass der Betrieb in sehr guten Händen ist und freuen uns auf die weitere Zusammenarbeit“, sagt Peter Kihlgren, Geschäftsführer von Kemira Helsingborg.
>
> *(Quelle: Internetauftritt von Bilfinger)*

### 6.5.2 Pharma- und Biopharma-Unternehmen Siegfried. Mehr Effizienz.

Seit 2010 erbringt Bilfinger Maintenance-Leistungen entlang des gesamten Lebenszyklus der Anlagen für das **Schweizer Pharma- und Biopharma-Unternehmen Siegfried** am Standort Zofingen. Dabei nutzen die Fachkräfte des Kundenunternehmens die Bilfinger-App „*Bilfinger Work*“, mit der sie papierlos Aufgaben erhalten oder Material online revieren können. Diese App wird über ein spezielles explosionsgeschütztes Smartphone bedient.

Bilfinger unterstützt darüber hinaus bei Reparaturen, Wartungen und Prüfungen der Produktionsanlagen. Bilfinger-Mitarbeitende verwalten für Siegfried auch das Hilfs- und Betriebsmittellager, managen den Empfang und wirken beim Werkschutz durch Feuerwehroffiziere mit. Zudem betreuen sie Anlagenerweiterungen und -umbauten. Insgesamt wirken 55 Bilfinger-Beschäftigte am Standort Zofingen bei der Erbringung der Industriedienstleistungen mit.

Die Erfolgsbilanz kann sich sehen lassen: Durch die langjährige Partnerschaft mit Bilfinger konnte Siegfried die jährlichen Instandhaltungskosten um rund einen Viertel senken, und das bei einer gesteigerten Anlagenverfügbarkeit. Basis dafür war auch Bilfingers große Kenntnis über notwendige Qualitätssicherungen und Dokumentationen der Life Science-Branche in den Bereichen Fertigung und Montage. Zudem trug die große Kundennähe durch Büros am Standort Zofingen zur Performancesteigerung bei – bei gleichzeitiger Vorort-Verfügbarkeit des gebündelten internationalen Bilfinger-Know-hows aus anderen Projekten für Pharmaindustriestandorte rund um den Globus. (Quelle: Internetauftritt www.bilfinger.com)

#### 6.5.2.1 Ausblick

Bilfinger hat sich als führender Industriedienstleister in der chemisch-pharmazeutischen Industrie etabliert und bietet ganzheitliche Instandhaltungslösungen, die auf modernsten Technologien und praxiserprobten Methoden basieren. In einem volatilen Marktumfeld, geprägt von wirtschaftlichen Unsicherheiten und Transformationsbedarfen, unterstützt Bilfinger seine Kunden dabei, ihre Effizienz und Nachhaltigkeit zu steigern.

Die Herausforderungen der letzten Jahre, wie die Corona-Pandemie, der Ukraine-Krieg sowie der Fachkräftemangel, haben die Prozessindustrie stark belastet. Bilfinger begegnet diesen Herausforderungen mit innovativen Lösungen und einem umfassenden Serviceangebot, das von der Instandhaltung über das Asset Management bis hin zur Digitalisierung reicht.

Bilfinger bietet mit seinem Maintenance Radar eine kostenfreie Schnellanalyse zur Ermittlung des Instandhaltungsstatus und unterstützt Unternehmen mit der Bilfinger Maintenance Analyse (BMA) bei der tiefgehenden Bewertung und Optimierung ihrer Instandhaltungsprozesse. Darauf aufbauend stellt die Bilfinger Maintenance Solution (BMS) einen umfassenden Werkzeugkasten bereit, der auf Lean-Prinzipien basiert und die Zuverlässigkeit von Anlagen erhöht, Kosten senkt und die Sicherheit verbessert.

Die enge Zusammenarbeit mit Kunden, der Einsatz digitaler Werkzeuge und der kontinuierliche Wissens- und Erfahrungsaustausch aus abgeschlossenen Projekten in verschiedenen Ländern und Branchen steigern die Optimierungsmöglichkeiten in aktuellen Kundenprojekten in Bezug auf die Effizienz und Produktivität der Anlagen.

Beispiel aus der Praxis wie die mehrfach verlängerte Zusammenarbeit mit dem Chemiekonzern Kemira und Pharma- und Biopharma-Unternehmen Siegfried zeigen, wie Bilfinger durch maßgeschneiderte Lösungen und ein globales Expertennetzwerk signifikante Verbesserungen in der Anlagenverfügbarkeit und Kosteneffizienz erzielen kann.

## Quellenverzeichnis

1. Lünendonk®-Studie (2024). „Industrieservice-Unternehmen in Deutschland". vollständig einsehbar unter www.luenendonk.de.
2. www.bilfinger.com.
3. BMS Overview Presentation.

# 7

# Der Nutzwert von integralen Standortservices für die pharmazeutische Industrie

*Julian Pitz*

*Senior Manager Business Development / M&A*
*INNEXIS Holding GmbH & Co. KG*

**Abstract**

*Dieser Beitrag beleuchtet die Bedeutung integraler Standortservices für die pharmazeutische Industrie. Es wird dargestellt, wie umfassende Infrastrukturlösungen – von Site Management über Engineering bis zur Logistik – die Kernprozesse pharmazeutischer Unternehmen unterstützen. Der Autor analysiert, wie durch die Bündelung und Professionalisierung von Standortservices Effizienz, Kostenkontrolle und Compliance verbessert werden können. Zudem werden Herausforderungen wie steigende regulatorische Anforderungen, Digitalisierung und Nachhaltigkeit betrachtet. Das Kapitel schließt mit Handlungsempfehlungen für die Auswahl und Steuerung von Standortdienstleistern und betont die Bedeutung von Flexibilität und Innovationsfähigkeit im dynamischen pharmazeutischen Umfeld.*

## 7.1 Bedeutung und Struktur der pharmazeutischen Industrie

Die „Sicherstellung eines gesunden Lebens und Förderung des Wohlbefindens für alle Menschen jeden Alters“ ist eines der zentralen Ziele, welches die United Nations definiert haben [1]. Diesem Ziel dienend beschäftigt sich die pharmazeutische Industrie mit der Forschung, Entwicklung, Herstellung und Vermarktung von verschiedensten Produkten und ist somit von großer Bedeutung für die Sicherstellung der öffentlichen Gesundheit und die Verbesserung der Lebensqualität von Menschen und Tieren (Human- und Veterinärmedizin). Darüber hinaus trägt die pharmazeutische Industrie maßgeblich zur wirtschaftlichen Wertschöpfung bei.

Die Produkte der pharmazeutischen Industrie werden in

- pharmazeutische Grundstoffe und
- pharmazeutische Spezialitäten und sonstige Erzeugnisse

differenziert. Grundstoffe umfassen hierbei aktive Substanzen für pharmazeutische Produkte. Unter Spezialitäten hingegeben werden pharmazeutische Produkte, wie Impfstoffe und andere Arzneimittel, oder Diagnostika verstanden (vgl. [2], S. 151). Aufgrund der unterschiedlichsten Formen (fest – halbfest – flüssig – gasförmig) und Verfahren zur Herstellung dieser Produkte müssen produktindividuelle Konzepte, bspw. Prozesse, Anlagen oder Wissen, erarbeitet und bereitgestellt werden. Das große Spektrum an Produkten, Formen und Verfahren hat zur Folge, dass neben Großkonzernen wie Bayer, Pfizer, Novartis, BioNTech, GlaxoSmithKline, Johnson & Johnson, Eli Lilly, Roche oder Novo Nordisk nicht nur kleine und mittelgroße Unternehmen sondern auch diverse Dienstleister am Markt teilnehmen und das Kerngeschäft von pharmazeutischen Unternehmen unterstützen.

Neben hohem Wettbewerb stehen pharmazeutische Unternehmen ebenfalls unter einem hohen Zeitdruck, neue Produkte zu erforschen und zu entwickeln. Ein neues am Markt zugelassenes Produkt generiert wesentliche Erträge, welche für die Ausübung der Kerngeschäftsaktivitäten essenziell sind.

Zusätzlich bekräftigen zahlreiche Herausforderungen und aktuelle Disruptionen, wie

- strenge regulatorische Anforderungen an u. a. Qualität und Sicherheit,
- wachsender Wettbewerb,
- steigende Zölle; zunehmender Kosten- und Zeitdruck bei der Produktentwicklung,
- die Sicherstellung der Lieferketten und der Marktdurchdringung (bspw. Local-to-Local-Strategie) und
- die Bereitstellung ausreichender Finanzmittel durch eine angespannte Zinspolitik,

den Wettbewerb in der pharmazeutischen Industrie. Für die Sicherstellung der Wettbewerbsfähigkeit und den ordnungsgemäßen Standortbetrieb sind gute Industrieservices von entscheidender Bedeutung, um die Kerngeschäftsaktivitäten pharmazeutischer Unternehmen bestmöglich zu unterstützen und sich am Markt zu etablieren.

## 7.2 Übersicht zu Industrieservices in der Pharmaindustrie

Dienstleister für Industrieservices bieten Pharmaunternehmen Unterstützung bei der Ausübung ihres Kerngeschäfts. In der pharmazeutischen Industrie sind das jegliche Tätigkeiten, die nicht zur Forschung, Entwicklung, Herstellung (im weiteren Sinne kann darüber hinaus die Auslagerung des Forschungs-, Entwicklungs- und Herstellungsprozesses an Lohnhersteller als Service aufgefasst werden, siehe hierzu ebenfalls das Buchkapitel „*Outsourcing in der Pharmaindustrie – erfolgreiche Auswahl von und Zusammenarbeit mit Lohnherstellern*") oder Vermarktung von pharmazeutischen Produkten gehören. Dabei kann die Art der Dienstleistung stark variieren und in unterschiedlicher Tiefe in die Prozesse der Kunden integriert sein. Ein Beispiel für tief integrierte Serviceleistungen ist die Wartung und Instandhaltung von pharmazeutischen Anlagen und Geräten in Reinräumen, für die spezielles

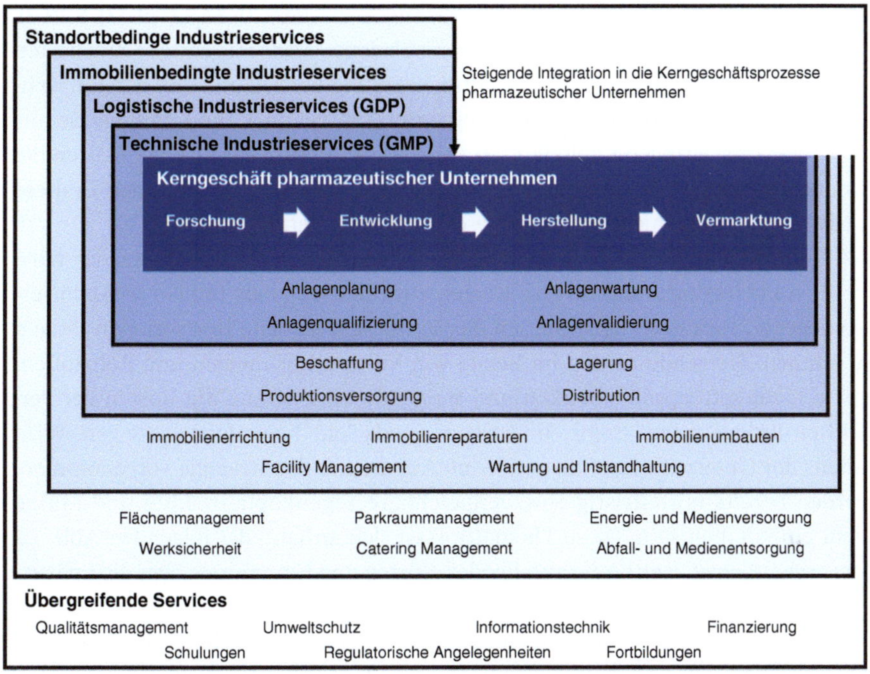


**Abb. 7.1** Arten von Industrieservices nach Integrationstiefe in pharmazeutische Aktivitäten (*Quelle:* Eigene Darstellung).

Wissen und individuelle Schulungen des jeweiligen Unternehmens notwendig sind. Sicherheitsdienste hingegen dienen der Verhinderung des unbefugten Zutritts in die Geschäftsräume und sind folglich nur indirekt pharmazeutischen Aktivitäten zuzuordnen, stellen allerdings eine ebenso wichtige Dienstleistung dar, um den Betrieb zu gewährleisten. Allerdings ist diese Tätigkeit nicht in die Kundenprozesse integriert. Es gibt eine Vielzahl von weiteren Industrieservices, darunter logistische Services unter GDP-Bedingungen (good distribution practice, auf Deutsch „gute Vertriebspraxis“) und technische Services unter GMP-Bedingungen (good manufacturing practice, auf Deutsch „gute Herstellungspraxis“), welche in unterschiedlicher Tiefe der Ausübung des Kerngeschäfts von pharmazeutischen Unternehmen dienen und in Abb. 7.1 dargestellt sind. Darüber hinaus sind übergreifende Industrieservices notwendig, welche über alle Bereiche hinweg bereitgestellt werden müssen, um die Leistungen adäquat betreiben und dokumentieren zu können.

Größtenteils werden jegliche Industrieservices von pharmazeutischen Unternehmen in Eigenleistung erbracht oder durch eine Vergabe an Funktionsspezialisten ausgelagert. Funktionsspezialisten sind auf die Ausübung eines Industrieservice spezialisiert und bieten diese als einzelne Dienstleistung an. Mit der Erbringung der Dienstleistung geht ebenfalls die Vorhaltung des dafür notwendigen Personals bei dem ausführenden Unternehmen einher. Diese Art der Erbringung von Services ist auf mehrere Aspekte zurückführen. Zum einen konnten Unternehmen der pharmazeutischen Industrie in den vergangenen Jahren hohe Margen erwirtschaften. Die

Eigenkapitalrendite liegt dabei im Durchschnitt zwischen 20–30 % (vgl. [3], S. 162). Zum anderen konnten Investitionen in verschiedene Assets zu geringen Zinskosten finanziert werden. Bis Anfang des Jahres 2023 lag der Leitzinssatz der Europäischen Zentralbank über zehn Jahre lang unter 3 % (vgl. [4]). Die Kombination aus Gewinnen und geringen Kapitalkosten, welche zum Hebeln der Eigenkapitalrendite genutzt wurde, hat den Betrieb von Industrieservices und Investitionen in diese Aktivitäten, welche nicht zum Kerngeschäft gehören, ermöglicht.

Allerdings haben aktuelle disruptive Veränderungen in der Politik und der Wirtschaft Auswirkungen auf diverse Kosten zum Betrieb eines Industriestandortes. Gestiegene Zinskosten beeinflussen das Verhalten, jegliche Investitionen tätigen zu können. Steigende Kosten im Bezug von Versorgungsmedien und Rohstoffen, sowie Lieferkettenproblematiken und steigende Zölle lassen die Kosten der verkauften Produkte (auf Englisch „costs of goods sold") ebenfalls ansteigen. Wird seitens der Unternehmensführung keine Anpassung der Strategie vorgenommen, werden bereits mittelfristig eine vergleichbare Eigenkapitalrendite und Marge nicht einzuhalten sein. Diese Thematik lässt sich anhand der folgenden Abb. 7.2 veranschaulichen, welche die anfallenden Kosten und Einnahmen über die Lebenszyklusphasen von pharmazeutischen Produkten darstellt.

Der Abbildung 7.2 ist zu entnehmen, dass das größte wirtschaftliche Risiko auf die Forschungs- und Entwicklungsphase zurückzuführen ist. In der Regel werden über 10–14 Jahre hohe Kosten generiert, denen keine kompensierbaren Einnahmen gegenüberstehen, mit dem zusätzlichen Wagnis, dass die Erfolgsquote am Ende der Phase III bei lediglich rund 65 % liegt.

Um diesen Aspekten entgegenzuwirken, werden verschiedene Strategien von namenhaften pharmazeutischen Unternehmen in der Praxis umgesetzt. So hat Pfizer beispielsweise bekanntgegeben, an aktuellen Standorten Mitarbeiter zu entlassen, um eine geringere Kostenbelastung zu generieren (vgl. [6]). Darüber hinaus lässt sich in der pharmazeutischen Industrie aktuell ein Trend erkennen,

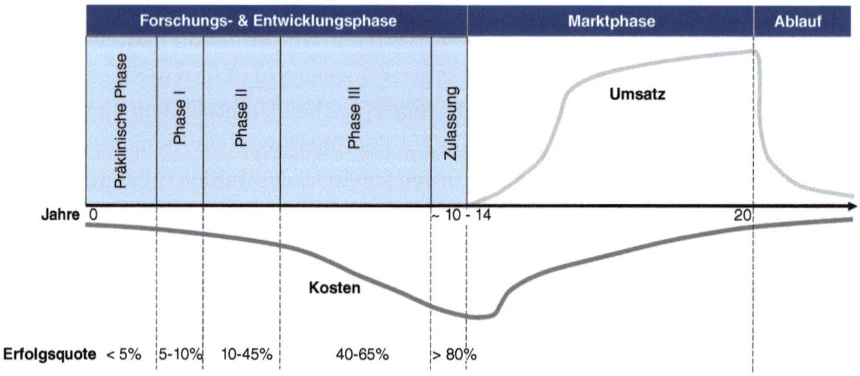


**Abb. 7.2** Einnahmen und Kosten in der pharmazeutischen Industrie über die Lebenszyklusphasen (*Quelle:* Mit freundlicher Genehmigung von valuationLAB AG), vgl. [5].

welcher sich im Grundsatz in der Ausgründung der Industrieservices an eigenständige und unabhängige Unternehmen bemerkbar macht. Zuletzt hat Novartis den Betrieb von Industrieservices, den Eigentumsübergang infrastruktureller Vermögenswerte und Immobilien und die Weiterentwicklung des Life-Science Standortes im schweizerischen Rheintal an einen Infrastrukturbetreiber bekanntgegeben (vgl. [7]). Takeda hat kürzlich eine gleiche Ausgründung vollzogen, indem der Standort Orth an der Donau samt Gebäuden und Infrastrukturanlagen an die INNEXIS, für den Betrieb und die Weiterentwicklung des Standorts, veräußert wurde.

## 7.3 Arten verschiedener Betriebsmodelle

Im Grundsatz gibt es drei verschiedene Betriebsmodelle, wie Industrieservices an einem Standort durchgeführt werden können. Erstens können die produzierenden Pharmaunternehmen alle Services in Eigenleistung erbringen. Alternativ obliegt es Unternehmen, ob und an welchen Industrieservice-Dienstleister entsprechende Leistungen ausgelagert werden sollen. Dies kann an sogenannte Funktionsspezialisten oder integrale Dienstleister erfolgen. Die verschieden Betriebsmodelle sind in Abb. 7.3 aufgeführt.

Funktionsspezialisten haben sich auf die Durchführung einer einzelnen Serviceleistung, bspw. der Logistik oder der Informationstechnik, spezialisiert und sind ein Partner mit einer grundsätzlich hohen Expertise. Die gezielte Auswahl eines derartigen Partners kann in einigen Fällen kosteneffizienter sein, die Koordination und Integration der Dienstleister in den Betrieb sind wiederum ein hoher Aufwand. Integrale Dienstleister hingegen üben mehr als einen Industrieservice aus und decken so ein breites Spektrum an Aufgaben zur Durchführung der Kerngeschäftsaktivitäten von Pharmaunternehmen (Forschung, Entwicklung, Herstellung und Vermarktung) ab. Förderlich bei diesem Modell ist das Verstehen von benötigten Qualitätsanforderungen durch eine extensive und meist langfristige Beziehung zum Pharmaunternehmen als Auftraggeber. In der Regel ist auch eine Kombination der Modelle mitunter sinnvoll, wenn integralen Dienstleistern die Steuerung weiterer Fachspezialisten ermöglicht wird. Eine detaillierte Betrachtung der differenzierten Betriebsmodelle wird in dem Kapitel *Nutzenversprechen ausgelagerter Betriebsmodelle* vorgenommen. Grundsätzliche Auswirkungen der verschiedenen Modelle sind bereits in der folgenden Abb. 7.4 dargestellt.

| Betriebsmodelle zur Durchführung von Industrieservices | | |
|---|---|---|
| Durchführung in Eigenleistung | Auslagerung an Funktionsspezialisten | Auslagerung an integrale Dienstleister |

**Abb. 7.3** Betriebsmodelle zur Durchführung von Industrieservices (*Quelle:* Eigene Darstellung).

| | Eigenleistung | Funktionsspezialist | Integraler Dienstleister |
|---|---|---|---|
| Vorteile | – Qualität und Quantität kann kurzfristig angepasst werden<br>– Direkte Kommunikationswege<br>– Identifikation der Mitarbeitenden mit dem eigenen Unternehmen | – Hohe Expertise für eine speziellen Dienstleistung<br>– Kostentransparenz durch definierte Service Level Agreements | – Vorhandenes übergreifendes Wissen<br>– Kostentransparenz durch definierte Service Level Agreements<br>– Ein Partner für mehrere Leistungen<br>– Geringerer Organisationsaufwand durch oft einen Ansprechpartner |
| Nachteile | – Höhere organisatorische Gemeinkosten<br>– Häufig geringe Skalierbarkeit bei Standortwachstum<br>– Hoher eigener Investitionsbedarf in Nebengeschäftsaktivitäten | – Erhöhter Organisationsaufwand aufgrund einzelner Vergaben<br>– Mögliche Schnittstellenprobleme bei der Dienstleistungsbeschreibung | – Notwendigkeit einer gewissen Unternehmensgröße des Dienstleisters |

**Abb. 7.4** Auswahl von Vorteilen und Nachteilen der unterschiedlichen Betriebsmodelle aus Sicht eines Pharmaunternehmens (*Quelle:* Eigene Darstellung).

## 7.4 Kombination von Standortservices und Standortentwicklung

Aufgrund historischer Entwicklungen von sowohl pharmazeutischen Unternehmen als auch Servicedienstleistern der pharmazeutischen Industrie sind in Deutschland verschiedene Modelle der Integration und des Betriebs von Standorten anzutreffen. So haben sich durch Abspaltungen, Fusionen oder Neugründungen folgende Modelle, welche in Abb. 7.5 dargestellt sind, für einen Standortbetrieb entwickelt:

1. Single User Model: Separater Geschäftsbereich übt alle Industrieservices übergreifend für verschiedene produzierende Geschäftsbereiche des eigenen Unternehmens aus.
2. Major User Model: Interner Geschäftsbereich betreibt die Industrieservices sowohl für die eigenen Geschäftsbereiche als auch für weitere Unternehmen.
3. Full Service Site Operator Model: Eigenständiger Servicedienstleister übernimmt die Industrieservices für mehrere Unternehmen.
4. Different Service Provider Model: Verschiedene eigenständige Servicedienstleister üben unterschiedliche Industrieservices für mehrere Unternehmen aus.

Unter den hier dargestellten Betriebsmodellen ist lediglich der Betrieb der Industrieservices zu verstehen. Darüber hinaus stellt sich die Frage, wer Eigentümer von Flächen, Immobilien und Infrastrukturanlagen werden soll. Grundsätzlich sind jegliche Kombinationen an Eigentumsverhältnissen umsetzbar und können analog den Strukturen der Servicedienstleister in Abb. 7.5 angedacht werden. So befindet sich das Eigentum bei dem Single User Model vollständig im Besitz eines einzelnen Pharmaunternehmens. Diese Struktur kann bei dem Major User Model durch ein weiteres Unternehmen mit Teilflächen oder Erbpachtgrundstücken

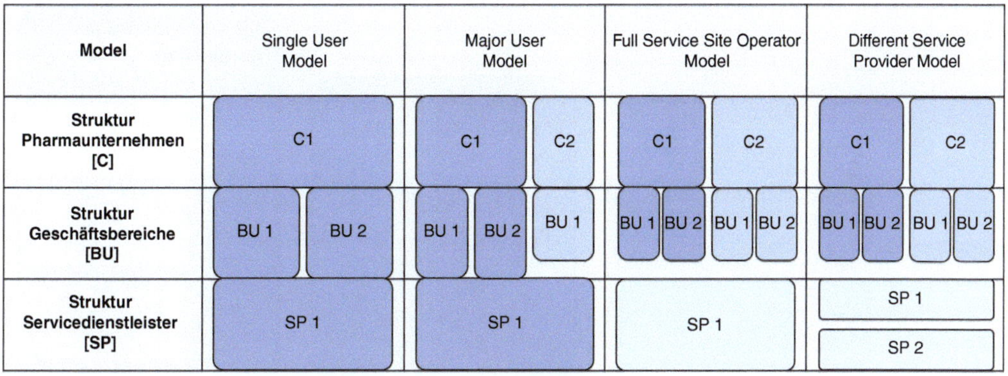


**Abb. 7.5** Differenzierung erweiterter Betriebsmodelle von Dienstleistungen an Industriestandorten (*Quelle:* Mit freundlicher Genehmigung von GEFMA German Association for Facility Management, vgl. [8]).

ergänzt werden. Die Integration eines unabhängigen Servicedienstleisters, wie im Full Service Site Operator Model beschrieben, ermöglicht, das Eigentum vollständig an diesen zu übertragen. Auch hier besteht für alle integrierten Pharmaunternehmen die Möglichkeit auf Teileigentum oder den Erwerb von Erbpachtflächen. Eine weiterführende Aufgliederung der Eigentumsverhältnisse kann in dem Different Service Provider Model realisiert werden, indem Flächen, Immobilien und Anlagen zwischen mehreren Dienstleistungsanbietern aufgeteilt werden.

Die beschriebenen Kombinationen zeigen lediglich auf, welche Ausprägungen denkbar sind. Darüber hinaus trägt die Kultur und die Strategie der jeweiligen Unternehmen dazu bei, welche Strukturen präferiert werden. Die gewählte Struktur sollte sich auf ein geringes Maß an Komplexität beschränken und wird in verschiedenen Verträgen (Servicevertrag, Standortnutzungsvertrag, . . .) festgehalten, um einen reibungslosen Betrieb des Standortes, der Kerngeschäftsaktivitäten und kurzfristig die Erreichung von Zielen sicherzustellen.

Langfristig sollten das ganzheitliche Management und die Entwicklung des Standortes mit in die Aufgaben des Standortdienstleisters aufgenommen werden, unabhängig davon, ob dieser „lediglich" ein eigener Geschäftsbereich des Pharmaunternehmens oder ein eigenes Dienstleistungsunternehmen ist, um ebengleiche Ziele und eine größtmögliche Kostensenkung bei gesteigerter Servicequalität zu erreichen. Hier lassen sich verschiedene Strukturen aus der Praxis erkennen.

Werden Industrieservices als Geschäftsbereich von pharmazeutischen Unternehmen geführt, kommt es in der Regel zu lediglich geringen Aktivitäten in der Entwicklung des Standortes.

Die Ausgründung der Industrieservices mit einhergehenden Aktivitäten der Standortentwicklung an ein eigenständiges Unternehmen kann ein erster Schritt sein, der ein höheres Aktivitätsniveau in der Standortentwicklung mit sich bringt.

Eine Rechtsform, bei der die Kommanditisten eines eigenständigen Unternehmens gleichwohl die Kunden sind und je nach Größe Anteile besitzen, bewirkt in der Regel erste Erfolge in der Standortentwicklung, allerdings in einem gewissen Maß abhängig von den Interessen der Kunden (vgl. InfraServ Wiesbaden).

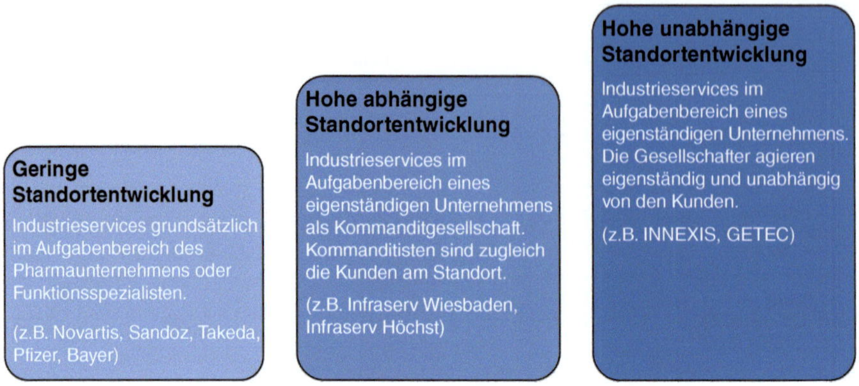


**Abb. 7.6** Strukturen der Standortentwicklung (*Quelle:* Eigene Darstellung).

Dem gegenüber steht ein hohes und unabhängiges Engagement in der Standortentwicklung mit einhergehenden Industrieservices, wenn die Anteilseigner des eigenständigen Industriedienstleisters selbständig und losgelöst von den Kunden agieren. Dies ist in Abb. 7.6 dargestellt.

Die Gesellschafterstruktur von Standorteigentümern beeinflusst die Strategie zur Entwicklung der jeweiligen Industrieparks. Eine Auswahl pharmazeutischer und teilpharmazeutischer Standorte in der DACH-Region ist in Abb. 7.7 dargestellt. Die hier gezeigten Industrieparks und Betreiber besitzen, in Anlehnung an Abb. 7.6, die

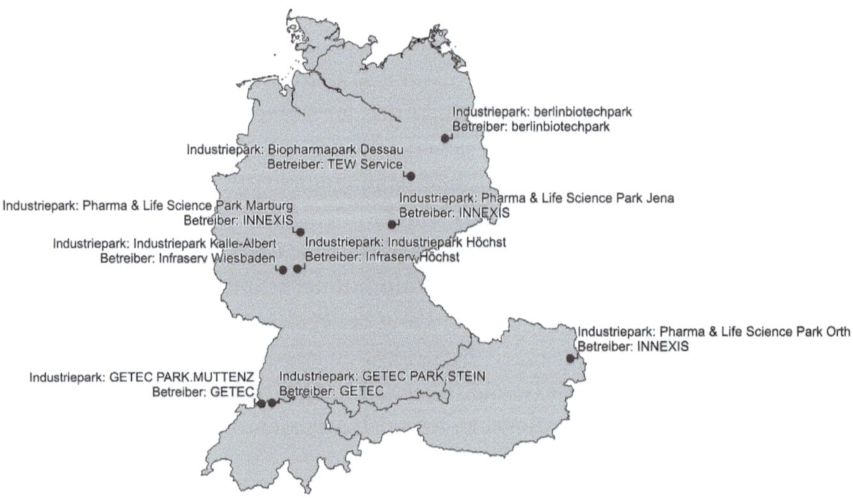


**Abb. 7.7** Auswahl (teil-)pharmazeutischer Industrieparks mit eigenständigen Betreibergesellschaften (*Quelle:* Eigene Darstellung).

Struktur, dass das Eigentum des Standorts und der Betrieb durch ein eigenständiges Unternehmen erfolgen.

## 7.5 Nutzenversprechen ausgelagerter Betriebsmodelle

Die Ausgründung von Industrieservices an externe Partner und die Gestaltung sowie Optimierung des Standortbetriebs ist eine strategische Grundsatzfrage, welche auf Managementebene geklärt werden muss. In diesem Zusammenhang muss dargestellt werden, welche Mehrwerte aus verschiedenen Dienstleistungsmodellen zu erwarten sind. Die verschiedenen Modelle, die Durchführung des Betriebs

- mit Funktionsspezialisten,
- mit einem integralen Industrieservicepartner oder
- mit einem integralen Industrieservicepartner inklusive Standortentwicklung,

haben Auswirkung auf jegliche, mit dem Standortbetrieb einhergehenden Aspekte. Diese können in die Bereiche Interaktion, Umwelt und Anspruchsgruppen zusammengefasst werden, stehen darüber hinaus in Wechselwirkungen zueinander und sind in Abb. 7.8 dargestellt.

### 7.5.1 Interaktion

Interaktionen beziehen sich auf alle Aspekte, in denen die Organisation des Servicedienstleisters auf sowohl die pharmazeutischen Unternehmen als Kunden als auch die Anspruchsgruppen und die Umwelt einwirkt. Eine klare Definition der Normen und Werte sowie der unternehmerischen Interessen sollen dafür sorgen, dass Industrieservices als Dienstleistungen verstanden werden. So soll ein kundenorientiertes Verhalten und eine größtmögliche Wertschöpfung für alle Parteien bei den Akteuren des Dienstleisters hervorgerufen werden.

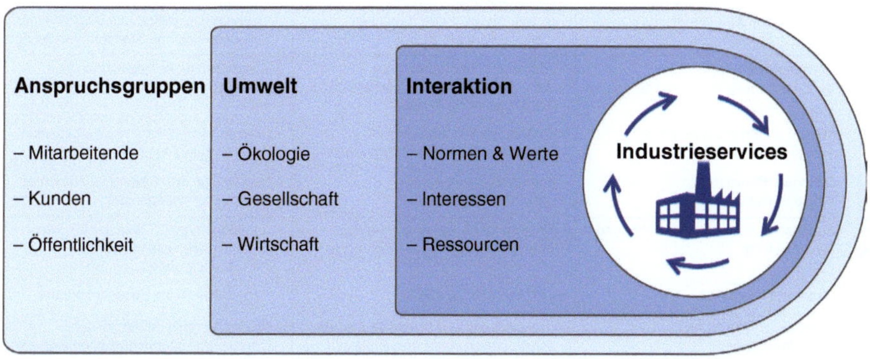


**Abb. 7.8** Auswirkung des Standortbetriebs auf diverse Aspekte (*Quelle:* Eigene Darstellung).

### 7.5.2 Umwelt

Umweltaspekte umfassen alle Einflüsse, in denen ein Unternehmen mit der integrierten Organisation agiert. Bezogen auf Industrieservices umfassen diese Aspekte wesentlich externe Faktoren, wie ökologische, gesellschaftliche, wirtschaftliche als auch politische Punkte.

### 7.5.3 Anspruchsgruppen

Die Anspruchsgruppen sind Akteure, welche ein erhöhtes Interesse an den Aktivitäten des Servicedienstleisters haben. Aufkommende Erwartungen oder Bedürfnisse sollten seitens des Dienstleisters in der Erfüllung seiner Aufgaben berücksichtigt werden.

Das bevorzugte Dienstleistungsmodell zur Durchführung der Industrieservices am Standort sollte zu den Strategien des jeweiligen pharmazeutischen Unternehmens passen. So können partnerschaftlich erarbeitete gemeinsame Strategien zum Betrieb der Services definiert werden. Insbesondere die Schaffung eines nachhaltigen Wettbewerbsvorteils kann ein positives Ergebnis sein. Eine Gegenüberstellung der Mehrwerte in Bezug zu den verschiedenen Dienstleistungsmodellen kann der Abb. 7.9 entnommen werden.

Aus Abbildung 7.9 geht hervor, dass die Wahl des Dienstleistungsmodells keine einfache oder universelle Lösung ist, sondern vielmehr von den individuellen Bedürfnissen und Zielen der pharmazeutischen Unternehmen abhängt.

| | Funktionsspezialisten | Integrale Industrieservices | Integrale Industrieservices inkl. Standortentwicklung |
|---|---|---|---|
| Betrieb | – Fokussierte Expertise | – Ganzheitliches Spektrum an Dienstleistungen | – Enge Verzahnung von Standortentwicklung und Dienstleistungserbringung |
| | – Potenzielle Kosteneinsparung durch Spezialisierung | – Identifikation von Kostenreduktionsmöglichkeiten aufgrund hoher Integration in Kundenprozesse | – Langfristige Strategien zur Standortentwicklung und Kostenoptimierung |
| Interaktion | – Bereitstellung der Dienstleistung | – Gesamtoptimierung aller Dienstleistungen | – Lebenszyklusorientierte Dienstleistungserbringung im Hinblick auf langfristige strategische Ziele |
| | – Erfüllung eindeutig definierter Service-Level-Agreements | – Effizienzoptimierung durch serviceübergreifende Synergien | – Effizienzsteigerung und Kostenoptimierung durch abgestimmten Servicebetrieb und Standortentwicklung |
| Umwelt | – Geringe kundenoptimierte Berücksichtigung von Umweltaspekten | – Verbesserte Integration von Umweltaspekten in das bereitgestellte Dienstleistungsspektrum | – Ganzheitlicher Ansatz kombiniert ökologische, soziale und ökonomische Aspekte |
| | – Mäßige Koordination zwischen mehreren Dienstleistern | – Erhöhte Abstimmung bei der Durchführung von Dienstleistungen | – Durchführung integraler Services unter Beachtung regionaler Umweltaspekte |
| | – Geringere Berücksichtigung globaler Umwelteinflüsse | – Potenzial für verbesserte Umweltverträglichkeit | – Nachhaltige Entwicklung für effizientes Ressourcenmanagement |
| Anspruchsgruppen | – Spezifische Ansprechpartner für jede Dienstleistung | – Ein zentraler Ansprechpartner für verschiedene Dienstleistungen | – Kontaktperson für Dienstleistungen und Entwicklungsperspektiven bei Interessensgruppen |
| | – Begrenzte Interaktion | – Erhöhte Kommunikation | – Partnerschaftliche Zusammenarbeit |
| | – Situative Unterstützung in Kundenprojekten | – Unterstützung und Durchführung von gemeinsamen dienenden Projekten | – Soziale Verantwortung bei der Umsetzung von gemeinsamen Projekten |

**Abb. 7.9** Mehrwerte der drei Dienstleistungsmodelle (*Quelle:* Eigene Darstellung).

Die Bereitstellung integraler Industrieservices im Gegensatz zu Funktionsspezialisten erfordert den umfangreichen Aufbau, die Entwicklung und die Nachhaltung von Kompetenzen – sowohl für jeden Service im Detail als auch für das übergreifende Management der bereitgestellten Dienstleistungen. Dadurch erzeugt die notwendige und vorzuhaltende Struktur Gemeinkosten, welche sich in den Kosten der Industrieservices erkenntlich machen. Dem gegenüber stehen allerdings Punkte, welche pharmazeutischen Unternehmen Vorteile bieten. So können

- aufgrund keiner eigenen Betriebsmannschaft die fixen Mitarbeiterkosten,
- das Betriebs- und Eigentumsrisiko, welches ebenfalls in dem Kapitel *Abgrenzung von integralen Industrieservices mit kombinierten Standortmanagement und Standorteigentümerschaft* näher beleuchtet wird und
- das in der Bilanz festzusetzende Vermögen

reduziert werden. Die Kombination dieser Punkte bewirkt, dass eigene Kosten reduziert werden können und in Bezug auf eine verkürzte Bilanz eine attraktivere Eigenkapitalquote generiert werden kann und Effizienzen in der Dienstleistungserbringung gehoben werden können.

Die INNEXIS Marburg hat beispielsweise als Standorteigentümer und -betreiber des Pharma & Life Science Parks Behringwerke in Marburg die Werksicherheit zu gewährleisten. Darunter fallen die Tätigkeiten des Werkschutzes, der Werkfeuerwehr und der Betrieb der Sicherheitszentrale. Um dies zu ermöglichen, ist die Vorhaltung von einer großen Organisation zur Bereitstellung der Leistung unumgänglich. Ebenso werden Fahrzeuge und Geräte benötigt, welche in der Bilanz aufzuführen sind. Um alle Anforderungen an Betriebssicherheit, wie einzuhaltenden Wegezeiten oder notwendigere Geräte, zu erfüllen, wurde ein neues Gebäude errichtet. Die hierfür verwendeten Investitionsmittel des Standortbetreibers gewährleisten, für einen wachsenden Pharmastandort und allen ansässigen Unternehmen, auch in Zukunft den benötigten Brandschutz und die erforderliche Werksicherheit und mussten somit nicht vollumfänglich von einem Pharmaunternehmen selbst erbracht werden.

Wird darüber hinaus berücksichtigt, dass die mit der Branche einhergehenden Herausforderungen konstant im Wandel sind und regulatorische Anforderungen weiter steigen werden, unterstützen integrale Industrieservices mit einhergehender Standortentwicklung die Attraktivität von Standorten und die Aktivitäten pharmazeutischer Unternehmen im größtmöglichen Umfang.

## 7.6 Integrationstiefen von Dienstleistern in pharmazeutische Prozesse in Abhängigkeit von der Organisationsstruktur

Aus den im Kapitel *Kombination von Standortservices und Standortentwicklung* bereits beschriebenen möglichen Strukturen der Dienstleistungserbringung und der Eigentumsverhältnisse ergeben sich für jede Partei sowohl synergetische Mehrwerte als auch Pflichten. Aus diesem Grund wird im Folgenden die mögliche

**Abb. 7.10** Organisationsstrukturen für unterschiedliche Integrationstiefen in pharmazeutische Prozesse (*Quelle:* Eigene Darstellung).

Integrationstiefe in pharmazeutische Prozesse, in Abhängigkeit von der jeweiligen Organisationsstruktur, ob

- Funktionsspezialist,
- integraler Dienstleister mit Standortmanagement oder
- integraler Dienstleister mit Standortmanagement und Standorteigentümerschaft,

näher erläutert, wie in Abbildung 7.10 dargestellt ist.

Die Wahl von Funktionsspezialisten bedingt grundsätzlich, dass das interne Standortmanagement durch die pharmazeutischen Unternehmen erbracht wird, obwohl dies auch separat ausgelagert werden könnte. Die pharmazeutischen Unternehmen übernehmen somit die Verwaltung und Steuerung der jeweiligen Maßnahmen am Standort. Die Tätigkeiten des Standortmanagements können darüber hinaus parallel mit einem integralen Dienstleister vereinbart werden. Die Problematik bei diesen beiden Strukturen ist, dass aus Dienstleistersicht meist nicht die Qualität der Services im Vordergrund steht, sondern lediglich eine kostengünstige Durchführung der Tätigkeiten, um eine möglichst hohe Gewinnmarge zu erzielen. Die Qualität der Dienstleistung ist dahingegen für pharmazeutische Unternehmen mit steigender Integrationstiefe essenziell, damit die Dienstleistungen ordnungsgemäß durchgeführt und sichergestellt werden können. Da das Eigentum des Standorts bei diesen beiden genannten Varianten bei den pharmazeutischen Unternehmen liegt, befindet sich auch, wenn nicht ausdrücklich vereinbart, die Verantwortung bei den pharmazeutischen Unternehmen. Mit der Verantwortung für das Anlagenvermögen kann analog ein Verschulden einhergehen, wenn gewisse Betreiberpflichten verletzt werden und keine ordnungsgemäße Leistungsübertragung stattfindet. Ein Verschulden liegt dann vor, wenn beispielsweise

- die Aufbau- und Ablauforganisation nicht hinreichend definiert und dokumentiert ist (Organisationsverschulden),
- eine unzureichende Sorgfalt bei der Übertragung von Aufgaben gegeben ist (Selektionsverschulden),
- keine hinreichende Anweisung, Einweisung oder Unterweisung stattfindet (Anweisungsverschulden) oder
- die Überwachung der Aufgaben unzureichend ist oder unterlassen wird (Überwachungsverschulden).

Eine Verletzung der Pflichten kann mögliche Sanktion, wie ein Nutzungsverbot, Stilllegung von Flächen, ein Bußgeld oder auch Schadensersatz, mit sich ziehen. Ob und inwieweit ein pharmazeutisches Unternehmen diese Verantwortung für das Nebengeschäft übernehmen will, ist individuell zu betrachten.

Mit der konsequenten Trennung von nicht zum Kerngeschäft gehörenden Aktivitäten und auch den damit einhergehenden Pflichten ist auch die Standorteigentümerschaft an einen Servicepartner zu übertragen. Dieser besitzt somit einhergehend die Verantwortung für den Betrieb und die Bereitstellung der Industrieservices und kann auch im Falle eines Verschuldens zur Rechenschaft gezogen werden. Zusätzlich ermöglicht dies dem Dienstleister, die Aktivitäten zum Betrieb maximal eigenständig und effizient bereitzustellen und zu kontrollieren. Darüber hinaus stellt das Eigentum an Grund und Boden sowie die damit verbundenen Vermögenswerte und die daraus resultierenden Dienstleistungs- und Mieterträge Sicherheiten für Investitionen dar. Dies gilt sowohl für die Gesellschafter des integralen Dienstleisters als auch für Fremdkapitalgeber, welche bei der Finanzierung oder Refinanzierung von Investitionsprojekten zu berücksichtigen sind. Zu tätigende Investitionen eröffnen dem Dienstleister die Möglichkeit Kapital mit einer entsprechenden Rendite zu investieren. Dieses Kapital muss somit nicht von einem Pharmaunternehmen getragen werden. Das hat zum Vorteil, dass

- das Kapital gezielt in Kerngeschäftsaktivitäten, wie die Forschung, Entwicklung oder Produktion, investiert werden kann,
- die Vermögenswerte nicht zu Lasten einer Bilanz gehen und
- Finanzkennzahlen für Anteilseigner attraktiver sein können.

Die Investitionen seitens eines Standortdienstleisters können, abhängig von der Struktur und der Intention eines Pharmaunternehmens für eine hohe Integration, tief in die pharmazeutischen Prozesse integriert werden. Während Funktionsspezialisten grundsätzlich mit nahezu keinem Risiko in Werkstätten investieren werden, wird bei der Bereitstellung von integralen Industrieservices mit Standortmanagement für eventuelle Infrastrukturanlagen Kapital verwendet. Bei der zusätzlichen

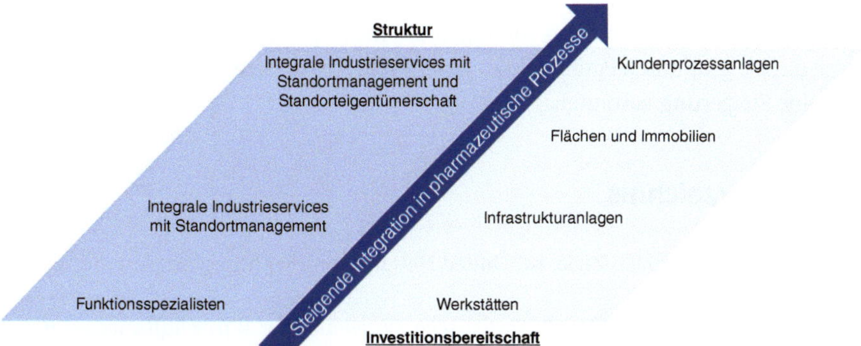


**Abb. 7.11** Investitionsbereitschaft nach Organisationsstruktur (*Quelle:* Eigene Darstellung).

Übertragung der Standorteigentümerschaft sind Investitionen in sowohl Flächen und Immobilien als auch Kundenprozessanlagen denkbar. Dies ist in Abbildung 7.11 schematisch dargestellt.

## 7.7 Zusammenfassung und Ausblick

Die pharmazeutische Industrie ist sowohl für die globale Gesundheitsversorgung als auch für den Wohlstand eines Landes essenziell. Für die Durchführung von pharmazeutischen Kerngeschäftsaktivitäten, der Forschung, Entwicklung, Produktion und Vermarktung sind Industrieservices notwendig, um einen ordnungsgemäßen Betrieb aufrecht zu erhalten. Darüber hinaus bietet eine Auslagerung der Industrieservices pharmazeutischen Unternehmen die Chance, entgegen der globalen Disruptionen den Kostendruck standzuhalten und analog die hohen regulatorischen Anforderungen und Qualitätsstandards einzuhalten und damit die Effizienz zu erhöhen.

Dabei bieten Funktionsspezialisten den fokussierten Betrieb einer einzelnen Dienstleistung an und können dadurch Mehrwerte für pharmazeutische Unternehmen ermöglichen. Industrieservices von integralen Dienstleistern hingegen können höhere Effizienzpotenziale aufgrund einer ganzheitlichen Sichtweise und einer gesteigerten Integration in die Kerngeschäftsprozesse pharmazeutischer Unternehmen generieren. Der hier bereitgestellte Nutzen muss allerdings die individuellen Anforderungen und strategischen Ausrichtungen der Kunden treffen.

Das größte Potenzial lässt sich darüber hinaus generieren, indem mit der Ausgliederung der Industrieservices an einen integralen Dienstleister zusätzlich das ganzheitliche Management und das Eigentum übertragen werden. Die mit dem Eigentum einhergehende geschäftliche, soziale und ökologische Verantwortung wirkt sich positiv auf den Betrieb aus, sodass alle Standortkunden von einer proaktiven Standortentwicklung partizipieren.

Die Zukunft lässt erahnen, dass grundsätzlich der Betrieb in Eigenleistung abnehmen und eine Ausgliederung an sowohl Funktionsspezialisten als auch integrale Dienstleister steigen wird. Zuletzt bestätigte Industrieparkakquisitionen zeigen, dass ebenfalls die Übertragung von Eigentum in Ausgliederungsprojekte integriert wird, um die genannten Potenziale zu generieren. Aus diesem Grund lässt sich auch hier eine Steigerung vermuten.

## Quellenverzeichnis

1. United Nations (2023). Ziele, in: United Nations, [online] https://sdgs.un.org/goals/goal3 [04.11.2023].
2. Eurostat (2008). *NACE Rev.2: Statistische Systematik der Wirtschaftszweige in der Europäischen Gemeinschaft*. Luxemburg, 151.

**3.** Watzek, G. (2021). *Globale Pharmaindustrie – quo vadis?: Daten, Hintergründe und Analysen – eine Branchenbewertung.* 2. Aufl., Wien, Österreich: Springer Gabler, 162.
**4.** Statista (2023). Entwicklung des Zinssatzes der Europäischen Zentralbank für das Hauptrefinanzierungsgeschäft von 1999 bis 2023, in: Statista, [online] https://de.statista.com/statistik/daten/studie/201216/umfrage/ezb-zinssatz-fuer-das-hauptrefinanzierungsgeschaeft-seit-1999 [16.11.2023].
**5.** valuationLAB (2023). Determine the risk/reward path by understanding the pharmaceutical life cycle, in: valuationLAB, [online] https://www.valuationlab.com/pharma-life-cycle [05.11.2023].
**6.** Forbes (2023). Pfizer Layoffs Confirmed As Vaccine Manufacturer Drives For Cost Savings, in: Forbes, [online] https://www.forbes.com/sites/qai/2023/11/01/pfizer-layoffs-confirmed-as-vaccine-manufacturer-drives-for-cost-savings [13.11.2023].
**7.** Novartis (2023). Novartis überträgt Weiterentwicklung des Life-Science-Parks Rheintal an Industrieparkbetreiber GETEC, in: Potenzial des Parks auszuschöpfen, [online] https://www.novartis.com/ch-de/news/media-releases/novartis-uebertraegt-weiterentwicklung-des-life-science-parks-rheintal-industrieparkbetreiber-getec-um-potenzial-des-parks-auszuschoepfen [13.11.2023].
**8.** Mohr, R. (2005). *Facility Management.* (Hrsg. GEFMA Deutscher Verband für Facility Management). Berlin, Deutschland: VDE Verlag.

# 8

# Integriertes Industrieservice-Management für die chemisch-pharmazeutische Industrie – Beispiele für Synergieeffekte entlang der Service-Wertschöpfungskette

*David Scherpe, Alexander Bösken und Andreas Beyerle-Köster*

*WISAG Gebäude- und Industrieservice Süd-West GmbH & Co. KG*

**Abstract**

*Die chemische Industrie und die pharmazeutische Industrie differenzieren sich trotz wesentlicher Kernthemen durch markante Merkmale, die das Dienstleistungsgeschäft maßgebend beeinflussen. Versteht man die Anforderungen der jeweiligen Industriezweige (Segmente), ist es jedoch möglich, mit Industrieservices entlang der Wertschöpfungskette im Lebenszyklus einer chemischen Anlage großen Mehrwert für Betreiber von Produktionsanlagen zu bilden. Dies soll durch ein plastisches Beispiel in diesem Beitrag verdeutlicht werden.*

## 8.1 Merkmale der Chemie- und Pharmabranche

### 8.1.1 Merkmale der Chemieindustrie

Die Chemie- und Pharmaindustrie sind zwei wichtige Wirtschaftszweige, die sich in vielen Aspekten ähneln, aber auch erhebliche Unterschiede aufweisen. In diesem Artikel werden die wesentlichen Unterschiede und Rahmenparameter dieser beiden Branchen beleuchtet.

Die Chemieindustrie ist bekannt für ihre breite Palette an Produkten, die in verschiedenen Branchen zum Einsatz kommen: von der Landwirtschaft bis zur Automobilindustrie. Sowohl aufgrund der hohen Produktionsmengen als auch der zum Teil hoch reaktiven Stoffe birgt die Chemieindustrie ein besonders großes Risiko für die Umwelt, persönliche Unversehrtheit und Anlagensicherheit. In keiner anderen Branche ist das so präsent. Beispiele wie das Chemieunglück in Beirut 2020, bei dem ein Lager mit Ammoniumnitrat explodierte, verdeutlichen die Risiken, mit denen die Chemiebranche konfrontiert ist. Ähnliche Vorfälle ereigneten sich bereits

1920 in Ludwigshafen, als ein Lager mit Ammoniumsulfatnitrat explodierte. In beiden Fällen führte die Druckwelle zu weitreichenden Zerstörungen und vielen Todesopfern. Um solche Vorfälle zu verhindern, gibt es zahlreiche Vorschriften und Richtlinien, wie zum Beispiel:

- Klare Verhaltensregeln auf Werksgeländen der chemischen Industrie
- Das Tragen einer persönlichen Schutzausrüstung (PSA)
- Arbeitserlaubnisscheine zum Arbeiten mit offener Flamme
- Definierte Ex-Zonen und ATEX-zertifizierte Geräte
- Gefahrenstoffmanagement und Kennzeichnung von Gefahrenstoffen
- Umweltschutzprävention durch Vorgaben wie TA Luft, BImSchG oder das WHG

Die Arbeitssicherheit steht an erster Stelle und prägt alle Aspekte der Chemiebranche. Themen wie Energieeffizienz, Kreislaufwirtschaft, Resilienz globaler Lieferketten und Digitalisierung können als Trends betrachtet werden, jedoch immer unter der Voraussetzung, dass die Arbeitssicherheit gewährleistet ist. Ein Beispiel dafür ist die Präferenz für kabelgebundene Geräte in digitalisierten Anlagen, um potenzielle Gefahren durch hochfrequente Funkwellen zu vermeiden.

### 8.1.2 Merkmale der pharmazeutischen Industrie

Die pharmazeutische Industrie spielt in einer gesunden und modernen Gesellschaft eine entscheidende Rolle. Sie ist verpflichtet, international geltende Normen (ISO) und Richtlinien (GMP) einzuhalten und steht für höchste Integrität und Qualität.

Die Herstellung von pharmazeutischen Endprodukten, Wirkstoffen, Hilfsstoffen, technischen Komponenten und Applikatoren erfordert besondere Sorgfalt und strenge Herstellungsrichtlinien sowie eine umfassende Dokumentation. Da diese Produkte auf unterschiedliche Weise in den menschlichen oder tierischen Körper gelangen, können biologische oder technische Kontaminationen schwerwiegende Auswirkungen haben und die Genesung beeinträchtigen oder verhindern. Daher ist kein Raum für Fehler.

Reinheit, Sorgfalt, Kontrolle und eine angemessene Produktionsumgebung sind unerlässlich, um ein zuverlässiges pharmazeutisches Endprodukt zu gewährleisten und Kontaminationen durch Unachtsamkeit oder unzureichende Reinigung zu vermeiden.

Die pharmazeutische Industrie unterliegt einer Vielzahl von Anforderungen und Begriffen wie GMP-Konformität, Qualitätsmanagement, Compliance, Qualifizierung, Validierung, Dokumentation, Risikomanagement, Datenintegrität, Instandhaltung, Cybersicherheit kritischer Infrastrukturen, Inspektion und Audit sowie Rein- und Reinsträume.

Ein effektiver Herstellungsprozess für pharmazeutische Endprodukte ist entscheidend für deren Qualität, Sicherheit und Wirksamkeit. Die Einhaltung der

GMP-Richtlinien wird streng überwacht, und Mitarbeitende werden intensiv geschult, um die Anforderungen zu verstehen und umzusetzen. Die Validierung aller Prozessschritte, Ausrüstungen und Systeme ist unerlässlich, um die Qualität des Endprodukts sicherzustellen. Die Einhaltung der regulatorischen Anforderungen wird durch regelmäßige Überprüfungen und Audits gewährleistet. Eine sorgfältige Planung, umfassende Dokumentation, regelmäßige Instandhaltung und gründliche Reinigung sind weitere wichtige Aspekte, um die Qualität der pharmazeutischen Endprodukte zu gewährleisten.

Insgesamt ist ein integrativer Ansatz für die Instandhaltung, Reinigung und das Facility Management entscheidend, um die Qualität der pharmazeutischen Endprodukte zu sichern und den Herstellungsprozess effizient zu gestalten. Die konsequente Umsetzung dieser Prinzipien gewährleistet nicht nur die Einhaltung der GMP-Richtlinien, sondern auch die Reputation des Pharmaunternehmens und letztendlich die Sicherheit der Patienten.

### 8.1.3 Differenzierung der Branchenfelder

Zusammenfassend lässt sich sagen, dass Arbeitssicherheit (in der Chemie) und GMP-Prozesse (in der Pharmazie) die jeweiligen Industriezweige maßgeblich prägen. Die Schaffung von Mehrwert liegt somit nicht nur in der Schaffung neuer Produkte (Chemikalien), Wirkstoffe (API) oder Trägerstoffe (Excipients), sondern auch darin, wie gut die Rahmenbedingungen des jeweiligen Industriezweiges erfüllt werden.

## 8.2 Wertschöpfungsketten in der chemisch-pharmazeutischen Industrie

### 8.2.1 Die Erzeugung von Mehrwert entlang der Wertschöpfungskette

Der Begriff „Wertschöpfungskette" bezieht sich auf die direkten Prozesse, die bei der Entstehung eines Produkts erforderlich sind. Die sogenannten Primärprozesse aus der Sicht eines chemisch-pharmazeutischen Produzenten sind demnach beispielsweise Forschung und Entwicklung, Produktion und Verkauf, also Aufgaben, welche der eigenen Produktherstellung zuzuschreiben sind.

Sekundärprozesse sind in Abgrenzung dazu Vorgänge, die zwar keinen direkten Bezug zur Produktseite haben, aber eine funktionierende Infrastruktur der Primärprozesse ermöglichen. Dazu gehören Logistik und Transport, Facility Management oder auch Revisionsmanagement.

Diese Prozesse können auf einer weiteren Ebene auf Tertiärprozesse heruntergebrochen werden. Bezogen auf das eben genannte Revisionsmanagement als

Sekundärprozess würde die Bereitstellung von mobilen Feldanlagen, als Teildisziplin des Revisionsmanagements, einen Tertiärprozess darstellen.

Es ist im Interesse eines Unternehmens in der chemisch-pharmazeutischen Prozessindustrie, so viele Prozessebenen wie möglich intern abzubilden. Dies kann dazu dienen, Fachwissen zu erlangen und zu bewahren, die Abhängigkeit von Lieferanten zu reduzieren oder Betriebskosten niedrig zu halten. So wäre es beispielsweise weniger empfehlenswert für einen chemisch-pharmazeutischen Produzenten, seine Primärprozesse einem Dienstleister zu überlassen, was ein hohes unternehmerisches Risiko darstellt, z. B. wird der Zugriff auf innovative Rezepturen des Produzenten ermöglicht. Die Einbeziehung eines Dienstleisters für Sekundärprozesse bietet jedoch viele Vorteile, wie man sie zum Teil auch aus dem Privatumfeld kennt (Absetzbarkeit haushaltsnaher Dienstleistungen). Allerdings erfordert dies eine breite Unternehmensstruktur mit entsprechenden Fachabteilungen, weshalb solche Modelle eher an Verbundstandorten oder größeren Werksgeländen finanziell tragbar sind. Aus wirtschaftlicher Sicht ist es daher eine strategische Frage, welche Prozesse von externen Dienstleistern übernommen werden sollten und welche nicht.

Um diese Frage beantworten zu können, muss man verstehen, wie sich der Lebenszyklus einer Produktionsanlage zusammensetzt:

- Das Entstehen einer Anlage – Greenfield
- Das Betreiben einer Anlage – Betrieb
- Das Erhalten einer Anlage – Brownfield

Diese drei Lebenszyklusphasen bilden die gesamte Existenz einer chemisch-pharmazeutischen Produktionsanlage, was für alle Anlagen in der Prozessindustrie gleichermaßen gilt. Jeder dieser Lebenszyklen ist durch verschiedene Unterkategorien gekennzeichnet:

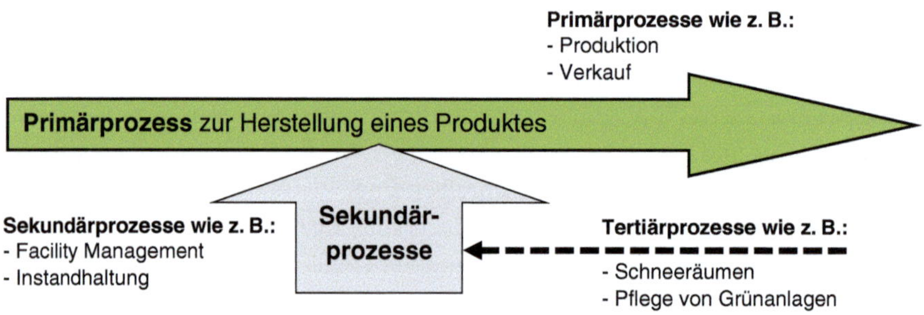


**Abb. 8.1** – Primär-, Sekundär- und Tertiärprozesse (*Quelle:* eigene Darstellung).

*Merke:*
*Der Begriff* ***EPC*** *steht für einen Generalisten, der in der Entstehung einer Anlage alles aus einer Hand liefern kann. Charakteristisch ist dabei der geringe Grad an Subunternehmen, was weltweit nicht viele Firmen abbilden können.*

| | |
|---|---|
| • Greenfield | Engineering (E)<br>Procurement (P)<br>Construction (C) |
| • Betrieb | Infrastruktur<br>Produktion<br>Verkauf |
| • Brownfield | Instandhaltung<br>Stilllegung |

Alle Tätigkeitsfelder, in denen Dienstleister ihre Leistungen anbieten, lassen sich in Kernbereiche und Subkategorien einteilen. Wenn man alle Tätigkeitsfelder in einer weitgehend chronologischen Struktur zusammenfasst, ergibt sich die Service-Wertschöpfungskette in der chemisch-pharmazeutischen Industrie, vgl. Tab. 8.2. *„Industrieservices entlang der Wertschöpfungskette im Lebenszyklus einer chemischen Anlage – nach dem Modell der WISAG Industrie Service Holding SE“.*

**Tab. 8.1** Vorteile für die Einbindung eines externen Dienstleisters.

| **Vorteile für die Einbindung eines externen Dienstleisters aus Sicht eines chemisch-pharmazeutischen Produzenten** |
|---|
| • Fokussierung auf die eigenen Kernkompetenzen |
| • Heben von Kostenpotenzialen |
| • Steigerung der Rechtssicherheit |
| • Entgegenwirken gegen den Fachkräftemangel |
| • Schaffung von Zeitkapazitäten |
| • Senkung der Betriebsblindheit durch externes Know-how |
| • Flexibilität und Skalierbarkeit |
| • Agilität und Reaktionsgeschwindigkeit |
| • Hohe Professionalisierung in den Sekundärprozessen |

**Tab. 8.2** Industrieservices entlang der Wertschöpfungskette im Lebenszyklus einer chemischen Anlage – nach dem Modell der WISAG Industrie Service Holding SE.

| Bereich | | Geschäftsfeld | Arbeitsfeld |
|---|---|---|---|
| **Greenfield (CAPEX)** | Engineering **E** | Studie, Erforschung und Entwicklung | Forschungstätigkeit |
| | | | Aufbau Versuchsstände |
| | | | Innovation Management |
| | | Formulation und Konzeption | Laborantentätigkeit |
| | | | Doktoren-Tätigkeit |
| | | | Verfahrensgenehmigung |
| | | Basic-Engineering (Vorplanung 2D) | VT-Planung (Grundfließbild) |
| | | | PLT-Planung (Grundfließbild) |
| | | | M+A Planung (Konzeption Sonderanlagen) |
| | | Detail-Engineering (Planung 3D) | VT-Planung (R&I Fließbild -> 3D-Modell -> Isometrien) |
| | | | PLT-Planung (R&I Fließbild -> Klemmpläne -> EMSR) |
| | | | M+A Planung (Fertigungsplanung Sonderanlagen) |
| | Procurement **P** | Projekt Management | Projektmanagement (Unterstützung) |
| | | | Projektmanagement Leitung (Kleine Anlagen < 5 000 Std.) |
| | | | Projektmanagement Leitung (Mittlere Anlagen 5 000–15 000 Std.) |
| | | | Projektmanagement Leitung (Große Anlagen 15 000–40 000 Std.) |
| | | | Projektmanagement Leitung (Größt Anlagen > 40 000 Std.) |
| | | Einkauf und Vertragswesen | Erstellung LV / Diensthandbuch |
| | | | Angebotsverhandlung |
| | | | Vertragswesen und -Abwicklung |
| | | Fabrikation und Vorfertigung | Stahl- und Werkzeugbau |
| | | | Rohrleitungsbau |
| | | | Schweißen |
| | | | Elektro (Schaltschrank und Transformatoren) |

| | | |
|---|---|---|
| | Logistik und Transport | Kleintransport (3,5 t) |
| | | Großtransport (40 t) |
| | | Schwertransport (> 40 t) |
| Construction **C** | Kran, Hebezeug und Baustelleneinrichtung | Mobile Krananlagen |
| | | Stationäre Krananlagen |
| | | Baustelleneinrichtung |
| | Gerüstbau | Stellen eines Gerüstes |
| | | Sicherheitsabnahme Gerüste und Tritte |
| | Installation und Errichtung | Stahlbau |
| | | Stellen von Maschinen und Apperate |
| | | Rohrleitungsbau |
| | | Elektro / PLT / EMSR / Umspannung / etc. |
| | | Technische Gebäudeausrüstung (HKLS) |
| | Isolierung, Dämmung und Beheizung | Schall Isolierung |
| | | Wärme Isolierung |
| | | Kälte Dämmung |
| | | Elektrische Begleitheizung |
| | | Dampfbeheizung |
| | Anstrich, Malern und Lackieren | Malerarbeiten |
| | | Lackierarbeiten |
| | | Anbringen von Beschilderung/Aufkleber |
| | Qualitätsprüfung, SV-Abnahmen und Inbetriebnahme | DGUV-Prüfung (Befähigte Person) |
| | | Sachkundige-Abnahmen (SK) |
| | | Sachverständige-Abnahmen (SV) |
| | | Mängelbeseitigung (Durchführung/Koordination) |
| | | Inbetriebnahme einer Anlage (ZÜS) |

(Fortsetzung)

**Tab. 8.2** Fortsetzung

| Bereich | | Geschäftsfeld | Arbeitsfeld |
|---|---|---|---|
| **Operations (Abschreibung)** | Infrastruktur | Sicherheit und Personal | Empfangsdienst |
| | | | Werkschutz |
| | | | Sicherheits Koordination (SiKo-Baustelle) |
| | | | Postdienste |
| | | | Winterdienste |
| | | | Fuhrparkmanagement |
| | | Facility Management | Hallenreinigung |
| | | | Unterhaltsreinigung |
| | | | Gebäudetechnik (HKLS) |
| | | | Brandschutz Technik |
| | | | Blitzschutz Technik |
| | | | Catering und Kantine |
| | | | Reststoff/Abfall Management |
| | | | Grünpflege und Reinigung Außenflächen |
| | Produktion | Anlagenbetrieb | Sichtkontrollen / Wartungsrundgänge |
| | | | Anlagensteuerung in der Meßwarte |
| | | | Inventur und Datenbank Kontrolle/Abgleich |
| | | | Ersatzteil Management |
| | | | Auffüllung Verbrauchsmaterialien |
| | | Anlagenmonitoring | Fluid/Energie-Management |
| | | | Qualitätskontrolle |
| | | | Nachbearbeitung |
| | Verkauf | Produktionsunterstützung und Abfüllung | Kesselwagenreinigung (Dekontaminierung) |
| | | | Verpackung und Abfüllung |
| | | | Kommissionierung |

| | | | |
|---|---|---|---|
| | | Intralogistik (Stapler, LKW und Züge) | Lagerverwaltung |
| | | | Stapler-Logistik |
| | | | LKW-Logistik |
| | | | Hafen-Logistik |
| | | | Zugeinweisung / Rangieren |
| **Brownfield (OPEX)** | Instandhaltung | Brownfield Beratung (Lebenszyklus-Erweiterung, Effizienzsteigerung, Optimierung, . . .) | Analysen -> Kostenreduzierung / Anlagenoptimierung |
| | | | Analysen -> Ergonomie am Arbeitsplatz (Anlagensicherheit) |
| | | | Analysen -> Umweltschutz (z. B. WHG) |
| | | Brownfield „EPC“ (Anlagenänderung) | AÄ-Planung „Mechanisch/Verfahrenstechnisch“ |
| | | | AÄ-Planung „Prozessleittechnik (PLT)“ |
| | | Inspektion (NDT, Drohnen, . . .) | Zerstörungsfreie Prüfung und Leckageortung |
| | | | Drohnen- und Roboterinspektion |
| | | | Molch-Inspektion |
| | | Industriekletterer und Gerüstbau | Industriekletterer (Steig) |
| | | | Abseiltechnik (Fall) |
| | | | Gerüstbau (Fassade/Gebäude) |
| | | | Einhausung und Umzäunung (Freistehend) |
| | | Oberflächen- behandlung (Isolierung, Reinigung und Beschichtung) | Ab- und An-Isolierung (Rohrleitungen und Apparate) |
| | | | Laser- und/oder $CO_2$-Reinigung (Betriebsmittel) |
| | | | Hochdruck Reinigung (Maschinen, Behälter und Apparate) |
| | | | Sandstrahlen und Pulverbeschichtung (Stahl und Tragwerk) |
| | | | Linien-Überholung (Zerlegen und Reinigen ganzer Kaskaden/Produktionslinien) |
| | | | Anstrich, Maler, Lackierer und Beschilderung |
| | | Reparatur (1:1 Austausch) | Armaturenservice (Absperrarmaturen, Sicherheitsventile, Protegos, . . .) |
| | | | Apparateservice (Pumpen, Wärmetauscher, Behälter, Kolonnen, . . .) |
| | | | Elektroservice (Schaltanlagen und Aktoren, Mess- und Regeltechnik, Verkabelung, . . .) |
| | | | Hausmeisternahe Leistungen (Facility) |

(Fortsetzung)

**Tab. 8.2** Fortsetzung

| Bereich | Geschäftsfeld | Arbeitsfeld |
|---|---|---|
| | Modifikation (Retrofit und Modernisierung) | Optimierung (z. B. Leuchtmittel zu LED, PV-Anlagen, Maschinenverbesserung, . . .) |
| | | Modernisierung (z. B. Digitalisierung, Technologisches Upgrade, . . .) |
| | | Spezialisierung (z. B. Reinraumtechnik, GMP & weiße Ware) |
| | Turnaround / Shutdown Management / Revisionsabstellung | Abstellungsplanung und -Koordination |
| | | Notstromanlagen (Elektrisch) |
| | | Mobile Feldanlagen (Verfahrenstechnisch) |
| | | Transport / Halle für Umbau / Werkstattservice |
| Stillegung | Außerbetriebnahme und Rückbau | Außerbetriebnahme nach Vorgabe und Protokollierung |
| | | Demontage bzw. Abbau (Allgemein) |
| | Industrielle Reinigung | Dekontamination (Inertes Spülverfahren, von innen) |
| | | Dekontamination (Reinigung im Vollschutz, von außen) |
| | Abtransport und Entsorgung | Schadstoffsammlung |
| | | Abtransport / Entsorgung |
| | | Sondermüllentsorgung (z. B. Klärschlämme, Schlacke, . . .) |

Es ist offensichtlich, dass neben den Primärprozessen der Produktherstellung auch viele andere Prozessebenen existieren, die in verschiedene Geschäfts- und Arbeitsfelder unterteilt sind. So kommt es vor, dass sich ähnelnde oder verwandte Aufgabengebiete von gleichen Dienstleistern übernommen werden können, auch wenn die Aufgaben in völlig unterschiedlichen Lebenszyklusabschnitten erforderlich sind wie z. B.:

- Greenfield (Entstehen) ► Engineering (E) ► Basic Engineering ► VT-**Planung**
- Brownfield (Erhalten) ► Instandhaltung ► Anlagenänderung ► AÄ-**Planung**

Auf diese Weise kann ein Dienstleister, basierend auf seinen Kernkompetenzen, in weitere Arbeitsfelder oder sogar Geschäftsbereiche expandieren und dem chemisch-pharmazeutischen Kunden zusätzliche Leistungen anbieten. Dieses Potenzial kann für den Dienstleister ohne großen Aufwand in einen Mehrwert für das eigene Unternehmen umgewandelt werden.

Der chemisch-pharmazeutische Produzent hat einen Mehrwert, wenn er größere Auftragspakete schnüren und vergeben kann, die mehrere aufeinander abgestimmte Tätigkeitsfelder abdecken. Wenn dies möglich ist, kann der bürokratische Aufwand (Contracting, Administration, Controlling und Payment) für den Produzenten auf ein Minimum reduziert werden, was finanzielle und zeitliche Ressourcen spart. Wenn ein Dienstleister dies bieten kann, ist es in der chemisch-pharmazeutischen Branche ein Wettbewerbsvorteil, mit dem sich der Dienstleister am Markt positionieren kann. Daher stellt sich für einen Dienstleister die Frage, welche Synergieeffekte zwischen den einzelnen Tätigkeitsfeldern bestehen, um ein Geschäftsfeld weiter zu durchdringen und dem Kunden entlang seiner Wertschöpfungskette einen Mehrwert zu bieten. Der Mehrwert für den chemisch-pharmazeutischen Produzenten steigt dabei, je mehr aufeinander abgestimmte Prozesse abgedeckt werden können. Bei Dienstleistern, die nicht nur verschiedene Tätigkeitsfelder, sondern auch mehrere Geschäftsfelder abdecken, spricht man im Allgemeinen von „Integriertem Service-Management" (ISM). Wenn die Möglichkeit besteht, mit einem solchen Unternehmen zusammenzuarbeiten, kann der chemisch-pharmazeutische Produzent ganze Sekundärprozesse auslagern und sich auf die produktionsnahen Primärprozesse konzentrieren. Gerade in Zeiten des Arbeitskräftemangels ist dies ein attraktives Modell, das für viele Anlagenbetreiber eine interessante Option darstellt.

Weitaus interessanter wird es für einen chemisch-pharmazeutischen Produzenten jedoch, wenn die ISM-Tätigkeiten nahe der Primärprozesse liegen und externe Dienstleister als verlängerte Werkbank genutzt werden können. Im Gegensatz zu generellen ISM-Organisationen zeichnen sich solche Unternehmen durch ihre Nähe zum Produktionsumfeld aus und sind mit den spezifischen Abläufen des Produzenten bestens vertraut. Durch diese Gegebenheit verlagert sich der Fokus von der reinen Integration eines Service auf das Management der Produktion, also das Aufgabengebiet des chemisch-pharmazeutischen Produzenten, weswegen man hier von „Industrial Plant Management" (IPM) spricht.

Offensichtliche IPM-Dienstleister sind beispielsweise Unternehmen, die durch gezielte Ausgliederungen von Serviceabteilungen entstanden sind. Dazu gehören Dienstleister wie YNCORIS in Hürth-Knapsack oder InfraServ in Frankfurt-Höchst, die eng mit dem Werksstandort verbunden sind und ihre Vormachtstellung durch den IPM-Bezug aufrechterhalten. Es gibt jedoch auch Industriedienstleister, welche ihre Historie nicht alleine in der Chemieindustrie haben und somit sogar günstigeren Tarifen unterliegen. Für den chemisch-pharmazeutischen Produzenten bietet dies einen erheblichen monetären Vorteil, da die eigene Belegschaft nach den Tarifen der chemischen Industrie deutlich teurer ist als das Personal im Dienstleistungsgeschäft. Die Nutzung eines IPM-Dienstleisters ist demnach in der chemisch-pharmazeutischen Industrie ein Wettbewerbsvorteil. Durch sie können die Betriebskosten erheblich gesenkt werden.

Neben den bereits an Standorten etablierten IPM-Dienstleistern gibt es laut Lünendonk-Liste (vgl. [1]) auch standortunabhängige Dienstleister. Wie chemisch-pharmazeutische Produzenten von einem regional unabhängigen IPM-Unternehmen profitieren und entlang der Wertschöpfungskette einen Mehrwert nutzen können, wird im folgenden Kapitel an dem Beispiel der Firma WISAG veranschaulicht.

### 8.2.2 Rückschlüsse aus der Arbeit eines operativ tätigen Dienstleisters

In diesem Teilkapitel werden die Chancen einer Bündelung der Sekundärprozesse bei einem Industriedienstleister für Produktionsstandorte in der chemischen und pharmazeutischen Industrie am Beispiel der WISAG behandelt. Grundlage sind die zahlreichen Projekte, die WISAG in diesen Branchen durchgeführt hat, bzw. die übertragbaren Erfahrungen aus anderen Branchen, die diesen Weg bereits seit Jahren deutlich intensiver beschritten haben. Die WISAG ist laut der jährlichen Marktanalyse (Lünendonk-Liste) einer der führenden Industriedienstleister. Die WISAG ist ein 1965 gegründetes, in zweiter Generation geführtes Familienunternehmen. Mit der Übernahme der ABB Gebäudetechnik in 2006 und der ThyssenKrupp Facility Service und Industrieservice in den folgenden 4 Jahren stieg die WISAG mit mehr als 13 000 Mitarbeitern in diesem Segment zu einem der führenden Industriedienstleister auf. Das Leistungsspektrum umfasst heute fast alle Sekundärprozesse der chemischen und pharmazeutischen Industrie.

Der Fokus der folgenden Betrachtung liegt auf mittelständisch geprägten Standorten zwischen 200 bis 5000 Mitarbeitenden. Größere Standorte haben in den Sekundärprozessen häufig eine kritische Größe, die eine eigenständige Professionalisierung erlaubt. Es zeichnet sich aber momentan auch bei diesen größeren Standorten ein Trend zur Bündelung und Fremdvergabe von Sekundärprozessen ab. Hier ist die Motivation dann weniger die fehlende Professionalisierung als vielmehr eine günstigere tarifliche Kostenstruktur bzw. der Fachkräftemangel. Im Weiteren werden die folgenden Themen betrachtet:

- Benennung der wesentlichen Sekundärprozesse
- Herausforderungen innerhalb der Sekundärprozesse

- Chancen einer Professionalisierung
- Methoden und Werkzeuge zur Optimierung von Sekundärprozessen
- Kriterien für die Make-or-buy-Entscheidung
- Der Weg zur Bündelung und Fremdvergabe
- Faktoren erfolgreicher Partnerschaften
- Ausblick

#### 8.2.2.1 Benennung der Sekundärprozesse

Nach eigenen Recherchen der WISAG sind mehr als 30 % des Personals, das im produktionsnahen Umfeld eingesetzt wird (Grundstoff-/Spezialchemie, Batch/Konti-Betrieb usw.), in den folgenden Bereichen beschäftigt:

- Produktionsinstandhaltung
  - Tägliche/monatliche Inspektionen
  - Wartungen (Austausch von Verschleißteilen, Kalibrierungen)
  - Instandsetzung im Rahmen geplanter Abstellungen/Turnarounds (TAR)
  - Instandsetzung nach Störungen/ungeplanten Ausfällen
- Medienversorgung/-entsorgung
  - Elektrische Energie
  - Dampf/Kondensat
  - VE-Wasser
  - Druckluft
  - Prozessgase
  - Abwasser
- Facility Management
  - Gebäudebetrieb (Dach/Fach/Fassade)
  - Brandschutz/Sicherheitstechnik
  - Klimatisierung/Reinräume
  - Infrastrukturelle Dienstleistungen (Reinigung, Werkszugang, Post, Außenanlagen, Kantine)
- Innerbetriebliche Logistik
  - Wareneingang/Warenausgang
  - Eingangs-/Zwischen-/Ausgangslager
  - Materialtransport (IBC, Big Packs, Tankwagen)
  - Entsorgung oder Kreislaufführung von Abfallprodukten
- Unterstützende Produktionsprozesse ohne eigentliche Wertschöpfung
  - Verpacken
  - Ab-/Umfüllen

Wenngleich diese Einsatzgebiete der Produktion sehr nahe sind, handelt es sich nicht um Primärprozesse des Kunden (z. B. Produktion und Verkauf), sondern um sog. Sekundärprozesse. In der Praxis hat sich gezeigt, dass es zwischen diesen Subkategorien interessante Synergiepotentiale gibt, die von Dienstleistern gehoben werden können. Doch gibt es, wie bereits in den vorherigen Kapiteln ausführlich behandelt, markante Unterschiede in der Handhabung der Sekundärprozesse in der chemischen Industrie im Vergleich zur pharmazeutischen Industrie. Aus diesem Grund ist es bei Fremdvergaben von hoher Bedeutung, dass die potenziellen Dienstleister tatsächlich in mehreren oder allen diesen Prozessen mit eigenem Know-how und eigenen Mitarbeitenden tätig sind.

#### 8.2.2.2 Herausforderungen innerhalb der Sekundärprozesse

Erfahrungsgemäß haben die meisten Produktionsstandorte die drei folgenden Herausforderungen bezüglich ihrer Sekundärprozesse:

1. Die einzelnen Sekundärprozesse werden in der Regel von verschiedenen Unternehmensbereichen erbracht bzw. gemanagt (Technikabteilung, Instandhaltung, Infrastrukturabteilung, Werkssicherheit, Personalabteilung, Produktion). In der Folge erhalten sie wenig Management-Attention, werden häufig nur als Cost-Center betrachtet und unterliegen selten einer prozessübergreifenden Optimierung.
2. Sie tragen in einem erheblichen Maße zur Compliance eines Standortes bei, also dazu, ob regulatorische und gesetzliche Anforderungen, z. B. bezüglich Betreiberverantwortung, Umweltschutz, Arbeitssicherheit usw., eingehalten werden. Das sind alles Themen, für die der Standortleiter, Werksleiter und die Geschäftsführung persönlich haften. Einerseits ist also eine gesetzeskonforme Leistungserbringung zwingend erforderlich und andererseits ist eine Vergabe an einen professionellen externen Dienstleister im Sinne der Risikominimierung interessant (Versicherungskosten/Auditrisiken/Nutzung externer Expertise).
3. Darüber hinaus stellen sie mit schätzungsweise mehr als 30 %, orientiert an einer Erhebung der WISAG, einen wesentlichen Teil der Personalkosten dar und beeinflussen z. B. über die Qualität der Medienbereitstellung und -versorgung einen wesentlichen Teil der $CO_2$-Bilanz.

Das sind drei gute Gründe, die Sekundärprozesse näher zu betrachten.

Sofern es für den individuellen Standort Handlungsbedarf oder Verbesserungspotentiale gibt, ist es sicherlich sinnvoll, vorhandene Erfahrungen anderer Betriebe zu nutzen. Hier bietet sich die Zusammenarbeit mit branchenerfahrenen Beratern oder Dienstleistern an, die diese Erfahrungen effizient übertragen können. Interessant ist auch ein Blick auf andere Branchen, die in diesen Bereichen z. T. eine deutlich höhere Professionalität haben. Die Automobilindustrie ist in der innerbetrieblichen Logistik im Vergleich zur Prozessindustrie mit ihren Just-in-Time- und Just-in-Sequence-Anforderungen sicherlich deutlich weiter, die Papierindustrie ist bezüglich der Anlagenproduktivität/Prozessgeschwindigkeit und dem risikobasierten Asset-Management an vielen Standorten sehr gut aufgestellt und im Klinikbereich ist das Thema Betreiberverantwortung sehr ausgeprägt. Hier bietet die Zusammenarbeit mit Dienstleistern den Vorteil, dass diese häufig branchenübergreifend tätig sind und solche Erfahrungen eher beisteuern können als die häufig auf Branchen fixierten Beratungsdienstleister.

Eine Herausforderung, die nicht ursächlich mit den Sekundärprozessen zu tun hat, ist der Fachkräftemangel.

Vor diesem Hintergrund bietet die Bündelung der Sekundärprozesse bei einem Dienstleister vor Ort die Chance, diese Prozesse sehr schnell zu professionalisieren, um sich auf die kontinuierliche Verbesserung der Kernprozesse bzw. auf die Transformation zur Klimaneutralität zu konzentrieren (vgl. Tab. 8.2).

#### 8.2.2.3 Chancen einer Professionalisierung

Der Fokus soll auf den Themen liegen, die die Potentiale einer Bündelung der Sekundärprozesse unterstreichen. Dass es in jedem Einzelgewerk viele weitere Details zur Professionalisierung gibt, ist hinreichend bekannt und wird daher im Folgenden nicht weiter beschrieben.

- Hebung der Synergien zwischen den Bereichen
  Angesichts des Fachkräftemangels wird es immer entscheidender, Fachkräfte möglichst qualifiziert einzusetzen und Hilfstätigkeiten durch geringer qualifiziertes Personal ausüben zu lassen. Es ist also zielführend, einen Personalpool für unterstützende Tätigkeiten wie Montagen/Demontagen, Sicherungsposten, vorbereitende Tätigkeiten, Reinigungsaufgaben aufzubauen bzw. durch Mehrfachqualifikationen sowohl die Einsatzbreite der Fach- als auch der Hilfskräfte zu erhöhen.
- Aufbau übergeordneter/gewerkeübergreifender Strukturen für Aufgaben und Funktionen wie
  - Reliability Engineering, worunter auch KVP und Lean subsummiert werden können
  - Sachkundeprüfungen für alle Sekundärprozesse (z. B.: DGUV als Teil der BetrSichV)
  - Mobile und damit digitale Dokumentation
  - Eine alle Sekundärprozesse umfassende Einsatzplanung, die wiederum auch für die einsatzbezogene richtige Mischung aus Fach- und Hilfskräften verantwortlich ist
- Digitalisierung
  - Industriedienstleister haben mit ihrer Unternehmensgröße den Skaleneffekt, um die Vielzahl gleicher Tätigkeiten für verschiedenste Kunden und Branchen wirtschaftlich sinnvoll zu digitalisieren und damit effizienter zu gestalten. Beispiele hierfür sind spezialisierte Systeme für Instandhaltungsprozesse, die
    - eine mobile Abarbeitung unterstützen,
    - über Checklisten die vollständige Erbringung von vorbeugenden Instandhaltungsstrategien ermöglichen,
    - über Daten- und darauf aufbauenden Trendanalysen die Effizienz von Instandhaltungsstrategien fortlaufend dem Anlagenzustand entsprechend optimieren.

  Diese Systeme können in ähnlicher Form für die Produktionsinstandhaltung, die Medienversorgung und das technische Facility Management genutzt werden.

- Im Bereich der innerbetrieblichen Logistik und des infrastrukturellen Facility Managements sind es eher prozessorientierte Programme, die die Optimierung der dort relevanten Tätigkeiten unterstützen. Die Chancen spezialisierter Software bestehen in der Unterstützung durch z. B. RFID-Anwendungen, mit denen Abläufe und Warenflüsse auf dem Gelände gesteuert werden können. Hier kann ein Dienstleister den Skaleneffekt nutzen, indem solche Systeme kundenübergreifend implementiert, betreut und fortlaufend optimiert werden. Der Kunde profitiert damit nicht nur von einer professionellen und hochwertigen Dienstleistung, sondern häufig auch von einer geringeren Kapitalbindung, weil Warenströme besser und damit sparsamer organisiert sind.

#### 8.2.2.4 Methoden und Werkzeuge zur Optimierung von Sekundärprozessen

Eine gute Methode zur Optimierung von Sekundärprozessen ist die Ausrichtung des jeweiligen Prozesses auf Grundlage des EFQM-Modells[1].

Das Modell wird im Folgenden am Beispiel der Instandhaltungsfunktion und der Modellierung bei der WISAG vorgestellt (Abb. 8.2).

Jede Instandhaltungsabteilung muss für sich die wesentlichen Kernprozesse definieren. Diese haben eigene Nebenprozesse, Eingangs- und Ausgangsgrößen. Wichtig ist, dass sich das Management der Instandhaltung mit seinen Ressourcen (Mitarbeitende, Budget, Zeit) auf die Optimierung der Kernprozesse konzentriert. Eingangsgrößen sind Anforderungen des Kunden (Kundenstrategie der Produktion) und in diesem Fall ist es die Methodik des Dienstleisters (z. B. WISAG-Führungsgrundsätze). Das Ergebnis ist in diesem Fall das Erreichen

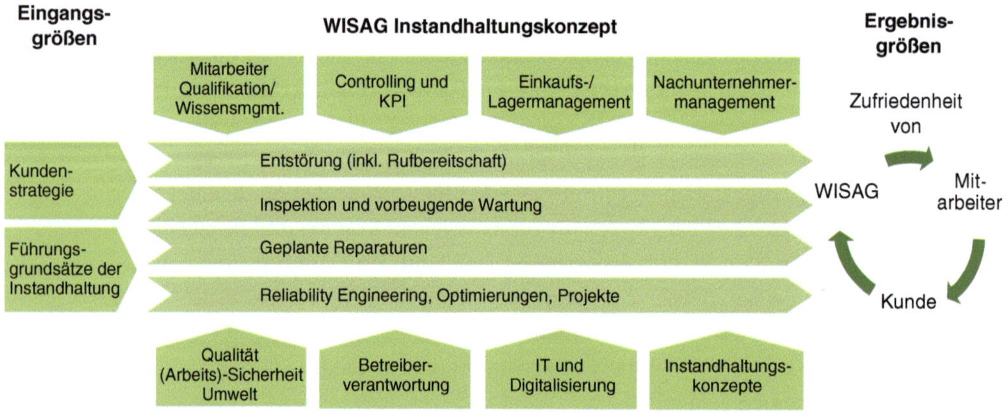


**Abb. 8.2** WISAG Instandhaltungskonzept als Beispiel für eine Prozessmodulation auf Grundlage des EFQM-Modells (*Quelle:* eigene Darstellung).

1 EFQM – European Foundation für Quality Management.

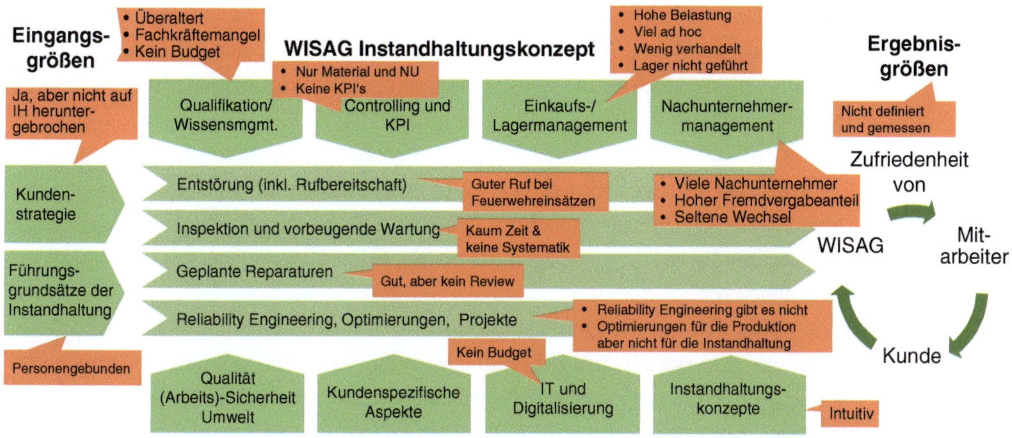


**Abb. 8.3** Beispielhafte Darstellung der gemittelten Erkenntnisse aus verschiedensten Instandhaltungsanalysen (*Quelle:* eigene Darstellung).

der KPIs für den Kunden und damit ein erfolgreicher Dienstleister mit zufriedenen Mitarbeitenden. Von den vier in der Mitte dargestellten Kernprozessen der Instandhaltung sind das Reliability Engineering und die Optimierung von Projekten hervorzuheben. Das Wesen der Instandhaltung und damit einer ihrer Kernprozesse muss die kontinuierliche Verbesserung, also das Lernen aus ungeplanter Anlagen-Nichtverfügbarkeit, sein. Daher gehört das Reliability Engineering zu den Kernprozessen.

Die Priorisierung und Ressourcenverteilung innerhalb von Instandhaltungsabteilungen sehen in der Wirklichkeit der meisten Produktionswerke ganz anders aus.

Im Folgenden hierzu eine beispielhafte Darstellung der gemittelten Erkenntnisse aus verschiedensten Instandhaltungsanalysen, die der Autor in den letzten Jahren begleitet hat (vgl. Abb. 8.3).

Das EFQM-Modell ist nur eine von vielen möglichen Methoden, um Sekundärprozesse zu analysieren und zu optimieren. Je nach der genauen Problemstellung bietet das Lean Management eine breite Methoden- und Toolsammlung, wie z. B. Wertstromanalyse, SMED, 5S, ABC-Analyse, Ishikawa-Diagramm, House of Quality, u. v. m. Es ist also sinnvoll, auch in der Chemie- und Pharmabranche für die Sekundärprozesse Mitarbeitende mit einer entsprechenden Lean-Ausbildung zu befähigen oder dieses Know-how von seinem Industriedienstleister einzufordern.

#### 8.2.2.5 Kriterien für die Make-or-buy-Entscheidung von Sekundärprozessen

Jedes Unternehmen muss die vor Ort relevanten Kriterien für diese Entscheidung nach jeder strategischen Neuausrichtung eigenständig definieren. Vor diesem Hintergrund sind die im Folgenden genannten Kriterien zu bewerten:

- Hat die Unternehmensfunktion die kritische Größe, die notwendige Kompetenz, Innovationskraft und Ressourcen-Redundanz? (Hat z. B. der Leiter der gebäude- und versorgungstechnischen Anlagen einen Ausbildungshintergrund im Facility Management?)
- Besteht die Bereitschaft, eine hinreichend große Management-Attention und das kontinuierliche Investitionsbudget zur nachhaltigen Sicherung des Leistungsniveaus zur Verfügung zu stellen? (Besteht z. B. die Bereitschaft, IT-Projekte zu starten, um die auf die jeweiligen Sekundärprozesse spezialisierten IT-Programme zu etablieren?)
- Wie bewertet man die Qualität/Professionalität der Leistungserbringung dieser Prozesse im Vergleich zum führenden Marktbegleiter bzw. zu anderen Branchen?
- Passt die eigentlich notwendige Lohnkostenstruktur des Sekundärprozesses in die eigene Tarifstruktur? (Kann z. B. die Lohnstruktur eines angelernten Logistikmitarbeitenden für Staplerfahrten sinnvoll abgebildet werden?)

#### 8.2.2.6 Der Weg zur Partnerschaft mit einem Industriedienstleister

Für mehr als 80 % der mittelständischen Unternehmen in der chemischen und pharmazeutischen Industrie stellen die professionelle Bündelung und Vergabe von Sekundärprozessen immer noch ein Novum dar. Im Vergleich hierzu haben geschätzte 30 % der skandinavischen Papierfabriken die Produktionsinstandhaltung vollständig outgesourct. Die Automobilindustrie liegt bei den Vergaben der innerbetrieblichen Logistik bei tendenziell 50 % und die Immobilienwirtschaft beim Facility Management bei mehr als 80 %[2].

Idealerweise sollte das Outsourcing von Sekundärprozessen von einer externen Beratung begleitet werden. Die Beratungskompetenz sollte darin liegen, Wettbewerbsverfahren zu unterstützen, bei denen die konzeptionellen und innovativen Fähigkeiten der Dienstleister bewertet werden. Diese Fähigkeiten sind für einen Produktionsstandort, der einer ständigen Weiterentwicklung unterliegt, entscheidend. In der Praxis findet die Auswahl viel zu häufig über eine Bepreisung von standardisierten Leistungspreispositionen statt. Ansätze wie Baseline-Modelle[3] werden also viel zu selten unterstützt. Außerdem werden Gewerke häufig standortübergreifend ausgeschrieben, anstatt Gewerke übergreifend an einem Standort zu bündeln. Damit fallen die Synergiepotentiale zwischen den Gewerken innerhalb eines Standortes weg. Auch ist es fraglich, ob die Aufnahme der Anlagen und Prozesse wirklich Aufgabe des Kunden oder Beraters ist oder ob nicht bereits hierfür das Know-how und die Effizienz des Dienstleisters genutzt werden sollte, wie das im Rahmen von Baseline-Modellen regelmäßig der Fall ist.

Abbildung 8.4 zeigt einen schrittweisen Vergabeprozess auf, der die oben genannten Punkte berücksichtigt und sich in der Praxis bewährt hat. Nach der ersten Phase erstellt der Kunde ggf. gemeinsam mit einem externen Berater eine Shortlist möglicher

2 Erhebungen der WISAG.

3 Auf die Funktionsweise von Baseline-Modellen wird hier nicht weiter eingegangen, da das den thematischen Kontext sprengen würde. Hierzu gibt es zahlreiche andere Veröffentlichungen.

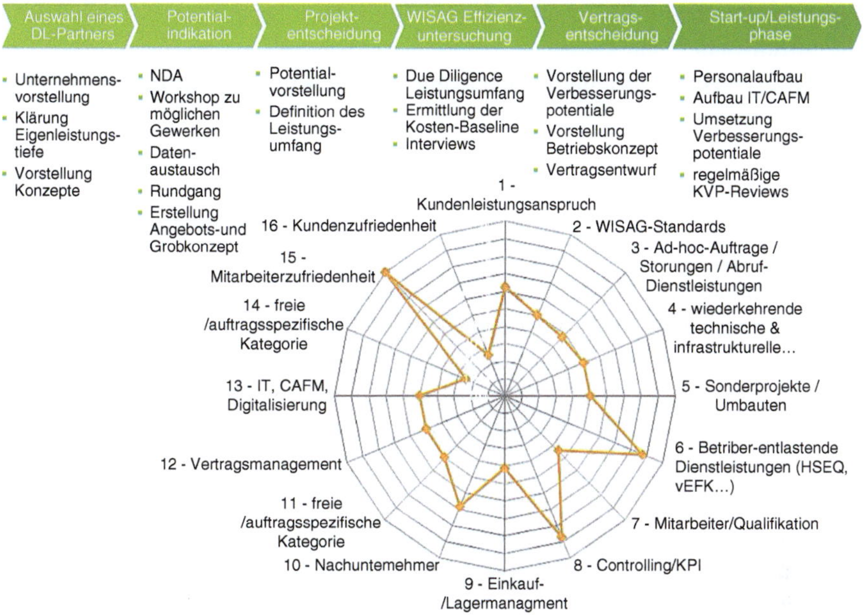


**Abb. 8.4** Schrittweiser Vergabeprozess (*Quelle:* eigene Darstellung).

Dienstleister. In der zweiten Phase erarbeiten die zwei bis drei Anbieter ein Grobkonzept und eine Indikation der möglichen Optimierungspotentiale auf Grundlage erster Daten und Begehungen. Erst im Anschluss beauftragt der Kunde den finalen Industriedienstleister mit einer detaillierten Analyse, deren Ergebnis konkrete und nachvollziehbare Verbesserungsmaßnahmen sowie verbindliche Optimierungsziele bezüglich Kosten und Prozessverbesserungen (Anlagen-/Medienverfügbarkeit, Durchlaufzeiten usw.) sind. Hier wird auch gemeinsam die Kosten- und Leistungs-Baseline auf Basis der letzten Jahre gebildet. Diese Phase ist in der Regel nur dann kostenpflichtig, wenn der Dienstleister die in der ersten Phase quantifizierten Optimierungspotentiale bestätigt und der Kunde das Projekt nicht umsetzt.

Alternativ zur gemeinsamen Ermittlung einer Baseline sind auch „Open Book"- bzw. „Cost plus Fee"-Konzepte möglich. Gründe hierfür können in zu großen strategischen Änderungen am Standort liegen, die einen Vergleich mit historischen Kosten unmöglich machen.

#### 8.2.2.7 Faktoren erfolgreicher Partnerschaften

Erfolgsfaktoren können sehr projektspezifisch sein. Daher ist es sinnvoll, diese im Vorfeld gemeinsam zu diskutieren und diese bei der Vertragsgestaltung entsprechend zu berücksichtigen. Im Folgenden wird auf einige immer wiederkehrende Faktoren eingegangen.

- Kennzahlen
  Über Kennzahlen muss für den Kunden die Wirtschaftlichkeit nachvollziehbar sein. Hier ist es von hoher Bedeutung, dass beide Partner ein gemeinsames

Interesse an diesen Kennzahlen haben. Das ist zum Beispiel bei den folgenden Kennzahlen der Fall:
  - OEE (Overall Equipment Effectiveness): Der Kunde produziert mehr/der Dienstleister hat niedrigere Reparaturkosten
  - MTBF (Mean Time Between Failures): Der Kunde produziert mehr/der Dienstleister hat niedrigere Reparaturkosten
  - Gemeinsame Erfassung von Beinaheunfällen: Für beide Seiten reduziert sich das Risiko von Arbeitsunfällen
- Vertragsanpassung
  Die Vertragskonstruktion muss eine kontinuierliche Anpassung der Leistungen an sich ändernde Rahmenbedingungen beim Kunden unterstützen. Bei Festpreismodellen ist es wichtig, dass diese sich aus Einzelfestpreisen zusammensetzen. Interessant kann auch die Unterscheidung von Management- und Leistungspauschalen sein.
- Kontinuierlicher Verbesserungsprozess
  Während KPIs geeignet sind, den Erfolg einer Leistung zu beurteilen, ist ein kontinuierlicher Verbesserungsprozess (KVP) die Voraussetzung für die Weiterentwicklung der Leistungen. Erfahrungsgemäß ist ein gemeinsamer strukturell organisierter Prozess wirkungsvoller als jeweils separat geführte KVP-Organisationen. Als erfolgreich haben sich hier regelmäßige moderierte Workshops erwiesen, die hierarchie- und funktionsübergreifend besetzt und in ein klassisches Projektmanagement (Gateprozesse/Zeitpläne) eingebunden sind.
- Vertragslaufzeit
  Erfolgreiche Projekte zur Bündelung von Sekundärprozessen setzen kunden- und dienstleisterseitig die Bereitschaft zum Eingehen einer langfristigen Partnerschaft voraus. Anstelle von festen Vertragslaufzeiten haben sich hier Modelle bewährt, bei denen eine andauernde rollierende Vertragslaufzeit von 3 Jahren vereinbart ist, damit gemeinsamen Optimierungen immer auch ein sinnvoller Amortisationszeitraum zugrunde liegt. Nicht zu unterschätzen ist ein kontinuierlicher Vertragsvorlauf von 3 Jahren auch für die Gewinnung neuer Mitarbeitenden, die für sich natürlich auch eine längerfristige Perspektive suchen, bevor sie zu einem neuen Arbeitgeber wechseln.
- Vertragsbeendigung
  Die Partnerschaft darf in keine Abhängigkeiten führen, sondern muss explizit den strategischen Exit ermöglichen. Das bedeutet unter anderem: Regelung zur Übergabe historischer Daten, Transfer in andere IT-Systeme, Unterstützung eines Mitarbeitendentransfers im Rahmen eines geregelten Betriebsübergangs nach BGB 613a und/oder Unterstützung bei der Einarbeitung eines Folgedienstleisters. Die oben beschriebene rollierende Vertragsdauer von 3 Jahren unterstreicht diesen strategischen Exit, der naturgemäß einen entsprechenden zeitlichen Vorlauf haben muss.

Auch hier hat es sich als erfolgreich herausgestellt, wenn der Prozess der Vertragsgestaltung von einem erfahrenen externen Berater begleitet wird, der explizit eine Ausgewogenheit für beide Partner im Fokus hat.

### 8.2.3 Fazit und Ausblick

Wenngleich sich die chemische Industrie und die pharmazeutische Industrie in ihren branchenspezifischen Anforderungen unterscheiden, kristallisieren sich in beiden Industrien Sekundärprozesse heraus, welche von externen Dienstleistern übernommen werden können. Allein die WISAG ist in den oben genannten Sekundärprozessen mit mehr als 13 000 Mitarbeitenden deutschlandweit für zahlreiche Industriekunden tätig. Die Vorteile, die für den Einsatz eines solchen Dienstleisters sprechen, sind vielfältig und werden sicherlich weiter an Bedeutung gewinnen.

Ein produzierendes chemisch-pharmazeutisches Unternehmen, das einem externen Dienstleister die eigenen Sekundärprozesse übergibt, hat die Möglichkeit, sich auf die eigenen Kernkompetenzen – wie Forschung und Entwicklung, Produktion und Vertrieb – zu konzentrieren. Es kann u. a. Kosten einsparen und gleichzeitig ein höheres Maß an Professionalität in den Sekundärprozessen, wie Ver-/Entsorgung oder Instandhaltung, erreichen.

Dies hat sich nicht nur während der Covid-19-Pandemie als Trendwende abgezeichnet, sondern wird auch im Dialog mit Kunden als zunehmender Bedarf am Markt wahrgenommen. Aus diesem Grund ist mit einer zunehmenden Abgabe von Sekundärprozessen durch produzierende Unternehmen an externe Dienstleister zu rechnen. Ein weiterer Treiber dieser Entwicklung ist sicher auch das Erfordernis für das Durchbrechen alter Muster. Eine jüngere Generation von Entscheidenden hat das Potential von klassischer Teamarbeit und interdisziplinärer Zusammenarbeit aus ihren Erfahrungen in Schule, Ausbildung und Studium bereits sehr positiv verinnerlicht. Diese neue Generation von Entscheidenden kann und möchte diese Erfahrung auf echte Partnerschaften mit externen Firmen übertragen, was ihnen unternehmerisch neue Möglichkeiten eröffnet.

Als Familienunternehmen ist die WISAG daher nicht nur an einer langen Mitarbeiterbindung, sondern insbesondere an einer langjährigen Zusammenarbeit mit ihren Kunden interessiert, in der mit dem Konzept IPM[2] gemeinsam Durchbrüche erzielt und Herausforderungen der Zukunft gemeistert werden können.

## Quellenverzeichnis


1. Ball, T. und Partner. (2022). „Industrieservice-Unternehmen in Deutschland, Management summary“. In: *Eine Analyse des Industrieservice-Marktes für die Prozess- und Fertigungsindustrie in Deutschland* (Hrsg. Lünendonk & Hossenfelder GmbH).
2. IPM Industrial Plant Management

# 9

# Die Zukunft der Industrieparks: Innovative Net Zero Produktion zu wettbewerbsfähigen Kosten

*Dr. Guido Zimmermann*

*G+E GETEC Holding GmbH*

**Abstract**

*Dieser Beitrag widmet sich der Transformation von Industrieparks hin zur Net Zero Produktion. Der Autor beschreibt, wie innovative Technologien und Energiekonzepte eingesetzt werden, um Emissionen zu reduzieren und gleichzeitig die Wirtschaftlichkeit zu sichern. Es werden Strategien zur Dekarbonisierung, wie der Einsatz erneuerbarer Energien, Kreislaufwirtschaft und Digitalisierung, vorgestellt. Herausforderungen wie Investitionsbedarf, regulatorische Vorgaben und die Integration neuer Technologien werden analysiert. Es wird aufgezeigt, wie Industrieparks als Plattformen für nachhaltige Produktion fungieren können und welche Rolle Kooperationen und neue Geschäftsmodelle für die Umsetzung von Net Zero Zielen spielen.*

## 9.1 Die aktuelle Lage der Chemie- & Pharmaindustrie

Die rund 29000 Unternehmen der Chemie- & Pharmaindustrie Europas – mit einem Umsatz von €655 Milliarden und circa 3,4 Millionen Beschäftigten – stehen an einem Scheideweg (siehe auch Abb. 9.1) (vgl. [1]). Verschiedene Faktoren zwingen die Branche zu einer Neuausrichtung, um wettbewerbsfähig zu bleiben und gleichzeitig den Anforderungen der Nachhaltigkeit gerecht zu werden. Auf der einen Seite erfordern Deregulierung und schärferer Wettbewerb eine kontinuierliche Anpassung und Innovation der Geschäftsmodelle. Auf der anderen Seite rücken die Themen Nachhaltigkeit aber auch Risikomanagement in den Vordergrund, was eine veränderte Ausrichtung der gesamten Wertschöpfungskette erfordert. Erhebliche Investitionen in Forschung und Entwicklung, transparente Darstellung von ESG (Environmental, Social, Corporate Government), Finanzen und gezielte Förderung von Fachkräften sind weitere wichtige Faktoren. Steigende Energiepreise, vielfältigere regulatorische Anforderungen und die Forderung nach klimaneutralen Lösungen erfordern darüber hinaus komplett neue Ansätze in

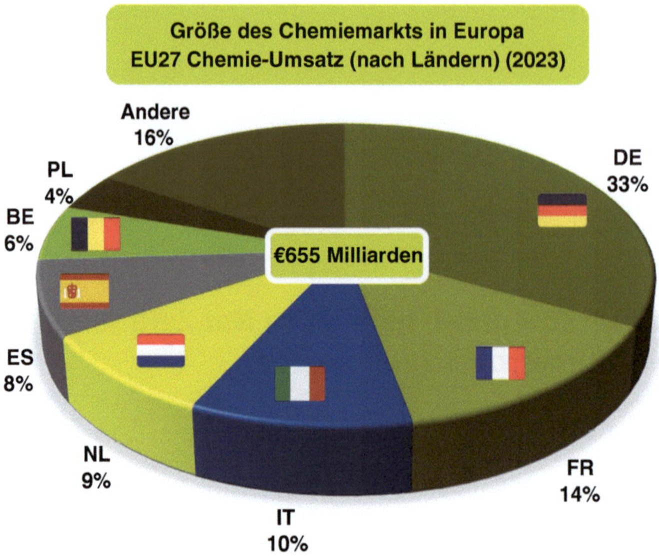


**Abb. 9.1** Umsatz der EU27 Chemieunternehmen in 2023 (*Quelle:* [2]).

der Energiebeschaffung und -nutzung, die mit milliardenschweren Investitionen verbunden sind. Hinzukommen – bei volatilen gesellschaftlichen Rahmenbedingungen, wie die Auswirkungen von Kriegen, Embargos und Terrorismus – die Optimierung und Absicherung der Transportwege, Lieferketten und -prozesse.

Die aktive Bewältigung dieser Herausforderungen und die Entwicklung innovativer Lösungen sind der Schlüssel zum Erfolg der Chemie- & Pharmaindustrie in der Zukunft. Unternehmen, die diese Transformation aktiv gestalten, werden gut aufgestellt sein, um in einem dynamischen Marktumfeld zu bestehen und zu gedeihen. Der Wandel der Branche bietet also auch Chancen: Die Neuausrichtung kann zu einer nachhaltigeren, resilienten und wettbewerbsfähigeren Branche führen. Unternehmen, die diese Chancen nutzen, können sich einen Wettbewerbsvorteil verschaffen und gleichzeitig einen Beitrag zur Lösung der großen Herausforderungen unserer Zeit leisten.

Die Zukunft der Chemie- & Pharmaindustrie liegt also in den Händen der Unternehmen, die aktiv handeln und den Wandel gestalten.
In diesem Umfeld bieten Industrieparks Chemie- und Pharmaunterunternehmen eine Reihe von entscheidenden Vorteilen. Sie sind weit mehr als nur eine Ansammlung von Chemie- & Pharmaunternehmen, sie sind vielmehr integrierte industrielle Ökosysteme, die flexibler die Wettbewerbsfähigkeit der Branche und die Gestaltung einer nachhaltigen Zukunft als Stand-alone Standorte unterstützen können.

> Die Chemie- und Pharmaunternehmen an den Standorten der Mitglieder der Fachvereinigung Chemieparks des Verbandes der chemischen Industrie VCI beschäftigten über 260 000 Mitarbeiter. Das entspricht 60 Prozent aller Beschäftigten in der deutschen Chemieindustrie (vgl. [3]).

## 9.2 Vorteile von Industrieparks für Chemie- & Pharmaunternehmen

### 9.2.1 Synergieeffekte als Basis für Effizienz

In Chemieparks ist die Zusammenarbeit wesentlicher Schlüssel für eine höhere Effizienz. Unternehmen nutzen gemeinsam Infrastruktur, Versorgungswege und Dienstleistungen. Das spart Kosten, optimiert Prozesse und schont Ressourcen. So lassen sich beispielsweise Energie und Abwasser effizienter nutzen, Lagerkapazitäten bündeln und Transportwege verkürzen. Ein Beispiel dafür ist der Chemiepark Marl, in dem die Produktion durch einen intelligenten Verbund von Stoff- und Energieströmen optimiert ist (vgl. [4]). Anstatt Nebenprodukte aus einem Produktionsschritt teuer und umweltbelastend zu entsorgen, werden sie als Rohstoffe für weitere Prozesse genutzt. Abwärme wird effizient für andere chemische Prozesse oder zur Dampferzeugung verwendet.

Diese Strategie bietet gleich mehrere Vorteile:

- **Kostensenkung:** Durch die Nutzung von Nebenprodukten und Abwärme werden Ressourcen geschont und Entsorgungskosten vermieden.
- **Nachhaltigkeit:** Der Ressourcenverbrauch und die Umweltbelastung werden deutlich reduziert.
- **Synergieeffekte:** Die Verbundwirtschaft ermöglicht eine effizientere Nutzung von Rohstoffen und Energie.

Die Unternehmen eines Chemieparks profitieren von diesen Vorteilen also in vielfältiger Weise:

- **Günstigere Preise:** Die Kostenvorteile durch die Verbundwirtschaft werden an alle Unternehmen weitergegeben.
- **Nachhaltige Produkte:** Die Produkte zeichnen sich durch eine gesteigerte Umweltverträglichkeit aus.
- **Zuverlässige Lieferanten:** Die effiziente Verbundwirtschaft sorgt für eine hohe Lieferzuverlässigkeit.
- **Innovation:** Die Verbundwirtschaft fördert die Entwicklung neuer Produkte und Verfahren.
- **Wettbewerbsfähigkeit:** Die Unternehmen vor Ort sind durch die Verbundwirtschaft im globalen Wettbewerb gestärkt.
- **Arbeitsplätze:** Die Verbundwirtschaft sichert Arbeitsplätze in der Region.

Durch den intelligenten Verbund von Stoff- und Energieströmen leistet ein Chemiepark damit einen wichtigen Beitrag zum Schutz der Umwelt und zur Schonung von Ressourcen. Die Verbundwirtschaft ist insofern ein wichtiger Faktor für den Erfolg eines Chemieparks und trägt zur Zukunftsfähigkeit bei.

Ein anderes Beispiel für die Stärke, die sich aus einem Verbund ergibt, ist die Nutzung innovativer Technologien wie z. B. die Entwicklung und Pilotierung von elektrisch beheizten Steamcracker-Öfen im Chemiepark Ludwigshafen (vgl. [5]). Die neue Technologie nutzt Strom aus erneuerbarer Energie anstelle von Erdgas und hat das Potenzial, die $CO_2$-Emissionen eines der energieintensivsten Produktionsprozesse der chemischen Industrie, um mindestens 90 % im Vergleich zu herkömmlichen Technologien zu reduzieren. Die Anlage wird pro Stunde rund 4 Tonnen Kohlenwasserstoffe verarbeiten sowie 6 Megawatt erneuerbare Energie nutzen. Steamcracker spielen eine zentrale Rolle bei der Herstellung von Basischemikalien. Sie benötigen große Mengen Energie, um Kohlenwasserstoffe in Olefine und Aromaten aufzuspalten. Diese Reaktion findet in speziellen Öfen bei Temperaturen von etwa 850 Grad Celsius statt. Bisher werden diese Temperaturen durch die Verbrennung fossiler Brennstoffe erreicht. Das Projekt verfolgt das Ziel, diesen Prozess künftig durch den Einsatz von Strom zu beheizen und so die $CO_2$-Emissionen deutlich zu reduzieren. Diese Anlage ist damit ein interessantes Beispiel auf dem Weg zur Dekarbonisierung der chemischen Industrie und wird als weltweit erste dieser Art einen Beitrag zur Energiewende leisten.

### 9.2.2 Höchste Sicherheit durch geteilte Verantwortung

Sicherheit ist in der Chemiebranche oberstes Gebot. In Chemieparks gelten daher strenge Sicherheitsvorschriften, die für alle Unternehmen bindend sind. Gemeinsame Sicherheitseinrichtungen wie Feuerwehren, Werkschutz und Notfallleitsysteme minimieren Risiken für Mitarbeiter und Umwelt und es ergeben sich Kostenvorteile, wenn solche Einheiten gebündelt ihre Arbeit für mehrere Unternehmen erledigen. Ein Beispiel dafür ist die Chempark Werkfeuerwehr mit ihren rund 450 Beschäftigten an den Standorten Leverkusen, Dormagen und Krefeld-Uerdingen, die zu den größten Werkfeuerwehren in Deutschland gehört (vgl. [6]). Die Feuerwehr verfügt über modernste Einsatzfahrzeuge und -geräte und ist rund um die Uhr einsatzbereit.

### 9.2.3 Nachhaltiges Wirtschaften im Verbund

Nachhaltigkeit in einem Chemiepark bedeutet die gleichzeitige Ausrichtung auf ökonomische, ökologische und soziale Belange. Das Ziel ist es, Ressourcen zu schonen, Emissionen zu reduzieren, Abfall zu vermeiden und die Umwelt zu schützen. Um dies zu erreichen, werden verschiedene Maßnahmen ergriffen, wie z. B. die Steigerung der Energieeffizienz, die Nutzung erneuerbarer Energien, die Förderung der Kreislaufwirtschaft und die Entwicklung nachhaltiger Produkte. Nachhaltigkeit wird z. B. bereits bei der Chlor-Alkali-Membranelektrolyse in Chlor-Alkali-Anlagen in Rotterdam, Delfzijl in den Niederlanden und am Standort Bitterfeld umgesetzt (vgl. [7]). Hier werden die Produkte Chlor, Natronlauge und Wasserstoff unter Verwendung von Sole und Strom gleichzeitig hergestellt. Der grüne Wasserstoff wird mit erneuerbarer Energie hergestellt und hat eine um 90 % geringere $CO_2$-Bilanz als konventionell hergestellter Wasserstoff.

Ein anderes Beispiel für Nachhaltigkeit ist die Option statt Kunststoffabfälle wie bisher zu verbrennen sie in die Kreislaufwirtschaft einzuspeisen. So wird z. B. eine Pyrolyse-Anlage im Industriepark Höchst betrieben, die genau das kann (vgl. [8]). Das Verfahren ermöglicht die Rückführung von Kunststoffabfällen in den Produktionsprozess und trägt somit zur Schließung von Kohlenstoffkreisläufen in der Kunststoffindustrie bei. Die Kunststoffindustrie ist mit einem hohen Produktionsvolumen ein wichtiger Wirtschaftszweig. Die Entsorgung von Kunststoffabfällen stellt jedoch eine große Herausforderung dar. Die Verbrennung von Kunststoffen führt zur Freisetzung von Treibhausgasen und trägt somit zum Klimawandel bei. Die Anlage im Chemiepark Höchst nutzt die Pyrolyse zur thermischen Zersetzung von Kunststoffabfällen. In einem geschlossenen System werden die Kunststoffe unter Hitzeeinwirkung in Gas zersetzt. Das Gas wird anschließend abgekühlt und zu einem flüssigen Kondensat kondensiert. Dieses Kondensat kann als Rohstoff für die Herstellung neuer Kunststoffe verwendet werden. Durch die Rückführung von Kunststoffabfällen in den Produktionsprozess wird ein geschlossener Kreislauf geschaffen, der Ressourcen schont und den $CO_2$-Ausstoß reduziert. Das Verfahren trägt außerdem zur Vermeidung von Abfällen bei, schont endliche Ressourcen wie Erdöl und leistet durch die Reduzierung des $CO_2$-Ausstoßes einen Beitrag zum Klimaschutz. Das gewonnene Kondensat ist von hoher Qualität und kann als Rohstoffe für die Herstellung neuer Kunststoffe verwendet werden. Das Verfahren zur thermischen Verwertung von Kunststoffabfällen stellt also einen vielversprechenden Ansatz zur Schließung von Kohlenstoffkreisläufen in der Kunststoffindustrie dar.

### 9.2.4 Innovationskraft durch geballtes Know-how

Die Nähe zu Forschungseinrichtungen und anderen Unternehmen in Chemieparks fördert den Austausch von Ideen und Know-how. Die Bundesrepublik Deutschland investiert aus diesem Grund rund 1 Milliarde Euro in ein neues Forschungszentrum für die chemische Industrie in Merseburg. Das Konzept sieht vor, dass die ortsansässige Hochschule zusammen mit den zahlreichen Unternehmen Vorort im und um den Chemiepark Leuna bis 2038 eine Kreislaufwirtschaft entwickelt, die auf nachwachsende Rohstoffe und Recycling setzt (vgl. [9]). So besteht schon heute eine Kooperationen, die die Entwicklung neuer Produkte und Verfahren beschleunigen. Im Rahmen des Verbundvorhabens „pool-in-loop" wird z. B. mit einem interdisziplinären Team aus 12 Partnern (u. a. Braskem, Clariant, Domo, SMH, Eura, Mibrag, Cwk, Dow, PSM, Hochschule Merseburg, BBF, PtJ, KuRT, FONA) bis 2029 die Technologie der katalytisch gestützten Pyrolyse zu einem industriellen Prozess weiterentwickelt. Diese innovative Methode des chemischen Recyclings zielt, ebenfalls auf die Schließung von Kohlenstoffkreisläufen in der Kunststoffindustrie ab (vgl. [10]). Das Verbundvorhaben vereint dabei die Expertise von Partnern aus Wissenschaft und Industrie und verfolgt einen interdisziplinären Ansatz zur Entwicklung einer nachhaltigen und zukunftsorientierten Lösung für die Kunststoffindustrie. Die technologische Grundlage des Verfahrens bildet die katalytische Spaltung. Diese Methode ermöglicht die Zersetzung von Kunststoffen in ihre chemischen Grundbausteine, welche wiederum als Rohstoffe für die Herstellung neuer Kunststoffe dienen können. Durch diesen geschlossenen Kreislauf wird der Bedarf an fossilen Ressourcen reduziert und gleichzeitig die Umweltbelastung durch Abfälle verringert. Das Verfahren wird unter Berücksichtigung eines minimalen Energieeinsatzes entwickelt, um die Umweltbilanz zu verbessern. Darüber hinaus bietet die katalytische Spaltung eine perfekte Ergänzung zum werkstofflichen Recycling dar, da sie Abfälle verwertet, die nicht werkstofflich recyclet werden können.

Ein anderes gelungenes Beispiel für die gemeinsame Entwicklung von Innovationen zwischen Industrie und Forschung in einem Chemiepark in der Region ist das Projekt Leuna 100 im Chemiepark Leuna, bei dem die Partner eine gekoppelte Prozesskette entwickeln, um eMethanol aus $CO_2$ und $H_2$ wirtschaftlich zu produzieren (vgl. [11]). Das Fraunhofer IWES entwickelt die Anbindung von $H_2$ und $CO_2$ sowie die Infrastruktur und evaluiert die Lastflexibilität. Leuna 100 fokussiert sich auf die Kopplung der Einzelprozesse und die Demonstration von Langzeit- sowie lastflexiblem Betrieb unter zeitlicher Variabilität der Rohstoffverfügbarkeit und -güte. Das Projekt leistet damit absehbar einen Beitrag zur Dekarbonisierung und zur Reduzierung von Treibhausgasen.

### 9.2.5 Qualifizierte Fachkräfte in Reichweite

Chemieparks sind häufig in Ballungsgebieten oder an Verkehrsknotenpunkten angesiedelt. Das lässt sich sehr schön an der Lage der deutschen Chemieparks auf der Deutschlandkarte in Abbildung X nachvollziehen. Unternehmen profitieren so von einem großen Pool an Fachkräften aus den Bereichen Chemie, Pharmazie, Ingenieurwesen und Logistik (vgl. [12]).

Die Abbildung 9.2 zeigt auch die Wichtigkeit der Chemieindustrie für die Gesamtwirtschaft der Bundesrepublik mit rund €230 Milliarden Umsatz im Jahr 2023, von der ein erheblicher Teil in den Chemieparks realisiert wird. So arbeiten nach eigenen Schätzungen rund 190 000 Beschäftigte allein in den 25 größten deutschen Chemieparks.

Hier sind einige Beispiele für Chemieparks in der Nähe von Ballungsräumen:

- **Chemiepark Leverkusen:** Der Chemiepark Leverkusen liegt in unmittelbarer Nähe der Metropolregion Köln–Bonn und verfügt über einen exzellenten Zugang zu Fachkräften aus den Bereichen Chemie, Ingenieurwesen und Logistik.
- **Chemiepark Marl:** Der Chemiepark Marl liegt im Ruhrgebiet und bietet Zugang zu einem großen Pool an Fachkräften aus den Bereichen Chemie, Energie und Bergbau.
- **Chemiepark Bitterfeld-Wolfen**: Der Chemiepark Bitterfeld-Wolfen liegt in Mitteldeutschland in der Nähe der Metropolregion Leipzig–Halle mit einem Zugang zu Spezialisten aus dem Gebiet der Chemie und des Ingenieurwesens.

1. Covestro Industriepark Brunsbüttel
2. Industriepark Stade
3. Industriepark Walsrode
4. Industriepark Nienburg
5. BASF Schwarzheide
6. Solvay Industriepark Bernburg
7. Chemiepark Bayer Bitterfeld
8. (PD) Chemiepark Bitterfeld-Wolfen
9. Dow Standort Schkopau
10. Chemiestandort Leuna
11. Chemie und Industriepark Zeitz
12. Chemiepark Marl
13. Bayer Chemiepark Bergkamen
14. Solvay Chemiepark Rheinberg
15. CHEMPARK Krefeld-Uerdingen
16. Henkel Düsseldorf
17. CHEMPARK Dormagen
18. CHEMPARK Leverkusen
19. Chemiepark Knapsack Cologne
20. Industriepark Köln Merkenich
21. BIZZPARK Oberbruch
22. Trinseo Rheinmünster
23. Behringwerke Marburg
24. Industriepark Wolfgang
25. Heraeus Site Operations Hanau
26. Allessa Industriepark Fechenheim
27. Industriepark Höchst
28. Kalle-Albert Industriepark Wiesbaden
29. Evonik Standort Darmstadt/Weiterstadt
30. BASF Lampertheim GmbH
31. Pharmapark Jena
32. BASF Ludwigshafen
33. Industry Center Obernburg
34. Freudenberg Service Weinheim
35. Industriepark Gersthofen
36. Chemiepark Gendorf
37. Wacker Chemie Burghausen
38. Chemiepark Trostberg
39. INFRARHOD Industriepark Freiburg
40. Merck Darmstadt
41. Merck Gernsheim

**Abb. 9.2** Chemieparks in Deutschland (*Quelle:* eigene Darstellung).

- **BASF Ludwigshafen:** Der Standort Ludwigshafen der BASF ist der größte Chemiepark der Welt und liegt in der Metropolregion Rhein-Neckar. Der Standort bietet Zugang zu einem breiten Spektrum an Fachkräften.

Viele Chemieparks kooperieren auch mit den Universitäten und Fachhochschulen und anderen Bildungseinrichtungen in der Region. Ziel der Zusammenarbeit ist es, den Fachkräftenachwuchs für die Unternehmen im Chemiepark zu sichern.

### 9.2.6 Imagegewinn durch gemeinsames Engagement

Chemie- und Life Science Parks tragen aktiv zur Verbesserung des Images der Chemie- und Pharmabranche in der Öffentlichkeit bei. Durch transparente Kommunikation und den Einsatz modernster Technologien demonstrieren sie ihre Verantwortung für Mensch und Umwelt. So veranstalten die Chemieparks regelmäßig Informationsveranstaltungen für die Öffentlichkeit, um über die Aktivitäten der Unternehmen im Park und ihre Bemühungen um Nachhaltigkeit zu informieren und haben modernes Besucherzentrum eingerichtet, in dem sich die Öffentlichkeit über die Arbeit der Unternehmen im Chemie- oder Pharmapark informieren kann. Ein gelungenes Beispiel aus dem LifeScience Sector ist der Pavillon in Basel, Schweiz (siehe Abb. 9.3), der ein innovatives Konzept darstellt, um die Faszination der Medizin einer breiten Öffentlichkeit zugänglich zu machen (vgl. Novartis AG, 2024). Die interaktive Ausstellung „Wonders of Medicine" lädt Besucher ein, auf eine immersive Reise durch die Vergangenheit, Gegenwart und Zukunft der Medizin, des Gesundheitswesens und der Wissenschaft einzutauchen. Die Ausstellung zeichnet sich durch eine gelungene Verknüpfung von wissenschaftlicher Information mit interaktiven Elementen und ansprechender Gestaltung aus. Exponate, Demonstrationen und Multimedia-Präsentationen ermöglichen es den Besuchern, komplexe medizinische Themen auf spielerische und gleichzeitig informative Weise zu erleben.

**Abb. 9.3** „Wonders of Medicine", Basel (CH) (*Quelle:* [13]).

## 9.3 Zukunftsorientierte Lösungen für die Chemie- & Pharmaindustrie

Angesichts des Klimawandels, technologischer Neuerungen und globalen Wettbewerbs müssen Chemieparks auch zukünftig innovative Ansätze verfolgen, um ihre Wettbewerbsfähigkeit weiter zu sichern. Dabei gibt es vier wesentliche Schwerpunkte, auf die im Folgenden mit Beispielen aus der Praxis eingegangen werden soll.

### 9.3.1 Digitalisierung

Die Digitalisierung ermöglicht es Chemie- & LifeScience Parks z. B. mittels Industrie 4.0/Chemie 4.0-Lösungen ihre Prozesse und Anlagen zu vernetzen, effizienter zu steuern und zu überwachen. Durch den Einsatz von Sensoren, Datenanalyse und künstlicher Intelligenz können Parkbetreiber beispielsweise ihre Energieverbräuche messen und optimieren, Unternehmen ihre Produktionsabläufe sicherer und flexibler gestalten sowie ihre Anlagen vor Ausfällen durch die Analyse von Anomalien schützen. Darüber hinaus eröffnen zunehmend künstliche Intelligenz-basierte Systeme in Kombination mit der Sammlung und Analyse großer Datenmengen weitere Optionen, die Wettbewerbsfähigkeit erheblich verbessern. Daten können besser genutzt werden, um z. B. systembasierte Entscheidungen zu treffen und Prozesse komplett zu automatisieren. Immer intensiver werden auch Robotik Lösungen bei repetitiven Prozessen z. B. in der Analytik eingesetzt. Additive Fertigungsverfahren (3D-Druck), bei denen dreidimensionale Objekte aus einem flüssigen oder pulverförmigen Material schichtweise aufgebaut werden, spielen z. B. bei innovativen digitalen Instandhaltungsstrategien eine stärkere Rolle. Sie kommen in Form von Ersatzteilen zum Einsatz, die sofort und ohne Beschaffungsprozess eingesetzt werden können. Zu den wichtigsten Anwendungsgebieten der Digitalisierung in einem Industriepark gehören auch die vollautomatisierten Eingangs- und Ausgangsprozesse für Menschen und Fahrzeuge, automatisierte Beauftragungs-, Service- und Abrechnungsprozesse sowie standortweite Planungs-, Steuerungs- und Kontrolldashboards. Diese Dashboards ermöglichen eine bessere Vernetzung und Zusammenarbeit aller Beteiligten bei der Nutzung gemeinsamer Infrastrukturen und Ressourcenpools. Zusätzlich kann Künstliche Intelligenz Produktionsprozesse und Logistik optimieren, digitale Plattformen für die Zusammenarbeit von Unternehmen und Forschungseinrichtungen fördern und die Mitarbeiter im Bereich der Digitalisierung weiterbilden.

Bei komplexen Produktionsprozessen in Chemieparks spielt der Einsatz von Sensoren und Datenanalysen zur Effizienzsteigerung eine entscheidende Rolle. Diese Technologien ermöglichen es Prozesse genauer zu überwachen und zu optimieren. Durch die Nutzung von Sensordaten kann beispielsweise die Energieeffizienz gesteigert und die Produktqualität kontrolliert werden. Ein Beispiel dafür ist der LoRaWAN-Technologie-Einsatz im Industriepark Höchst, um Potenziale für Prozessoptimierung und vorausschauende Instandhaltung zu generieren (vgl. [14]).

„Long Range Wide Area Network“ (LoRaWAN) bezeichnet eine energieeffiziente Funktechnologie mit sehr hoher Reichweite, die speziell für das Internet of Things (IoT) entwickelt wurde und bietet eine robuste und sichere Funktechnologie, die sich besonders für den Einsatz in anspruchsvollen Umgebungen wie Chemieparks eignet. Durch die Kombination von LoRaWAN-Netzwerken mit Sensortechnik und Datenanalyse lassen sich Prozesse deutlich besser überwachen und optimieren. Ein Schwerpunkt liegt auf der Integration von LoRaWAN-Daten mit bestehenden Prozessleitsystemen und ERP-Systemen wie SAP sowie der Anwendung von Data Science-Methoden zur Gewinnung von Erkenntnissen aus den gesammelten Daten. Durch den Übergang von reaktiver oder präventiver Instandhaltung zu proaktiver und vorausschauender Instandhaltung können beispielsweise deutliche Effizienzsteigerungen und Kosteneinsparungen erzielt werden. Die anfänglichen Investitionen in LoRaWAN-Technologie führen langfristig zu einer nachhaltigen Optimierung der gesamten Anlagenfahrweise auf Basis von Daten, die in großer Vielfalt, in großen Mengen und mit hoher Geschwindigkeit anfallen (Variety, Volume, Velocity).

Ein anderes Beispiel für die Umsetzung einer digitalen Lösung in einem Chemiepark findet sich im Chemie- & LifeSciencepark Muttenz in der Schweiz. In diesem Park ist eine Vielzahl von Unternehmen beherbergt, die für ihre Produktion auf effiziente Energieversorgung angewiesen sind. Als Antwort auf diese Herausforderungen hat der Parkbetreiber in eine hochmoderne Leitwarte investiert. Dieses Smart Control Center, eine zentrale Schaltzentrale, ist das Nervenzentrum für die Steuerung und Überwachung der komplexen Infrastruktur des Industrieparks (vgl. [15]). Doch der Weg zur Implementierung einer neuen Leitwarte in einem so vielfältigen und anspruchsvollen Umfeld war alles andere als einfach.

Die größte Herausforderung bestand in der Verteilung der Infrastruktur über verschiedene Standorte, was eine nahtlose Kommunikation und Koordination erschwerte. Zudem musste die Leitwarte in der Lage sein, große Datenmengen in Echtzeit zu verarbeiten und eine hohe Ausfallsicherheit zu gewährleisten, um die kontinuierlichen Produktionsprozesse sicherzustellen. Darüber hinaus strebt der Park auch eine „Net-Zero-Energie-Produktion“ an, eine Vision einer nachhaltigen Energieversorgung ohne ökologischen Fußabdruck.

Die Lösung war eine Leitwarte mit innovativer Systemtechnik, die mit einer Reihe innovativer Funktionen ausgestattet ist. Ein Multi-Consoling-System ermöglicht den Betreibern, z. B. die Anlagen von einem zentralen Ort aus zu steuern und auf alle relevanten Daten der verteilten Steuersysteme der Betriebe auf dem Park zuzugreifen. Die Leitwarte nutzt dafür eine nahezu vollständig virtuelle Umgebung, was nicht nur den Hardwarebedarf reduziert, sondern auch den Energieverbrauch senkt. Eine Echtzeit-Datenverarbeitung und -Visualisierung sowie die Skalierbarkeit der Lösung runden das Bild ab.

Die neu entwickelte Steuerungsinfrastruktur im Kontrollraum eliminiert die Notwendigkeit von lokal verbundenen Rechnern und Monitoren, die spezifischen Systemen auf dem Industriecampus zugeordnet sind. Stattdessen ermöglicht die netzwerkunabhängige Echtzeitsteuerung die Erzeugung von benutzerbezogenen Terminals, die es den Operatoren erlauben, nahtlos zwischen verschiedenen Systemen zu navigieren, indem sie diese per Drag-and-Drop von jeder Multikonsole aus aufrufen können. Die intuitive Benutzeroberfläche gewährleistet ein leicht verständliches und übersichtliches Handling, wodurch die Operatoren das Gefühl haben, direkt vor den physischen Clients zu arbeiten, anstatt in einer virtuellen Umgebung entfernter Anlagen. Die Möglichkeit, die wichtigsten Systemanzeigen flexibel auf einer Großbildwand zu spiegeln und sie für alle Mitarbeiter gut sichtbar zu machen, verbessert die Übersichtlichkeit und Benutzerfreundlichkeit erheblich. Zudem werden visuelle und akustische Signale über die Videowand gekoppelt, um sofortige Alarme bei Systemfehlern oder Störungen anzuzeigen, was zu einer Entlastung der Operatoren führt.

Für eine zuverlässige Echtzeitverfügbarkeit aller Signale und Systeme sowie eine nahtlose Integration von physischen und virtuellen Umgebungen werden Grabber eingesetzt. In der Systemtechnik ist ein „Grabber" ein Hardwarekomponente, das Signale oder Daten von einer Quelle erfasst und sie in ein digitales Format umwandelt, das von einem Computer oder einem anderen System verarbeitet werden kann, um einen verzögerungsfreien Wechsel zwischen Virtualität und Realität zu ermöglichen. Während ein Monitor mit den Anwendungen eines herkömmlichen PC belegt wird, empfängt ein weiterer die Signale der virtuellen Maschine. Diese Komponenten, in die Serverumgebung integriert, erfassen die Signale an ihrer Quelle, unabhängig davon, ob sie physisch oder virtuell verfügbar sind, und leiten sie direkt an die Multikonsolen im Smart Control Center weiter. Die Grabber teilen das Signal in zwei und verstärken es, um automatisch einen Ausfallschutz zu gewährleisten. Darüber hinaus kann der Grabber so skaliert werden, dass beliebig viele virtuelle Maschinen in das Netzwerk integriert werden können, wobei nur die minimale Hardware erforderlich ist. Diese flexible Erweiterbarkeit der Steuerungsumgebung ermöglicht eine effiziente Anpassung an die sich wandelnden Anforderungen des Industrieparks in Muttenz.

Die Vorteile der neuen Leitwarte in Muttenz, welche in der Abb. 9.4 zu sehen ist, sind signifikant. Sie führt zu einer Steigerung der Effizienz und einer Senkung der Betriebskosten, während sie gleichzeitig zu einer nachhaltigeren Energieversorgung beiträgt, und kann flexibel an die sich entwickelnden Anforderungen des Industrieparks angepasst werden.

**Abb. 9.4** Smart Control Center (CH) (*Quelle:*Bender, (2023) / JST Jungmann Systemtechnik.).

Weitere wesentliche wirtschaftliche Synergieeffekte erzielen der Energiedienstleister und Parkinfrastrukturbetreiber GETEC dadurch, dass von dem Smart Control Center nicht nur lokale Installationen im Park, sondern schweizweit gesteuert werden können. So könnten aus einem professionellen 24/7 Smart Control Center eines Chemieparks ganze Infrastruktursegmente eines Landes auch außerhalb des Chemiesegmentes professionell und kostengünstig gesteuert werden. Welche Potentiale sich dadurch generieren lassen, zeigt sich, wenn man betrachtet, wie die GETEC in den Nachbarländern Italien oder Deutschland seine Anlagen in der Fläche ebenfalls über ein Smart Control Center steuert. In Italien werden z. B. über 3000 Gebäude der öffentlichen Verwaltung geregelt. Obwohl die Anlagen einzeln betrachtet meist technologisch einfach sind und standardisierte Daten liefern, umfassen sie eine Vielzahl von Einrichtungen wie Schulen, Büros, Universitäten, Krankenhäuser und andere Gebäude. Die Erfassung der Energiedaten, einschließlich Verbrauch, Produktion und Effizienz, sowie der Wartungszeiten erfolgt täglich und ermöglicht einen Echtzeiteinblick. Die Analyse dieser Daten bildet durch künstliche Intelligenz und aktives Energiemanagement eine wertvolle Grundlage für kontinuierliche Verbesserungen. Jede Anlage ist mit einem vom Dienstleister selbst entwickelten Softwaresystem zur Leistungsanalyse ausgestattet, das alle relevanten Daten zusammenführt. Mit den aktuellen Informationen kann das Betriebsteam das Energiemanagement aktiv gestalten. Nach der Definition der Vorgaben und der Einrichtung des Systems funktioniert die Steuerung größtenteils automatisch, da das Monitoring und die Fernsteuerung intelligent miteinander kommunizieren. Die Betreiber können die Ergebnisse in Echtzeit überwachen und bei Bedarf nachjustieren.

Das Smart-Control-Center der regionalen GETEC Plattform in Deutschland (vgl. Abb. 9.5) verarbeitet ebenfalls eine große Menge an Daten. Täglich werden rund ein Gigabyte an Informationen empfangen, darunter etwa 30 000 Statusmeldungen aus den Anlagen sowie Messwerte zu Temperatur, Durchflussmengen und Fehlermeldungen. Zusätzlich werden Wetter- und Marktdaten sowie Verbrauchsvorhersagen aus verschiedenen Quellen bezogen. Diese Daten werden in Echtzeit analysiert und priorisiert.

Die Preisentwicklungen auf den Energiemärkten beeinflussen die strategische Ausrichtung des Centers, was zu entsprechenden Kauf- und Verkaufsentscheidungen führt. Vorhersagen zur Bedarfsentwicklung sind für die Steuerung der produzierten Energiemenge und die Nutzung von Energiespeichern entscheidend. Durch den Einsatz von Predictive Maintenance werden potenzielle Probleme in den Anlagen frühzeitig erkannt, um Ausfallzeiten zu minimieren (vgl. [16]).

So ergeben sich zusammengefasst mehrere Synergieeffekte, um die Effizienz für alle Beteiligten zu erhöhen a) Synergien am Standort eines Industrieparks b) technische Synergien durch professionelle KI-unterstützte technologisch führende Lösungen und c) wirtschaftliche Synergien mit weiteren Infrastrukturanlagen außerhalb des Parks im ganzen Land oder ggf. darüber hinaus europaweit.

AR- und VR-Technologien bieten Chemieparks weiterhin die Chance, ihre Prozesse zu simulieren und zu optimieren. Von der Konstruktion neuer Anlagen bis

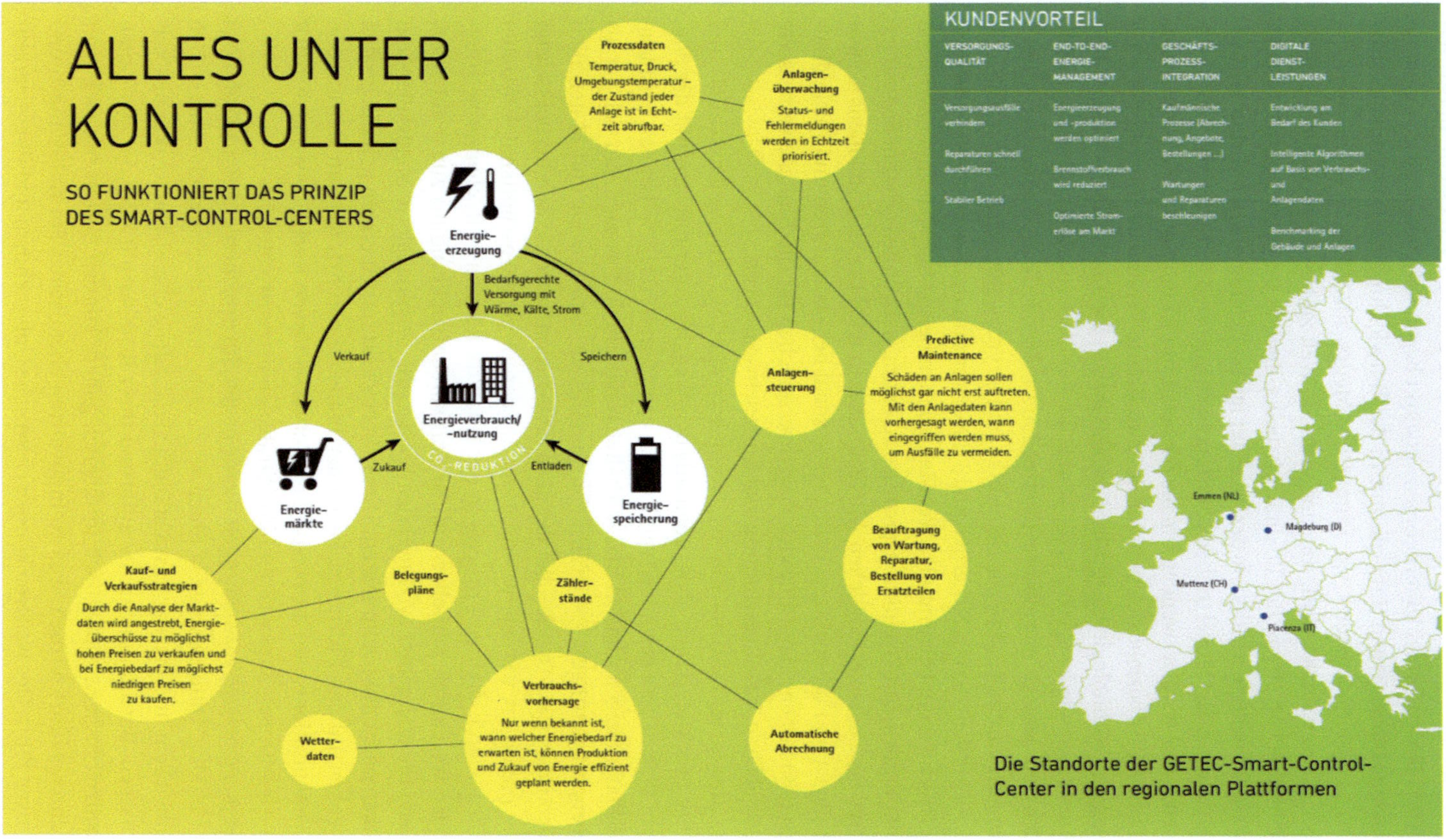


**Abb. 9.5** Synergetische Park- und überregionale Energieversorgungssteuerung aus einem Hub (D) (*Quelle:* "GETEC (2024)" / Getec().

zur Schulung von Mitarbeitern können AR- und VR-Systeme vielfältig eingesetzt werden, um die Effizienz zu steigern und die Sicherheit zu verbessern. In den vergangenen Jahren haben Unternehmen verstärkt begonnen, neue digitale Optionen zu nutzen. Dieser Trend hat sich nun in der Entwicklung des Metaversums und von Web3 weiter fortgesetzt (vgl. Kumar, van Meurs, 2022). Das Metaversum ist ein Begriff, der verwendet wird, um eine virtuelle Welt zu beschreiben, die aus einer Kombination von physischer Realität, virtueller Realität und dem Internet besteht. Es ist eine erweiterte Realität, in der Benutzer miteinander interagieren, digitale Avatare erstellen, z. B. Handel treiben oder die verschiedensten Aktivitäten durchführen können. Web3 wird verwendet, um die nächste Entwicklungsstufe des Internets zu beschreiben. Es bezieht sich auf eine dezentralisierte Version des Internets, die auf Blockchain-Technologie basiert und darauf abzielt, die Kontrolle über Daten und Informationen wieder stärker in die Hände der Benutzer zu legen. Im Web3-Umfeld werden traditionelle zentralisierte Intermediäre wie große Technologieunternehmen tendenziell durch Peer-to-Peer-Netzwerke und Kryptowährungen ersetzt. Dies soll eine größere Autonomie, Sicherheit und Transparenz für die Benutzer gewährleisten. Mit diesem Trend, bekannt als „WebMe“, können beispielweise digitale Zwillinge genutzt werden, um Produktionsprozesse zu optimieren, ohne vorhandene Systeme zu ersetzen. Zudem ermöglichen AR-Technologien wie Microsoft HoloLens sichere Schulungen und unterstützen Wartungspersonal bei Reparaturen und Instandhaltungsmaßnahmen. Diese Entwicklungen versprechen für die Branche verbesserte Betriebsabläufe, Talentgewinnung und Kosteneinsparungen.

Die Zusammenführung von 5G, Quantencomputing, erweiterter Realität und intelligenten Materialien ebnet ebenfalls den Weg, die Interaktionen mit der physischen Welt neu zu gestalten (vgl. Kumar, van Meurs, 2022). So können beispielsweise Materialeigenschaften und -verhalten programmiert werden, um sich daraus ergebende Leistungen vorherzusagen. Intelligente Substanzen und Materialien können mittels 4D-Druck – bei der als 4. Dimension auch die Zeit berücksichtigt wird – produziert werden, wodurch sich wiederum neue Geschäftsmöglichkeiten eröffnen. Durch digitale Prozesse in der Analytik können z. B. chemische Innovationen wesentlich schneller von der Softwareentwicklung bis zur praktischen Anwendung übergehen, wodurch sich hochgradig personalisierte Materialien und Medikamente entwickeln lassen. Dieser Fortschritt hat zu einem grundlegenden Umdenken auf den Führungsebenen der Industrie geführt, die nun schrittweise ihre Organisationen auf die beispiellose Entwicklung von Rechenleistung, AR, VR & KI Algorithmen anpassen und ihre Strategien neu ausrichten.

Die potenziellen Anwendungen dieser neuen Superrechenleistung & Solutions sind vielfältig. Unternehmen könnten sie nutzen, um neue chemische Materialien zu entwickeln und bislang unvollständig verstandene chemische Reaktionen vorherzusagen. Berechnungen, die aufgrund ihrer Komplexität oder der benötigten Rechenzeit bisher als praktisch unmöglich galten, können nun in relativ kurzer Zeit durchgeführt werden, was zu innovativen chemischen Formulierungen und Prozessen führt. Des weiteren können chemische Unternehmen und Energieerzeuger diese Technologien nutzen, um ihre Netto-Null-Ziele zu realisieren, indem sie umweltfreundlichere Produktionswege entwickeln oder Produktlebenszyklen bzw. verschiedenen Energiekonzepte modellieren, um die Nachhaltigkeit zu verbessern. Echtzeit-Produktions- & Energiedaten und künstliche Intelligenz könnten verwendet werden, um komplexe Herstellungsprozesse zu optimieren, während der 3D/4D-Druck den Transport einiger Materialien & Produkte – und damit die Abhängigkeit z. B. von Interkontinentalen Lieferwegen – überflüssig machen könnte.

Angesichts dieser neuen grenzenlosen Optionen sind die Möglichkeiten für die chemische und pharmazeutische Industrie nahezu unbegrenzt. Parallel entwickeln sich erste digitale Räume, in denen Menschen als Avatare in einer virtuellen Realität miteinander interagieren, um die Herausforderungen für die Branche zu lösen (Metaverse). Bei dieser Themenvielfalt bietet es sich für die Branche an, ihre Technologie-Referenzarchitektur zu überdenken, um die relevanten Fähigkeiten in ihren Mitarbeitern, Prozessen und Systemen zu aktivieren. Die Industrie entwickelt sich rasant zu einem technologiegetriebenen Sektor, und Unternehmen, die diese Tatsache ignorieren, werden wahrscheinlich in Zukunft mit enormen Herausforderungen konfrontiert sein. Für Chemie- & Life Science Parks ergibt sich dadurch die Option, die benötigte digitale Infrastruktur in Form von Rechenzentren anzubieten oder bestimmte Kompetenzen zentral vorzuhalten. Darüber hinaus kann dann im Eco-System eines Industrieparks die entstehende Abwärme aus Rechenzentren effizient genutzt werden.

Während Unternehmen bestrebt sind, KI und Daten in ihre betrieblichen Abläufe zu integrieren, manifestieren sich zugleich potenzielle Risiken durch den Missbrauch von Technologien wie KI für die Erzeugung von Deepfakes und die Implementierung von Bots (vgl. [17]).

Pharma- & Chemieunternehmen können diesem Szenario mit einem gezielten Einsatz von fortgeschrittenen Technologien begegnen. Mithilfe KI-gestützter Systeme können verdächtigte Aktivitäten in der Lieferkette identifiziert werden, um Sicherheitsrisiken zu minimieren. Zugleich ermöglicht die Blockchain-Technologie eine transparente Rückverfolgbarkeit von Materialien entlang der gesamten Wertschöpfungskette, wodurch potenziell schädliche Aktivitäten erkannt und unterbunden werden können.

Die Integration von KI und Blockchain in die Sicherheitsstrategien der Industrie stellt somit einen vielversprechenden Ansatz dar, um die Resilienz gegenüber digitalen Bedrohungen zu erhöhen und gleichzeitig die Integrität und Sicherheit der betrieblichen Abläufe zu gewährleisten. Auch hier haben Parks, insbesondere wenn Sie zu überregional tätigen Infrastrukturbetreibern und Energiedienstleistern gehören wiederum den Vorteil, das benötigte Know-how und die Kapazitäten zentral zu bündeln und wirtschaftlicher ihren Kunden bereitzustellen.

Insgesamt bieten diese Entwicklungen gerade den Chemieparks ein großes Potenzial, ihre Wettbewerbsfähigkeit zu verbessern und gleichzeitig einen Beitrag zum Klimaschutz zu leisten. Es ist jedoch wichtig zu betonen, dass die konkrete Umsetzung dieser Strategien individuell an die Bedürfnisse und Anforderungen jedes einzelnen Pharma- & Chemieparks und seiner Nutzer sowie entsprechender Rahmenbedingungen, die sich z. B. aus Cybersecurity ergeben, angepasst werden muss.

### 9.3.2 Circular Economy

Kreislaufwirtschaftliche Lösungen ermöglichen eine effizientere Nutzung von Ressourcen und eine Reduzierung der Abfallmengen. In Chemieparks werden z. B. große Mengen an Energien, Wasser und Rohstoffen verbraucht. Um die Ressourceneffizienz und Wettbewerbsfähigkeit zu verbessern, setzen Chemieparks daher zunehmend auf innovative Technologien zur Energieerzeugung und Wasseraufbereitung, um z. B. Wasserkreisläufe zu schließen. Andere Chemieparks setzen auf Recycling und Substitution, um den Verbrauch von Rohstoffen zu reduzieren.

Im Chempark Leverkusen entsteht z. B. derzeit eine neue Energiezentrale, die zu einer nachhaltigeren Chemieindustrie in Europa beitragen soll. Das Pilotprojekt „Green Energy Supply" wird von dem Betreiber des Chemparks realisiert und ermöglicht es einem pharmazeutischen Unternehmen, die $CO_2$-Emissionen seiner Tablettenproduktion auf dem Standort um 93 Prozent und damit um 2300 bis 3000 t/Jahr zu reduzieren (vgl. [18]). Herzstück der neuen Anlage ist eine industrielle Wärmepumpe, die sowohl Wärme als auch Kälte ohne zusätzliche Wärmequelle erzeugen kann. Die Anlage nutzt außerdem effizient die Abwärme des Betriebswassers und in der Produktion anfallendes Kondensat, das sonst unter erheblichem Energieeinsatz runtergekühlt werden müsste, künftig als Wärmequelle. Durch dieses innovative Konzept wird die Effizienz gesteigert, $CO_2$-Emissionen vermieden sowie der Wasserverbrauch reduziert.

Der GETEC PARK.SWISS ist ebenfalls ein Industriepark mit einem speziellen Fokus auf Nachhaltigkeit und Ressourcenschonung. So legt der Waste-to-Value-Park in der Schweiz den Schwerpunkt darauf, industrielle Abfälle jeglicher Art wiederzuverwerten, Abwässer zu reinigen und chemische Stoffe zurückzugewinnen sowie Abgase sicher zu entsorgen (vgl. GETEC Group, 2022). Dieses Konzept macht den Park sowohl ökologisch wertvoll als auch für die angesiedelten Unternehmen attraktiv. Ein zentrales Element ist das Prinzip des Waste-to-Energy, bei dem viele Produktionsprozesse der Kunden durch die Nutzung von Reststoffen mit Energie versorgt werden. Die Energieerzeugungsanlagen im Park sind in einem Kreislauf Konzept so konzipiert, dass sie verschiedene Arten von Reststoffen verarbeiten können – sei es fest, flüssig oder gasförmig. Diese Flexibilität ist von großem Vorteil, da die Reststoffe aus den Produktionsprozessen der Kunden oft unterschiedliche Aggregatzustände aufweisen. Durch eine gezielte Nutzung der dazu passenden digitalen Informationen werden im Smart-Control-Center des Parks eine effiziente Steuerung und Überwachung der eingesetzten Stoffe ermöglicht. Durch Maßnahmen wie die Reduzierung der Einsatzstoffe, die Wiederverwendung und das Recycling von Ressourcen kann so die Umwelt geschont werden und es werden gleichzeitig messbare Mehrwerte entlang der gesamten Wertschöpfungskette geschaffen und getrackt. Dazu gehört auch die Fähigkeit, verunreinigte Lösungsmittel zu regenerieren und erneut zu verwenden. Dieser Prozess spielt ebenfalls in der Kreislaufwirtschaft des Parks eine zentrale Rolle. Wenn chemische Produktionsprozesse Verunreinigungen in Lösungsmitteln hinterlassen, werden diese Lösungsmittel üblicherweise als Abfall entsorgt. Hier werden diese verunreinigten

Lösungsmittel jedoch gesammelt und durch einen aufwendigen Reinigungsprozess in einer der größten Lösemittelrecylinganlagen Europas regeneriert. Dabei werden die Verunreinigungen entfernt und das Lösungsmittel auf einen reinen Zustand zurückgeführt, der – wie Neuware – wieder für Produktionszwecke genutzt werden kann. Dieser Ansatz reduziert nicht nur die Menge an Abfall, der entsorgt werden muss, sondern trägt auch dazu bei, den Bedarf an neuen Rohstoffen zu verringern und somit Ressourcen zu schonen.

Das Konzept der zirkulären Wirtschaft ("Circular Economy") umfasst also weit mehr als nur das herkömmliche Recycling von Rohstoffen. Es beinhaltet sämtliche Maßnahmen, die darauf abzielen, die Ressourceneffizienz zu steigern. Dadurch beeinflusst es maßgeblich Produktportfolios und Geschäftsmodelle, insbesondere in der chemischen Industrie, die seit einiger Zeit verstärkt an zirkulären Konzepten arbeitet. Chemieunternehmen stehen vor der Herausforderung und Chance, sämtliche Aspekte der zirkulären Wirtschaft entlang des gesamten Produktlebenszyklus zu berücksichtigen. Dies beginnt bereits bei der Grundstoffproduktion und erstreckt sich über die verschiedenen Veredelungsstufen bis hin zur Nutzungsphase der Endprodukte. Die Bandbreite der Optionen reicht von der Abfallvermeidung durch Mehrfachnutzung bis hin zur Steigerung der Effizienz durch die Nutzung von Nebenprodukten, Abfällen und sogar $CO_2$ als Rohstoff, wie es bei Ansätzen wie

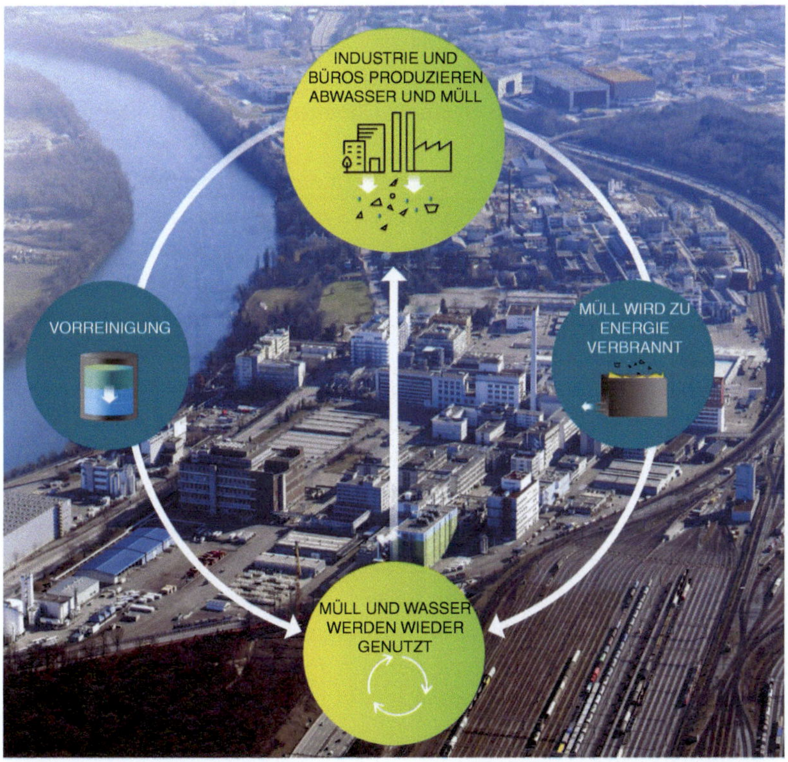


**Abb. 9.6** Circular Economy – Muttenz (CH) (*Quelle:* GETEC Group, S. 58–59, 2022).

dem Waste-to-Chemicals und Carbon Capture Utilization der Fall ist. Zusätzliche Ansatzpunkte umfassen chemisches Recycling, die Förderung biologischer Abbaubarkeit zur Schließung des $CO_2$-Kreislaufs sowie Maßnahmen zur Klimaschonung durch eine „Biologisierung der Chemie". Hierzu gehören die industrielle Biotechnologie, Genome-Editing als Form der Präzisionszüchtung, die Einrichtung von Bioraffinerien sowie der vermehrte Einsatz nachwachsender Rohstoffe.

### 9.3.3 Renewable Energies

Chemie- & Pharmaparks sind oft große Verbraucher von Energie. Um ihre Nachhaltigkeit und Wettbewerbsfähigkeit zu verbessern, setzen Chemieparks deshalb neben Energieeffizienzmaßnahmen zunehmend auf erneuerbare Energien auf ihrem Weg zur klimaneutralen Net Zero Produktion. So nutzen einige Chemieparks beispielsweise Solar- und Windenergie, um ihren Strombedarf zu decken. Andere Chemieparks setzen auf Bioenergie, um Wärme und Strom zu erzeugen. Um die Abhängigkeit von fossilen Brennstoffen weiter zu verringern bzw. zukünftig ganz zu vermeiden, wird auch die Versorgung mit grünem Wasserstoff und seinen Derivaten eine immer größere Rolle spielen.

Grüner Wasserstoff wird in der Zukunft der Chemieindustrie zwei zentrale Rollen spielen: als nachhaltiger Rohstoff, häufig in Form von grünem Ammoniak oder Methanol, und als kohlenstofffreier Energieträger. Dies bietet große Chancen für Chemie- und Pharmaunternehmen, die sowohl als Verbraucher als auch als Produzenten positioniert sind. Die Umsetzung solcher Strategien wirft jedoch die Frage auf, wie viel Energieversorgung in einem Chemie- und Pharmaunternehmen integriert werden muss.

Die Einführung der grünen Wasserstoffwende erfordert massive Investitionen in Solar- und Windparks, Elektrolyseure, Tanklager, Synthese- und Cracker-Anlagen sowie Pipelines, je nach Standort und ggf. sogar den Aufbau interkontinentaler Versorgungsketten. Um diese milliardenschweren Investitionen zu finanzieren und wirtschaftlich zu betreiben, sind belastbare Abnahmesysteme für den Energieträger erforderlich. Diese Systeme werden vielerorts jedoch erst entstehen, wenn grüner Wasserstoff zuverlässig und preiswert verfügbar ist. Die Frage der Bezahlbarkeit von grünem Wasserstoff wächst ggf. auch mit der Entfernung von den großen europäischen Wasserstoff-Hubs und -Netzen. Viele Chemieunternehmen liegen nicht in der unmittelbaren Nähe dieser zentralen Produktions- und Anlandungspunkte für grünen Wasserstoff. Diese Unternehmen haben daher im Wesentlichen zwei Möglichkeiten: Sie können grünen Wasserstoff bzw. seine Derivate über neu zu gestaltende Lieferketten beziehen oder ein lokales Ökosystem für grünen Wasserstoff aufbauen. Beide Strategien erfordern Investitionen in neue Kapazitäten und Fähigkeiten, die eher zur Kernkompetenz eines Energiedienstleisters als die eines Chemie- und Pharmaunternehmens gehören.

Hier könnten alternativ auch finanzstarke Infrastruktur-Chemieparks als dezentrale Wasserstoff-Hubs dienen und den angesiedelten Unternehmen interessante

Contracting-Alternativen anbieten, um große Investitionen außerbilanziell zu realisieren und Skaleneffekte durch den Zusammenschluss mehrerer Unternehmen zu nutzen. Diese Projekte werfen jedoch komplexe Fragen zur Sektorenkupplung, Finanzierung, Integration von Technologie und Realisierung von Skaleneffekten auf. Es wird entscheidend sein, den strategischen Fokus nicht zu gefährden und eine ganzheitliche Betrachtung der neuen Wertkette vorzunehmen. Für jeden Standort ergeben sich dementsprechend unterschiedliche Startbedingungen.

Die folgenden Standorte für Chemie- und LifeScience Parks Marl (D), Muttenz (CH) und Emmen (NL) mögen daher als Beispiele für die verschiedenen Einsatzumgebungen in der europäischen Pharma- & Chemieindustrie fungieren.

In Deutschland wird z. B. von einem großen Energieutility Unternehmen eine Elektrolyseanlage in Lingen geplant, um die Erzeugung von Wasserstoff mithilfe von grünem Strom zu realisieren (vgl. [19]). Diese Anlage, die auf dem Gelände des Gaskraftwerks Emsland errichtet wird, soll im Jahr 2025 in Betrieb gehen und wäre dann weltweit einer der ersten Elektrolyseure mit einer Leistung von 100 MW. Es ist bereits eine Erweiterung auf 300 MW in den folgenden Jahren geplant. Um den Wasserstoff von Lingen über den Chemiepark in Marl nach Gelsenkirchen zu transportieren, werden bestehende Leitungen des Erdgasnetzes sowie vorhandene Leitungen eines Spezialchemieunternehmens auf den Wasserstofftransport umgestellt. Zusätzlich werden neue Leitungsabschnitte für die Anbindung von Erzeugung und Abnehmern gebaut. In den Raffinerien in Gelsenkirchen und Lingen sowie im Chemiepark Marl ist dann geplant, den grünen Wasserstoff im Produktionsprozess sowie als Rohstoff zu verwenden, um den bisher verwendeten grauen Wasserstoff zu ersetzen, bei dessen Herstellung $CO_2$-Emissionen anfallen. Wasserstoff dient der chemischen Industrie nicht nur zur Energieerzeugung, sondern ist vor allem als Rohstoff für zahlreiche Produkte von Bedeutung. Des Weiteren ist geplant, einen Wasserstoffspeicher in Gronau-Epe sowie einen Elektrolyseur am Standort der Raffinerie in Lingen an das Netz anzuschließen.

Muttenz, geografisch außerhalb von Basel in der Schweiz und somit im geografischen Zentrum des Kontinents gelegen, zeichnet sich durch eine trimodale Erschließung aus. Dennoch steht dieser größte Chemiepark der Schweiz vor Herausforderungen, insbesondere in Bezug auf die begrenzten räumlichen Möglichkeiten zur Erweiterung der erneuerbaren Energieproduktion ([20]). Angesichts dieser Herausforderungen konzentriert sich das $H_2$-Kompetenzzentrum des Parks (s. Abb. 9.7) darauf, neben regionalen Lösungen auch integrierte interkontinentale Lösungen zu entwickeln, die auf der Nutzung von grünem Ammoniak basieren, einem vielversprechenden Rohstoff, der aus grünem Strom und Stickstoff aus der Luft klimaneutral hergestellt werden kann. Dabei wird untersucht, wie grünes Ammoniak direkt in Wärme und Elektrizität umgewandelt werden kann, ebenso wie die Produktion von grünem Methanol und die Verwendung von Wasserstoff in Blockheizkraftwerken und Brennstoffzellen.

Emmen, der zweitgrößte Chemiepark der Niederlande im Nordosten des Landes gelegen, stellt einen von sechs Standorten des ambitionierten EU Wasserstoff

**Abb. 9.7** $H_2$ Kompetenzzentrum Schweiz.

**Abb. 9.8** Der Weg des Wasserstoffs – zentrale $H_2$ Versorgung (NL).

Projekts HEAVENN dar, das darauf abzielt, grünen Wasserstoff über die gesamte Wertschöpfungskette hinweg zu nutzen und gleichzeitig anwendbare Geschäftsmodelle für den großflächigen kommerziellen Einsatz in sogenannten Hydrogen Valleys zu entwickeln (s. Abb. 9.8) (vgl. [21]).

Durch die Integration erneuerbarer Energiequellen in der Küstenregion wird das im Landesinneren liegende Emmen über die Anbindung an das zentrale niederländische Wasserstoffverteilnetz zu einem Kernstandort für die Produktion und Verteilung von grünem Wasserstoff in der Region. Dazu rüstet der Betreiber des Parks u. a. die Brenner und Brennräume der bestehenden Gaskraftwerke auf einen Multi-Fuel-Betrieb um, bei dem in beliebigem Verhältnis optional Erdgas, Biomethan oder Wasserstoff verwendet werden kann. Das ist technisch sehr anspruchsvoll, da sich das Brennverhalten von Erdgas extrem von dem von Wasserstoff unterscheidet und erhebliche F&E-Aufwendungen erfordert hat. Aber durch dieses Vorgehen ist der Standort jetzt flexibel und kann für seine Kunden den jeweils optimalen Energiemix basierend auf ESG, regulatorischen, umweltpolitischen oder wirtschaftlichen Erwägungen bereitstellen. Bereits jetzt kann bei Bedarf der Erdgasbedarf durch das optionale Hinzufügen von Wasserstoff bis zu etwa einem Fünftel gesenkt werden. Das Ziel besteht darin, ein Angebot für alle ansässigen Betriebe zu bieten und diese

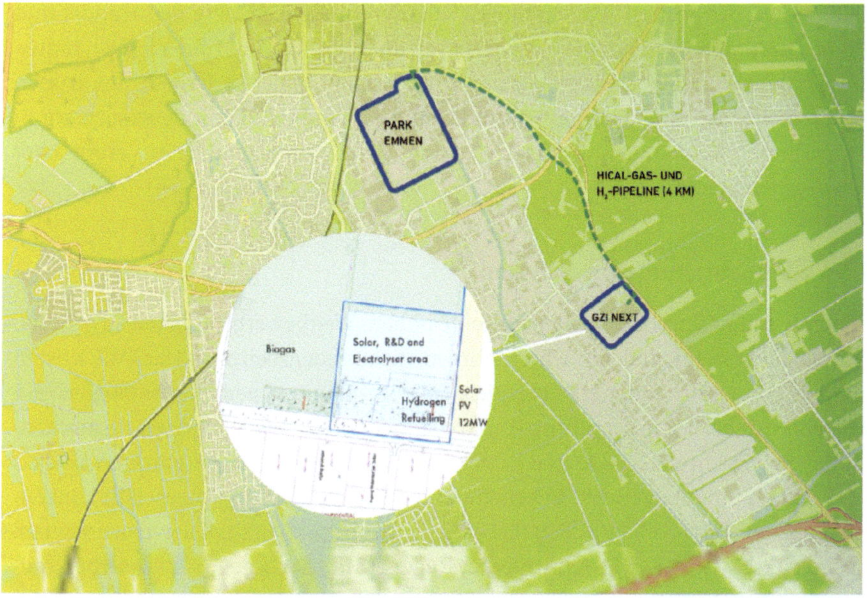


**Abb. 9.9** Dezentrale $H_2$ Erzeugung Emmen (NL).

Quote beliebig skalierbar bis Ende 2025 auf 100 % grünen Wasserstoff erweitern zu können. Damit wird der Park einer der ersten in Europa sein, der theoretisch energetisch komplett erneuerbar betrieben werden kann.

Dazu wird Wasserstoff sowohl regional als auch überregional produziert und bezogen. So wird die regionale Gasbehandlungsanlage (GZI) in Emmen derzeit in einen GZI Next Energy Hub umgewandelt (vgl. [22]). Ein Elektrolyseur mit einer Leistung von mindestens 4 MW wird errichtet, um grünen Wasserstoff aus grünem Strom zu erzeugen. Dieser wird vom Komplex GZI Next zum Industriepark über eine neu gebaute Pipeline transportiert und leistet damit einen Beitrag zur Vergrünung des industriellen Erdgasverbrauchs. Darüber hinaus wird eine Wasserstofftankstelle gebaut, um grünen Wasserstoff an Wasserstoffbusse zu liefern.

Der deutlich größere und relevantere $H_2$ Bedarf soll allerdings über den Anschluss an das Hydrogen Backbone der Niederlande generiert werden. Dazu wandelt der nationale Gasnetzbetreiber einen signifikanten Teil des vorhandenen Erdgasnetzes in ein zentrales Wasserstoffnetz um, an das der Park inzwischen dank einer separaten $H_2$ Pipeline angeschlossen ist. Damit ist eine Versorgung mit grünem $H_2$ auch über die großen Nordseehäfen oder das sich im Aufbau befindliche europäische Wasserstoffnetz gewährleistet. Außerdem wird zusätzlich die Errichtung eines geplanten Gasterminals des in der Nähe liegenden Eemshaven die weitere Entwicklung der Wasserstoffinfrastruktur unterstützen. Dieses Terminal wird nicht nur in der Lage sein, flüssiges Methan (LNG) zu verarbeiten, sondern auch eine effiziente Abwicklung von grünem Wasserstoff zu ermöglichen. All diese parallelen Infrastrukturinvestitionen sind notwendig, um zuverlässige und effektive

Lieferketten für grünen Wasserstoff zu schaffen und gleichzeitig den Handel und die Integration verschiedener erneuerbarer Energieträger zu fördern. Der Industriepark wird somit zu einem zentralen Knotenpunkt in der Lieferkette des grünen Wasserstoffs, der eine nachhaltige und umweltfreundliche Energieversorgung in der gesamten Region, gerade auf der letzten Meile zum eigentlichen Verbraucher erst möglich macht.

### 9.3.4 Infrastructure-as-a-Solution

Generell ist die Idee von Chemieparks eine höhere Wettbewerbsfähigkeit zu generieren, indem man mit anderen Unternehmen zusammenarbeitet und sich die Kosten teilt. So können Chemieparks beispielsweise gemeinsam neue Technologien entwickeln, sich bei der Beschaffung von Rohstoffen und Dienstleistungen zusammenschließen oder ihre Produkte und Dienstleistungen gemeinsam vermarkten, so dass man sich als produzierendes Unternehmen komplett auf sein Kerngeschäft konzentrieren kann. Der größte Effizienzhebel liegt aber in der Nutzung der gemeinsamen Infrastruktur zu der z. B. Kraftwerke, Regenerationsanlagen, Abwasserbehandlungsanlagen, Logistik- & Datenzentren sowie sämtliche weiter benötigten Utilities gehören. Aufgrund der oben beschriebenen sich ständig verändernden Rahmenbedingungen sind gerade in diesem Bereich zukünftig erhebliche Investitionen nötig, um einerseits wettbewerbsfähig zu bleiben aber andererseits auch den gesetzlichen Rahmenbedingungen zu entsprechen.

**Abb. 9.10** Die deutsche chemische Industrie (*Quelle:* [23]).
Nur die Unternehmen der deutschen chemischen Industrie investieren – als drittgrößte Industriebranche in Deutschland – jährlich fast 9,5 Milliarden Euro in ihre Produktionsanlagen (vgl. [24]). Davon gehen nach eigenen Schätzungen rund 15–20 % in Infrastrukturinvestitionen, die nicht zwingend mit den eigentlichen Produktionsanlagen direkt zusammenhängen. Diese Investitionen könnten innovative Dienstleister übernehmen. In Europa entfällt rund ein Viertel des Chemieumsatzes auf die deutsche Chemie. Der europäische Gesamtmarkt für diesen „Infrastructure-as-a-Solution" Markt beträgt also in etwa zwischen 6 bis 8 Milliarden Euro jährlich. https://pxhere.com/de/photo/267871 [15.05.2024]

**Abb. 9.11** Moderner Pharma Produktionsstandort in Stein (CH) u. a. für personalisierte Zell- und Gentherapien (*Quelle:* [20]).

Um die erforderlichen Mittel für die physische und digitale Umstellung der Infrastruktur zu beschaffen und die resultierenden Ausgaben gerecht und wirtschaftlich vernünftig auf die Nutzer zu verteilen, sind neue innovative Ansätze erforderlich. Das soll unter dem Begriff Infrastructure-as-a-Solution verstanden werden. Es beinhaltet also nicht nur den Betrieb der Infrastruktur von Industrieparkbetreibern, sondern auch integrierte, nachhaltige und verlässliche Finanzierungslösungen zur Finanzierung praktisch sämtlicher CAPEX als auch OPEX Kosten am Standort außerhalb der eigentlichen Produktionsanlagen z. B. bis hin zur Reinraumtechnik unter Pharma GMP Bedingungen.

Die Unternehmen können sich dadurch auf ihr Kerngeschäft Forschung und Produktion konzentrieren und geben alles andere an den Infrastrukturpartner ab, der die Infrastruktur aus einer Hand finanziert und betreibt.

Ein Beispiel dafür ist die Übernahme der Immobilien, infrastrukturbezogenen Vermögenswerte und Dienstleistungen des Life-Science-Parks Rheintal in Stein, Schweiz (s. Abb. 9.11) (vgl. [25], 22. August). Der Life-Science-Park Rheintal in Stein, Kanton Aargau, ist ein wichtiger Hub für Forschung, Entwicklung und Innovation im Bereich Life Sciences und Gesundheitswesen. Der Park bietet ein ideales Umfeld für Innovationen, hochqualifizierte Mitarbeiter und große Entwicklungsmöglichkeiten. Derzeit sind rund 2000 Mitarbeiter von Pharma- und Biotechnologieunternehmen in den Bereichen Forschung, Entwicklung und Produktion beschäftigt. Neben hochmodernen Einrichtungen verfügt der Park über herausragende internationale Life Science Expertise. Der Infrastrukturbetreiber selbst bietet umfassende Dienstleistungen in den Bereichen Gebäudemanagement, Energieversorgung, Engineering, Wartung, Logistik sowie Umweltschutz.

Als führender und finanzstarker Energiedienstleister und Industrieparkbetreiber bietet der Infrastrukturbetreiber dort neben den klassischen Infrastrukturdienstleistungen seinen Kunden auch die Infastrucutre-as-a-Solution an. Dafür übernimmt er die Finanzierung praktisch sämtlicher Investitionsausgaben außerhalb der eigentlichen Produktion als auch die aktivierungsfähigen Ausgaben für die Instandhaltung des Unternehmens am Standort, die nicht die eigentlichen Produktionsanlagen betreffen. Darüber hinaus werden im Park die ungenutzten Flächen professionell weiterentwickelt, ein internationales Marketing zur Flächenverwertung aufgebaut und so die Fixkosten für alle Beteiligten weiter reduziert.

Eine andere neue Option ist das Wasserstoff-Contracting. Es stellt eine Möglichkeit dar, das Kerngeschäft eines Pharma- oder Chemieunternehmens vor überproportionalen Ausgaben für die Finanzierung einer Wasserstoffinfrastruktur zu schützen und gleichzeitig den Weg zur Netto-Null-Emission zu ebnen. Die neutrale Finanzierung, der Anlagenbau und der Betrieb von Wasserstoffinfrastruktur werden, wie im vorherigen Kapitel beleuchtet, zunehmend an vielen Chemie- & Pharmastandorten diskutiert, insbesondere an solchen, die nicht in naher Zukunft an das europäische Wasserstoffnetz angeschlossen werden können.

Der ggf. notwendige Bau einer dezentralen Wasserstoffproduktion ist praktisch mit dem Bau einer Fabrik vergleichbar. Deshalb kann man auch von der Entwicklung, der Finanzierung, dem Bau und dem Betrieb einer grünen „Fabrik vor der Fabrik" sprechen (s. Abb. 9.12).

Dabei werfen sich zwangsläufig komplexe Fragen zur Sektorenkupplung, zu Finanzierungsrisiken, zur technologischen Integration und zur Realisierung von Skaleneffekten auf. Für Unternehmen wird es entscheidend sein, den strategischen Fokus entlang dieser neu entstehenden, eng mit dem pharmazeutischen oder chemischen Kerngeschäft verbundenen Wertschöpfungskette nicht zu vernachlässigen.

Integrierte Contracting-Lösungen von Anbietern, die auf der einen Seite das Infrastrukturgeschäft eines Pharma- oder Chemieparks aber auf der anderen Seite auch das sich stark wandelnde Geschäft eines Energiedienstleisters beherrschen, zum Bau der grünen „Fabrik vor der Fabrik" bieten dabei interessante Alternativen, um den Weg zu Netto-Null-Emissionen durch Wasserstoffnutzung zu beschreiten (vgl. [26]).

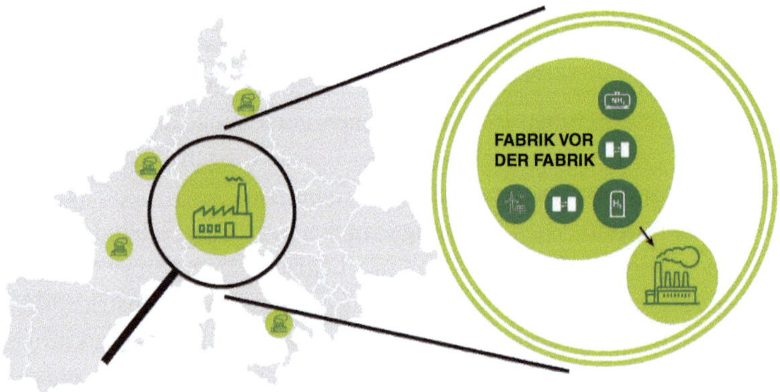


**Abb. 9.12** Die grüne „Fabrik vor der Fabrik" liegt meist außerhalb der strategischen Kernkompetenzen eines Chemie- oder Pharmaunternehmens. (*Quelle:* Mit freundlicher Genehmigung von Getec).

**Abb. 9.13** Wasserstoff Contracting. (*Quelle:* Mit freundlicher Genehmigung von Getec).

Diese Lösungen erfordern zwar erhebliche Kapitalinvestitionen und stellen operative Herausforderungen dar, doch durch die Vergabe an spezialisierte Unternehmen können Unternehmen diese Risiken abmildern. Ein solches Wasserstoff-Contracting ermöglicht es, große Investitionen außerhalb der Bilanz zu halten und bietet die Möglichkeit, Skaleneffekte durch die Integration mehrerer Betriebe und Standorte zu nutzen und auch eine technische Garantie zu erhalten, dass die geplanten Leistungsparameter auch erzielt werden. Abbildung 9.13 zeigt die Arbeitsphasen im Wasserstoff-Contracting.

#### 9.3.4.1 Fazit zur Zukunft der Industrieparks

Pharma- & Chemieparks haben also – wenn Sie innovativ agieren – ein erhebliches Potenzial, sich weiterhin zu zukunftsweisenden Clustern für die Chemie- & Pharmaindustrie zu entwickeln. Durch die Nutzung erneuerbarer Technologien, nachhaltiger Strategien und interkontinentalen Kooperationen z. B. zur grünen Energieversorgung können sie einen wichtigen Beitrag zur Zukunft der Branche und der Gesellschaft leisten. Chemieparks sind also weit mehr als nur Produktionsstätten. Sie sind – richtig ausgerichtet – innovative und nachhaltige Ökosysteme, die die Wettbewerbsfähigkeit der Chemie- & Pharmaindustrie stärken und gleichzeitig den Herausforderungen der Zukunft aktiv begegnen. Durch die Nutzung ihrer vielfältigen Vorteile und die Umsetzung zukunftsorientierter Lösungen können und werden Pharma- & Chemieparks zusammen mit ihren innovativen Infrastrukturbetreibern einen wichtigen Beitrag zu einer nachhaltigen und erfolgreichen Zukunft der Branche leisten.

## Quellenverzeichnis

1. CEFIC (2024). Our Contribution To EU27 Industry, in CEFIC, European Chemical Industry Council [online]: https://cefic.org/a-pillar-of-the-european-economy/facts-and-figures-of-the-european-chemical-industry/our-contribution-to-eu-industry [14.05.2024].

2. CEFIC Chemdata International (2022). EU27 chemical sales 2022 (€760 billion), in CEFIC, European Chemical Industry Council [online]: https://cefic.org/a-pillar-of-the-european-economy/facts-and-figures-of-the-european-chemical-industry/profile/#h-eu27-chemical-sales-broken-down-by-country-2022 [14.05.2024].
3. Verband der Chemischen Industrie e. V. (2024). Chemieparks: Zahlen, Daten und Standortinfos, in VCI [online]: https://www.vci.de/die-branche/chemieparks/chemieparks-zahlen-daten-und-standortinfos-fachvereinigung-chemieparks.jsp [14.05.2024].
4. Evonik Industries (2021, 11. Mai). Chemiepark Marl – Gemeinsam sind wir stark, in Chemiepark-Marl [online]: https://www.chemiepark-marl.de/de/investoren/verbund [15.05.2024].
5. Nonnast, T. (2021, 24. März). BASF, SABIC und Linde arbeiten gemeinsam an der Realisierung des weltweit ersten elektrisch beheizten Steamcracker-Ofens, in BASF [online]: https://www.basf.com/global/de/media/news-releases/2021/03/p-21-165.html [15.05.2024].
6. Currenta (2024). Werkfeuerwehr, in Currenta [online]: https://www.currenta.de/karriere/werkfeuerwehr [15.05.2024].
7. Nobian (2024). Our green hydrogen is a by-product of chlorine and caustic production, which is based on salt water electrolysis, in Nobian [online]: https://www.nobian.com/en/products/hydrogen/our-green-hydrogen-is-a-by-product-of-chlorine-and-caustic-production-which-is-based-on-salt-water-electrolysis [15.05.2024].
8. ARCUS Greencycling Technologies GmbH (2023, 19. Juni). Umweltschonend: Ludwigsburger Start-up Arcus macht aus Abfall Kunststoff, in Arcus-Greencycling [online]: https://arcus-greencycling.com/umweltschonend-ludwigsburger-start-up-arcus-macht-aus-abfall-kunststoff [15.05.2024].
9. MDR Sachsen-Anhalt (2024, 16. Februar). Merseburg bekommt Zentrum für chemische Forschung, in MDR [online]: https://www.mdr.de/nachrichten/sachsen-anhalt/halle/saalekreis/neues-forschungszentrum-chemie-merseburg-100.html [15.05.2024].
10. Hochschule Merseburg (2023, 13. Oktober). Pool-in-loop: Energieeffiziente katalytische Depolymerisation – Kunststoffabfälle zu neuen Polymeren, in Hochschule Merseburg [online]: https://www.hs-merseburg.de/hochschule/projekte/pool-in-loop [15.05.2024].
11. Fraunhofer-Institut für Windenergiesysteme (2024). Leuna 100 – Kontinuierliche Produktion von eMethanol mittels homogen katalysierter Synthesegasumsetzung, in Fraunhofer IWES [online]: https://www.iwes.fraunhofer.de/de/forschungsprojekte/aktuelle-projekte/leuna-100.html [15.05.2024].
12. Verband der Chemischen Industrie e. V. (2021, Dezember). Chemieparks in Deutschland: Investieren an wirtschaftlich attraktiven Standorten – mitten in den Märkten Europas, in Chemicalparks [online]: https://chemicalparks.com/fileadmin/user_upload/220111_Chemieparks_in_Deutschland_DE_1221.pdf [15.05.2024].
13. Novartis AG (2024). Novartis Campus, in Novartis Campus [online]: https://www.campus.novartis.com/de/novartis-pavillon [15.05.2024].
14. Infraserv GmbH & Co. Höchst KG (2023, 28. September). Die Industrie der Zukunft mitgestalten – Praktische Einblicke in die Welt der Sensortechnik beim LoRaWAN-Event-Day im Industriepark Höchst, in Infraserv [online]:

https://www.infraserv.com/de/aktuelles/presse/pressemeldungen/industrielle-nutzung-sensortechnik.html [15.05.2024].

15. Bender, O. (2023, 21. März). Smart Control Center optimiert Ressourcenmanagement firmenübergreifend – Hohe Verfügbarkeit physischer und virtueller Maschinen dank Multi-Consoling-Steuerung im GETEC Park.Swiss, in CHEManager-Online [online]: https://www.chemanager-online.com/news/smart-control-center-optimiert-ressourcenmanagement-firmenuebergreifend [15.05.2024].
16. GETEC Group (2024). Smart-Control-Center – Digitales Herzstück, in Getec-Energyservices [online]: https://www.getec-energyservices.com/de/impact/smart-control-center.php [15.05.2024].
17. Kumar, M. und van Meurs, M. (2022, 9. Dezember). Where do chemical companies fit in the metaverse?, in Accenture [online]: https://www.accenture.com/us-en/insights/chemicals/chemical-companies-fit-metaverse#accordion-f0cf85d28f-item-64f0e5d76d [15.05.2024].
18. Currenta (2023, 13. November). Currenta liefert grüne Energien für klimafreundliche Pharma-Produktion, in Currenta [online]: https://www.currenta.de/currenta-liefert-gruene-energie-fuer-klimafreundliche-pharma-produktion [15.05.2024].
19. Zeitung für kommunale Wirtschaft (2023, 26. September). Get $H_2$ Nukleus: Partner unterzeichnen Realisierungsverträge, in ZfK [online]: https://www.zfk.de/energie/gas/get-h2-nukleus-partner-unterzeichnen-realisierungsvertraege [15.05.2024].
20. GETEC Group (2023). Getec-Webcast: Zukunftstechnologie Wasserstoff – Industrielösungen in der Praxis, in LinkedIn [online]: https://www.linkedin.com/posts/getec-group_getec-webcast-zukunftstechnologie-wasserstoff-activity-7105528077895524353-DmMG/?originalSubdomain=de [15.05.2024].
21. GETEC Group (2022). ESG-Bericht 2022, in Getec-Energyservices [online]: https://www.getec-energyservices.com/de/media/flipbooks/esg-bericht-2022 [15.05.2024].
22. HEAVENN ($H_2$ Energy Applications in Valley Environments for Northern Netherlands) (2024). Emmen Industry, in Heavenn [online]: https://heavenn.org/emmen-industry [15.05.2024].
23. Mcsporran, J. (2024). in Pxhere [online]: https://pxhere.com/de/photo/267871 [15.05.2024].
24. Chemie³ (2024). Schlüsselindustrie für nachhaltige Entwicklung, in Chemiehoch3 [online]: https://www.chemiehoch3.de/branche/kennzahlen-chemische-industrie/#:~:text=Die%20Unternehmen%20der%20deutschen%20chemischen,Investitionen%20des%20gesamten%20Verarbeitenden%20Gewerbes [15.05.2024].
25. GETEC Group (2023, 22. August). GETEC wird neuer Eigentümer und Betreiber des Life-Science-Park Rheintal in Stein, in Getec-Energyservices [online]: https://www.getec-energyservices.com/de/media/news/industrieparkbetrieb.php [15.05.2024].
26. Gebhardt, A. (2022, 4. August). Wasserstoff-Contracting für nachhaltige Chemiestandorte – Dekarbonisierungsstrategie mit dezentraler Wasserstoff- und Ammoniakproduktion, in CHEManager-Online [online]: https://www.chemanager-online.com/news/wasserstoff-contracting-fuer-nachhaltige-chemiestandorte [15.05.2024].

# Teil 3

# Industrieservice-Spezialisten für Chemie und Pharma

# 10

# Interner Technik-Dienstleister als erfolgreiches Industrieservice-Modell

*Edgar Heep, Roland Junker, Dr. Robert Schleich, Ralph Urban und Tim Waldeck*

*Infraserv GmbH & Co. Höchst KG*

**Abstract**

*Die Autoren beleuchten das Modell des internen Technik-Dienstleisters in Chemie- und Pharmaunternehmen und zeigen dabei, wie interne Serviceeinheiten durch ihre Nähe zu den Produktionsprozessen maßgeschneiderte, flexible und effiziente Lösungen bieten können. Es werden die Vorteile wie kurze Reaktionszeiten, hohe Prozesskenntnis und enge Zusammenarbeit mit den Fachabteilungen herausgestellt. Herausforderungen wie Kostentransparenz, Benchmarking und die Notwendigkeit kontinuierlicher Weiterentwicklung werden diskutiert. Einblicke in die Organisation, Steuerung und Erfolgsfaktoren interner Technik-Dienstleister zeigen auf, wie sie zur Steigerung der Wettbewerbsfähigkeit und Innovationskraft beitragen.*

## 10.1 Vorstellung der Infraserv GmbH & Co. Höchst KG

Infraserv Höchst mit Sitz in Frankfurt am Main bietet als erfahrener Partner bei der Entwicklung von Forschungs- und Produktionsstandorten nachhaltige, intelligente und effiziente Lösungen für die chemische und pharmazeutische Industrie.

Die Leistungsfelder des Unternehmens, das den Industriepark Höchst betreibt, umfassen die Versorgung mit Energien, Entsorgungsleistungen, den Betrieb von Netzen, Standortservices, Arbeits- und Gesundheitsschutz sowie Umweltschutz und Facility Management. Die zur Infraserv Höchst-Gruppe gehörenden Tochtergesellschaften erbringen Services in den Bereichen Logistik, Bildung und Prozesstechnik.

Die Infraserv GmbH & Co. Höchst KG beschäftigt rund 2100 Mitarbeiter und 200 Auszubildende. Zur Infraserv-Höchst-Gruppe gehören rund 3000 Mitarbeiter und 230 Auszubildende.

Die Leistungen im Bereich Versorgung mit Energien umfassen unter anderem

- Stromerzeugung in verschiedenen Spannungsebenen,
- Wärmeerzeugung in Form von Dampf in verschiedenen Druckstufen,
- Kälte, mit verschiedenen Kälteträgern und Temperaturniveaus,
- Erdgas und Biogas in verschiedenen Druckstufen,
- Technische Gase im wesentlichen Stickstoff, Sauerstoff (aus eigenen Luftzerlegungsanlagen) und Wasserstoff sowie Druckluft,
- Wasser, Trinkwasser, vom Kühlwasser (Fluss- oder Rückkühlwasser) über VE-Wasser bis Pharma-Reinstwasser
- und weitere fachnahe Leistungen (Energiemanagement, Energieverteilung etc.).

Im Bereich der Entsorgung sind dies im Wesentlichen

- Abwasserentsorgung (Industrielle Abwasserbehandlung),
- Biogene Abfallbehandlung (Co-Fermentation und Biogaserzeugung),
- Ersatzbrennstoffverbrennung,
- Verbrennung gefährlicher Abfälle (Rückstandsverbrennung),
- Klärschlammverbrennung
- und fachnahe Leistungen wie Entsorgungs- und Abfallmanagement.

**Abb. 10.1** Interner Technischer Dienstleister für die Ver- und Entsorgungsanlagen der Infraserv GmbH & Co. Höchst KG (*Quelle:* Eigene Darstellung).

Zusammengefasst sind die Aktivitäten unter Ver- und Entsorgung in zwei Segmente aufgeteilt, Energiemanagement und Entsorgungsmanagement.

Für die Ver- und Entsorgungsanlagen der Infraserv Höchst sind die technischen Aktivitäten rund um die Anlagen in der Ver- und Entsorgung Technik (VET) als interner Dienstleister gebündelt. Der VET gegenüber steht zunächst als unmittelbarer Kunde die Ver- und Entsorgung Produktion (VEP). Hier sind alle Prozesse und das Personal zum Betrieb der Anlagen gebündelt Abb. 10.1.

## 10.2 Geschäftsmodell interner Technik Dienstleister

### 10.2.1 Interne Kunden und ihre Bedürfnisse

Die Aufgabe als interner Dienstleister in einem Unternehmensverbund technische Dienstleistungen für andere Einheiten zu erbringen, erfordert eine besondere Sicht auf den Kunden.

Zur strategischen Ausrichtung der VET auf die relevanten Bedarfsträger wurden folgende Kunden identifiziert:

- Geschäftsführung und Segmentleitungen
- Produktions- und Betriebsleitungen

Die wesentlichen Bedürfnisse dieser Kunden wurden nicht nur antizipiert, sondern durch vorbereitete Kundenbefragungen ermittelt. Im Wesentlichen lauten die Bedürfnisse der Kunden:

- Sicherstellung hoher Verfügbarkeit und Wettbewerbsfähigkeit
  - Geplante Stillstände, keine ungeplanten Ausfälle
  - Termingerechte Abwicklung aller Umbau- und Neubauprojekte
  - Rechtskonforme und technisch sichere Anlagen
- Effizienz und Transparenz
  - Wettbewerbsfähige Kosten mit stabilem Instandhaltungsbudget
  - Permanente Optimierung der Anlagentechnik und Instandhaltung
  - Fortgeschrittene Automatisierung und Digitalisierung von Anlagen und Prozessen
  - Budgetkonforme Abwicklung aller Instandhaltungs-, Umbau- und Neubauprojekte
- Schnelligkeit
  - Schnelle Reaktionszeit bei Anlagenausfällen
  - Zügige Realisierung von Projekten auch bei hoher Komplexität
- Nachhaltigkeit
  - Permanente Weiterentwicklung der Anlagen und der infrastrukturellen Prozesse bis hin zur Dekarbonisierung.
- Positives Image
  - Employer Branding Maßnahmen der Infraserv unterstützen
  - Technologische Exzellenz stärken und innovative Projekte umsetzen

Für die Mitarbeiter des internen Dienstleisters VET ist eine Ausrichtung auf verschiedene Kunden mit unterschiedlichen Bedürfnissen ein Change-Prozess. Die früheren Kollegen als Auftraggeber und Kunden zu sehen, ist eine besondere Herausforderung.

### 10.2.2 Kernprozesse des internen Technik-Dienstleisters

Auf Basis der Kundenbedürfnisse wird die VET-Prozesslandkarte weiterentwickelt. Dabei zeigt sich, dass eine kontinuierliche Anpassung der Prozesslandkarte nötig ist, um die Entwicklung der Organisation voranzutreiben und die sich ändernden Anforderungen zu berücksichtigen Abb. 10.2.

Die Entwicklung der Prozesslandkarte erfolgt ausgehend von den Kernprozessen, welche einen direkten Beitrag zur Wertschöpfung liefern und einen besonderen Kundennutzen stiften. Das bedeutet, dass sie sich aus den Anforderungen der Kunden und den zur Erfüllung dieser Anforderungen nötigen Kernkompetenzen ableiten. Damit sind Kernprozesse kritisch für den Erfolg und die Wettbewerbsfähigkeit des Dienstleisters.

Der wesentliche Kernprozess zum Umgang mit den beschriebenen Kundenanforderungen und -beziehungen ist der Prozess „Beziehungen zu den Kunden managen". Weitere wesentliche Kernprozesse sind neben der „Operativen Instandhaltung" (im weitesten Sinne die Sicherstellung der Anlagenverfügbarkeit) die „Strategische Instandhaltung".

Der Kernprozess „Strategische Instandhaltung" umfasst auch alle Aspekte zur Optimierung von Anlagen und Instandhaltung. Er kann besonders gut

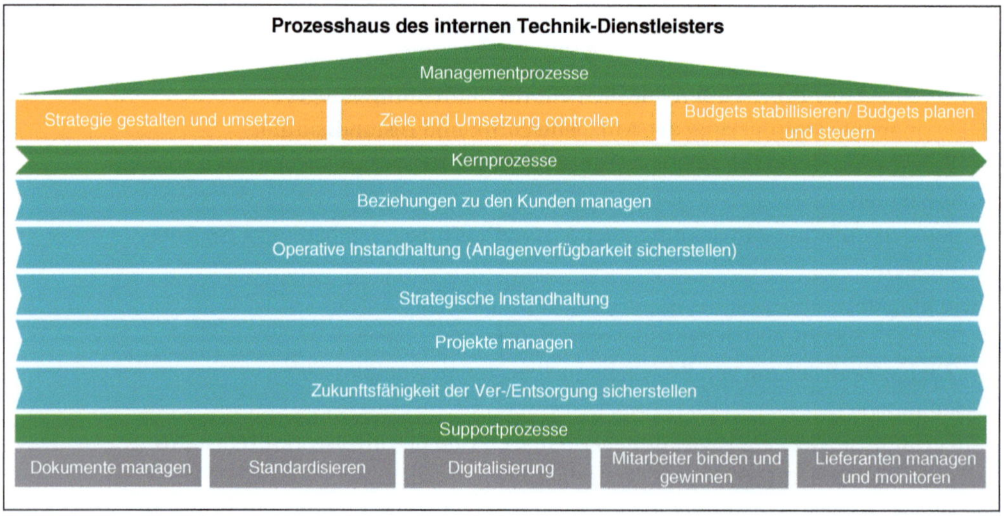


**Abb. 10.2** Prozesshaus der Infraserv Ver- und Entsorgung Technik (*Quelle:* Eigene Darstellung).

durch einen internen Technik-Dienstleister erbracht werden, da er ein tiefgehendes Verständnis der betreuten Anlagen verlangt. Dieser Prozess stiftet einen besonderen Nutzen bei den internen Kunden und bedeutet für die VET einen wesentlichen Beitrag zur Erhöhung der Wettbewerbsfähigkeit gegenüber externen Dienstleistern.

In der operativen Instandhaltung werden neben den täglichen Instandhaltungsaufgaben auch OPEX- und CAPEX-Projekte zur Erneuerung oder zum Neubau/Umbau von Anlagen abgewickelt. Zur standardisierten Abwicklung dieser Projekte dient der Kernprozess „Projekte managen". Er beschreibt den Ablauf eines Projektes in allen Details, bis zur Ablage von Dokumentation. Bei der Abwicklung kleinerer Projekte können die bis zur Erreichung der Projektziele nötigen Projektschritte angepasst werden.

Im Kernprozess „Zukunftsfähigkeit der Ver- und Entsorgung sicherstellen" wird beschrieben, welchen Beitrag die VET leistet, um die nötige ökologische und ökonomische Transformation der betreuten Segmente zu unterstützen. Themen sind eine Betrachtung relevanter Technologietrends und anderer relevanter Entwicklungen. Dem schließt sich die Aufstellung eines entsprechenden Plans für (innovative) Projekte und Maßnahmen an. Die Erhöhung der Nachhaltigkeit ist ein wesentliches Ziel zur Erreichung der Zukunftsfähigkeit.

Die Kernprozesse der VET und ihre Ziele lassen sich wie folgt zusammenfassen:

| **Kernprozess** | **Ziel/Zweck** |
|---|---|
| Beziehungen zu den Kunden managen | Aufbau eines langfristigen Vertrauensverhältnisses; Überführung der Kundenherausforderungen, bzw. -Bedürfnisse in Lösungen und Projekte/Aufträge |
| Operative Instandhaltung | Ungeplante Ausfälle verhindern und schnell beheben. Durchführung von Inspektion (Prüfung) und Wartung im geplanten zeitlichen Rahmen. Abwicklung aller Aufträge nach internen Standards |
| Strategische Instandhaltung | Permanente Weiterentwicklung der Instandhaltungsstrategie, Optimierung der Anlagen und der Instandhaltung, Sicherstellung der Anlagensicherheit und gesetzlichen Konformität |
| Projekte managen | Realisieren von Projekten, gemäß einem festgelegten Ablauf mit transparenter Darstellung von Kosten, Terminen und inhaltlicher Übereinstimmung zum beschriebenen und genehmigten Projektumfang |
| Zukunftsfähigkeit der Ver-/Entsorgung sicherstellen | Sicherstellen einer zukunftsfähigen und wettbewerbssicheren Aufstellung der Segmente/betreuten Anlagen unter technologischen Gesichtspunkten. Die Nachhaltigkeit soll erhöht und die Innovationskultur gefördert werden. |

Übergeordnete Managementprozesse dienen der Planung, Kontrolle und Steuerung der Aktivitäten eines Dienstleisters. Die Ausführung sowohl der Kern- als auch der Managementprozesse wird durch die sogenannten Supportprozesse unterstützt.

Diese Prozesse sind aber nicht darauf angelegt, einen direkten Kundennutzen zu stiften. Das Prozesshaus zeigt eine schlüssige Prozesszusammenstellung von oft auch ineinandergreifenden oder aufbauenden Prozessen.

Die permanente Weiterentwicklung der Prozesslandkarte ist in der Verantwortung der Prozesseigener. Die Prozesse sind regelmäßig zu kommunizieren und auch zu schulen. Häufig ergibt sich dadurch auch der Bedarf für eine Kompetenzweiterentwicklung der am Prozess beteiligten Mitarbeiter.

Aus der unternehmerischen Perspektive der Infraserv Höchst als Anbieter eines integrierten Standortbetriebs unterstützen die Prozesse der VET die eigenen Kernprozesse wie die Versorgung der Standortkunden mit Dampf oder Strom oder die Entsorgung von Abwässern.

Die operative und strategische Instandhaltung liefert den Kunden der Infraserv Höchst keine direkte Wertschöpfung. Aus einer übergeordneten Perspektive wäre die Instandhaltung als typischer Supportprozess einzustufen, welcher die Erzeugung von Energien oder den Betrieb von Entsorgungsanlagen unterstützt. Hier wird deutlich, wie entscheidend sich ein professioneller und wettbewerbsfähiger Supportprozess auf die Leistungsfähigkeit der Kernprozesse auswirken kann.

Die Ausrichtung als interner Dienstleister bedeutet also seinen Blick auf die internen Kunden und deren Anforderungen sowie auf die definierten Kern- und Supportprozesse zu richten.

Die weitergehende Betrachtung der Kundenanforderungen, die an einen internen Technik-Dienstleister VET gestellt werden, zeigt auch, dass es viel mehr als nur der Erbringung der Dienstleistung Instandhaltung und der Abwicklung von Projekten bedarf. Vielmehr muss sich auch ein interner Dienstleister strategisch auf den Erhalt seiner Wettbewerbsfähigkeit konzentrieren und damit seine Zukunftsfähigkeit im Unternehmen sichern.

Dazu ist ein besonderes Verständnis der Anforderungen von Kunden im eigenen Unternehmen, aber auch der Antizipation von Entwicklungen außerhalb des Unternehmens erforderlich. Dies betrifft technologische, aber auch gesellschaftliche (z. B. Demografie) und gesetzliche Entwicklung.

### 10.2.3 Zentrale vs. dezentrale Organisation

Nach Gründung der Infraserv Höchst, die wie andere Firmen im Industriepark Höchst aus der Höchst AG hervorging, hatte jeder Betrieb (jede Ver- oder Entsorgungsanlage) eine eigene sog. Betriebstechnik-Gruppe mit Handwerkern und Betriebsingenieuren, in deren Verantwortung insbesondere die Instandhaltung der Anlagen lag. Damit war die Instandhaltung dezentral in den Betrieben organisiert.

Zentral gab es eine Gruppe (sog. Engineering) von Ingenieuren zur Projektabwicklung, also zum Umbau oder Neubau von Anlagen in den Bereichen Ver- und Entsorgung.

Die organisatorische Trennung der dezentralen betrieblichen Instandhaltung und der zentralen Engineering Gruppen führte zu Abstimmungsschwierigkeiten zwischen diesen Einheiten, besondere betriebliche Belange wurden teilweise nicht erkannt oder nicht berücksichtigt. Die dezentrale Aufstellung der Instandhaltung verhinderte eine übergreifende Standardisierung von Prozessen, eingesetzten Aggregaten sowie EDV-Systemen und Prozessleittechnik. Die dezentrale betriebliche Zuordnung der Instandhaltung brachte deutliche Nachteile und Intransparenzen bei der Kostenplanung und -verfolgung.

Die heutige Organisation der VET umfasst die Einheiten Instandhaltung, Betriebstechnik, Engineering sowie Digitalisierung.

Im Zuge der Trennung von Produktion und Technik wurden die Mitarbeiter der dezentralen Instandhaltungsgruppen organisatorisch zu einer Einheit Instandhaltung zusammengefasst. Die Mitarbeiter der Instandhaltungsorganisation sind in sog. Fachteams vor Ort in den Anlagen tätig. Es gibt einige zentralisierte Aufgaben und Mitarbeiter, bei personellen Kapazitätsengpässen in einzelnen Anlagen können vorübergehend Mitarbeiter aus anderen Fachteams unterstützen.

Zur eindeutigen Zuweisung der technischen Verantwortung in den Betrieben wurde die Betriebstechnik gegründet. Darin sind alle Betriebsingenieure für Mechanik/Verfahrenstechnik und EMSR-Technik geführt.

Durch die zentrale Organisationsform wird die Weitergabe von Wissen, bzw. Kompetenzen über Betriebe hinweg erleichtert. Spezialisierte Mitarbeiter mit besonderen Kompetenzen, z. B. Schwingungsmesstechnik, können nun anlagenübergreifend eingesetzt werden. Dadurch kann flexibler auf Bedarfe reagiert werden und die VET deckt mit eigenen Mitarbeitern ein größeres Spektrum an Aufgaben ab.

## 10.3 Operating Modell interner Technik-Dienstleister

Das Geschäftsmodel der VET umfasst im Kern eine Unterstützung der betreuten Segmente und Produktionsbetriebe mit allen benötigten technischen Dienstleistungen, so dass deren Standortkunden markt- und vertragsgerechte Produkte bzw. Dienstleistungen erhalten.

Die VET übernimmt die Kosten- und Maßnahmenplanung, stellt das erforderliche Personal in Quantität und Qualität und setzt bei Bedarf zusätzliche externe Fachkräfte oder Fachfirmen, Experten und Spezialisten ein.

Die VET stellt konkurrenzfähige Kosten, Termin- und Budgeteinhaltung sowie Lieferung und Leistung in notwendiger Qualität und Quantität sicher.

Zur Erbringung der zugesagten Leistungen spielt die Verfügbarkeit von qualifiziertem Personal eine starke Rolle. In den letzten Jahren hat sich in diesem Bereich eine deutliche Veränderung der Bedingungen gezeigt.

Von Vorteil ist, dass innerhalb der VET aber vor allem auch innerhalb der Infraserv Höchst Personalentwicklung durch Wechsel in andere Bereiche gefördert und gefordert wird, d. h. die VET dient gleichzeitig als Ausbildungseinheit für junge

Mitarbeiter nach dem Studium oder der Ausbildung. Nach einigen Berufsjahren wechseln Mitarbeiter in andere Abteilungen der VET oder in andere Bereiche oder Segmente der Infraserv Höchst.

Diese Vorgehensweise birgt einen erhöhten Ausbildungsaufwand für die VET, den ein externer Dienstleister nicht in diesem Maße hätte, aber sie steigert auch die Attraktivität der VET und der Infraserv Höchst für Nachwuchspersonal, da diese potenziellen Entwicklungswege schon bei der Bewerbung skizziert werden.

### 10.3.1 Herausforderungen als interner Dienstleister

In der gewählten Organisationsstruktur sind die Schnittstellen zwischen der VET und der Produktion sowie den Kundensegmenten von entscheidender Bedeutung.

Nach der Aufteilung in die Bereiche Produktion und Technik wurden verschiedene Initiativen zur Gewährleistung eines effizienten und zukunftsfähigen Gesamtbetriebs durchgeführt. Deren Ziel war eine Förderung der Zusammenarbeit und der Abstimmung der spezialisierten Unternehmensbereiche. Erfolgskritisch sind hierbei die Themengebiete: exakte Rollendefinition, transparente Verantwortlichkeitszuordnung sowie Förderung der intensiven Zusammenarbeit.

Rückblickend zeigt sich, dass eine umfangreiche Begleitung der Transformation durch ein auf die Mitarbeiter ausgerichtetes Change-Management entscheidend ist. Der Erfolg einer Transformation von einer dezentral organisierten zu einer zentralisierten Einheit hängt maßgeblich von der „Mitnahme" der Mitarbeiter ab. Es ist wichtig, die Mitarbeiter in den Veränderungsprozess frühzeitig einzubeziehen, ihre Bedenken zu berücksichtigen und Gestaltungsvorschläge der Mitarbeiter ernst zu nehmen.

### 10.3.2 Vorteile als interner Dienstleister

Ein Rückblick auf die letzten Jahre zeigt die Vorteile einer zentralisierten Organisation in Form eines internen Technik-Dienstleisters auf. Besonders die Vielfalt der Ver- und Entsorgungsanlagen spielt dabei eine entscheidende Rolle. Als interner Dienstleister kann die Organisation maßgeblich zur Standardisierung, Digitalisierung, Etablierung einheitlicher Prozesse, der Übertragung von Effizienzsteigerungen und zum flexibleren Personaleinsatz beitragen. Diese Ansätze über alle betreuten Anlagen zu verfolgen, ist essenziell für einen zukunftsfähigen Betrieb.

Die von der VET betreuten Ver- und Entsorgungs-Infrastruktur zählt z. T. im Sinne des Sicherheitsgesetztes des BSI (Bundesamt für Sicherheit in der Informationstechnik) zur kritischen Infrastruktur. Daher werden besondere Anforderungen an die Verfügbarkeit und Sicherheit der Anlage gestellt. Einige Anlagen sind Störfallanlagen und erfordern im Sinne des Störfallrechts ebenfalls besonderes Augenmerk. In beiden Fällen ergibt sich ein besonders hoher Anspruch an die Quantität und Qualität bei Instandsetzung, Wartung oder Prüfungen und an die Personalqualifikationen. Ein interner Dienstleister hat hier entscheidende Vorteile gegenüber einem externen Instandhaltungspartner, der dieses breite Feld an Aufgaben abdecken möchte.

### 10.3.3 Steigerung der Effizienz interner technischer Services

Effizienzsteigerung kann durch flexibleren Personaleinsatz, klare Rollenzuordnung, klare einheitliche und schlanke Prozesse sowie durch Standardisierung und Digitalisierung erreicht werden.

#### 10.3.3.1 Standardisierung

Ein wichtiger Aspekt ist die Standardisierung von Prozessen, technischer Dokumentation, technischen Dienstleistungen und technischem Equipment. Durch die Festlegung von einheitlichen Standards und Richtlinien können technische Dienstleistungen qualitativ hochwertiger und effizienter erbracht werden.

Durch Standardisierung ist eine Personalflexibilisierung bzw. Personalentwicklung einfacher zu ermöglichen, da ein Mitarbeiter (Ingenieur oder Techniker/Meister oder Handwerker) in jeder Anlage gleiche Prozesse, eine einheitliche Anlagenbeschriftung und Anlagendokumentation, eine einheitliche Instandhaltungsplanung, einheitliche Apps und eine standardisierte Projektabwicklung vorfindet.

Dadurch kann Standardisierung auch dem demografischen Wandel begegnen, da Einarbeitungszeiten erheblich verkürzt werden.

Neue Standardisierungs-Ansätze werden in Steckbriefen zusammengefasst und können somit für die Umsetzung überwacht werden Abb. 10.3.

Prüfungen von z. B. elektrischen Geräten werden ebenfalls vereinheitlicht und in einem neuen Softwaretool zentral erfasst. So kann über die Ausfallstatistik eine Zyklusanpassung/-streckung bei Prüfungen erfolgen.

Standardisierung erfordert meist die Bereitstellung von finanziellen und personellen Ressourcen und Kommittent der beteiligten Einheiten. Standards entfalten nur die geschilderten wirtschaftlichen Vorteile, wenn sie eingehalten werden.

Es ist wichtig, Standards regelmäßig zu überprüfen und zu aktualisieren, um sicherzustellen, dass diese weiterhin relevant sind und den sich ändernden Anforderungen gerecht werden.

#### 10.3.3.2 Einheitliche Prozesse

Einheitlich Prozesse unterstützen und sind gleichzeitig wesentliche Grundlage einer effizienten Arbeitsweise. In der Prozessbeschreibung sind festgelegte Schritte und Vorgehensweisen und deren Dokumentation sowie alle Prozessbeteiligten festgelegt. An bestimmten Übergabepunkten werden Teilergebnis bzw. Haltepunkte erreicht, an diesen sog. Gates wird sichergestellt, dass die vorhergehende Phase die notwendigen Prozessschritte oder Informationen bearbeitet und hinterlegt und somit den weiteren Prozessschritten zur Verfügung gestellt hat und alle Prozessbeteiligten jederzeit in der Lage sind, dies für ihre weiteren Aktivitäten nachzuvollziehen. Unnötige Schleifen oder Unklarheiten werden weitgehend vermieden.

#### 10.3.3.3 Digitalisierung

Die Digitalisierung bietet zahlreiche Möglichkeiten zur Verbesserung der Prozesse und der Anlagenperformance. Nachfolgend sind einige der wichtigsten Anwendungsgebiete und etablierten Lösungen dargestellt Abb. 10.4.

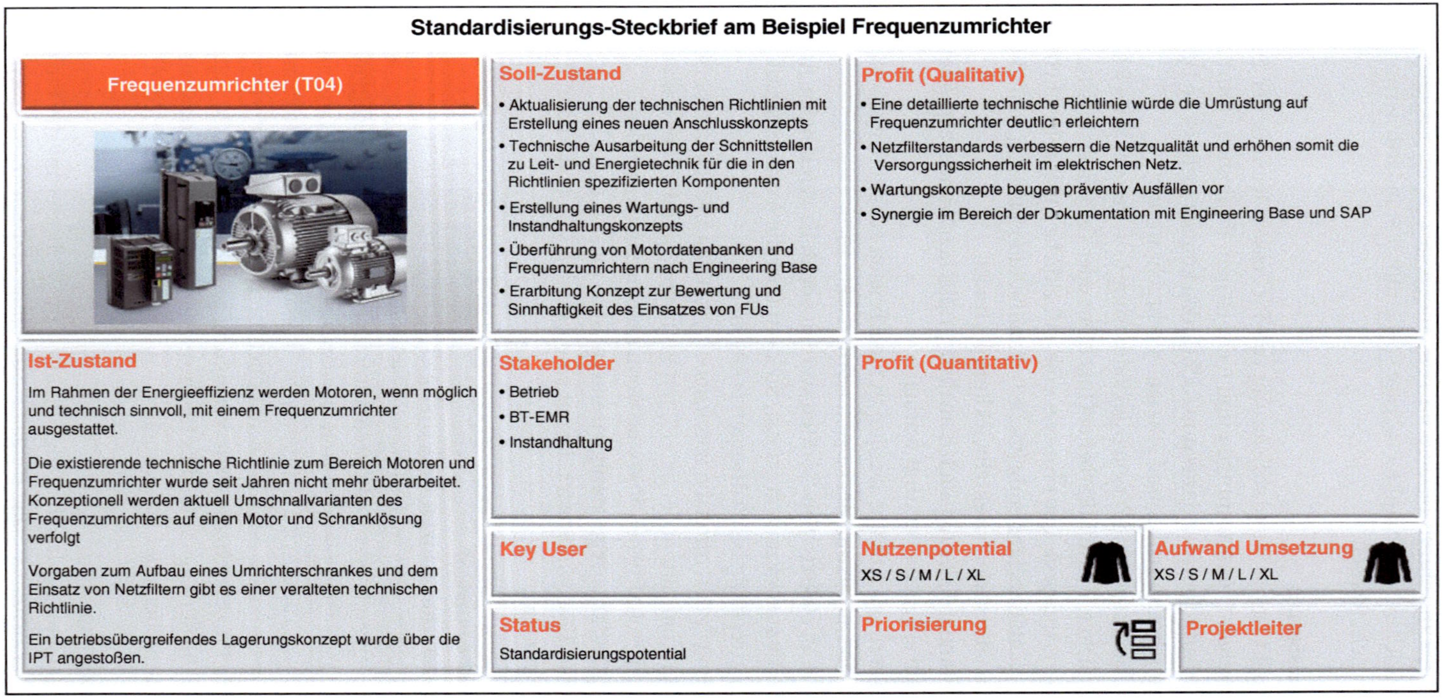


**Abb. 10.3** Standardisierungs-Steckbrief am Beispiel Frequenzumrichter (*Quelle:* Eigene Darstellung).

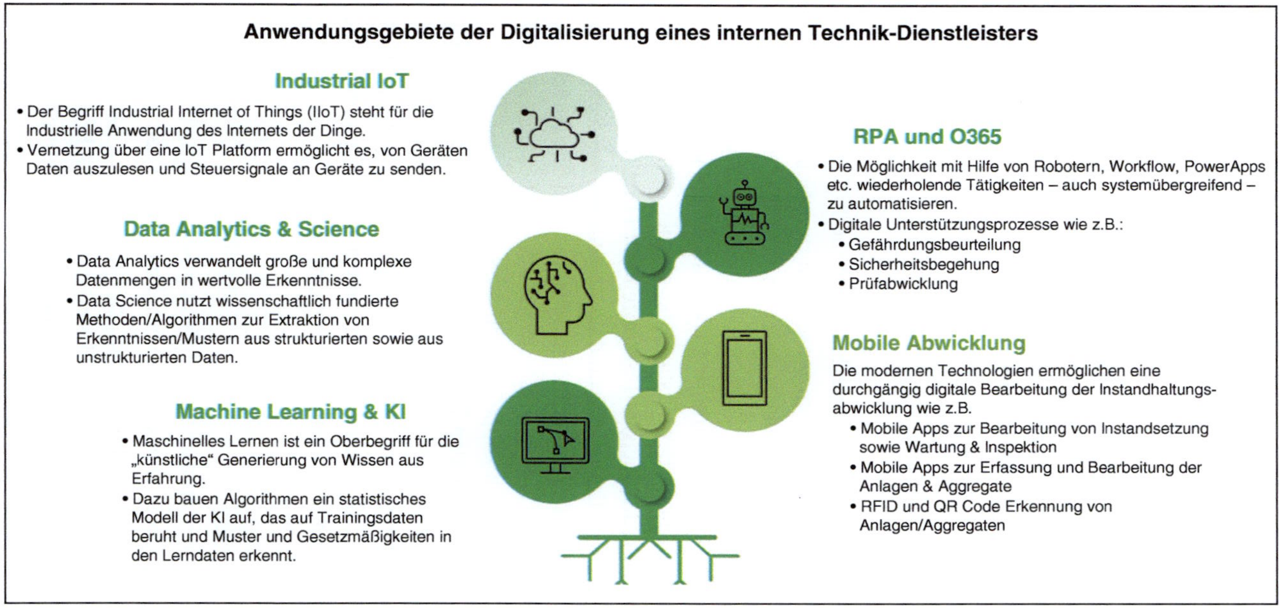


**Abb. 10.4** Anwendungsgebiete der Digitalisierung eines internen Technik-Dienstleisters (*Quelle:* Eigene Darstellung).

Durch die Nutzung moderner Technologien werden eine effizientere Planung, Durchführung, Dokumentation und Kommunikation ermöglicht. Die Arbeitsabläufe werden durch digitalisierte Prozesse zudem beschleunigt und die Ressourcen können effizienter eingesetzt werden. Zudem wird die Datenqualität der Stammdaten als auch Bewegungsdaten (Meldungen, Aufträge etc.) deutlich verbessert und auswertbarer.

#### 10.3.3.3.1 Data Analytics & Machine Learning

Eine wesentliche Voraussetzung zur Nutzung der bestehenden Daten ermöglicht die Konzeption und Aufbau einer entsprechenden Systemarchitektur zur Sammlung von übergreifenden Daten mit dem Zielbild des DataLake Abb. 10.5.

Von der Quellebene – wie beispielsweise den vielen Prozessleitsystemen, ERP-Systemen oder lokalen Steuerungssystemen – werden auch externe Herstellersysteme mittels API angebunden und alle notwendigen Daten in ein gemeinsames DataLake integriert. Darüber hinaus ermöglicht erst diese Anbindung die Visualisierung der Daten und Parameter von Aggregaten und Anlagen sowie Mustererkennung mittels neuer Technologien.

#### 10.3.3.3.2 Industrial IoT

Die Nutzung von intelligenten Sensoren – auch in Verbindung mit Datenanalyse – ermöglicht es, den Zustand der eigenen Maschinen und Anlagen kontinuierlich zu überwachen. In der Vergangenheit wurden Inspektionsrundgänge mit hohem Ressourcenaufwand durchgeführt, um den Zustand von Aggregaten zu ermitteln. Das kontinuierliche digitale Monitoring von Parametern wie Vibration, Temperatur, Druck etc. ermöglicht es, den Zustand der eigenen Anlagen in Echtzeit zu überwachen. Aktuell werden meist IoT Sensoren mit LoraWan an älteren Aggregaten nachgerüstet, um den Betriebszustand der jeweiligen Aggregate kontinuierlich zu überwachen. Die aktuell verwendeten Sensoren sind flächendeckend im vernetzten Industriepark mittels LoRaWan Gateways, WLAN aber auch zukünftig mit 4G/5G für alle Anlagen einfach koppelbar Abb. 10.6.

Auf Basis des „Anlernen von normalen Betriebszuständen“ und der Echtzeitdaten können Vorhersagen getroffen werden, wann Wartungs- und Inspektionsmaßnahmen erforderlich sind, bevor ein Ausfall des jeweiligen Aggregates auftritt. Bei Abweichungen von den normalen Betriebsbedingungen können automatische Warnmeldungen generiert werden, um potenzielle Probleme frühzeitig zu erkennen und zu beheben.

#### 10.3.3.3.3 Digitale Zwillinge

Digitale Zwillinge sind virtuelle Repräsentationen von physischen Anlagen oder Produkten. Sie ermöglichen es Unternehmen, das Verhalten und die Leistung ihrer Anlagen digital zu überwachen, zu optimieren und ggf. zu simulieren Abb. 10.7.

Durch die Integration von CAE-Dokumentation, ERP System hier SAP S4-HANA, Dokumentenmanagement und Instandhaltungssystemen werden Stammdaten wie Aggregate und deren Metadaten automatisch repliziert und zentral geführt. Diese

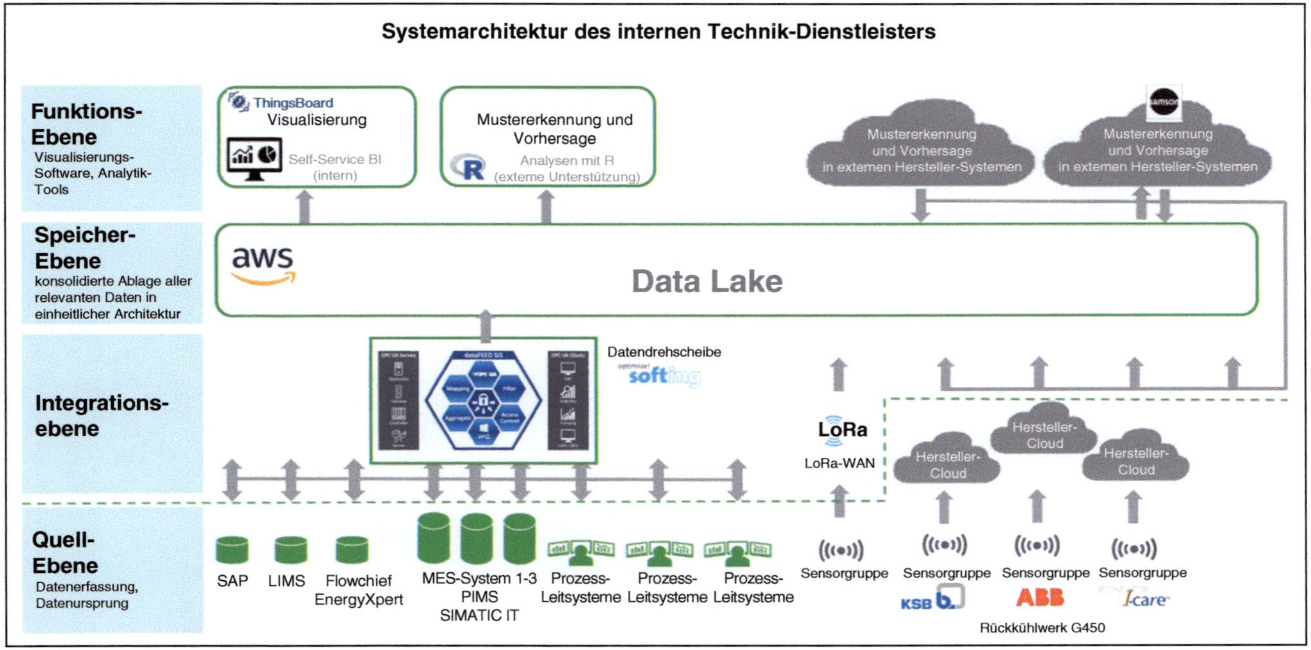


**Abb. 10.5** Systemarchitektur des internen Technik-Dienstleisters (*Quelle:* Eigene Darstellung).

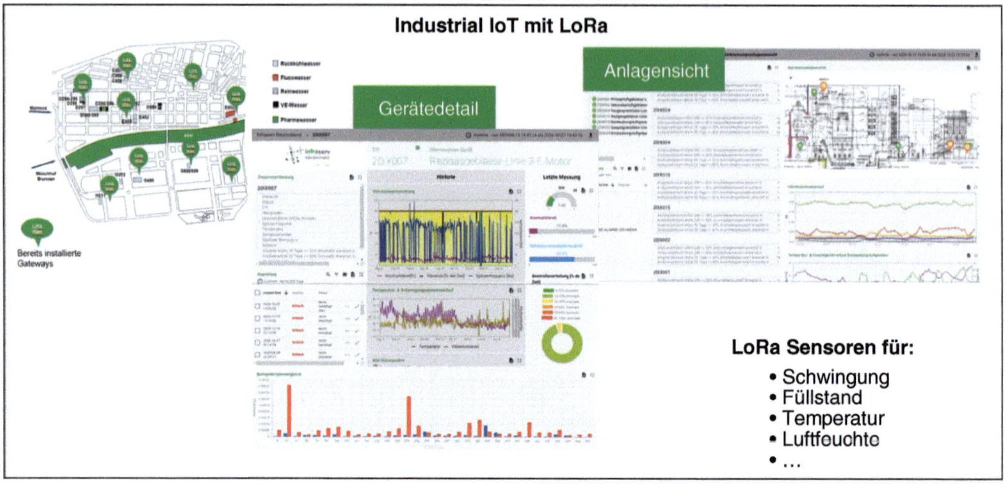


**Abb. 10.6** Industrial IoT mit LoRa (*Quelle:* Eigene Darstellung).

Integration erlaubt durch automatische Übertragung der Stammdaten eine effiziente Dokumentation und Datenübergabe beim Umbau oder Neubau von Anlagen: Eine perfekte Vorbereitung auf die digitalen Zwillinge der Zukunft

#### *10.3.3.3.4 Automatisierung und Robotik*

Die Digitalisierung ermöglicht eine verstärkte Automatisierung von Prozessen durch den Einsatz von Software Robotern (RPA) und Workflow Systemen. Automatisierung von Prozessen reduziert nicht nur die Arbeitskosten, sondern steigert auch die Effizienz und Qualität der Arbeiten.

Beispielsweise werden in einigen Bereichen Sensoren implementiert, welche die Bestandsmengen von Verbrauchsmaterialien kontinuierlich überwachen. Dazu

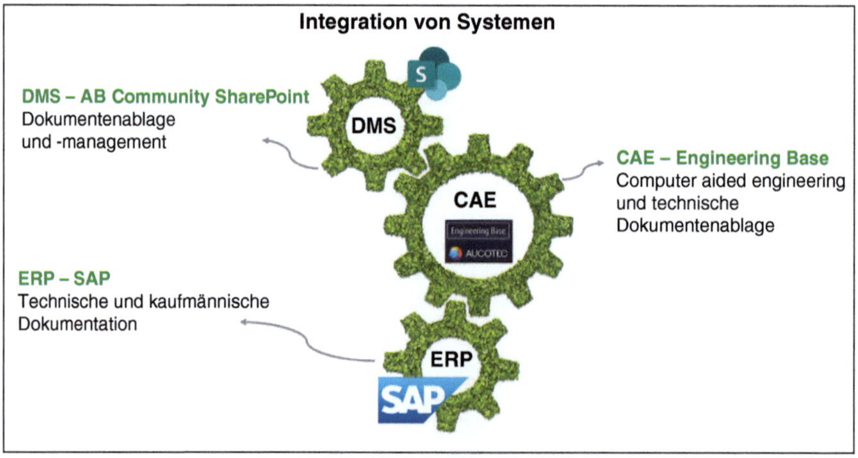


**Abb. 10.7** Integration von Systemen (*Quelle:* Eigene Darstellung).

ermöglicht die Integration in das ERP-System eine automatisierte Nachbeschaffung anhand definierter Grenzwerte. Das führt zu einer schnellen und effizienten Bestellabwicklung mit höherer Datenqualität im Vergleich zu händisch im Betriebsrundgang aufgenommenen Verbrauchsdaten.

Zukünftig werden Software Roboter auch dazu eingesetzt um die gleichförmigen Arbeiten – wie die Übertragung von Daten zwischen verschiedenen Systemen – automatisiert zu erledigen. Hier werden nur Abweichungen oder schwierige Sachverhalte dem Sachbearbeiter zur Bearbeitung übermittelt.

##### 10.3.3.3.5 Mobiles Arbeiten

Mit mobilen Anwendungen können Techniker vor Ort auf Instandhaltungsdaten, Arbeitsaufträge und Dokumente wie CAD-Pläne zugreifen. Weitestgehend werden alle Aktivitäten in der Instandhaltung mit mobilen Endgeräten wie Smartphone, Tablets – tlw. auch mit Explosionsschutz ausgestattet (ATEX Schutzklasse II) – unterstützt und abgewickelt. Arbeiten mit mobilen Endgeräten eliminiert Medienbrüche und ermöglicht die zeitnahe Bearbeitung ohne Zeitverzögerungen und integriertes Bild, Video und Toninformationen bspw. zur genaueren Schadensanalyse. Beispielhaft werden die Stördaten von Aggregaten bereits mit mobilen Endgeräten anhand von Barcode/RFID erfasst. Die Besprechung der Störungen anhand von Dashboards ermöglicht eine mobile Abwicklung von IH-Aufträgen, eine digitale Freigabeabwicklung dokumentiert durchgängig digital. Die Planung und Disposition von Handwerker und Dienstleistungen erfolgen ebenso in integrierten digitalen Systemen wie dem Gantchart. Prozesse wie Lagerentnahme, Arbeitsfreigaben und vor Ort-Bearbeitung von CAD-Dokumenten mit Redlining als auch Zeitverrechnung auf einzelne Aufträge werden digital abgewickelt.

Neben der höheren Effizienz bieten die technologische Entwicklung und der Einsatz digitaler Hilfsmittel einen hohen Anreiz für neue Mitarbeiter, die einen modernen und hochwertigen Arbeitsplatz erwarten.

Digitale mobile Lösungen ermöglichen eine effiziente Dokumentation von Instandhaltungsaktivitäten, einschließlich Wartungsberichten, Inspektionen und Reparaturen. Dies erleichtert die Rückverfolgbarkeit, Auditierung und Berichterstattung über Instandhaltungsaktivitäten.

## 10.4 Themen der Zukunft

Für die Zukunftsfähigkeit eines Industrieparks mit Chemie- und Pharmakunden sind die Themen Nachhaltigkeit, Energieeffizienz und Dekarbonisierung von entscheidender Bedeutung.

Infraserv Höchst hat im Bereich der Energieversorgung bereits viele wichtige Energieeffizienz-Themen umgesetzt. So wurde beispielsweise das zentrale Heizkraftwerk auf reine KWK-Kessel umgestellt und es wurden zwei 20 MW Elektrodampferzeuger installiert. Des Weiteren wurde schon 2007 eine Biogasanlage mit 20 MW Leistung errichtet, die aus Klärschlamm und Biomasseabfälle Bio- und

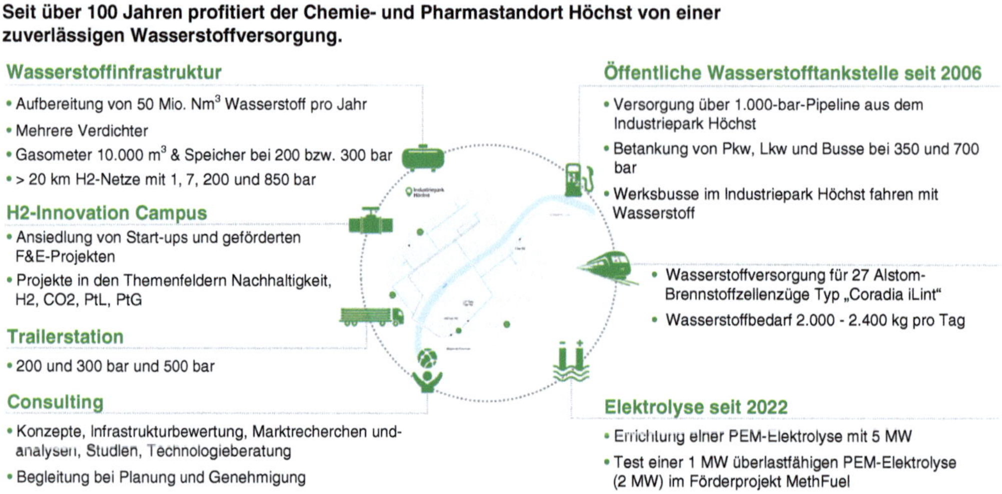


**Abb. 10.8** Wasserstoffinfrastruktur im Industriepark Höchst (*Quelle:* Eigene Darstellung).

Klärgas erzeugt. Dieses Biogas wird in einer separaten Anlage gereinigt und teilweise ins öffentliche Erdgasnetz eingespeist. Die Biogas-Reinigungsanlage erzeugt ebenfalls reines Kohlendioxid, welches genutzt wird.

Für die Umsetzung einer Dekarbonisierungs-Strategie ist das Vorhandensein von Wasserstoff und Kohlendioxid am Standort unabdingbar. Der Industriepark Höchst verfügt über eine 100-jährige Wasserstofferfahrung und hat die Nutzungsmöglichkeiten von Wasserstoff permanent erweitert. Ein Anschluss an das Wasserstoff-Kernnetz wird die Wasserstoffnutzung weiter beflügeln Abb. 10.8.

Die Herausforderung für den internen Technikdienstleister VET besteht in einem strukturierten Technologie-Watching, hierfür wurden Technologie-Scouts ernannt, die Technologie-Entwicklungen beobachten und begleiten, neue Innovationen und Verfahren bewerten und Firmen bzw. Kunden am Standort, die ggf. mit einer Pilotanlage neue nachhaltige Verfahren etablieren wollen, unterstützen.

# 11

# Energiedienstleister als strategischer Partner für Klimaneutralität in der chemisch-pharmazeutischen Industrie im Spannungsfeld Versorgungs(un)sicherheit – Ökonomie – Nachhaltigkeit

*Otto Klatte und Thomas Grundler*

*ENGIE Deutschland GmbH*

**Abstract**

*Klimaneutralität ist komplex, umfassend, gesellschaftsrelevant, betrifft einen langen Zeitraum, und ist in der Unternehmensstrategie sowie im Fokus von Kunden sowie Investoren und insbesondere in der energieintensiven Industrie angekommen. Auf dem Weg zur Dekarbonisierung empfiehlt sich für chemisch-pharmazeutische Unternehmen bei sinkenden Margen und hohem Investitionsbedarf im Kerngeschäft ein strategischer Partner, wenn die Kompetenzen dazu nicht selbst aufgebaut werden sollen. Aus der VUCA-Welt (Volatilität Unsicherheit Complexität Ambiguität) als „neuem Normal" leiten sich strategische Schlüsse in Bezug auf die Energieversorgung ab. Die drei Erfolgsfaktoren einer strategischen Partnerschaft sind: Komplexität in einer VUCA-Welt beherrschen, Hebel zur Verbesserung der Wettbewerbsfähigkeit nutzen sowie Vertrauen aufbauen und kontinuierlich beweisen.*

## 11.1 Einleitung: Der Weg zum Ziel – Klimaneutralität in fünf Schritten

Klimaneutralität ist aus den gesellschaftlichen Debatten, dem Handeln der Politik und den strategischen Planungen der Wirtschaft nicht mehr wegzudenken. Ziele haben sich die meisten Unternehmen gesetzt. Doch wie ist für ein Industrieunternehmen in Deutschland der Weg zum Ziel im Bereich der Dekarbonisierung, also der Vermeidung des Ausstoßes von fossilem Kohlenstoffdioxid ($CO_2$) oder von anderen schädlichen Treibhausgasen durch seine Geschäftstätigkeit?

Fokussiert auf den Energieverbrauch der Unternehmen ergeben sich für den Weg fünf Schritte. Erster Schritt ist die Reduktion des Energieverbrauchs durch

Einsparmaßnahmen oder den Einsatz effizienterer Anlagen. Als zweiter Schritt kommt die Dekarbonisierung der Energieversorgung, also der Wechsel zu einer $CO_2$-freien Elektrizitätsversorgung dazu. Der dritte Schritt ist die Umstellung auf grüne Wärme (z. B. über Biomasse oder Power to heat) und grüne Kälte (z. B. über Absorptionskältemaschinen). Im vierten Schritt wird die firmeneigene Mobilität, also Fuhrpark sowie Intralogistik, auf nachhaltige Treibstoffe umgestellt. Für besonders schwer zu dekarbonisierende Prozesse gibt es schließlich als fünften Schritt die Möglichkeit zur Kompensation durch Zertifikate, also dem Ausgleich lokal erzeugter Emissionen durch $CO_2$-negative Projekte anderswo (etwa Aufforstungen oder Erneuerbare-Energien-Projekte in Entwicklungsländern).

Doch so einfach ist der Weg hin zur Nachhaltigkeit für viele Unternehmen, insbesondere der chemisch-pharmazeutischen Industrie, neben dem regulären Geschäftsbetrieb in einem herausfordernden Marktumfeld, nicht zu bewältigen. Dies führt verstärkt zu der Überlegung, den Weg mit einem Partner zu gehen. Das strategische, technologische und politische Spannungsfeld und die sich daraus ergebenden Lösungspfade werden im Folgenden beschrieben.

## 11.2 Klimaneutralität als Industrie-Service-Partnerschaft

Der Weg zur Klimaneutralität in der Energieversorgung der chemisch-pharmazeutischen Industrie ist komplex und kontinuierlich. Daher kommen für viele Unternehmen langfristige Partnerschaften mit spezialisierten Dekarbonisierungs-Dienstleistern in Frage. Die zentralen Elemente solcher Entscheidungen werden in diesem Kapitel dargestellt.

### 11.2.1 Status-Quo und aktuelle Handlungstreiber

Wie in vielen energieintensiven prozessgetriebenen Industrien erleben Unternehmen des chemisch-pharmazeutischen Sektors zunehmenden Druck zu dekarbonisieren. Dieser Druck kann von Kunden, Investoren oder Stakeholdern kommen und führte bei zahlreichen Unternehmen zur Kommunikation von Zielen zur Emissionsreduzierung, oft für die Zeiträume 2045/2050 mit Zwischenzielen für 2030. Letztere werden auf Grund der Vorlauf- und Entwicklungszeiten von Dekarbonisierungsmaßnahmen, zumindest bei einer integrierten Betrachtung, bereits heute dringlich.

Der Fokus kommunizierter Ziele liegt oft auf den sogenannten Scopes 1 und 2 nach Standard des Greenhouse Gas Protocols (s. Abb. 11.1): Scope 1 umfasst die unmittelbaren Emissionen des Unternehmens. Bei Scope 2 werden auch die Emissionen eingerechnet, die durch Strom- und Wärmebezug von externen Lieferanten entstehen. Vorreiter, insbesondere bei produzierenden Unternehmen, beziehen bereits auch Scope 3 in ihre Analyse ein, wobei die gesamte Lieferkette betrachtet und das in den Vorprodukten eingebettete $CO_2$ kalkuliert wird [1].

**Abb. 11.1** Emissionsklassen Scope 1, 2 und 3 nach dem Greenhouse Gas Protocol (*Quelle:* eigene Darstellung).

Die konventionelle Energieversorgung vieler Unternehmen basiert häufig auf dem Bezug von Netzstrom und der Nutzung von Erdgas zur Wärme- oder Dampferzeugung. Die optimale Nutzung dekarbonisierter Energievektoren ist spezifisch für jeden Unternehmensstandort und nutzt in den allermeisten Fällen mehrere diversifizierte grüne Energiequellen. Grüne Alternativen sind mit Biobrennstoffen, in der Regel mit Biomasse (insb. Holzhackschnitzel aus Alt- und Abfallhölzern), betriebene Kessel zur Dampf- und Wärmeerzeugung. Grüner Strom kann lokal aus Photovoltaik (PV) auf Dächern, Freiflächen oder auf Parkplätzen erzeugt werden. Zudem kann er über das Stromnetz aus Wind- und PV-Parks und Wasserkraftwerken bezogen werden.

Speziell in der Pharmaindustrie führen sinkende Margen und Umstrukturierungen aufgrund sich ändernder Rahmenbedingungen zu erhöhtem Interesse an strategischen Partnerschaften zu Energie und Klima. Unternehmen, die das Thema Energie bisher stets „inhouse" bearbeitet haben, setzten Dekarbonisierungsmaßnahmen erstmals in größerem Maßstab als Outsourcing um [2]. Dies ermöglicht die Nutzung von zuvor für Investitionen in Energieanlagen genutzten Barmitteln etwa für F&E-Aktivitäten oder für Reinvestitionen in europäische Standorte zum Ausgleich von Unsicherheiten in angespannten internationalen Lieferketten.

Die zögerliche Öffnung der Pharmaindustrie zum Thema Outsourcing der Energieversorgung ist nachvollziehbar, da produktionsbedingt häufig hohe Anforderungen an Medien- und Anlagenverfügbarkeit bestehen. Dies hat hohe Ansprüche an die Lieferantenstabilität zur Folge und erfordert einen spezialisierten Partner auf Augenhöhe.

Bei einer systematischen Analyse des lokalen Energiesystems ergeben sich in der Pharmaindustrie oft Möglichkeiten zum Ersatz von Teilen des Dampfbedarfs durch Nutzung von Heißwasser. Dies ermöglicht die Nutzung von Abwärme und die (Teil-)Elektrifizierung der Wärmeerzeugung etwa durch Wärmepumpen. Weitere Stellschrauben der Dekarbonisierung sind die Installation nachhaltiger Beleuchtungs- und Kühlsysteme sowie die Nutzung effizienterer Logistik- bzw.

Intralogistik-Systeme. Neue weniger energieintensive Synthesewege, also Eingriffe in den Kern der Produktion, gehen oft mit hohem Aufwand an Zeit, Ressourcen und Geld einher, insbesondere für regulatorische Themen wie die erneute Stellung von Genehmigungsanträgen unter Nachweis der Produktgleichwertigkeit – für alle Märkte, in denen aktuelle Zulassungen bestehen. Daher wird der Fokus der Pharmaindustrie mittelfristig weiter auf der Dekarbonisierung der bestehenden Energieversorgung liegen. Bei der Transformation alter Anlagen fällt diese Aufgabe also auch auf Leistungsfelder wie die Instandhaltung, deren Mitarbeiter dazu in die Lage versetzt werden müssen. Alternativ bietet sich die Nutzung eines spezialisierten Dienstleisters an. Zudem unterliegen Pharmaunternehmen und deren Zulieferer einem zunehmenden Druck, auch die indirekten Emissionen (Scope 3) detailliert zu erheben und entsprechende Dekarbonisierungspläne zu entwickeln [3].

Bei vielen Chemieunternehmen spielt die Hebung von Energieeffizienzpotenzialen weiterhin eine wichtige Rolle, obwohl manche offensichtliche Einsparmaßnahme (etwa die Installation von LED-Beleuchtung) bereits umgesetzt wurde. Die Dekarbonisierung der zentralen Pfeiler der Energieversorgung, also Strom, Wärme, Kälte und Dampf wurde oft bereits angedacht, aber noch nicht konkret angegangen. Komplexere Einsparpotenziale, wie die anteilige Umstellung von Dampf auf Heißwasser oder die Nutzung von Abfallstoffen aus der Produktion zur Energieerzeugung, wurden in vielen Fällen noch nicht gehoben. Dabei könnten Mitarbeiter durch sichtbare und nachvollziehbare Dekarbonisierungsmaßnahmen eingebunden und motiviert werden.

Die größten externen Hürden auf dem Weg zur Dekarbonisierung sehen viele Entscheider in komplexer Bürokratie, langsamen Planungs- und Genehmigungsverfahren sowie hohen Energiepreisen. Hinzu kommen interne Hürden: der Zugang zur Finanzierung, Interessenskonflikte und das Einhalten von Zeitplänen [4].

In letzter Zeit erleben Unternehmen verstärkt den derzeitigen Mangel an Stabilität politischer Rahmenbedingungen und Richtlinien sowie Finanzierungs- bzw. Fördermechanismen, insbesondere für erneuerbare Energieträger wie Biomasse, Biomethan oder Wasserstoff. Dadurch erschienen der Verbleib bei derzeit billigem Erdgas und eine spätere Konkretisierung der Dekarbonisierungsbemühungen vielen Marktteilnehmern immer noch als praktikable Alternative.

Bei prozessbedingtem hohem Energiebedarf entwickeln international aktive Unternehmen Offshoring-Überlegungen als Alternative zur Dekarbonisierung der deutschen Standorte. Gerne wird auch öffentlichkeitswirksam in der Presse über Verlagerungen von Produktionsteilen oder gar ganzen Werkstandorten in Länder mit aktuell geringeren Energiekosten (USA, Asien) nachgedacht [5].

Richtig ist, dass die mittel- bis langfristige Dekarbonisierung von Scope 3 bei Nutzung von ölbasierten Rohstoffen innovative Ansätze auf Basis von Wasserstoff ($H_2$) und Carbon Capture and Utilization (CCU) erfordern wird. Bei CCU-Ansätzen wird aus industriellen Prozessen, Biogasproduktion oder aus der Luft abgeschiedenes $CO_2$ mit Wasserstoff zu chemischen Ausgangsstoffen wie Methanol umgewandelt, die fossile Grundstoffe ersetzen [6].

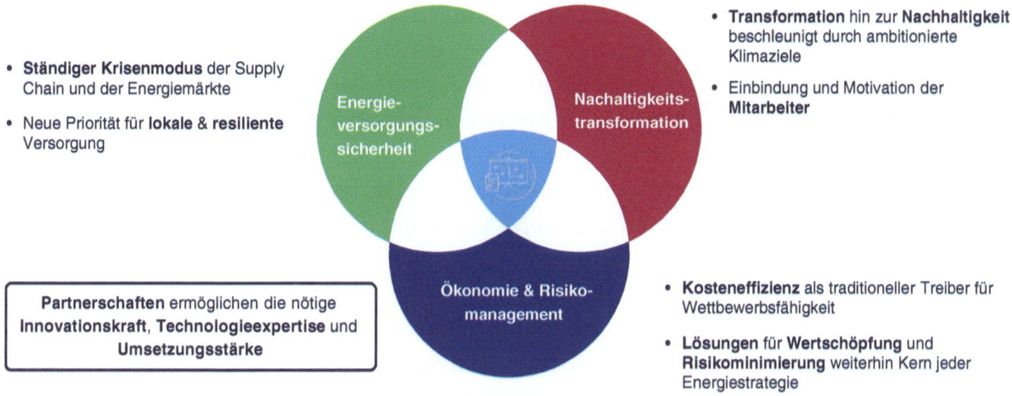


**Abb. 11.2** Das neue Energie-Trilemma der chemisch-pharmazeutischen Industrie (*Quelle:* eigene Darstellung).

Insgesamt ergibt sich in der Chemieindustrie ein Spannungsfeld, das in Abb. 11.2 als neues Energie-Trilemma dargestellt ist. Strategische Partnerschaften im Bereich der Energieversorgung können dabei ein Lösungskatalysator sein.

### 11.2.2 Outsourcing-Partnerschaften

Die beschriebenen neuen, lokalen und grünen Energiesysteme zeichnen sich durch eine hohe Komplexität und Dynamik der regulatorischen, technologischen und rohstoffpreisbezogenen Entwicklungen aus. Wie am Beispiel der Elektrifizierung und Biomasse zur Erzeugung von grünem Dampf und Wärme ersichtlich, stellen sich viele Unternehmen die Frage, ob sie die Kompetenzen in diesen Technologien aufbauen wollen. Das Monitoring der unterschiedlichen variablen Beschaffungsmärkte erfordert beispielsweise die langfristige Bindung von neuartigen Ressourcen über den aktuellen Bestand in Energiemanagement, Einkauf und Betrieb hinaus.

Vor dem Hintergrund, dass Barmittel und verfügbare Fachkräfte für Investitionsstau bzw. Modernisierungsmaßnahmen des Kerngeschäfts benötigt werden, entscheiden sich viele Unternehmen für Partnerschaften mit spezialisierten Energiedienstleistern.

In einem teilweise stagnierenden oder sich umstrukturierenden Markt [7] scheuen Entscheider eigene risikobehaftete Investitionen außerhalb des Kerngeschäfts, um potenzielle „stranded assets“ zu vermeiden. Aktuelle Studien erwarten daher ein insgesamt wachsendes Volumen an Energieliefer-Contracting-Verträgen [8].

Unternehmen der pharmazeutisch-chemischen Industrie agieren heute im „neuen Normal“ einer VUCA-Welt (Volatilität Unsicherheit Complexität Ambiguität), die sich durch die Eigenschaften brüchig, ängstlich, nicht-linear und unverständlich auszeichnet [9].

Industrie- und Chemieparks sind in den meisten Fällen die bisherige Form von Outsourcing-Partnerschaften in der chemisch-pharmazeutischen Industrie – allerdings in einer fossilen Welt. Unternehmen, die in Chemie- oder Industrieparks angesiedelt sind, sind daher teils mit dem derzeitigen Outsourcing-Partner/Chempark-Betreiber unzufrieden, da Dekarbonisierungspläne stocken oder fehlen. Der Betreiber sieht sich häufig mit verschiedensten Dekarbonisierungszielen, unterschiedlich in Höhe und Zeitrahmen sowie abweichend zwischen Energieträgern (Strom/Dampf/Wärme), seiner Kunden konfrontiert. Durch eine zentrale konventionelle Dampfversorgung aus fossilem Erdgas im Chemiepark wird die Erfüllung von zentral festgelegten ambitionierten Reduktionszielen der Unternehmen erschwert. Weitere Bemühungen zum Einsparen von Energie laufen den Interessen des Chemieparkbetreibers zuwider. Dabei ist die Dekarbonisierung des Dampfbedarfs für Kernprozesse in vielen Fällen durch Biomasse möglich. Zudem untersuchen erste Marktteilnehmer auch Elektrifizierungspiloten zur Erzeugung von Dampf aus Grünstrom.

Manche Chemie- oder Pharmaunternehmen wollen oder können nicht so lange warten, bis der Chemparkbetreiber ein Dekarbonisierungskonzept entwickeln kann, über das Einigkeit unter den Parknutzern besteht. Stattdessen wird innerhalb des Parks die anteilige Nutzung lokaler Energielösungen angestrebt. Neuanlagen oder -gebäude werden getrennt vom bisherigen Versorger errichtet und so autark und nachhaltig versorgt. Ist dies in aktuellen Vertragsbeziehungen mit dem Chemparkbetreiber nicht möglich, bleibt dessen mittelfristige Ablösung durch ein auf die Transformation zu nachhaltiger Energieversorgung spezialisiertes Unternehmen nach Auslaufen der Verträge als strategische Option.

Von Chemparkbetreibern unabhängige Standorte chemisch-pharmazeutischer Unternehmen haben prinzipiell den Vorteil, den Pfad und das Tempo der nachhaltigen Transformation selbst steuern zu können. Oft fällt dabei die Wahl auf die Umsetzung dieses Pfades mit einem spezialisierten Outsourcing-Dienstleister in einer langfristigen Partnerschaft. Dieser Partner hat dabei hohe Ansprüche an technologische Kompetenz, Anlagenverfügbarkeit auch bei nachhaltiger Energieversorgung und, nicht zuletzt, Lieferantenstabilität zu erfüllen.

### 11.2.3 Strategische Komponente

Umwelt- und Klimathemen werden zunehmend strategisch und beeinflussen die Unternehmens- und Managementagenda, die umfassend und kontinuierlich mit der Dekarbonisierungsstrategie interagiert [10].

Im Energie-Zieldreieck „Versorgungssicherheit – Ökonomie – Ökologie“ gewinnt der Aspekt Ökologie eine stark anwachsende, auch ökonomische Bedeutung. Dekarbonisierung steht auf der strategischen Agenda eines Unternehmens. War es in der Vergangenheit eher ein „nice to have“, wird es mit den Forderungen aus dem Stakeholder-Kreis zu einem „must have“. Hierzu gehören z. B. Stichworte wie Taxonomie (EU-Vorgaben zu Nachhaltigkeitskriterien von Investitionen) und eine unabdingbare Forderung auf Kundenseite.

Auf der anderen Seite sind die Themen Energie und Klima mit Blick auf die Regulatorik, Fördermöglichkeiten und Energiepolitik sehr komplex und es ist selbst für Fachexperten herausfordernd, immer auf dem aktuellen Stand zu bleiben.

Hier gilt es für Unternehmen, diese ökologischen Kompetenzen aufzubauen und ständig auf Neuerungen und Änderungen zu reagieren. Konkret empfiehlt ENGIE sechs zu priorisierende Maßnahmen: Aufbau eines langfristigen Fokus basierend auf Vertrauen, Entwicklung von Ordnungsrahmen und Verantwortlichkeiten, Einklang von Erwartung und Ergebnis, Schaffung von Anreizen, Nutzung geeigneter Werkzeuge sowie Einbeziehung der gesamten Wertschöpfungskette [11]. Im Zeitalter des Fachkräftemangels wird dies mehr und mehr zur Herausforderung. Somit nutzen Unternehmen verstärkt den Weg, diese Kompetenzen outzusourcen („buy" statt „make").

Die erste Idee wäre, dies bei einem kompetenten Berater einzukaufen. Damit hätte man das Wissen, aber wie steht es mit der Umsetzung in die Praxis – insbesondere mit Blick auf die Umsetzung von klimaneutralen Technologien und auf Operations & Maintenance über einen langen Zeitraum? Dazu passt dann die verlängerte Wertschöpfungskette eines Energie-Dienstleisters/Contracting-Dienstleisters.

Dieser wird über die lange Vertragslaufzeit von 10–20 Jahren somit ein Teil der Unternehmensstrategie für die Aspekte Energie und Klima.

### 11.2.4 Komplexität durch Transparenz beherrschen

Zwar gibt es Alternativen für grüne Energie, doch ist es für chemisch-pharmazeutische Unternehmen in der Regel aufwändig, diese selbst zu erschließen. Um grünen Dampf aus Holzhackschnitzeln zu produzieren, ist ein umfassendes Wissen über die Beschaffung und das Reporting von Biomasse erforderlich. PV-Module erfordern spezielles technisches Fachwissen für Installation und Wartung. Zudem interagieren die etwa durch Wärmepumpen oder Absorptionskältemaschinen gekoppelten Energiesysteme Strom, Wärme/Kälte und Dampf miteinander.

Das Spannungsfeld an Handlungstreibern in der Energieversorgung der chemisch-pharmazeutischen Industrie ist in Abb. 11.3 dargestellt. Um diese Komplexität

**Abb. 11.3** Handlungstreiber in der Energieversorgung der chemisch-pharmazeutischen Industrie (*Quelle:* eigene Darstellung, Foto mit freundlicher Genehmigung von iStock Getty Images).

durch Transparenz zu reduzieren, bieten sich Partnerschaften mit Dienstleistern mit hoher Expertise an. Je nach Unternehmensbedarf kommen dabei Varianten von extern finanzierten einzelnen grünen Neuanlagen bis hin zum kompletten Outsourcing der Bestandsenergieanlagen und -infrastruktur in Frage. Um maximale Transparenz beim Eingehen einer solchen langfristigen Beziehung zu garantieren, kann dies teilweise schrittweise oder als klare strategische Entscheidung erfolgen.

### 11.2.5 Contracting-Modelle und Case Study

In der chemisch-pharmazeutischen Industrie sind verschiedene Contracting-Modelle möglich, deren wesentliche Charakteristika in der Übersicht in Abb. 11.4 dargestellt sind.

Das „klassische" Energieliefercontracting, als Build-Own-Operate-Maintain (BOOM)-Modell, umfasst ein weitgehendes Service-Modell durch den Energieanlagen-Dienstleister (Contracting-Dienstleister). Häufig für dekarbonisierte Neuanlagen genutzt, übernimmt dieser neben der schlüsselfertigen Errichtung der Anlagen auch deren langfristigen Betrieb sowie die gesamte Investition. Damit übernimmt der Contracting-Dienstleister Eigentum, Risiko und Kontrolle über die Energieerzeugungsanlagen, -infrastruktur und ggf. Versorgungsnetze. Durch Nutzung von eigenem Personal, Skaleneffekte im Energieeinkauf sowie durch Optimierung der Energiesysteme kann der Dienstleister häufig eine bessere Kostenstruktur darstellen, als es dessen Kunde zuvor konnte.

Die weiteren aufgeführten Contracting-Varianten sind zum einen die Anlagen-Übernahme/Outsourcing, also die Übertragung bzw. Veräußerung von Energieinfrastruktur an den Contracting-Dienstleister, der dessen Betrieb und Finanzierung übernimmt, sowie Dekarbonisierungsmaßnahmen umsetzen kann. Zum anderen existiert das Performance-Contracting (ESaaS – Energy-Savings-as-a-Service), welches Energieeinsparungen umsetzt und sich darüber finanziert. Dieses Modell ist aktuell nicht sehr stark verbreitet.

Ergänzend zu den Contracting-Modellen sei an dieser Stelle noch das Vertragsmodell des Stromliefervertrags (PPA – Power Purchasing Agreement) genannt, das

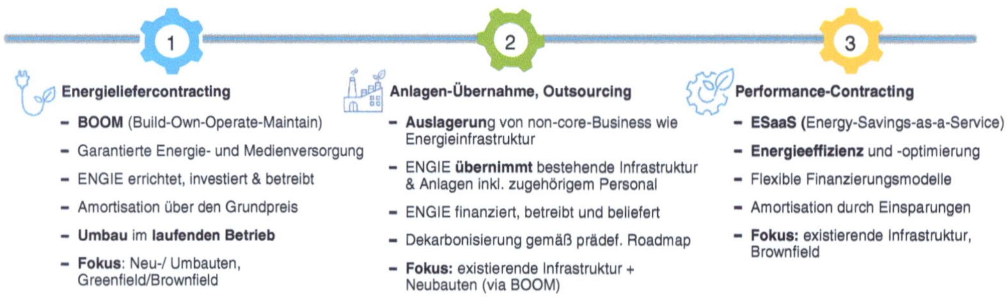


**Abb. 11.4** Contractingmodelle in der Energieversorgung im Überblick (*Quelle:* eigene Darstellung).

für den Bezug von Grünstrom immer mehr an Bedeutung gewinnt. Hierbei sind insbesondere Offsite-PPAs (Grünstrombezug über das Stromnetz in verschiedensten vertraglichen Variationen, meist bilanziell) und Onsite-PPA (Erzeugung von Grünstrom onsite, insbesondere durch Photovoltaik-Anlagen) hervorzuheben. Neue Vertragsmodelle basierend auf Biomethan (BPA – Biomethane Purchasing Agreement) oder Wasserstoff (HPA – Hydrogen Purchasing Agreement) gewinnen zunehmend an Bedeutung.

Das in einem Energieliefercontracting versorgte Unternehmen nutzt das Dienstleistungsportfolio des Energie-Partners bedarfsgerecht und nimmt die nach vertraglich vereinbarten Parametern, Mengen und Verfügbarkeiten erzeugten Medien ab. Hierfür wird entsprechend der tatsächlichen Nutzung ein variabler Arbeitspreis (z. B. €/MWh oder €/t) service-basiert über die Vertragslaufzeit (typischerweise 10, 15 oder 20 Jahre) gezahlt. Zur Amortisation der Investition sowie zur Deckung der Fixkosten des Energie-Dienstleisters kommt ein Grundpreis (z. B. €/a) hinzu. Für variable und fixe Preiskomponenten werden mit Blick auf die langen Vertragslaufzeiten Preisgleitungsformeln vereinbart, die sich an messbaren Größen wie Lohnentwicklung, sektorspezifischen Materialkostenentwicklungen oder Energiepreisindizes orientieren.

Als Vorteil für das versorgte Unternehmen ergeben sich, neben der Verfügbarkeit von Investitionskapital für das Kerngeschäft, insbesondere die Reduktion von Komplexität, Aufwand und Risiken durch Nutzung des Know-hows und des weitgehenden Service-Portfolios des Dienstleisters. Zudem garantiert der Contracting-Dienstleister die Systemverfügbarkeit, Zuverlässigkeit, Qualität und Effizienz über die gesamte Vertragslaufzeit. Bei der Eigenlösung des Unternehmens ist dies nicht gegeben – abgesehen von der begrenzten Gewährleistungsfrist von etwa zwei Jahren des Anlagenbauers.

#### 11.2.5.1 Case Study

Betrachtet wird das Handeln eines mittelständischen Industrieunternehmens, tätig in der Herstellung hochwertiger Chemikalien zur Verwendung u. a. in der Lebensmittelindustrie.

Nachhaltigkeit war durch den Bezug zu Nahrungsmitteln bereits Teil der Unternehmensphilosophie. Durch Druck von Verbrauchern, Handelsketten und aus dem Gesellschafterkreis rückte das Thema Dekarbonisierung in den Fokus. Schnell waren Ziele zur Reduktion der Treibhausgasemissionen (-80 % Scope 1&2-Emissionen in 2030, Net Zero in 2035) getroffen, die nun in die Tat umgesetzt werden sollten. Getreu dem konzeptionellen Ansatz der Geschäftsführung wurde zunächst eine Analyse der aktuellen Energieversorgung durchgeführt, da es primär um die Umstellung des Anlagenbestands am Standort ging. Wie typisch für Unternehmen der Branche wurde der Strommix aus dem Netz bezogen und Erdgas in im Unternehmensbesitz befindlichen Kesseln zur Erzeugung von (prozessbedingt benötigtem) Dampf und Wärme genutzt.

Mit Hilfe eines spezialisierten Contracting-Dienstleisters wurde eine Dekarbonisierungsroadmap entwickelt, die als technoökonomisches Optimum zeitlich gestaffelte Maßnahmen zum Einsatz grüner Energieträger empfahl: kurzfristig könnte der Strombezug durch die Errichtung einer Aufdach-PV-Anlage (rund 2 $MW_p$) sowie den Abschluss eines grünen Stromliefervertrags (PPA über mehrere GWh/a) weitgehend dekarbonisiert werden. Angebote diesbezüglich konnte der Energie-Dienstleister kurzfristig unterbreiten.

Parallel zu diesen schnellen Erfolgen in der Emissionsreduzierung sollte ein Teil der erdgasbasierten Dampferzeugung durch die Errichtung eines Biomassekessels (rund 5 $MW_{th}$) ersetzt werden. Hierbei bot sich die Nutzung von Holzhackschnitzeln aus Altholz, die über einen bestehenden Schienenanschluss sowie per LKW bezogen werden könnten, an.

Im Rahmen der Diskussionen zur Entwicklung der Dekarbonisierungsroadmap wurde klar, dass das Unternehmen selbst die planerischen, regulatorischen und operativen Kompetenzen für den Aufbau und den Betrieb einer nachhaltigen Energieversorgung nicht besaß. Anstatt diese Fertigkeiten neben dem regulären Geschäftsbetrieb aufzubauen, entschied sich das Management für die Nutzung des spezialisierten Energie-Dienstleisters für die Errichtung und den Betrieb der Biomasseanlage. Dies mündet in einem langfristigen Energieliefercontracting-Vertrag, in dem der Dienstleister also auch die Investition in den Biomassekessel und zugehörige Infrastruktur übernimmt. Das Unternehmen und der Dienstleister ließen dabei große Sorgfalt walten, den langfristigen Vertrag zukunftssicher zu gestalten und absehbare Eventualitäten miteinzubeziehen.

Da Teile der bestehenden Erdgaskessel-Anlagen für Spitzenlast und als Redundanz bestehen bleiben mussten, stellte sich für das Management die Frage, ob dieser Teil der Energieinfrastruktur weiterhin „inhouse“ gehalten werden sollte. Die intensive Zusammenarbeit über mehrere Monate hinweg hatte das Vertrauen in den Dienstleister wachsen lassen. Zur Reduktion von Schnittstellen und Komplexitäten entschloss sich das Management daher, auch den Betrieb der Erdgaskessel an den Contracting-Dienstleister zu übertragen. Dazu schloss man ein Outsourcing-Abkommen und übertrug Eigentum an den Kesseln an den Dienstleister, welche dieser mit eigenem und bestehendem Personal betrieb.

Zur Erfüllung der langfristigen Dekarbonisierungsziele wurden die Modernisierung und Umrüstung der Erdgaskessel auf die Möglichkeit zur Nutzung von Wasserstoff diskutiert, die als weitere Dekarbonisierungsschritte in den folgenden Jahren geplant sind. Darüber hinaus sollte die Einspeisung von im Produktionsprozess anfallender Abwärme in ein lokales Nahwärmenetz geprüft werden.

Insgesamt kann das für 2030 gesetzte Ziel der Reduktion der Scope1&2-Emissionen bereits einige Jahre früher als geplant erreicht werden. In kommerzieller Hinsicht ergaben sich in den ersten Jahren leicht höhere Energiekosten („Green Premium“ für eine nachhaltige Versorgung) für das Unternehmen. Bei einer Betrachtung der Projektgesamtkosten über dessen gesamte Lebenszeit (TCO – Total Cost of Ownership) und bei Berücksichtigung der steigenden $CO_2$-Kosten erwies sich das Projekt insgesamt auch ökonomisch als vorteilhaft.

Das Unternehmen kommunizierte die bereits erfolgten und noch geplanten Nachhaltigkeitsmaßnahmen proaktiv an seine Kunden, um sich als innovativer und zukunftsorientierter Lieferant zu platzieren. In einer Mitarbeiterumfrage nach einer internen Vorstellung der Maßnahmen wurden eine hohe Zustimmung und Zufriedenheit seitens der Mitarbeiter ermittelt.

Waren das Eingehen einer langfristigen Partnerschaft mit einem Energieversorger zur Dekarbonisierung und die Herauslösung der Energieversorgung aus dem eigenen Verständnis des Kerngeschäfts nun die richtige Entscheidung?

Fest steht, dass abzuwarten und beim deutschen Strommix aus dem Netz und Erdgas zu bleiben für das Management des Unternehmens die schlechtere Option darstellten. Die Vermeidung einer Entscheidung ist ab einem gewissen Punkt auch eine Entscheidung.

### 11.2.6 Vertrauen als Fundament

Das Eingehen einer langfristigen Vertragsbeziehung im Energieliefercontracting wird manchmal mit dem Schließen einer Ehe verglichen. Auch wenn manche Ehe heutzutage noch länger als 10, 15 oder 20 Jahre hält, basieren doch beide „Vertragsmodelle" auf einem Fundament und gründen die Partnerschaft auf Vertrauen.

Die fünf wesentlichen Dimensionen des Vertrauens in B2B-Beziehungen sind in Abb. 11.5 dargestellt.

Dieses Vertrauen ist in allen fünf Dimensionen zunächst Schritt für Schritt aufzubauen. Der erste Schritt ist dabei die Erkenntnis, dass dies auf einer strategischen unternehmerischen Entscheidung („make or buy") beruht. Im nächsten Schritt ist die Transformation vom „make" zum „buy" in der Organisation zu verankern. Die Erfahrung zeigt, dass beim operativen Personal oft nur eine rudimentäre Kenntnis über das Outsourcing an einen Contracting-Dienstleister („buy") besteht. Daher ist es elementar, diese Kenntnisse auf einen relevanten Stand zu bringen. Hierzu gehören auch ein intensiver Austausch und Abgleich der betrieblichen Rahmenbedingungen. Dies wird sehr effektiv durch strukturierte Workshops ermöglicht.

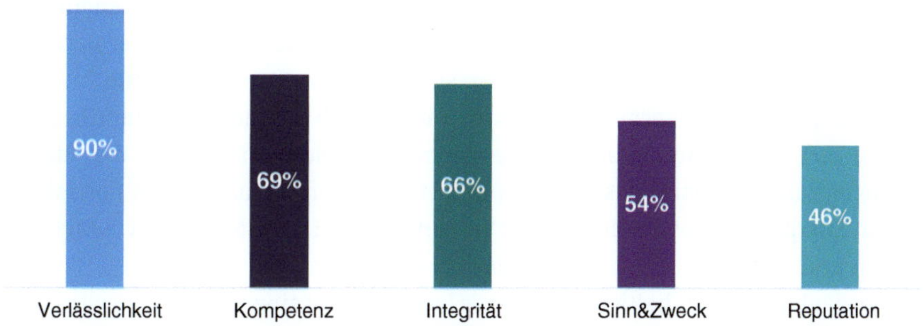


**Abb. 11.5** Dimensionen des Vertrauens in B2B-Beziehungen (*Quelle:* eigene Darstellung verändert nach [12]).

Sind diese Schritte erfolgreich abgeschlossen, folgt als nächster Schritt Transparenz in der Komplexität von Contracting-Modellen zu schaffen. Auch dies ist ein Baustein zum Vertrauensaufbau.

Ein weiterer Schritt, um Vertrauen zu schaffen, sind die Vorstellung und Besichtigung von Referenzprojekten, also bereits dekarbonisierte Energieanlagen, die sich bei Industrieunternehmen in Betrieb befinden.

Vertrauen wächst in der systemeigenen langen Phase der Konzept- und Modellfindung durch die handelnden Personen auf Seite des Dienstleisters. Wie begleiten sie den Kunden auf dem Weg zum Contracting als Rundum-Sorglos-Paket? Zeigen sie den Weg, teilen sie die eigenen Erfahrungen und gehen sie auf die Fragen und Bedürfnisse des Kunden ein? Begleiten sie den Kunden transparent entlang des Weges?

Das Vertrauen erscheint zunächst als softer Aspekt, wird aber immer stärker zu einem Fundament für eine langfristige Vertragspartnerschaft. Auf den Aspekt des nicht unwahrscheinlichen Wechsels der Personen in der Zusammenarbeit von 10–20 Jahren sei an dieser Stelle hingewiesen; eine ausführliche Behandlung würde das Kapitel sprengen. Abschließend sei festzuhalten, dass dieses Fundament des Vertrauens über die lange Zeit der Vertragsbeziehung stets zu beweisen ist.

### 11.2.7 Hebel zur Verbesserung der Wettbewerbsfähigkeit

Das Eingehen strategischer Partnerschaften zu Dekarbonisierung und Energieversorgung kann chemisch-pharmazeutischen Unternehmen verschiedene Vorteile bieten. Wie zuvor beschrieben, ermöglicht der Zugang zu Fachwissen und Personalressourcen des Partners den Fokus auf das eigene Kerngeschäft und so eine allgemeine Verbesserung der Wettbewerbsfähigkeit. Das auf den konkreten Bedarf abgestimmte Service-Portfolio des Dienstleisters führt zur Reduktion von Komplexität und Risiken durch Verfügbarkeits- und Qualitätsgarantien.

Kommerziell betrachtet ergibt sich der Vorteil, die hohen Investitionskosten in nachhaltige Infrastruktur nicht aus eigenen Mitteln finanzieren zu müssen. Das verfügbare Kapital kann dann für originäre Themen wie F&E, Modernisierungen oder Marketing eingesetzt werden. Durch Hebung von Effizienzpotenzialen und in einer TCO-Betrachtung der Projektkosten über die gesamte Laufzeit unter Berücksichtigung steigender $CO_2$-Kosten ergeben sich teils ökonomische Vorteile.

Zudem gewinnen Unternehmen Flexibilität, auf sich verändernde Marktbedingungen im sich verändernden Energiesystem zu reagieren, indem sie die multitechnologische Expertise des Partners nutzen. Die Verwendung eines Portfolios grüner Energieträger, wie Holzhackschnitzel PV- und PPA-Strom, diversifiziert Risiken und erhöht die Planungssicherheit.

Eine glaubhafte Nachhaltigkeitsstrategie basierend auf einer Dekarbonisierungsroadmap beweist gegenüber Mitarbeitern, Kunden und Investoren Zukunftsfähigkeit und Zuverlässigkeit. Die langfristige Partnerschaft mit einem spezialisierten Energie-Dienstleister zur Dekarbonisierung in einer VUCA-Welt schafft so Vertrauen in B2B-Beziehungen zu Abnehmern, Zulieferern und Stakeholdern.

| # | Thema | Einsparpotenzial | Bsp. 15 MW Biomasselösung 15a Contracting | Vorteil durch Partnerschaft |
|---|---|---|---|---|
| 1 | Anlagenbau und -einkauf | ~5% Anschaffungskosten | ~75T€/a | Nutzung von Expertise & Skaleneffekten |
| 2 | Finanzierungskosten | Meist neutral | - | Freie Barmittel durch Contracting anstatt Eigeninvestition |
| 3 | Know-How Dekarbonisierung | Vermeidung Aufbau von 1-2 FTE | ~200T€/a | Fokus aufs Kerngeschäft |
| 3 | Tracking Regulatorik | | | Reduktion von Komplexitäten |
| 4 | Verfügbarkeit/Risiken | ~5% laufende Kosten | ~350T€/a | Abdeckung der Ausfallrisiken |
| 5 | Operational excellence / Anlageneffizienz | ~3% laufende Kosten | ~225T€/a | Hebung von Effizienzpotenzialen |
| | Gesamt | | ~850T€/a | +Flexibilität<br>+Glaubhaftigkeit<br>+Wettbewerbsvorteil |

**Abb. 11.6** Einsparpotenziale durch Energieliefercontracting im Vergleich zur Eigenlösung am Beispiel einer 15 MW Biomasseanlage (*Quelle:* eigene Darstellung).

Am Beispiel einer mittelgroßen Biomasselösung (ca. 15 MW) zeigt Abb. 11.6 einen Vergleich zwischen einer Eigenlösung und einer Energieliefercontracting-Partnerschaft (15 Jahre Vertragslaufzeit).

In Zukunft können Unternehmen der chemisch-pharmazeutischen Industrie davon ausgehen, dass der Druck von Kunden zunehmen wird, ihre Bemühungen um eine Reduzierung der $CO_2$-Emissionen fortzusetzen. Ein geringerer $CO_2$-Fußabdruck als bei Wettbewerbern kann ein entscheidender Auswahlfaktor für Zulieferer von Unternehmen sein, die ihre Scope-3-Emissionen reduzieren wollen. Das Bestehen bei den klassischen Wettbewerbskriterien Qualität und Preis kann durch eine verlässliche Versorgung zu oftmals geringeren Gesamtkosten in einer Partnerschaft in der nachhaltigen Energieversorgung unterstützt werden. Gemeinsam erreichen Unternehmen und Energie-Partner so eine zukunftssichere und konkurrenzfähige Aufstellung.

## 11.3 Fazit

Der Weg zur Klimaneutralität ist kein einzelnes Projekt, sondern komplex, langfristig und in der Unternehmensstrategie angekommen. Zentrale Handlungstreiber und Spannungsfelder auf dem Weg zur Klimaneutralität für Unternehmen der chemisch-pharmazeutischen Industrie wurden beleuchtet. Strategische Partnerschaften im Bereich der Energieversorgung und der Transformation können ein Lösungskatalysator sein und Vorteile im Wettbewerb bieten. Der richtige strategische langfristige Partner auf Augenhöhe hilft, Komplexität in einer VUCA-Welt zu beherrschen und Potentiale in der Wettbewerbsfähigkeit zu heben. Spezialisierte

- ENGIE zählt zu den führenden Energiedienstleistern weltweit und ist in Deutschland mit rund 6 000 Mitarbeitern in 50 Niederlassungen vertreten
- Als Experte für Dekarbonisierung verfügt ENGIE über langjähriges Know-how für grüne Wärme und Kälte, erneuerbaren Strom und Gase sowie Energieeffizienz bei Industrieunternehmen in energieintensiven, prozessierenden Sektoren
- Als Contracting-Dienstleister entwickelt ENGIE Dekarbonisierungs-Roadmaps und übernimmt die Konzeption, Umsetzung, Betrieb und Finanzierung von Projekten zur Energieerzeugung und –versorgung

**Abb. 11.7** ENGIE im Kurzprofil (*Quelle:* eigene Darstellung).

Industrieservice-Anbieter wie ENGIE (siehe Abb. 11.7) können Mehrwerte durch Outsourcing und maßgeschneiderte Contracting-Modelle im Bereich der dekarbonisierten Energieversorgung bieten. Dies ermöglicht chemisch-pharmazeutischen Unternehmen die Konzentration von personellen und monetären Ressourcen auf ihr Kerngeschäft und leistet folglich einen Beitrag zur Verbesserung ihrer Wettbewerbsfähigkeit.

## Quellenverzeichnis


1. ENGIE Deutschland Whitepaper: (2023). „CEO Update – Klimaneutralität mit ‚Real Zero' – vom großen Versprechen zum echten Vorteil". https://www.engie-deutschland.de/de/zero-carbon.
2. CHEManager: (2023). „Bayer und Eon kooperieren". https://www.chemanager-online.com/restricted-files/229826.
3. (2023). https://www.pharmasalmanac.com/articles/green-energy-is-almost-here-a-cdmos-approach-to-sustainability.
4. EY: (2024). Dekarbonisierungsbarometer 2024. https://www.ey.com/de_de/news/2024/02/ey-dekarbonisierungsbarometer-2024.
5. RND: (2023). „Die Folgen der Energiekrise". https://www.rnd.de/wirtschaft/basf-der-weltgroesste-chemiekonzern-baut-ab-wegen-hoher-energiepreise-7QZHH3XZWFBMNMEHUXXRQ3N7ZI.html.
6. Mertens, J., Breyer, C., Arning, K. et al. (2023). „Carbon capture and utilization: More than hiding $CO_2$ for some time". https://www.cell.com/joule/fulltext/S2542-43512300036-3.
7. VCI: (2023). Jahresbilanz 2023. https://www.vci.de/die-branche/aktuelle-wirtschaftliche-lage/stuermische-zeiten-fuer-die-branche.jsp.
8. Oliver Wyman: (2022). „Energy Contracting in Germany – Market Study".
9. CHEManager: (2022). „Was uns in unruhigen Zeiten voranbringt". https://www.chemanager-online.com/news/was-uns-unruhigen-zeiten-voranbringt.
10. EY: (2023). „Whitepaper: Ihr Framework für eine ganzheitliche Dekarbonisierungsstrategie". https://www.ey.com/de_de/forms/download-forms/2023/03/das-ey-8a-modell-ihr-framework-fuer-eine-ganzheitliche-dekarbonisierungsstrategie.
11. ENGIE Impact: (2023). „Net Zero Report 2023". https://www.engie-deutschland.de/de/magazin/dekarbonisierung-unternehmen-6-wichtige-impulse-aus-dem-2023-net-zero-report.
12. Mercuri International: (2022). „The Future State of Trust". https://mercuri.de/insights/the-future-state-of-trust.

# 12

# Infrastrukturdienstleistungen – Die besondere Rolle von Industrieservices im Rahmen der Transformation der chemisch-pharmazeutischen Industrie am Beispiel des Chemiestandortes Leuna

*Claudia Herrmann und Martin Naundorf*

*InfraLeuna GmbH*

**Abstract**

*Die zentrale Rolle von Infrastrukturdienstleistungen bei der Transformation der chemisch-pharmazeutischen Industrie wird in diesem Beitrag exemplarisch am Beispiel des Standorts Leuna verdeutlicht. Die Autoren zeigen, wie durch professionelle Infrastrukturservices – von Energie- und Wasserversorgung über Abfallmanagement bis zu Sicherheitsdiensten – die Wettbewerbsfähigkeit und Nachhaltigkeit des Standorts gesichert werden können. Herausforderungen wie die Integration neuer Technologien, regulatorische Anforderungen und der Umbau zu nachhaltigen Prozessen werden analysiert. Es werden Einblicke in die Organisation und Steuerung von Infrastrukturdienstleistungen gewährt und die Autoren geben Empfehlungen für die erfolgreiche Transformation von Industriestandorten im Zuge der Energiewende.*

## 12.1 Einleitung

Die chemisch-pharmazeutische Industrie ist ein wichtiger Innovations- und Wachstumsmotor für die deutsche Wirtschaft. Klimawandel, Krieg, Digitalisierung und Energiekrise sorgen dafür, dass die Branche erheblichen Herausforderungen gegenübersteht. Angesichts hoher Energie- und Rohstoffpreise und der Dynamik an den globalen Märkten für Rohstoffe und Chemieprodukte, einer sinkenden Nachfrage sowie stetig steigender Gesetzesauflagen zum Umwelt- und Klimaschutz ist die internationale Wettbewerbsfähigkeit des Wirtschafts- und Investitionsstandorts Deutschland derzeit unter Druck (vgl. [1]).

Die Branche befindet sich in einem Transformationsprozess, der es erfordert, Ressourcen effizient und umweltschonend zu nutzen. Sie verfolgt die Ziele, treibhausgasneutral zu werden und ihre fossile Energie- und Rohstoffbasis auf erneuerbare Ressourcen und Kreislaufwirtschaft umzustellen (vgl. [2]).

Die Chemieindustrie in Deutschland gehört zu den energie- und emissionsintensiven Industrien, die große Mengen an Wärme und Strom benötigt. Etwa 10 Prozent des Stroms in Deutschland werden in der chemisch-pharmazeutischen Industrie verbraucht (vgl. [3], S. 4). Insbesondere die Umgestaltung des Energiesystems ist diesbezüglich eine grundlegende Voraussetzung für eine erfolgreiche Transformation sowie die Beschleunigung beim Ausbau der erneuerbaren Energien und bei Planungs- und Genehmigungsverfahren (vgl. [4], S. 14; vgl. auch [5], 15. Dezember; vgl. auch [6]).

Die chemische Industrie und die sie unterstützenden Partner müssen gemeinsam neue Wege in der Energiebereitstellung und -nutzung, neue Formen der Kooperation und nicht zuletzt auch neue Prozesse sowie moderne Infrastrukturen etablieren.

Chemieparkbetreiber begleiten die Produktionsunternehmen im Transformationsprozess, nehmen Anpassungen der Infrastruktur vor und schaffen mit neuen Dienstleistungen optimale Bedingungen für eine wirtschaftliche und nachhaltige Chemieproduktion für ihre Kunden.

## 12.2 Outsourcing von Infrastrukturbetrieb und Dienstleistungen an komplexen Verbundstandorten

### 12.2.1 Konzepte des Chemieparkbetriebes

Die ersten Gründungen von Chemieparks in Deutschland erfolgten zu Beginn der 1990er Jahre (vgl. [7], S. 19). Im Osten Deutschlands haben sich die Chemieparks vorwiegend als Auffangorganisation für die mit der politischen Wende 1989/1990 zusammengebrochenen verstaatlichten Chemiekombinate und für deren vorhandene stark sanierungsbedürftige Infrastruktur entwickelt (vgl. [8], S. 12). Neben der Gesamtprivatisierung von Standorten an Einzelinvestoren (bspw. Dow Olefinverbund/Schkopau und Böhlen) wurden entlang der vorhandenen Produktionslinien Teile des Kombinats an verschiedene Investoren veräußert (bspw. Chemiekombinat Leuna, Hydrierwerk Zeitz, Chemiekombinat Bitterfeld). Für den Betrieb der existierenden Infrastruktur wurden Betreibergesellschaften gegründet. In Westdeutschland waren Chemieparks hauptsächlich das Ergebnis von Restrukturierungen international ausgerichteter Chemiekonzerne (vgl. [8], S. 12). Einzelne Geschäftsbereiche wurden ausgegliedert und ehemalige Vollsortimenter bzw. Chemiebetriebe mit einer mehrere Segmente der chemisch-pharmazeutischen Industrie umfassenden Wertschöpfungskette entwickelten sich zu Spezialanbietern. Im Zuge dessen entstanden Standortbetreibergesellschaften, die heute spezialisierte branchen-optimierte Services anbieten, welche zuvor im Unternehmensverbund selbst erbracht wurden (vgl. [9]). So war unter anderem die Infrastruktur nicht mehr länger Kerngeschäft und wurde ausgegliedert (vgl. [10], S. 7).

Im Laufe der Zeit haben sich drei Betreibermodelle etabliert, die sich strukturell unterscheiden lassen. Im „Major User"-Modell liegt der Standortbetrieb in der Hand des Unternehmens, welches gleichzeitig einen Großteil bzw. sämtliche Chemieproduktionsanlagen des jeweiligen Standortes betreibt. Die Versorgung von Dritten stellt an diesen Standorten eine eher untergeordnete Aktivität dar. Dritte werden hauptsächlich unter dem Gesichtspunkt der Abnahme von Produkten aus der Wertschöpfungskette angesiedelt.

Beim „Multi-User"-Standort erbringt die Betreibergesellschaft Leistungen innerhalb und außerhalb des Chemieparks. Sie ist eigenständig und wird oftmals in Teilen von mehreren am Standort produzierenden Unternehmen gehalten. Die Kundenstruktur folgt aus der Strategie der Betreibergesellschaft sowie deren Anteilseigner.

Beim Modell des externen Betreibers ist der Standortbetreiber gesellschaftsrechtlich nicht mit seinen Auftraggebern verbunden und agiert frei am Markt (vgl. [11], S. 120). Innerhalb der Gruppe der „Multi-User"-Standorte wird üblicherweise noch zwischen geschlossenen (Umfriedung des Gesamtstandortes) und offenen Standorten (Umfriedung der Einzelanlage) unterschieden. Die Ansiedlung von Unternehmen orientiert sich an der Auslastung der Anlagen und dem Produktportfolio des Betreibers.

### 12.2.2 Leistungsportfoliogestaltung bei Chemieparkbetreibern

Das Leistungsportfolio von Chemieparkbetreibern ist nicht allein vor dem Hintergrund der jeweiligen Historie unterschiedlich ausgestaltet. Einfluss auf die Gestaltung des Portfolios nehmen zudem weitere Faktoren wie das Betreibermodell, die Eigentümerstruktur, die Kundenstruktur am Standort, Anforderungen seitens der Chemiekunden sowie deren Märkte.

Einen differenzierten Überblick auf das allgemeine Leistungsportfolio an Chemieparks bietet die Clusterung nach Wildemann, welche in Abb. 12.1 dargestellt ist. Das Leistungsportfolio von Chemieparkbetreibern setzt sich aus zwei Grundpfeilern zusammen: dem standortgebundenen Infrastrukturangebot und den nicht ortsspezifischen Serviceleistungen. Die Infrastruktur umfasst neben der obligatorischen Anbindung an das Straßen-, Schienen- und Wasserstraßennetz auch Pipelineanschlüsse sowie Lagermöglichkeiten. Hinzu kommen das Flächenmanagement sowie diverse Ver- und Entsorgungseinrichtungen. Ortsgebundene Leistungen sind häufig mit hohen Investitionskosten verknüpft und können daher nicht einfach durch externe Dienstleister imitiert oder substituiert werden. Anders verhält es sich bei den nicht standortgebundenen Serviceleistungen. Bei diesen steht der Anbieter oft in direkter Konkurrenz zu externen Dienstleistern. Beispiele für dieses Dienstleistungsangebot sind Logistik- und IT-Services sowie Anlagenbetreuung, Analytik-Services und Behördenmanagement. Das Leistungsangebot kann darüber hinaus in abnahmepflichtige und optionale Leistungen gegliedert werden. Standortgebundenheit geht häufig mit der Abnahmepflicht einiger Leistungen einher. Beispielsweise sind mit dem Vorhalten einer professionellen Werkfeuerwehr und der

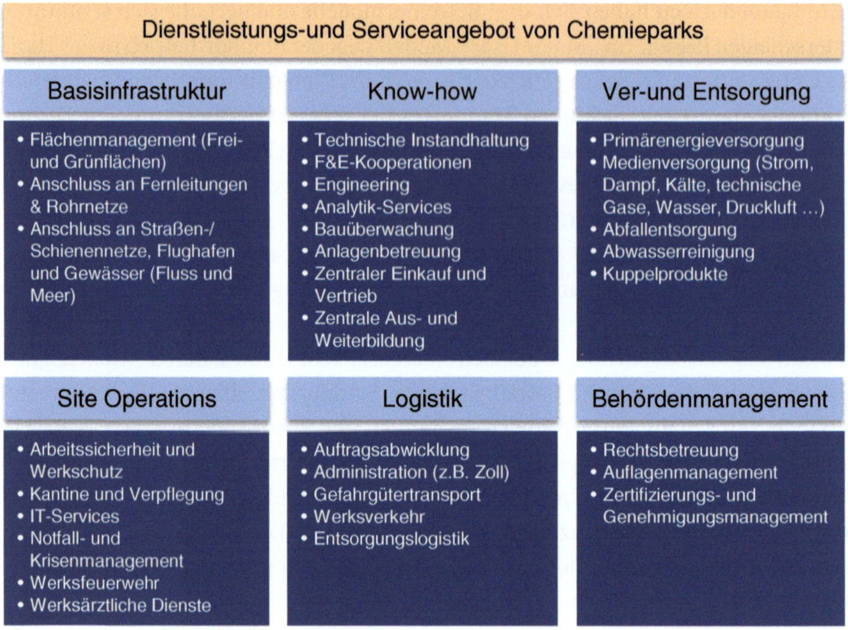


**Abb. 12.1** Dienstleistungs- und Serviceangebot von Chemieparks (*Quelle:* Wiedergabe mir freundlicher Genehmigung von TCW-Verlag).

Basis-Infrastruktur (Straßen, Gleise, Umfriedung) meist hohe Kosten verbunden, die auf alle Standortunternehmen umgelegt werden müssen (vgl. [12], S. 45 f.).

Die jeweiligen Chemieparkbetreiber haben ihren individuellen Mix an Leistungen, sodass es zum Beispiel reine Standort- und Infrastrukturbetreiber ohne Fokus auf technische Dienstleistungen gibt. Andere Betreiber bieten, hauptsächlich historisch bedingt, technische Dienste an und unterhalten Engineering-Kapazitäten für Dritte (Engineering as a service) (vgl. [13], 18. Juni).

### 12.2.3 Make-or-Buy-Entscheidungen bei Chemieparkkunden

Ausgehend von der unter 1.1 grob beschriebenen Struktur der Chemieparks ist die Gestaltung des Produktportfolios von Chemieparkbetreibern in Teilen historisch gewachsen, orientiert sich aber natürlich auch an der „make-or-buy"-Entscheidung auf der Seite der produzierenden Kunden. In den letzten 30 Jahren hat sich eine grundlegende Differenzierung zwischen den Kernaktivitäten der Chemiebetriebe (Forschung und Entwicklung, Produktion) und dem Ver- und Entsorgungsgeschäft der Parkbetreiber herausgebildet. Eine unterschiedliche Branchenzugehörigkeit lässt sich am Gehaltsgefüge, den Renditeanforderungen bzw. der Personalintensität festmachen. Dies stellt insbesondere für die Standortbetreiber eine Herausforderung dar, die Chemie- und Infrastrukturgeschäft parallel betreiben. Die interne Konkurrenz um Investitionsmittel, innerbetriebliche

Diskrepanzen in der Personalkosteneffizienz oder strategische Konflikte schaffen ein komplexes Umfeld.

Für die Begleitung von Transformationsprozessen ist der Entscheidungsspielraum für die notwendigen Investitionen auf der Ebene der Betreibergesellschaft essentiell. Im Markt existieren Chemieparks in mehrheitlich kommunalem/staatlichem Eigentum und privatwirtschaftlich organisierten Unternehmen. Parks in privatem Eigentum teilen sich in drei Kategorien:

- externe Eigentümer ohne direkten Bezug zum Standortgeschäft (bspw. Finanzinvestoren)
- Eigentümer mit eigener Chemieproduktion auf dem Standort (Major User)
- Eigentümer mit eigener Chemieproduktion und einer Minderheitsbeteiligung am Betrieb des Chemieparks

Im dritten Modell hat sich am Chemiestandort Leuna eine Sonderform entwickelt, die spezifische Rückwirkungen auf die Begleitung von Transformationsprozessen hat. Die Beteiligung an der Infrastrukturgesellschaft ist ausschließlich lokal investierten Kunden vorbehalten. Die Beteiligung ist auf 24,5 Prozent begrenzt und die Satzung sieht für wesentliche Beschlüsse Mehrheiten >66 Prozent vor. Über eine Ausschüttungssperre, ein satzungsseitig verankertes Low-Profit-Prinzip sowie einen Gleichbehandlungsgrundsatz für alle Kunden werden die finanziellen Interessen der Anteilseigner von denen der Infrastrukturgesellschaft entkoppelt. Letztere entscheidet auf der Basis der Innenfinanzierungskraft und der eigenen strategischen Ausrichtung über Investitionen in Infrastrukturprojekte.

Aus der Sicht produzierender Chemie- und Pharmaunternehmen ist die Ansiedlung in Chemieparks im Regelfall ideal, da im Sinne einer Single-Vendor-Strategie komplexe Leistungen in Form des Outsourcings vom Chemieparkbetreiber bezogen werden können. Gegenüber einer Multi-Vendor-Strategie entstehen vor allem Effekte durch die Reduktion von Transaktionskosten und die Optimierung des Gesamtportfolios auf Seiten der Kunden und beim Betreiber selbst. Im Einzelnen sind das (vgl. [14], S. 34):

- optimale wirtschaftliche Rahmenbedingungen
- Investitionsvorteile durch Nutzung bestehender Infrastrukturen
- Flexibilisierung und Optimierung des Geschäftsmodells
- professionelle Ansiedlungsbegleitung
- Konzentration auf das Kerngeschäft möglich
- Zeit- und Kostenvorteile durch die Nutzung der individuellen Service-Angebote
- Synergiepotenziale durch optimale Netzwerkstrukturen
- Kompetenzgewinn aus Know-how-Verbund
- Optimierung der Transaktionskosten

Neben Kostenvorteilen bedeuten komplexe Dienstleistungen aus einer Quelle eine vereinfachte Koordination, verbesserte Kommunikation, integrierte Prozessverantwortung sowie die Minimierung von Abstimmungsprozessen und Schnittstellen.

Kunde und Dienstleister arbeiten intensiver zusammen, wobei der externe Partner teils auch unternehmerische Mitverantwortung trägt (vgl. [15]). Eine reibungslose Produktion setzt eine perfekt abgestimmte Infrastruktur voraus. Unterstützende Prozesse sind abseits des Kerngeschäfts sinnvoll in der Hand spezialisierter Dienstleister aufgehoben. Die unternehmerische Verantwortung und die kontinuierliche Verbesserung der Infrastruktur obliegen dabei im Sinne eines Business Process Outsourcing der Betreibergesellschaft (vgl. [16], S. 40 f.).

## 12.3 Infrastrukturdienstleistungen als erfolgskritischer Faktor im Zuge der Transformation

### 12.3.1 Rahmenbedingungen der Transformation

Gemäß dem Pariser Übereinkommen soll in der zweiten Hälfte des Jahrhunderts weltweit Treibhausgasneutralität erreicht werden (vgl. [17], 12. April). Das Ziel der Bundesregierung ist es, die Treibhausgasemissionen in Deutschland bis zum Jahr 2040 um 88 Prozent gegenüber 1990 zu senken und bereits 2045 treibhausneutral zu sein (vgl. [18]). Die chemisch-pharmazeutische Industrie, verantwortlich für 12 Prozent der Industrieemissionen in Deutschland (vgl. [19], S. 6), steht vor der Herausforderung, ihre gesamte Wertschöpfungskette zu defossilisieren und auf nachhaltige Energiequellen umzustellen.

Der wirtschaftliche Druck auf die Unternehmen steigt weiterhin durch das Emissionshandelssystem der EU, das durch Verknappung der freien Zuteilung von Emissionszertifikaten und steigenden Zertifikatspreisen die Kosten von Emissionen deutlich erhöht (vgl. [20]).

Um die Ziele zu erreichen, sind ein weitgehender Umbau der Stromerzeugung hin zu erneuerbaren Energien und eine verstärkte Sektorenkopplung erforderlich. Emissionsfrei erzeugtem Strom kommt eine bedeutende Rolle bei der Umstellung der fossilen Rohstoffbasis (zum Beispiel Erdgas, Naphtha) zu (vgl. [4], S. 80; vgl. auch [19], S. 4). Der Ausbau der Kreislaufwirtschaft und des mechanischen sowie chemischen Recyclings bildet ein weiteres wichtiges Handlungsfeld, um rohstoffbasierte Emissionsminderungen zu erreichen (vgl. [4], S. 82; vgl. auch [19], S. 5). Die Chemieindustrie muss in Forschung und Entwicklung investieren, um innovative Technologien wie Power-to-X zu entwickeln und einzusetzen, die auf erneuerbarem Strom basieren und Wasserstoff und $CO_2$ nutzen (vgl. [21]; vgl. auch VCI, 2019, 12. März).

Damit die chemisch-pharmazeutische Industrie als Ganzes die Transformation vollziehen kann, sind die Existenz und der Aufbau einer damit im Einklang stehenden Infrastruktur „notwendiger, wirtschaftlicher und organisatorischer Unterbau“ ([23]). Infrastrukturen und Infrastrukturdienstleistungen in Chemieparks leisten ihren Beitrag im Logistik-, Energie- und Stoffverbund unter anderem beim Transport und der Speicherung von Wasserstoff, Strom und $CO_2$ (vgl. [24]), im Zuge der Betriebslogistik für Sekundär- oder nachwachsende Rohstoffe, bei Verfügbarkeit und Anbindung an regenerative Energiequellen und ermöglichen zirkuläre Strukturen. Darüber hinaus bilden Chemieparks optimale Bedingungen im Zusammenhang mit dem Ausbau industrienaher Forschungsinfrastrukturen, damit die notwendige Technologiereife von Prozess- und Produktentwicklungen erreicht werden kann.

Im Zuge der Transformation sind Investitionen in Infrastruktur erforderlich, sowohl hinsichtlich der Schaffung neuer als auch in Bezug auf die Umrüstung und Modernisierung bestehender Infrastrukturen. Das schließt die den Chemieparks vorgelagerte Infrastruktur mit ein (Wasserstoff-, Energiesystem, Verkehrsinfrastruktur).

Auf Nachhaltigkeit ausgerichtete Infrastrukturdienstleistungen bieten Chemieunternehmen Potenziale, die $CO_2$-Emissionen in Teilen ihrer Wertschöpfungskette zu reduzieren und dabei die Vorteile der Nutzung des Leistungsportfolios von Standortbetreibern zu beanspruchen (siehe 1.3).

### 12.3.2 Kundenanforderungen an Infrastrukturdienstleistungen am Chemiestandort Leuna verbunden mit der Transformation

Der 1916 gegründete Chemiestandort Leuna ist ein hochmoderner Produktionskomplex auf ca. 13 $km^2$ Fläche im mitteldeutschen Chemiedreieck. Etwa 100 ansässige Unternehmen und rund 15000 Beschäftigte produzieren ca. 12 Millionen Tonnen Güter jährlich. Das Kundenportfolio hat einen aus der Historie stammenden Schwerpunkt im Bereich der organischen Chemie mit großvolumigen Produktströmen. In den letzten 15 Jahren wurden über verstärkte F&E-Prozesse und eine Diversifizierung Ansiedlungen im Bereich der industriellen Biotechnologie sowie der Fein- und Spezialchemie gewonnen.

Der Standort erwirtschaftet einen Jahresumsatz von ca. 12 Milliarden Euro Umsatz, was ca. 80 Prozent des Landeshaushaltes von Sachsen-Anhalt für das Jahr 2024 entspricht (vgl. [25]) bzw. circa 15 Prozent des Bruttoinlandsproduktes von Sachsen-Anhalt im Jahr 2023 (vgl. [26]). Die Stilllegung eines Chemiestandortes wie Leuna, an dem alle Unternehmen zusammen monatlich ca. 1 Milliarde Euro Umsatz erwirtschaften, würde pro Stunde 1,5 Millionen Euro kosten.

Die Versorgungssicherheit zu wirtschaftlichen Konditionen ist erste Prämisse bei der Ausgestaltung der Infrastruktur über alle Medien hinweg. Dies wird begleitet durch Transformations- und Nachhaltigkeitsaspekte, die die Produzenten vor allem an den Infrastrukturbetreiber adressieren.

**Energieversorgung:** Im Bereich Energie steigt die Nachfrage nach effizientem Energiemanagement und nach defossilisierten Energieträgern wie Strom und Dampf sowie Biogas. Insbesondere Kunden der Petro- oder Basischemie fokussieren auf eine wettbewerbsfähige Preisbasis, die angesichts der Rahmenbedingungen im deutschen und europäischen Markt eine erhebliche Herausforderung darstellt. Die Kundenerwartung richtet sich neben der Emissionsreduktion auf eine größere Flexibilität zwischen den Energieträgern, die Sektorkopplung und einen entsprechenden

Netzausbau. Die daraus resultierende Herausforderung für den Standortbetreiber besteht im wirtschaftlichen Betrieb, im zeitgerechten Ausbau der Versorgungsnetze und der Vermeidung von Leerstandskosten.

**Rohstoffver- und entsorgung:** Der Ersatz fossiler Rohstoffe erfordert den Einsatz nachwachsender Rohstoffe und Biomasse. Zudem wird $CO_2$ als Rohstoff bzw. biogenes $CO_2$ nachgefragt, ebenso wie grüner Wasserstoff. Der Ausbau der Kreislaufwirtschaft und des mechanischen sowie chemischen Recyclings bilden ein weiteres wichtiges Handlungsfeld, um rohstoffbasierte Emissionsminderungen zu erreichen. Daraus erwachsen veränderte Anforderungen an die Logistik, Prozessabläufe an den Standorten müssen angepasst und vor allem die Flächenanforderungen bedient werden.

**Wasserver- und -entsorgung:** In Abhängigkeit vom Produktprofil bilden die eingesetzten Rohstoffe und die Energien die beiden prioritären Emissionsquellen, die im Zuge von Nachhaltigkeitsprogrammen bearbeitet werden. Die Ressource Wasser steht im Regelfall an dritter Stelle der Betrachtungen. Klimaveränderungen haben bei Behörden und der allgemeinen Öffentlichkeit eine starke Sensibilität gegenüber der Wasserverfügbarkeit und Wassernutzung aufgebaut, denen die Unternehmen direkt wie indirekt Rechnung tragen müssen. Verfahrenstechnische Wechsel, beispielsweise von der Petrochemie zur Biotechnologie, gehen häufig mit steigenden Wasserbedarfen einher (fermentative Prozesse in wässriger Umgebung). Gleichzeitig führt der Wandel der Ausgangsstoffe zu einer Zunahme der organischen Belastung der Abwässer, wodurch zusätzliche bzw. veränderte Verfahren der Behandlung dieser Wässer notwendig werden. Der Infrastrukturbetrieb muss die steigenden Umlaufmengen bewältigen und sich auf die veränderte Belastung des Abwassers und die höheren Reinigungsanforderungen der Behörden einstellen.

**Verkehrsinfrastruktur:** Die Wertschöpfungsketten werden auch mit Blick auf die Verkehrsinfrastruktur auf Nachhaltigkeit durchleuchtet, sodass Kunden nach Optimierungsmöglichkeiten bei Güterbewegungen suchen. Unternehmen wählen die Verkehrsträger unter Berücksichtigung verschiedener Kriterien wie Zuverlässigkeit, Qualität, Sicherheit, Kosten und Effizienz, um ihre Transportbedürfnisse bestmöglich zu erfüllen. Im Rahmen ihrer Nachhaltigkeitsstrategie strebt die Chemieindustrie an, bevorzugt die Verkehrsmittel Eisenbahn und Binnenschiff zu nutzen, sofern dies möglich ist. Dies setzt voraus, dass sowohl Versender als auch Empfänger über die notwendige Infrastruktur verfügen, wie zum Beispiel Häfen, Gleisanschlüsse oder Umschlaganlagen wie Ladebühnen, die sowohl für den Straßen- als auch Schienenverkehr geeignet sind (vgl. [27]). Die bereits im Abschnitt Rohstoffversorgung angesprochene Transformation hat auf die Logistik und die dafür notwendige Infrastruktur erhebliche Auswirkungen. Die Verwendung biogener Materialien bindet mit der Landwirtschaft eine Branche ein, die bisher weder lieferseitig noch logistisch mit der chemischen Industrie verbunden war. An der Schnittstelle ergeben sich für Infrastrukturdienstleister Herausforderungen im Bereich der Verkehrsinfrastruktur, Lagerung, Aufbereitung und Qualitätssicherung. Allein die Lagervolumina binden große Flächen, die so in oder in der Nähe der meisten Chemieparks nicht mehr vorhanden sind. Die lokale Trennung der Wertschöpfung bzw. die dezentrale Aufbereitung der Rohstoffe könnte ein zukünftiges Aufgabenfeld für die Infrastrukturbetreiber sein und diese über die Grenzen ihrer Areale hinweg tätig werden lassen.

### 12.3.3 Die Bedeutung von Outsourcing im Zuge der Transformation

Chemieparks übernehmen hinsichtlich der für die Transformation benötigten Infrastruktur eine Spezialistenrolle. Mit dem Outsourcing von Infrastruktur und Infrastrukturdienstleistungen können Chemieunternehmen der damit verbundenen Komplexität begegnen. Die regulatorischen Anforderungen, die zunehmende technologische Spezifität sowie der Innovationsdruck in Verbindung mit diesen Sekundärprozessen führen zu einer verstärkten Nachfrage nach externer Infrastrukturkompetenz. Risiken wie regulatorische Verstöße oder Lieferengpässe sowie der Umgang mit Energiekrisen und Fachkräftemangel können auf diese Weise effektiv gemanagt werden. Die Konzentration auf das Chemiekerngeschäft ist gewährleistet. Kunden von Chemieparks profitieren insbesondere von Verbund- und Synergieeffekten sowie dem wirtschaftlichen Betrieb der Infrastruktur, die es ihnen ermöglicht, im weltweiten Wettbewerb erfolgreich zu sein.

Chemieparkbetreiber bieten im komplexen Umfeld um die Chemieproduktion herum umfassende Fachkompetenz. Gerade für Investoren, die von außerhalb Europas nach Deutschland kommen und Unternehmen mit innovativen Verfahren sind, ist die Entlastung durch die Integration in einen Chemiepark hoch. Zum Dienstleistungsangebot der Chemieparkbetreiber zählt die Unterstützung bei der Anwendung nationaler Vorschriften. Die Betreiber verfügen über gute Kontakte zu den Behörden, was Genehmigungsverfahren schneller macht und häufig eine Betriebsaufnahme per „Plug and play" ermöglicht.

Das Konzept des Chemieparks als Verbundstandort ist seit jeher ein Konzept des nachhaltigen Wirtschaftens. Der stoffliche als auch energetische Verbund ist so angelegt, dass Transportwege kurz sind, Energien generiert werden, Sektorkopplung effizient funktioniert und die unterschiedlichen Energieniveaus und -arten sehr effizient genutzt werden. Rohstoffe und Energie bilden einen wesentlichen Teil der Produktionskosten in der chemisch-pharmazeutischen Industrie und bieten gleichzeitig die größten Einsparpotentiale. Rohstoffe im Firmenverbund zu beschaffen und Energie gemeinsam einzukaufen oder gemeinsam zu erzeugen, schaffen Skaleneffekte und damit Kostenvorteile für die Chemieparkunternehmen.

Mit Blick auf die Kundenanforderungen in 2.2 wird das Potenzial der Nutzung von Infrastruktur und Infrastrukturdienstleistungen in Chemieparks im Folgenden weiter herausgestellt.

**Energieversorgung:** Energie ist Teil der Kernkompetenz komplexer Standortbetreiber. Dampf, Heißwasser, Erdgas, Druckluft, Steuerluft und Strom, der Betrieb von Energieanlagen (Gasturbinen, Dampfturbinen, Dampfkesselanlagen,

Wärmeüberträgern etc.) sowie die jeweiligen Netze gehören dazu. Der energetische Verbund verbindet wärmeabgebende (exotherme) und wärmeverbrauchende (endotherme) Unternehmen in einer Weise, dass sämtliche freiwerdende Energie innerhalb des Standortes wieder einer Nutzung zugeführt werden kann.

Standortkunden profitieren von Effizienzsteigerungen, sofern die strukturellen Voraussetzungen in den Parks den Verbleib der Effizienzgewinne auf den Standorten sicherstellen. Zusätzliche Einkünfte können die Parkbetreiber im Betrieb des Energiesystems aus der Stabilisierung regionaler Netze (bspw. Strom) generieren.

Die Einbindung neuer Umwandlungstechnologien (bspw. elektrisch betriebene Dampfkessel) erleichtert die Transformation bei gleichzeitigem Erhalt der Versorgungssicherheit.

**Rohstoffver- und entsorgung:** Die an komplexen Standorten ansässigen Unternehmen profitieren von einem ausgebauten und komplexen Stoffverbund (vgl. Abb. 12.2). Den Kern des Verbundes am Chemiestandort Leuna bilden die Raffinerie, die Caprolactamsynthese und die Erzeugung technischer Gase.

Die Raffinerie bildet vor allem volumenseitig das Rückgrat vieler lokaler Wertschöpfungsketten. Benzol, Naphta und Methanol sind Ausgangspunkte der für den Verbund wichtigen Chemikalien. Natronlauge und Chlor schaffen parallel dazu die Ausgangsbasis für Epoxidharze und Reinigungsmittel.

Zudem sichert das überregionale Pipelinenetzwerk die vorteilhafte Versorgung mit essenziellen Rohstoffen (vgl. Abb. 12.3).

Wasserstoff als wichtiges technisches Gas wird in großem Umfang auf Basis von Erdgas erzeugt. Die im Rahmen der Transformation notwendige Umstellung auf eine strombasierte Erzeugung findet ihre Herausforderungen vor allem im Ausbau

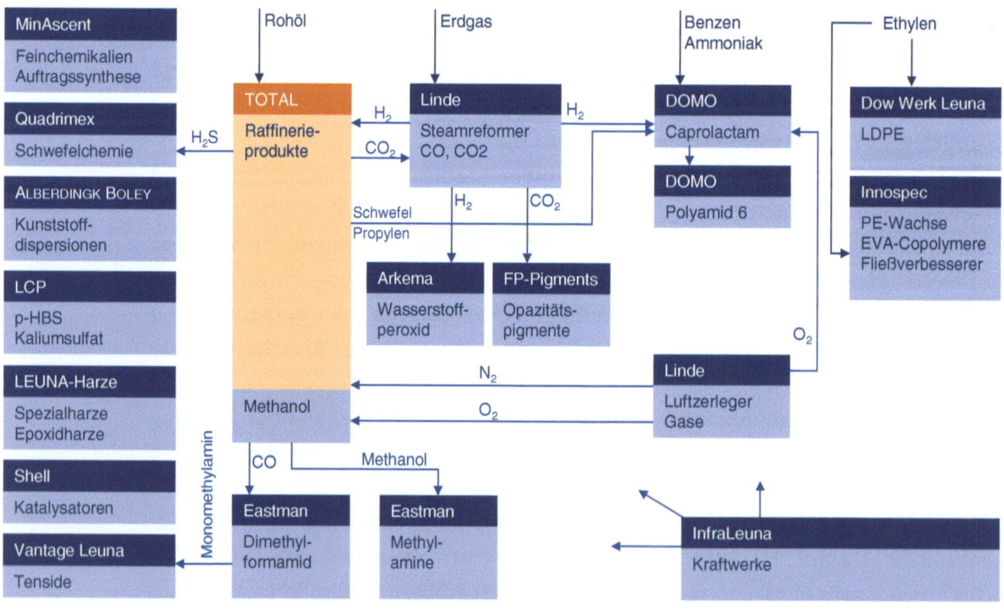


**Abb. 12.2** Stoffverbund am Chemiestandort Leuna (*Quelle:* eigene Darstellung).

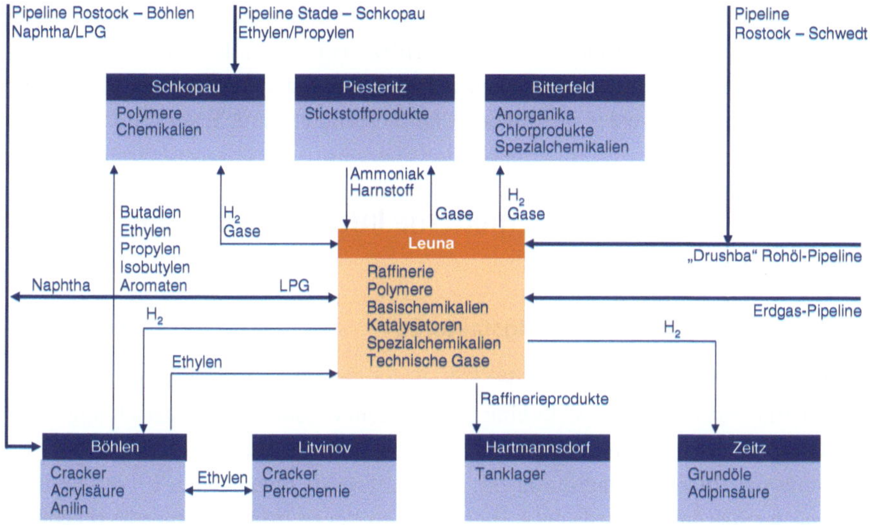


**Abb. 12.3** Standortverbund der mitteldeutschen Chemieparks (*Quelle:* eigene Darstellung).

der Stromnetze. Allein für den Ersatz der bisher in Anwendung befindlichen Wasserstoffmengen würden am Standort Leuna zusätzlich 400–500 Megawatt Strom benötigt. In Kombination mit den weiteren Nachhaltigkeitsprojekten wird die Gigawatt-Grenze schnell überschritten. Da eine lokale stabile Erzeugung in dieser Größenordnung unrealistisch ist, ergibt sich die Notwendigkeit des zeitgerechten Netzausbaus in vergleichbarer Höhe.

**Wasserver- und -entsorgung:** Chemieparkbetreiber wie die InfraLeuna GmbH stellen Wasser in unterschiedlichen Qualitäten zur Verfügung. In Verbindung mit dem Energieanlagenpark und kurzen Wegen zu den Kunden können Effizienzgewinne gehoben werden, die nur in einem kleinräumigen Umfeld systemübergreifend möglich sind. So lassen sich beispielsweise Vorwärmprozesse für die Kraftwerksanlagen bzw. deren Wasserströme effektiv mit Kühlprozessen verbinden. Zukünftig sind außerdem Wärmepumpen denkbar, die niedrigkalorische Wärme zum Beispiel aus Kühlprozessen auf Temperaturniveaus heben, die für die Industrie nutzbar sind.

**Verkehrsinfrastruktur:** Für einen Inlandsstandort wie Leuna ist eine hocheffiziente Logistik entscheidend für die Wettbewerbsfähigkeit, insbesondere gegenüber Standorten mit Seehafen. Ein ca. 93 km langes Werksschienennetz ermöglicht, rund 65 Prozent der Produkte per Bahn zu transportieren. Mit der Tätigkeit als Eisenbahnverkehrsunternehmen (EVU) kann die Bahnlogistik zusätzliche Schnittstellen und Übergaben vermeiden und die Produkte der Kunden direkt zu den Zielorten transportieren. Mit dem Bau zusätzlicher Anschlussgleise wird der Verkehr weiter von der Straße auf die Bahn verlagert. Zudem werden auf den Gleisen der Deutschen Bahn Elektrolokomotiven eingesetzt, die auf Kundenwunsch mit nachhaltig erzeugtem Strom gefahren werden können. Im Zusammenhang mit Neuansiedlungen im Bereich biobasierter Rohstoffe (bspw. Holz) besteht die jüngste Herausforderung darin, logistische Prozesse bis hin zur Lagerung auf diese Eingangsstoffe einzustellen. Hierfür sind Investitionen in digitale Infrastruktur an der Schnittstelle zum Kunden sowie Einrichtungen zur Qualitätssicherung, der Verwiegung sowie dem Umschlag notwendig, die bisher an den Chemiestandorten nicht vorhanden waren.

## 12.4 Erfolgsfaktoren für moderne Infrastrukturen am Chemiestandort Leuna

### 12.4.1 Identifikation von Erfolgsfaktoren

Chemieparkbetreiber spielen bei der Schaffung und Aufrechterhaltung moderner Infrastrukturen in Chemieparks eine entscheidende Rolle. Zu den ausschlaggebenden Faktoren für moderne Infrastrukturen am Chemiestandort Leuna zählen:

**Struktur:** Im Zusammenhang mit der geschäftsfeldbezogenen Privatisierung Anfang der 90er Jahre wurde die standortübergreifende Infrastruktur (Werkschutz, Feuerwehr, Straßen, Rohrbrücken, Abwasser usw.) Ende 1995 in eine Infrastrukturgesellschaft überführt. Mit staatlicher Unterstützung konnten in einer Restrukturierung bis 2003 rund 500 Millionen Euro investiert werden, um die damalige Infrastruktur zu sanieren.

**Eigentumsverhältnisse:** Die Form der Eigentümerstruktur der Betreibergesellschaft beeinflusst die strategischen Entscheidungsspielräume des Standortbetreibers maßgeblich und spielt für die notwendigen Investitionen in die Infrastruktur im Zuge der Transformation eine bedeutende Rolle. Leuna ist ein Multi-User-Standort; die InfraLeuna GmbH ist eigenständig und wird von mehreren am Standort produzierenden Unternehmen gehalten. Die bereits beschriebene Ausschüttungssperre sorgt dafür, dass Renditeanforderungen aus dem Kreis der Gesellschafter, die zwangsläufig zu höheren Preisen führen, keine Rolle spielen. Notwendige Investitionen müssen zu Preisen führen, die Transformation unter Einbindung aller möglich machen. Sie orientieren sich an den lokalen Herausforderungen und den durch neue Kunden und neue Prozesse ergebenden Anforderungen an den Infrastrukturbetrieb. Die Umsetzung der Investitions- und Infrastrukturkosten in Preise fokussiert auf die reine Kostendeckung. Im Mittelpunkt steht das Angebot von Infrastrukturdienstleistungen für alle Standortkunden zu möglichst günstigen und wettbewerbsfähigen Konditionen. Effizienzgewinne werden zur Senkung von Preisen verwendet. Stochastische Erlöse beispielsweise aus der Tätigkeit im standortexternen Energiegeschäft werden über Rabattierungen an alle Standortkunden weitergegeben.

**Zusammenarbeit:** Die enge Zusammenarbeit mit den ansässigen Unternehmen, die Planung und Entwicklung der Infrastruktur am Chemiestandort und die Entwicklung des Standortes als Ganzes erfolgen gemeinsam im Gesellschafterverbund. Gefördert werden zudem Netzwerke für den Austausch von Wissen, Ressourcen und Best Practices. Somit besteht neben dem stofflichen und energetischen Verbund auch ein ausgeprägter Interessens- und Wissensverbund. Die Schaffung von weiteren Synergien kann dazu beitragen, die Wettbewerbsfähigkeit des Chemieparks weiter zu stärken.

**Forschung und Entwicklung**: Der Ausbau von Forschungskompetenzen an einem Standort wie Leuna ist wesentlich für die Zukunftsfähigkeit, gerade wenn produzierende Unternehmen nur geringe eigene F&E-Kapazität vorhalten. Die aktive Akquise von Forschungseinrichtungen mit passfähigen Strukturen ist essenziell für die Entwicklung des Unternehmensverbundes und der langfristigen Stabilität des Standortes.

**Zugang zu Fachkräften:** Die Verfügbarkeit qualifizierter Arbeitskräfte entscheidet mehr denn je über den Erfolg eines Chemieparks. Aus- und Weiterbildungsmöglichkeiten mit einem unmittelbaren Bezug zu den produzierenden Unternehmen und eine aktive Vernetzung mit den Forschungseinrichtungen (siehe oben) schaffen die Basis für ein ausreichendes Angebot an Fachpersonal. Das Tarifgefüge in den Unternehmen sowie das jeweilige Arbeitsumfeld spielen ebenso eine Rolle. Bedeutsam ist außerdem die Wahrnehmung der Branche in der Bevölkerung. Ein positives Gesamtbild, flankiert von Transparenz, hoher Arbeitssicherheit und Arbeitszufriedenheit trägt dazu bei, Nachwuchskräfte für die Tätigkeit in den Chemieparks zu gewinnen.

**Sicherheit:** Die aus den neuen Rohstoffströmen (Holz, Stroh etc.) resultierenden Veränderungen schaffen neue Herausforderungen für die Arbeitssicherheit. Eingeübte Prozesse in den bekannten Abläufen (Handhabung von Flüssigkeiten, Gasen, Gefahrgut) und die hohen Ansprüche an die Arbeits- und Anlagensicherheit müssen angepasst werden. Das Gefahrenpotential sowohl in der Handhabung (bewegliches Großgerät, Transportsicherung etc.) wie auch in der Gefahrenabwehr (Feuerwehr) muss bewertet sowie in Prozeduren und technische Sicherungsmittel überführt werden.

### 12.4.2 Implikationen für das Infrastrukturdienstleistungsportfolio

Die Erfolgsfaktoren für moderne Infrastrukturen wirken sich auf die Gestaltung des Infrastrukturdienstleistungsportfolios aus. So entwickelte sich das Portfolio im Zeitablauf und durch Integration eines Netzwerks von spezialisierten Partnern hin zu einem wettbewerbsfähigen Leistungsangebot als integriertes Servicekonzept (vgl. Abb. 12.4). Betreiber komplexer Chemieparks stellen die Infrastrukturen für den Logistik-, Energie- und Stoffverbund bereit. Zudem bieten sie alle zugehörigen Dienstleistungen an, neben den standortbezogenen Dienstleistungen auch spezifische Dienstleistungen, die über die Standortgrenzen hinaus vermarktet werden können. Die Zusammenfassung von Infrastrukturen und Dienstleistungen in einer Gesellschaft ermöglicht Größenvorteile und Skaleneffekte. Das Dienstleistungsspektrum ist an den Bedürfnissen der Kunden ausgerichtet sowie dynamisch diversifizierbar und im Hinblick auf die Anforderungen aus der Transformation dynamisch veränderbar.

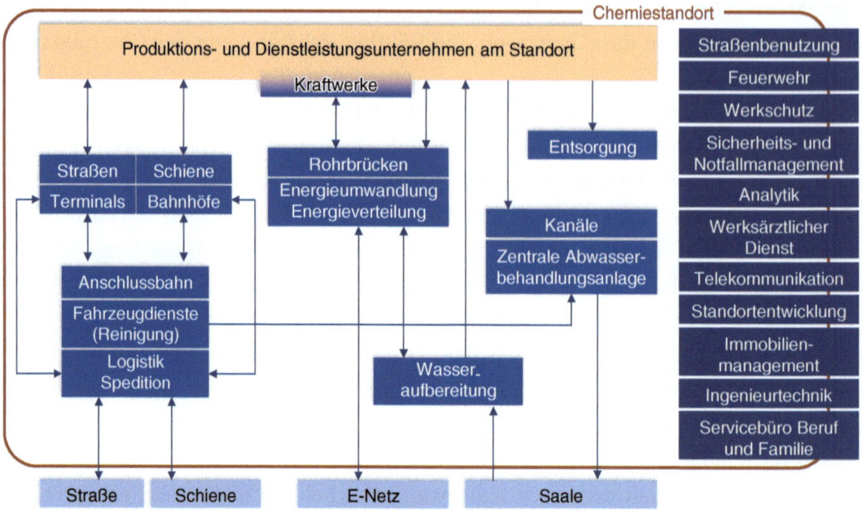


**Abb. 12.4** Integriertes Servicekonzept der InfraLeuna GmbH (*Quelle:* eigene Darstellung).

## 12.5 Realisierung von Investitionsprojekten in die Infrastruktur am Chemiestandort Leuna

### 12.5.1 Investitionspolitik

Sowohl internationale Konzerne als auch mittelständische Unternehmen investierten seit 1990 über 9 Milliarden Euro in den Standort. Derzeit werden über 1 Milliarde Euro in Anlagen für Chemikalien auf der Basis von Holz sowie leicht wiederverwendbarer Kunststoffe investiert. Diese Investitionen wurden und werden durch Investitionen der InfraLeuna GmbH in die Infrastruktur. Dies gilt für Sachanlagen in den Mediennetzen (Strom, Dampf, Wasser, Deionat, Rückkühlwasser, Steuerluft, Rohrbrücken, Kondensat) aber auch für technisches Equipment (moderne Werkstätten, Lagersysteme, digitale Tools).

Im Partnermodell aus Standortkunde und InfraLeuna GmbH investiert der Kunde am Standort und die InfraLeuna GmbH in die entsprechende Infrastruktur.

Bei Neuansiedlungen verpflichtet sich die InfraLeuna GmbH zur Erschließung der Ansiedlungs- oder Grundstücksfläche bzw. Teilen davon. Sie übernimmt Vorbereitung, Realisierung und Finanzierung der Investitionen. Die Erschließungskosten werden grundsätzlich durch Leistungspreise refinanziert.

Dem genossenschaftlichen Ansatz folgend (vgl. 1.3) werden die spezifischen Erschließungskosten über alle Anschlusspunkte allokiert, sodass Nachteile für exponierte Anschlusspunkte eliminiert werden.

Zusätzliche Kunden führen daher mittelfristig mindestens zu einer stabilen Preissituation, da die Verdichtung innerhalb des Chemieparks Skaleneffekte ermöglicht und inflationäre Tendenzen durch neue Anschlussnehmer gedämpft werden. Investitionen in infrastrukturelle Erweiterungen müssen daher langfristig innerhalb des Gesamtsystems rentabel und nicht nur anschlussspezifisch rentabel sein. Die Aufrechterhaltung und der Ausbau weiterer Synergieeffekte durch Investitionen bilden dabei einen Schwerpunkt.

Die Finanzierung der Investitionen erfolgt aus der Geschäftstätigkeit der InfraLeuna GmbH heraus. Zudem werden Förderprogramme genutzt und im Zusammenhang mit Großprojekten auch externe Finanzierungen realisiert.

Arbeitspreise werden kostenbasiert ermittelt und ebenfalls über das Gesamtsystem allokiert. Eine preisliche Differenzierung erfolgt nur dann, wenn aufgrund technischer Restriktion Mengenkategorien gebildet werden müssen.

### 12.5.2 Vertrags- und Preisgestaltung

Die Kundenbeziehungen werden über industrieübliche Liefer- und Leistungsverträge abgebildet. Dazu zählen Grundstückskaufverträge, Verträge über Dienstleistungsinfrastruktur sowie Verträge über die Medienver- und -entsorgung. Im Zusammenhang mit den Grundstückskaufverträgen werden Regelungen zur Bearbeitung eventuell vorhandener Altlasten in Kooperation mit der Landesanstalt für Altlastenfreistellung (LAF) vorgenommen. Speziell für Standorte mit langer Historie und angebotenen „brownfield"-Flächen spielen diese Regelungen für die Kunden eine entscheidende Rolle. Durch die Übernahme der wesentlichen Altlastenrisiken durch die öffentliche Hand werden diesbezügliche Risiken für den Kunden minimiert. Verträge über die Dienstleistungsinfrastruktur enthalten Pflichtbestandteile wie Straße, Werkschutz und Feuerwehr, die mit dem Grundstückseigentum am Standort verbunden sind.

### 12.5.3 Investitionsmaßnahmen in Infrastrukturdienstleistungen in Verbindung mit Kundenprojekten

#### 12.5.3.1 Energie

Eine generelle Herausforderung für Infrastrukturbetreiber in Chemieparks ist der Abgleich einer relativ stabilen Nachfrage seitens der Kunden (7500–8400 Betriebsstunden pro Jahr) mit einem zunehmend fluktuierenden und preislich volatilen Angebot an den Energiemärkten. Ein Schlüssel zum Umgang mit diesem Dilemma ist die Flexibilisierung der Erzeugungs- und Umwandlungsanlagen sowie eine weitreichende Sektorkopplung. So hat die InfraLeuna GmbH beispielsweise Kraftwerke so umgebaut, dass sie hochflexibel auf die Bedürfnisse der Kunden und auf die teilweise stochastisch schwankenden Einspeisungen exothermer Anlagen reagieren können. Neben der Optimierung des Kraftwerksbetriebs in Bezug auf den lokalen Energieverbund erfolgt zudem eine Optimierung in Bezug auf den Energiemarkt.

In Phasen großer Mengengebote, speziell am Strommarkt, wird der Kraftwerksbetrieb auf ein absolutes Minimum reduziert und preisgünstiger Strom importiert. Im umgekehrten Fall kann aus dem Kraftwerkspark Strom exportiert werden.

Daraus generierte Erlöse werden an die Standortkunden weitergegeben. Neben den operativen Herausforderungen eines sehr wechselnden Anlagenbetriebs müssen dabei die Energiehandelsgeschäfte die Lieferungen begleiten. Mit teilweise bis zu 1000 Geschäften am Tag, die zum Großteil automatisiert ausgeführt werden, kann die Vermarktung im Viertel-Stunden-Handel gestaltet werden.

Ein weiterer Nutzen aus einer flexibilisierten Kraftwerksleistung ist die Absicherung der Netzstabilität innerhalb des Parks und ein Beitrag hierzu in den vorgeordneten Netzen. Eigene Projekte, wie beispielsweise eine leistungsstarke Solarstromerzeugung können somit „netzschonend" integriert werden.

Die Errichtung von Windenergieanlagen bzw. die Beteiligung an Partnerschaften in der Region ist ein weiteres Standbein für den Zugang des Standortes zu erneuerbaren Energien. Neue Power-to-Heat-Anlagen unterstützen die Sektorkopplung und tragen ebenfalls zu einer Senkung der Netzbelastung bei. Die $CO_2$-neutrale Erzeugung von Dampf aus Strom ist ein willkommener Effekt, der Kunden in der Transformation zusätzlich unterstützt.

#### 12.5.3.2 Wasser/Abwasser

Im Zuge der Errichtung einer Ethylenglykolanlage auf Basis von Buchenholz am Standort Leuna wurde unter anderem der Bau eines weiteren Rückkühlwerkes und einer Deionatanlage notwendig. Die wärmetechnische Integration beider Anlagen (Nutzung der Wärme aus dem Kühlbetrieb für die Vorwärmung in der Deionatanlage) führt zu einem geringeren Energieverbrauch, minimierten Emissionen und somit zu Kosteneinsparungen.

Im Bereich der Abwasserbehandlung war die Investition in eine anaerobe Vorbehandlungsanlage notwendig. Der hohe organische Anteil ermöglicht die Erzeugung von Biogas, welches extrahiert und in den Standortverbund eingespeist werden kann.

#### 12.5.3.3 Infrastruktur

Die lineare Infrastruktur erfordert permanente Anpassungen an Kundenbedürfnisse und veränderte Rahmenbedingungen. Beispiele hierfür sind Veränderungen an Straßen und Toren, um den Sicherheitsbedürfnissen wie steigenden Verkehrsströmen ebenso Rechnung zu tragen. Die Verdichtung von Anlagen macht Verstärkungen und Neubauten von Rohrbrücken, den Bau von Anschlussgleisen und zusätzlichen Einlasskapazitäten an den Toren notwendig. Zudem greifen Kunden auf vorhandene Gebäude (Büro, Labor, Lager, Werkstätten etc.) zurück, deren Ausbau und Ertüchtigung Aufgabe der Infrastrukturgesellschaft ist.

Speziell die Ansiedlung von forschungsintensiven Unternehmen bzw. reinen Forschungseinrichtungen generiert einen erheblichen Bedarf an Laborkapazitäten. Der schlagartige Rückgang von Forschungstätigkeiten nach dem politischen Umbruch 1989, der Rückbau/Abriss in den frühen neunziger Jahren, hat unter anderem am Standort Leuna Lücken hinterlassen, die aufgrund der aktuell hohen Nachfrage zügig geschlossen werden müssen.

## 12.6 Fazit und Ausblick

In über 100 Jahren hat sich der Chemiestandort Leuna ausgehend von der Kohlechemie zur Petrochemie transformiert und steht heute vor dem nächsten Umbruch hin zur nachhaltigen Chemie. Das strukturelle und strategische Konzept sowie die Erfahrung der Mitarbeiter in Umstrukturierungsprozessen hat sich als solide Grundlage für eine vertrauensvolle und für alle Seiten vorteilhafte Zusammenarbeit zwischen der InfraLeuna GmbH und den in Leuna ansässigen Chemieunternehmen erwiesen. Die weitreichende Autonomie und der Fokus der Infrastrukturgesellschaft auf einen Standort und die dort ansässigen Kunden in Verbindung mit einigen strukturellen Besonderheiten ermöglichen die aktive Begleitung und Unterstützung von Transformationsprozessen der produzierenden Unternehmen. Die Infrastrukturdienstleistungen werden mit den Anforderungen der Chemiekunden konsequent weiter in Richtung Nachhaltigkeit und Effizienz entwickelt, um die chemisch-pharmazeutische Industrie in Deutschland auf dem Weg zur Klimaneutralität bestmöglich zu unterstützen.

Das Chemieparkkonzept ist für produzierende Unternehmen hoch attraktiv. Eine effektive Verbundwirtschaft stellt bereits per se einen grundlegenden Beitrag zur nachhaltigen Entwicklung dar.

Die Herausforderung für Infrastrukturbetreiber liegt darin, Veränderungen in den Märkten ihrer Kunden rechtzeitig zu antizipieren und wirtschaftlich unabhängig die Investitionen umsetzen zu können, die die Kunden in ihrer Profilierung unterstützen. Wirtschaftlich gesunde Investitionen – egal ob auf der Seite des produzierenden Kunden oder im Infrastrukturbetrieb – sind in jeder Hinsicht dann nachhaltig, wenn sie lange erfolgreich am Markt bestehen.

## Quellenverzeichnis


1. VCI (2023). Quartalsbericht 3.2023, in: VCI [online] https://www.vci.de/ergaenzende-downloads/qb-3-2023-final.pdf.
2. twb management und consulting (2018). Die Entwicklung der Chemieparks – Eine Bestandsaufnahme, in: CHEManager [online] https://www.chemanager-online.com/news/die-entwicklung-der-chemieparks-eine-bestandsaufnahme.
3. VCI (2022). Eckpunkte zur Zukunft der deutschen Chemieindustrie, in: VCI [online] https://www.vci.de/ergaenzende-downloads/libmod-vci-konsenspapier-chemie.pdf.
4. FutureCamp Climate GmbH, DECHEMA Gesellschaft für Chemische Technik und Biotechnologie e. V (2019). Roadmap Chemie 2050, in: VCI [online] https://www.vci.de/vci/downloads-vci/publikation/2019-10-09-studie-roadmap-chemie-2050-treibhausgasneutralitaet.pdf.
5. VCI (2023, 15. Dezember). Stürmische Zeiten für die Branche, in: VCI [online] https://www.vci.de/die-branche/aktuelle-wirtschaftliche-lage/stuermische-zeiten-fuer-die-branche.jsp.

6. Die Bayrischen Chemieverbände (2022). Transformation braucht Infrastruktur, in: Die Bayrischen Chemieverbände [online] https://www.bayerische-chemieverbaende.de/presse/transformation-braucht-infrastruktur
7. Wildemann, H. (2013). *Chemieparks – Organisationsstrukturen, Geschäftsmodelle und Erfolgsfaktoren*. 1. Aufl., München: TCW-Verlag.
8. Hauthal H.G. (2004). Industrieparks in Deutschland. In: *Industrieparks: Herausforderungen und Trends in der Chemie- und Pharmaindustrie* (Hrsg. T. Bergmann, M. Bode, G. Festel und H.G. Hauthal), 12–22. Hünenberg: Festel Capital.
9. von Zedlitz, M. (2010). Chemieparks: Industrie-Landschaftspflege à la Germany. *Chemie Ingenieur Technik* 82 (7): 980–983.
10. Festel, G. (2004). Aktuelle und zukünftige Trend in der Chemieindustrie. In: *Industrieparks: Herausforderungen und Trends in der Chemie- und Pharmaindustrie*. (Hrsg. T. Bergmann, M. Bode, G. Festel und H.G. Hauthal), 3–11. Hünenberg: Festel Capital.
11. Mittelviefhaus, C., Kramer, P. und Marowski, D. (2016). InfraServ Knapsack – durch Wachstum und Wandel vom Standortbetreiber zum Industriedienstleister. In: *Chemiestandorte* 1. Aufl., (Hrsg. C. Suntrop), 119–140. Weinheim: WILEY-VCH Verlag GmbH & Co. KGaA.
12. Wildemann, H. (2016). Das Chemieparkkonzept – Ein Modell mit Zukunft? In: *Chemiestandorte* 1. Aufl., (Hrsg. S. Carsten), 35–59. Weinheim: WILEY-VCH Verlag GmbH & Co. KGaA.
13. SXCON Managementberatung (2013, 18. Juni). Studie: Serviceorientierung und Reifegrad von Industriedienstleistern in Chemie- und Industrieparks, in: CHEManager [online] https://www.chemanager-online.com/news/studie-serviceorientierung-und-reifegrad-von-industriedienstleistern-chemie-und-industrieparks.
14. VCI (2021). Chemieparks in Deutschland: Investieren an wirtschaftlich attraktiven Standorten – mitten in den Märkten Europas, in: VCI [online] https://www.vci.de/ergaenzende-downloads/220111-chemieparks-in-deutschland-deutsche-fassung.pdf.
15. Zahorsky, I. (2006, 16. November). Lünendonk-Studie: Business Innovation / Transformation Partner Dienstleistung aus einer Hand erleichtert die Abläufe, in: IT-Business [online] https://www.it-business.de/dienstleistung-aus-einer-hand-erleichtert-die-ablaeufe-a-50974.
16. Jedraßczyk, M. (2007). *BPO Guide Hintergründe und Anwendungsbeispiele im Business Process Outsourcing*. 1. Aufl., (Hrsg. K. Wulf und A. Pasing), Osnabrück: buw Unternehmensgruppe.
17. Umweltbundesamt (2023, 12. April). Europäische Energie- und Klimaziele, in: Umweltbundesamt [online] https://www.umweltbundesamt.de/daten/klima/europaeische-energie-klimaziele.
18. Die Bundesregierung (2022, 7. November). Klimaschutzgesetz: Generationenvertrag für das Klima, in: Die Bundesregierung [online] https://www.bundesregierung.de/breg-de/schwerpunkte/klimaschutz/klimaschutzgesetz-2021-1913672.
19. Future Camp (2018). Metastudie: Transformationspfade für die chemisch-pharmazeutische Industrie in Deutschland, in: VCI [online] https://www.vci.de/langfassungen/langfassungen-pdf/2018-09-18-vci-futurecamp-metastudie-transformationspfade-chemische-industrie-d.pdf.

20. Europäisches Parlament (2023, 3. Juli). Carbon Leakage: Unternehmen daran hindern, Emissionsvorschriften zu umgehen, in: Europäisches Parlament [online] https://www.europarl.europa.eu/topics/de/article/20210303STO99110/carbon-leakage-unternehmen-daran-hindern-emissionsvorschriften-zu-umgehen.
21. Boumrifak, C. (2023, 2. Oktober). Power-to-X – Nachhaltige Produktionsrouten für eine klimaneutrale Industrie, in: CHEManager [online] https://www.chemanager-online.com/news/power-x-nachhaltige-produktionsrouten-fuer-eine-klimaneutrale-industrie.
22. VCI (2019, 12. März): Regulierungsgrundlagen für die Sektorenkopplung ..., in: VCI [online] https://www.vci.de/themen/forschung/vci-position-grundlagen-regulierung-sektorenkopplung-aus-sicht-chemische-industrie.jsp
23. Duden (2024). Infrastruktur, in: Duden [online] https://www.duden.de/rechtschreibung/Infrastruktur.
24. Neuhoff, K., Chiappinelli, O. und Kröger M. et al. (2021). Green Deal für die Industrie: Wichtiger als Förderung sind klare Rahmenbedingungen, in: DIW Wochenbericht [online] https://www.diw.de/de/diw_01.c.812864.de/publikationen/wochenberichte/2021_10_1/green_deal_fuer_die_industrie__wichtiger_als__foerderung_sind_klare_rahmenbedingungen.html.
25. Landtag Sachsen-Anhalt (2023). Rekorde, Rekorde: Landeshaushalt 2024 in: Landtag Sachsen-Anhalt [online] https://www.landtag.sachsen-anhalt.de/haushalt-2024-1.
26. Statista (2024). Bruttoinlandsprodukt von Sachsen-Anhalt von 1991 bis 2023, in: Statista [online] https://de.statista.com/statistik/daten/studie/5047/umfrage/entwicklung-des-bruttoinlandsprodukts-von-sachsen-anhalt-seit-1991.
27. VCI (2023, 23. Juni). Chemielogistik braucht Verkehrsinfrastruktur, in VCI [online] https://www.vci.de/themen/logistik-verkehr/infrastruktur/chemielogistik-brauch-verkehrsinfrastruktur-hintergrund.jsp.

# 13

# Agenda 2030 - Wie starke Logistik-Services die Transformation der chemischen Industrie fördern und fordern

*Markus Krämer und Dr. Jan Zeese*

*HGK Logistics and Intermodal*

**Abstract**

*Die Autoren analysieren die Bedeutung leistungsfähiger Logistik-Services für die Transformation der chemischen Industrie. Es wird beschrieben, wie moderne Logistiklösungen – von digitalisierten Lieferketten bis zu nachhaltigen Transportkonzepten – Effizienz, Flexibilität und Resilienz steigern. Herausforderungen wie volatile Märkte, regulatorische Vorgaben und der Bedarf an Transparenz werden beleuchtet. Es wird aufgezeigt, wie Logistikdienstleister als Innovationstreiber agieren können und die Zusammenarbeit zwischen Chemieunternehmen und Logistikern neue Chancen eröffnet. Abschließend werden Best Practices und Erfolgsfaktoren für die Gestaltung zukunftsfähiger Logistik-Services vorgestellt.*

## 13.1 Einleitung

Die chemische Industrie in Deutschland steht vor einer umfassenden Transformation. Langfristige globale Megatrends verändern das Gesamtumfeld. Etablierte Strukturen werden mit vielfältigen Entwicklungen konfrontiert, was in der Konsequenz die Branche vor massive Herausforderungen stellt. Deren Auswirkungen erleben die Unternehmen durch beispielsweise Energiepreissteigerungen im Zuge der Dekarbonisierung, neue Wettbewerbsstrukturen auf den Weltmärkten oder auch Flächenkonkurrenz in urbanisierten Räumen vor allem entlang des Rheins. Hinzu kommen die umfassenden Folgen einer alternden Gesellschaft, die ihre Infrastruktur in den vergangenen Jahren vernachlässigt hat und welche die Licence-to-operate[1] der Industrie zunehmend gesellschaftlich in Frage stellt. Die chemische Industrie muss sich diesem Wandel stellen, dessen Verlauf und Folgen

1 Licence to operate „auch Betriebslizenz genannt, bezeichnet die gesellschaftliche Akzeptanz von Unternehmen. Diese basiert auf der intersubjektiven Wahrnehmung der Gesellschaftsmitglieder und lässt sich damit nicht formal erwerben", so Lin-Hi 2023.

durch EU-Zollschranken Subventionen etwa des Energiepreises oder andere Regulierungen bestenfalls abgemildert werden können. Erforderlich sind neue zukunftsfähige Geschäftsmodelle und -strukturen, welche Resilienz im Wandel ermöglichen und zu einer neuen Effizienz in einer vernetzten Welt führen.

So lautet die Kernthese, aus welcher sich alle weiteren Überlegungen dieses Beitrages ableiten. Logistik sollte – so der Anspruch der Autoren – als Industrie-Service diesen Wandel unterstützen, fördern und ermöglichen. Wie kann dies am besten gelingen und was sind die erforderlichen Voraussetzungen an die Logistiker, damit sie diese Rolle übernehmen und zugleich selbst erfolgreich bestehen können? Das gilt es auf den folgenden Seiten herauszuarbeiten.

## 13.2 Grundlagen und Abgrenzungen

Aus Sicht eines in Deutschland aktiven Logistik-Dienstleisters spielt die chemische und pharmazeutische Industrie eine wesentliche Rolle. Die Akteure dieses Sektors befassen sich schon immer intensiv mit der effizienten Beschaffung von Rohstoffen, der Produktion, Lagerung und Distribution von Produkten. Damit sind sie auf engste Weise mit der Logistik-Branche verbunden. Hinzu kommt, dass diese Industrie-Sektoren allein schon aufgrund ihrer gesamtwirtschaftlichen Bedeutung, eines Gesamt-Umsatzes von etwa 261 Milliarden Euro in 2022 und mit mehr als 450 000 Arbeitsplätzen (vgl. Statistisches Bundesamt, 2023) einen wesentlichen Teil der Güterströme ausmachen. Die Chemie- und Pharmaindustrie investiert rund 6 Prozent ihrer Umsätze jährlich in Forschung und Entwicklung (vgl. Kellermann, 2023, S. 6), um innovative Produkte und Technologien zu entwickeln und sie ist in hohem Maße am Export orientiert (vgl. VCI 2017).

Die Chemie-Branche ist dabei ebenso vielfältig wie andere Branchen und lässt sich in verschiedener Weise unterteilen. Für einen Logistiker sind vor allem die Güterströme und deren Anforderungen an Transport und Lagerung von Bedeutung; sehr vereinfacht gesprochen: Aus logistischer Sicht ist der Inhalt eines Containers weniger wichtig als beispielsweise sein Ziel oder seine Anforderungen an Transport und Lagerung. Deswegen fokussiert sich dieser Beitrag vor allem auf Bedarfe in Hinsicht Intermodaler Transportketten (vgl. Abb. 13.1)[2] sowie das Warehousing[3] per palettierter Ware.

Auch geographisch setzt der Beitrag Schwerpunkte auf zwei Hauptzentren: den Raum zwischen Köln und Duisburg sowie die Region Mannheim/Ludwigshafen.

---

2 „Der intermodale Verkehr bezeichnet eine Transportkette, bei der zwei oder mehr Verkehrsträger zum Einsatz kommen, wobei die transportierten Güter selbst nicht umgeschlagen werden, sondern lediglich die Ladeeinheiten das Verkehrsmittel wechseln. Die im intermodalen Verkehr eingesetzten Ladeeinheiten sind insbesondere Container und Wechselbrücken.“, LIS 2023.

3 „Beim Warehousing übergibt ein Unternehmen die Lagerverwaltung an einen externen Dienstleister. [. . .] Darüber hinaus wird auch die Verwaltung eines Lagers durch einen Spediteur als Warehousing angesehen“, so die Definition von Schroer 2023.

**Abb. 13.1** Trimodale Verkehrskonzepte verbinden die Stärken der Verkehrsträger: Schiene, Straße und Wasserstraße. Zentrale Knoten sind hierbei die (Binnen-)Häfen (*Quelle:* eigene Darstellung).

Der Rhein spielt hier als „Hauptverkehrsader" eine Schlüsselrolle im Gütertransport. Dabei ist das Verbundsystem von entscheidender Bedeutung. Dafür bieten diese Regionen sehr gute entwickelte logistische Voraussetzungen und verfügen zugleich auch über die Infrastruktur für nachhaltige Produktionskreisläufe.

## 13.3 Herausforderungen der Industrie aus Sicht eines Logistikers

Wir leben in bewegten Zeiten. Schnelle Veränderungen, hohe Volatilität und teils heftige Umbrüche erschweren langfristige Planungen und schaffen Unsicherheiten. Für zuverlässige Szenarien und Annahmen ist es deswegen hilfreich, Trends von Megatrends zu unterscheiden. Als Trends sind kurzlebige Entwicklungen zu verstehen. Diese mögen drastische Auswirkungen haben. Megatrends dagegen beschreiben langfristige tiefgreifende Veränderungen, welche sich über Jahrzehnte entwickeln und auf ähnlich lange Zeiträume hin weiter entwickeln werden.[4]

Die fünf wichtigsten Megatrends (vgl. Abb. 13.2) die für die strategische Ausrichtung der deutschen chemischen Industrie verstanden werden müssen, sind:

1. **Urbanisierung**: Die Weltbevölkerung wird in den kommenden Jahren auf neun Milliarden Menschen wachsen. Diese werden 2030 zu mehr als 60 Prozent in Städten wohnen (vgl. Destatis, 2023). Auch in Deutschland, dessen Bevölkerungszahlen seit den 90er-Jahren mit gewissen Schwankungen stabil bleiben (vgl. Bundesinstitut für Bevölkerungsforschung, 2023), findet eine sukzessive Verdichtung des städtischen Raumes zulasten ländlicher Gebiete statt (vgl. Wiechmann 2015, S. 27 bis S. 33). Einzelne Beispiele neuer Industrieansiedlungen (wie bspw. eine Tesla-Fabrik in Grünheide oder eine Chip-Fabriken von TSMC in Dresden) sollten nicht darüber hinwegtäuschen, dass in deutschen

4. Mit langfristigen Trends und deren konkreten Auswirkungen auf die Logistik befasst sich u.a. auch der „Gipfel der Logistikweise", vgl. beispielhaft Kille / Meißner 2023.

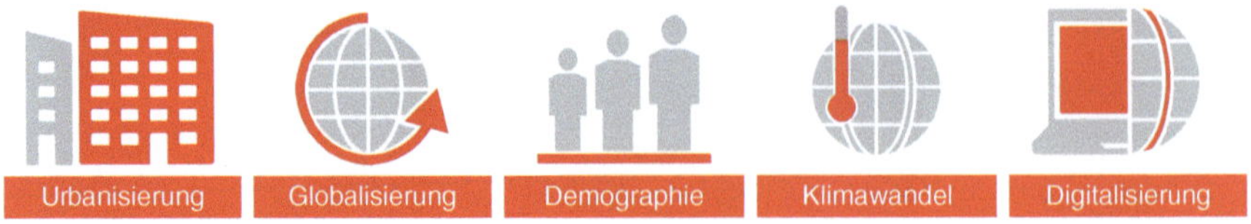


**Abb. 13.2** Urbanisierung, Globalisierung, Demographischer Wandel, Dekarbonisierung und Digitalisierung sind Megatrends, die unsere Gesellschaft und damit die Wirtschaft dauerhaft und übergreifend ändern. (*Quelle:* eigene Darstellung).

Ballungsräumen eigentlich keine größeren neuen Industrieansiedlungen mehr erfolgen. Im Gegenteil: Die „Licence to operate" der chemischen Industrie bröckelt, da die Gesellschaft zudem aufgrund der stetigen Ausdehnung von Wohngebieten in Konkurrenz zu der Anforderung industrieller Produktionsflächen steht. Vorhandene Industriegebiete mit entsprechenden Genehmigungen zu bewahren, kann am besten gelingen, wenn die vorhandenen Flächen für Kernprozesse optimal genutzt werden. Diese Konzentration auf die Produktion vor Ort sollte mit der Auslagerung von Funktionen wie der Logistik verbunden sein. Die technischen Möglichkeiten einer digitalen vernetzten Arbeit erleichtern diesen Weg – der zudem gesellschaftlich verträglicher ist als das „Lager auf der Straße" und auf einem von Knappheit geprägten Arbeitsmarkt neue Chancen eröffnet.

2. **Globalisierung**: Trotz Tendenzen einer Re-Nationalisierung wird die Globalisierung im Grundsatz anhalten, wenngleich wohl in verringerter Geschwindigkeit. Das anhaltende Wachstum der Weltbevölkerung und deren immer engere Vernetzung führen unweigerlich dazu, dass der Austausch von Gütern, Informationen, Geld und Personen zunehmen. Die temporären Unterbrechungen der weltweiten Ketten vor allem in den Jahren 2021 und 2022 waren hierbei „Schlaglöcher auf der Straße der Geschichte" (Naisbitt 2015, S. 4) – und zeigen zugleich auf, dass nicht jede kurzfristige Opportunität gedankenlos genutzt werden sollte. Denn: Die Kehrseite der Effizienz ist eine Abnahme der Resilienz. Strategische Planung berücksichtigt Puffer und Redundanzen in der Logistik, ohne die begrenzten Produktionsflächen zu strapazieren. Hier können starke Logistikpartner mit dedizierten Konzepten unterstützen. Zugleich haben Verlader und Transporteure die zunehmende Verantwortung, Logistikströme so zu gestalten, dass sie unnötige Tonnenkilometer vermeiden. Dies ist angesichts regulatorischer Bestrebungen nicht nur wirtschaftlich geboten, sondern scheint auch eine gesellschaftlich „conditio sine qua non"[5] zu werden. Die Autoren wagen die Prognosen, dass der Nachweis $CO_2$-reduzierter Transporte

5 Die Äquivalenztheorie, auch als conditio-sine-qua-non-Formel bekannt, besagt, dass alle Umstände, ohne die der Erfolg in der konkreten Form nicht eingetreten wäre, als kausal anzusehen sind. Vgl. Gabler https://wirtschaftslexikon.gabler.de/definition/aequivalenztheorie-conditio-sine-qua-non-99737.

in wenigen Jahren eine bedeutsame Anforderung von Endkunden sein wird, wie es beispielsweise die Vermeidung sozialer Ausbeutung oder gar Kinderarbeit in der Lieferkette bereits heute ist (vgl. auch Kuipers 2023).

3. **Demographie**: Deutschlands Bevölkerung altert (vgl. Bundesinstitut für Bevölkerungsforschung, 2023). Dies setzt die „Licence to operate" zusätzlich unter Druck, da eine alternde Gesellschaft andere Prioritäten setzt als eine jüngere, stärker an Wachstum im Berufsleben orientierte Population. Insbesondere verschärft sich der bereits bestehende Fachkräftemangel; die heutigen Engpässe stellen erst den Anfang einer drastischen, voraussichtlich nicht mehr umkehrbaren Entwicklung dar. Die Verschlankung von Prozessen und die Vermeidung wenig Nutzen stiftender Arbeiten werden zur unverzichtbaren Voraussetzung für den Erfolg, weit über die heute verbreiteten kaufmännischen und Qualitäts-Ziele von Lean-Management hinaus. Die menschliche Arbeitskraft wird zukünftig die voraussichtlich knappste Ressource in Deutschland werden. Dies gilt für die Industrie, mehr aber noch für die ihr verbundenen Dienstleiter etwa aus der Logistik. Die konsequente Automatisierung und Digitalisierung aller Arbeiten ist der Erfolgsfaktor, der von beiden Partnern – Verlader und Logistiker – gemeinsam und mit Weitblick vorangetrieben werden muss.
4. **Klimawandel**: Der Klimawandel, seit Anfang der 1990er-Jahre beschrieben und prognostiziert, ist mittlerweile eine Realität geworden. Seine Folgen beeinflussen die wirtschaftlichen Aktivitäten der chemischen Industrie sowie ihrer Logistik-Dienstleister (vgl. auch Canzler 2015, S. 19–25). Diese sind u. a. mit den Einflüssen besonderer Wetterereignisse wie sommerlicher Dürren und vor allem häufigeren Niedrigwasser schiffbarer Flüsse konfrontiert, auch verstärkt durch eine spezifische deutsche Schwäche in der Infrastruktur besonders bei Brücken und Bahnnetz (siehe beispielhaft: Haitsch 2023). Anhaltend hohe Energiepreise – die Sanktionen und Beschränkung in Folge des russischen Überfalls auf die Ukraine haben dies beschleunigt, aber nicht verursacht – sowie immer weitere Anforderungen der Regulatorik sind Symptome dieser Entwicklung, welche uns voraussichtlich noch viele Jahre begleiten werden. Wenngleich eine vollständige Dekarbonisierung sämtlicher Logistik auf absehbare Zeit kein realistisches Ziel zu sein scheint, sind „de-karbonisierte Korridore" (Kuipers 2023) etwa entlang großer Ströme wie dem Rhein denkbar. Die kontinuierliche Reduktion des $CO_2$- und Energie-Verbrauchs ist für die produzierenden Einheiten der chemischen Industrie seit vielen Jahren ein gelebter Standard. Die Logistik scheint hier ein noch zu wenig beachteter Faktor zu sein. Weg- und Tourenplanung findet bisher vornehmlich aus wirtschaftlichen Gesichtspunkten statt. Dies führt teilweise zu drastischen Fehlentwicklungen. Ein bekanntes Beispiel sind Krabben aus der Nordsee, die zum Pulen nach Marokko verbracht werden, um dann auf den Märkten in Aurich oder Cuxhaven verkauft zu werden (vgl. Canzler 2015, S. 19–25).
5. **Digitalisierung**: Eine konsequente, durchgängig und holistisch gedachte Automatisierung und Digitalisierung bietet die Antworten auf viele Fragen, welche

die oben aufgeworfenen Herausforderungen stellen. Intelligente – auch „künstlich intelligente" – Prozesse und Maschinen werden dazu beitragen, die Ziele wie Wegoptimierung, Transportvermeidung und Lean-Management zu erreichen. „Alles, was digitalisiert werden kann, wird digitalisiert werden" (Thornagel 2021). Dieser Trend ist unaufhaltsam und disruptiv – er wird das wirtschaftliche Handeln weiter tiefgreifend verändern. „Maschinen statt Menschen"-Konzepte, die für körperliche Arbeit längst umfassend etabliert sind, werden Routine-Arbeiten auch die „Büro-Jobs" ersetzen – weit über die „Umwandlung eines Papierformulars in ein PDF zum Ausdrucken" (Kuipers 2023) hinaus. Das ist zugleich eine Chance für Unternehmen, die ihre Prozesse und Geschäftsmodelle transformieren. Plattform-basierte digital-vernetzte Strukturen stellen sowohl an die Industrie als auch an die Logistik neue Anforderungen (BMKW 2019).

In Zukunft wird die Logistik für die chemische Industrie mehr sein als ein zu optimierender Kostenfaktor. Auch wenn der Preis und die Qualität wichtige Kriterien der Leistungsbewertung bleiben, wird die strategische Zusammenarbeit mit Logistikunternehmen ein noch wesentlicherer Erfolgsfaktor werden. Dies wird den Wert der Logistik als Enabler des Wandels prägen.

## 13.4 Angebote der Logistik als Industrie-Service

Wie kann der Wandel gelingen, wie sehen Erfolgsbeispiele aus? Die Stärke und zugleich Schwäche der Chemie-Standorte in Deutschland liegen meist in den teils über Jahrzehnten gewachsenen Strukturen. Groß angelegte Green-Field-Modelle gelingen an anderen Orten der Welt tatsächlich leichter als in den Ballungszentren der Bundesrepublik Deutschland. Die Autoren sind deshalb davon überzeugt, dass Standard-Lösungen für eine Transformation des Standort Deutschlands nicht die besten Ergebnisse bringen werden. Dennoch ist eine erfolgreiche Transformation deutscher Chemie- und Pharma-Standorte möglich. Logistik kann als Industrie-Service hierbei eine wichtige Rolle spielen. Dies erfordert eine genaue Analyse der vorhandenen oftmals kleinteiligen Voraussetzungen, Netzwerke und Abhängigkeiten. Darauf basierend gilt es, mit Kreativität individuelle Lösungen zu entwickeln – und diese mit der nötigen Konsequenz und Beharrlichkeit umzusetzen.

Dabei gehen die Autoren von zwei Grundannahmen aus:

1. Ein wettbewerbsfähiger Preis für die jeweilige logistische Dienstleistung ist und bleibt der entscheidende Faktor in einem marktwirtschaftlich geprägten Umfeld. Aber die ausschließliche Reduktion auf diesen Faktor greift zu kurz, wenn sie sich Lösungen im Sinne einer langfristigen Kosten-/Nutzen-Rechnung sowie Aspekten der Nachhaltigkeit verschließt.
2. Ein stetiges Wachstum ist Maxime der Marktwirtschaft. Größe und Volumen sind in der Logik einer auf Skaleneffekte und Auslastungssteuerung fokussierten Tätigkeit entscheidende Faktoren; doch zugleich verschärft ein unkontrolliertes Wachstum die schädlichen Folgen. Kurzfristige Gewinnziele können so eine

strategisch sinnvolle Entwicklung beeinträchtigen, Effizienzstreben macht für externe Schocks anfällig. Hier gilt es die richtige Balance zu finden.

Die Lösungsansätze, welche die Autoren verfolgen und empfehlen, sind dementsprechend individuell aus den Anforderungen des Kunden abgeleitet. Sie werden meist in Partnerschaft mit den Kunden zum gegenseitigen Nutzen entwickelt und sind auf strategische Zeiträume angelegt. Wie dies gelingen kann, zeigen die Fallbeispiele gegen Ende dieses Beitrages. Dies ermöglicht es dem Logistik-Dienstleister, auch über längere Abschreibungszeiträume hinweg (bauliche, technische, organisatorische) Infrastrukturen zu entwickeln. Indem sich sowohl Industriepartner als auch Logistik-Dienstleister über den kurzfristigen Bedarf hinaus gemeinsamen Lösungen verpflichten, entstehen echte Mehrwerte. Dieser Ansatz ist in der chemischen Industrie seit jeher verbreitet, weswegen die Autoren für diese Branche besonders gute Chancen sehen, den anstehenden Wandel der kommenden Jahre erfolgreich zu gestalten.

### 13.4.1 Erfolgsfaktoren eines erfolgreichen Logistik-Outsourcing

Bereits heute werden logistische Prozesse nicht vollumfänglich durch die Industrie selbst erbracht, sondern an Logistik-Dienstleister outgesourced. Welche logistischen Dienstleistungen als Industrie-Service in welchem Umfang ausgelagert werden, zeigt die aktuelle Auflage der Miebach-Studie zum Logistik-Outsourcing auf (vgl. Hoffmann 2023). Vor allem externe Transporte (26 %), Palettenlager-Bewirtschaftung (32 %) sowie Verpacken und Etikettieren (24 %) sind hier genannt. Die jeweilige Prozentzahl bringt den „Logistikoutsourcinggrad" zum Ausdruck. Demzufolge besteht ein erhebliches Potential aus Sicht von Logistik-Dienstleistern mit entsprechenden logistischen Industrie-Services, das eigene Leistungsportfolio zu erweitern.

Die Studie gibt darüber hinaus einen Einblick in offenbar zunehmend steigende Anforderungen der Industrie: „Gerade deutsche Logistik-Dienstleister unterschätzen aktuell massiv die Bedeutung der neu aufgenommenen Auswahlkriterien wie Innovationsfähigkeit, Personalbeschaffung, Einhaltung des Lieferkettensorgfaltspflichtengesetzes, Tariftreue oder auch ‚Diversity Culture'" (CHEManager, 2023). Es scheint, dass neben dem Preis auch andere bedeutende Kriterien eine wachsende Rolle bei der Vergabe von logistischen Dienstleistungen spielen.

Gerade für die Chemieindustrie gelten im Vergleich oftmals höhere Anforderungen in jeglicher Hinsicht. Dies resultiert nicht zuletzt aus der Wertigkeit und insbesondere den Eigenschaften (zum Teil Gefahrstoffe) ihrer Produkte. Entsprechend muss ein Logistik-Dienstleister nicht nur ein wettbewerbsfähiges Angebot bieten, sondern ebenfalls ein breites Anforderungsprofil erfüllen.

Insofern ist die Vergabe von Leistungen an Logistik-Dienstleistern aus Sicht der Industrie neben generellen Risikofaktoren wie beispielsweise dem Kontrollverlust oder einer zunehmenden Abhängigkeit, möglicherweise auch mit einem Qualitätsrisiko verbunden. Daher ist es wenig verwunderlich, dass insbesondere „die Qualifikation der Mitarbeiter, eine offene Kommunikation, Transparenz und Kennzahlen sowie das Bemühen um eine stetige Verbesserung" laut der Studie die zentralen Erfolgsfaktoren für Umsetzung von Outsourcingprojekten darstellen.

Welche Mehrwerte sollte die Industrie in den Fokus nehmen, wenn sie darüber nachdenkt, Logistik-Services an Logistik-Dienstleister zu vergeben? Hier sind vor allem vier Punkte zu nennen:

- Erstens verringert die Partnerschaft mit einem Spezialisten den Investitionsbedarf der Industrie, wenn dieser Partner beispielsweise die Errichtung und den Betrieb/Unterhalt eines gesamten Warehouses übernimmt, wie die HGK Logistics and Intermodal dies beispielsweise im unten beschriebenen Fallbeispiel getan hat. Dies hilft, den Risiken der Globalisierung zu begegnen und eigene Kapazitäten in der Nähe ihrer Werke im Zugriff zu behalten. Es ist für das Industrie-Unternehmen allerdings in der Regel mit einer stärkeren und langfristigen Bindung verbunden, da der Partner wiederum seine Investitionen abgesichert wissen möchte.
- Zweitens ermöglichen ausgelagerte Logistik-Services die Variabilisierung von Kosten für die Industrie. Dies unterstützt zugleich den Umgang mit den Herausforderungen der Demographie vor allem angesichts eines abnehmenden Pools qualifizierter Arbeitskräfte. Hingegen besteht bei vielen Entscheidungsträgern in Unternehmen häufig noch die Besorgnis, dass sie bei der Auslagerung die Kontrolle verlieren könnten.
- Drittens bietet die Partnerschaft mit einem Logistik-Service der chemischen Industrie die Möglichkeit, ihre Konzentration auf Kernkompetenzen zu forcieren. Dies kann zwar mit einem teilweisen Verlust eigener Kompetenzen verbunden sein – aber andere Industrie-Sektoren bewältigen dies erfolgreich, nicht zuletzt dank der Mittel einer digitalisierten Arbeitswelt und automatisierten Prozessen.
- Viertens können die Chemie-Unternehmen mithilfe der Partnerschaften mit Logistik-Services ihre Produktionskapazität erhöhen, trotz der beschriebenen Entwicklungen rund um eine alternde, sich in Ballungsräume weiter verdichtende Bevölkerung (bei abnehmender Bevölkerung in weniger attraktiven Regionen). Indem die Industrie-Unternehmen beispielsweise die Errichtung und den Betrieb kompletter Lager an Partner vergeben, gewinnen sie Platz und Kapazitäten auf ihren Werksgeländen für ihr Kerngeschäft, die Produktion.

### 13.4.2 Kostenoptimierung ganzheitlich betrachten

Dass der Preis einer logistischen Dienstleistung die entscheidende Größe in einem marktwirtschaftlich geprägten Umfeld ist und bleibt, hatten die Autoren zu Beginn dieses Kapitels festgestellt, und zugleich betont: Die ausschließliche Reduktion auf den Faktor Preis greife zu kurz, weil sie die langfristigen Ziele gefährden kann. Darüber hinaus gilt: Eine ganzheitliche Kostenoptimierung, die nicht nur kurzfristige Effekte erwirken will, nimmt die gesamte Supply-Chain in den Blick (vgl.

Jung 2023). Dies gelingt besser mit einem Logistik-Partner, der diesen Service in Gänze beherrscht und betreut. Outsourcing bringt besonders dann Kostenverteile für die Chemische Industrie, wenn es umfassend erfolgt. Die Vergabe von Teilleistungen führt zu Silo-Optimierungen, Reibungsverlusten und Ineffizienzen durch zusätzliche Schnittstellen.

Welches Outsourcings-Modell im Einzelfall das Beste ist, gilt es individuell zu bewerten. „Um die richtige Entscheidung beim Grad des Outsourcings von Logistik-Managementaufgaben zu treffen, sollte sich ein Unternehmen der chemischen Industrie über die eigenen Motive im Klaren sein sowie auch die Rolle der Logistik und die eigene Unternehmenskultur richtig einordnen können" (Kille / Reuter, 2018).

Der Wissenstand zum Thema Outsourcing von Logistik-Managementaufgaben an sogenannte Fourth-Party-Logistics (4PL)-Anbieter scheint bei den Verantwortlichen in der Chemieindustrie noch relativ niedrig zu sein (vgl. Kille / Reuter 2018). Hier gibt es Verbesserungsbedarf, um dem Bedarf der Industrie an weiterem Outsourcing gerecht zu werden. Von Outsourcing-Managern wird zukünftig erwartet, in einer Partnerschaft mit den Logistik-Services vor allem über Expertise in Logistik und Supply Chain Management zu verfügen, Kompetenzen bei der Optimierung von Prozessen und Kosten mitzubringen sowie über die Fähigkeit zu verfügen und Komplexität zu reduzieren.

### 13.4.3 Erfolgsbeispiele

Nach der in den Wirtschaftswissenschaften etablierten Theory of Constraints (vgl. TUP 2021) wächst ein System so lange, bis es durch einen Engpass begrenzt wird. Für die Identifikation des Engpasses wiederum ist eine systemweite Analyse notwendig, da sonst die wechselseitigen Abhängigkeiten der einzelnen Elemente nicht vollständig berücksichtigt werden. Die Krisen der jüngeren Vergangenheit haben gezeigt, dass Versorgungsengpässe real sein können. Logistik-Service muss deshalb für die chemische Industrie mehr als ein Kostenfaktor sein; Logistik ist ein relevanter Enabler für den Erfolg der chemischen Industrie.

Statt einzelne Teilstücke der Logistik-Service zu betrachten, zielen erfolgreiche Entscheider auf die „Total Cost of Ownership". Das heißt: Sie betrachten eine gesamtheitliche logistische Lösung und unternehmen mehr als nur ein reines Price-Benchmarking logistischer Teilleistungen. Die Bewertung von logistischen Dienstleistungen erfolgt dann im „Dreiklang" von Kosten, Performance und Nachhaltigkeit aus Sicht der Chemieunternehmen. So erhalten Gesamtlösungen eine höhere Gewichtung als der Best-Price für Einzelleistungen. Zwei Beispiele zeigen, wie das Gelingen kann.

#### 13.4.3.1 Fallbeispiel 1: Transport auf dem Schiff statt auf der Straße

Die Chemieregion rund um Köln vereint rund 260 Chemieunternehmen mit mehr als 70 000 Beschäftigten. Hier werden etwa 22 Prozent des gesamten deutschen

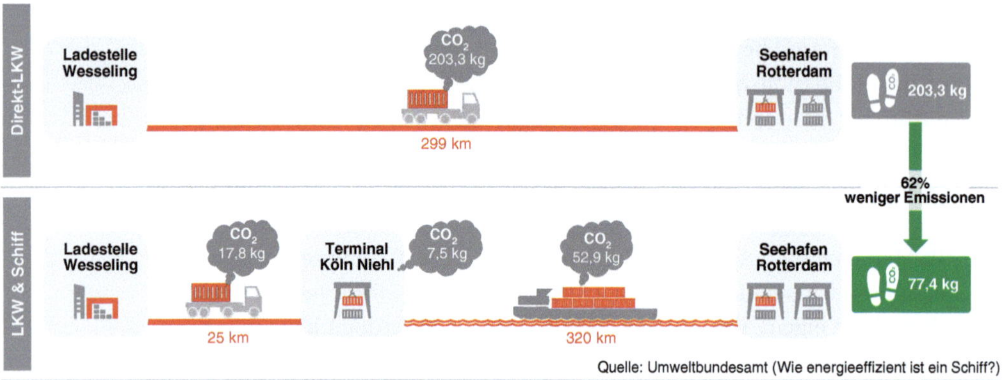


**Abb. 13.3** Durch die intelligente Verbindung sparen Logistiker im intermodalen Verkehr $CO_2$-Emmissionen ein. Die Elektrifizierung speziell regionaler Teile der Lieferkette bietet zukünftig weitere Minderungspotenziale. (*Quelle:* eigene Darstellung).

Chemieumsatzes erwirtschaftet. Etwa 80 Prozent der hier erwirtschafteten Erzeugnisse fließen als Vorprodukte in die Fertigungsprozesse anderer Industrieunternehmen (vgl. ChemCologne 2023). Diese bedeutenden Güterströme finden zu einem wesentlichen Teil in Containern und standardisierten Ladeeinheiten statt. Wichtig für Verlader der Chemie-Industrie sind eng getaktete Verbindungen und Systemverkehre zu den Seehäfen sowie zu wichtigen Logistikdrehscheiben im Hinterland als kostengünstige und effiziente Verbindungen. Für die Industrie ist dies vor allem entlang des Rheins und in die Seehäfen eine wirtschaftlich attraktive Alternative zum Transport per LKW /vgl. Abb. 13.3)

In Zukunft könnte dies weiter verstärkt durch Netzwerke für die Ladung und den Betrieb von batterie- oder $H_2$-elektrifizierten LKW-Verbindungen mit Reichweiten von bis zu 300 Kilometern werden. Vor allem in südlicher Richtung sind das Regionen, die derzeit nur schwer wirtschaftlich erfolgreich per Bahn an die Hafenterminals angebunden werden können.

Die Einbindung dieser Container-Terminals und ihrer Netzwerke bieten den Unternehmen der Chemischen Industrie im Wesentlichen drei Vorteile.

Erstens liegen diese Terminals unmittelbar in der Nähe der Produktionsstätten entlang des Rheins. Dies ermöglicht eine nahtlose Verbindung zwischen verschiedenen Verkehrsträgern. Container können effizient zwischen LKW, Bahn und Schiff transferiert werden, was die Flexibilität und Effizienz der Lieferkette maximiert. Dies ist entscheidend, gerade um die Anforderungen der just-in-time-Produktion in der chemischen Industrie zu erfüllen (HGK 2023). Zweitens bietet der Einsatz von Container-Terminals am Rhein eine umweltfreundliche Transportlösung. Der Wassertransport auf dem Rhein ist nicht nur kostengünstig, sondern auch ökologisch nachhaltig. Dies trägt dazu bei, die $CO_2$-Bilanz der Transporte zu reduzieren und die Umweltauswirkungen zu minimieren, was wiederum den klimapolitischen Zielen entspricht (Imperial Logistics (2023). Drittens schafft die enge Verknüpfung von Container-Terminals mit der chemischen Industrie am Rhein eine Win-Win-Situation. Die Unternehmen profitieren von effizienten

Transportlösungen, während die Region wirtschaftliche Impulse durch den Ausbau der Logistikinfrastruktur erfährt. Die Aus- und Fortbildung von Arbeitskräften, die Ansiedlung spezialisierter Hochschulen und Bildungsstätten, eine stete Entwicklung in die spezielle Infrastruktur und andere Kumulationen verstärken diese Effekte.

#### 13.4.3.2 Fallbeispiel 2: Zentrales, dediziertes Lagerkonzept

Die chemische Industrie steht vor logistischen Herausforderungen, die eine optimale Bewältigung des Rohstoffzuflusses, der Produktaufbewahrung sowie der Implementierung von Mehrwertleistungen erfordern. Die strategische Ausrichtung dieser Prozesse in unmittelbarer Nähe zu den Produktionsstätten wird als wesentlich betrachtet, um sowohl ökologische als auch ökonomische Vorteile zu realisieren (vgl. VCI 2017). In der Outbound-Logistik geht es dabei – in Abhängigkeit vom jeweiligen Produkt und Absatzmarkt – um vergleichsweise kleinere Ladeeinheiten. So bieten Logistiker ein zentrales „Hub", um hochwertige Produkte – zumeist Vorprodukte, oftmals Gefahrstoffe, für die weiterverarbeitende Industrie – zu lagern und für den Export vorzubereiten.

In der heutigen Zeit, in der Nachhaltigkeit und Effizienz höchste Priorität haben, streben Unternehmen danach, ihre Lagerstrategien zu überdenken und zu optimieren. Die Suche nach Lösungen führt oft zu einer verstärkten Kooperation mit Logistikunternehmen, die nicht nur die räumliche Nähe zur Produktion gewährleisten können, sondern auch langfristig und vorausschauend in innovative Technologien investieren. Im Raum Mannheim/Ludwigshafen hat die HGK Logistics and Intermodal im Jahr 2021 vor diesem Hintergrund für bedeutende Player der chemischen und pharmazeutischen Industrie ein wegweisendes Multi-User Logistikzentrum in Ladenburg (vgl. Abb. 13.4) in Betrieb genommen.

Die logistischen Prozesse gehören in der Regel nicht zu den Kernkompetenzen der Industrie. Daher setzen Chemieunternehmen verstärkt auf die Zusammenarbeit mit Logistikexperten, um langfristige Perspektiven zu verfolgen und innovative Lösungen zu entwickeln. Die Integration moderner Informationstechnologien und Prozessoptimierung spielt dabei zunehmend eine entscheidende Rolle, um Effizienzsteigerungen und eine nachhaltige Lieferkette zu erreichen. Immer wichtiger wird hier der Einsatz automatisierter Lagerverwaltungssysteme und Robotik, um die Lagerhaltung zu verbessern und die Zahl der Produktionsstörungen zu reduzieren. Ein weiterer Fokus liegt auf der Förderung von Kreislaufwirtschaftskonzepten, die eine effizientere Nutzung von Verpackungsmaterialien und optimierte Transportrouten ermöglichen.

Ein bedeutender Aspekt dieser Optimierungsbemühungen ist die umfassende Implementierung von digitalen Schnittstellen zum Kunden. Der Idee einer „Industrie 4.0." folgend (1) ergibt sich hieraus eine kundenzentrierte Lösung, die optimale Logistikabläufe ermöglicht. Prozessorientierte Daten werden zu relevanten Informationen aufbereitet, die frühzeitig und transparent zwischen den Unternehmen geteilt und verarbeitet werden. Sofern weiterführende Produktionsdaten sowie Prognosen ebenfalls Bestandteil eines transparenten Datenaustauschs sind, ermöglicht dies darüber hinaus eine präzisere Planung und Steuerung der Lagerbestände.

**Abb. 13.4** Moderne vollautomatisierte Lager sind in Echtzeit mit den Management-Systemen der Industrie-Kunden verknüpft. (*Quelle:* HGK Archiv).

Hier wird die Notwendigkeit einer partnerschaftlichen langfristig orientierten Zusammenarbeit deutlich. Die Autoren sind davon überzeugt, dass die Vorteile – auch und insbesondere durch Produktivitäts- und Effizienzsteigerungen – das Risiko durch Bindungen dieser Art deutlich überwiegen. Nicht zuletzt der zunehmende Fachkräftemangel erfordert die Automatisierung und Digitalisierung. Wo heute noch an vielen Stellen Menschen die Routinearbeiten etwa der Dispositionsarbeit leisten, wird dies zukünftig durch intelligente Systeme übernommen werden; mit entsprechenden Vorteilen im Koordinations-/Informations- und Kommunikationsaufwand.

## 13.5 Ausblick

Unter den Voraussetzungen einer urbanisierten, globalisierten, sich demographisch wandelnden, de-karbonisierten und digitalisierten Arbeitswelt sind Geschäftsmodelle der Logistik neu zu denken. Deutschland ist ein wohlhabendes Land, mit einer starken Wirtschaft, erfolgreichen Unternehmen und einer hohen Binnennachfrage. Transport- und Lagerkapazitäten werden weiterhin benötigt. Allerdings müssen die Denk-Prinzipien, nach denen Logistikkosten nur Cent-Anteile ausmachen dürfen, im Kontext der zuvor beschriebenen Welt überdacht werden. Für die Industrie bedeutet dies, Logistik strategischer zu denken und Mehrwerte zu kreieren, von denen beide Seiten – Industrie- und Logistikunternehmen – meist in dauerhaften Kooperationen profitieren. Logistiker wiederum müssen sich „neu erfinden". Dann kann es gelingen, indem sie durch intelligente Konzepte im intermodalen Verkehr wirtschaftlich attraktive Alternativen zur Straße zu bieten und durch dezidierte Konzepte für integrierte Logistik, um spezifischen Nutzen für die Industrie zu schaffen.

Nach Überzeugung der Autoren sind vier Punkte bei der Umsetzung integrierter Konzepte für den Erfolg ausschlaggebend:

1. Überwindung interner Silos und Strukturen, die auf Profit-Center fokussiert sind
2. konsequente Prozessdokumentation als Basis für eine Standardisierung und damit erfolgreiche Digitalisierung und Automatisierung

3. Verabschiedung von veralteten Geschäftsmodellen und Denkweisen als Voraussetzung dafür, Kundenkonzepte aktiv mitzugestalten und Erwartungen zu übertreffen.
4. ausreichende Kapazitäten sowie Investitionen, die aus dem laufenden Geschäft finanziert werden müssen

So kann es gelingen, den Wandel der Branchen gemeinsam zu treiben und den Anforderungen der Zukunft gerecht zu werden. Hierbei ist für die Chemische Industrie wichtig, stärker in ganzheitlichen Lösungen und langfristigen Konzepten zu denken. Erfolgreiche Konzepte gehen vom „Total Cost of Ownership"-Ansatz aus und betrachten die gesamte Lieferkette. Outsourcing bietet der chemisch-pharmazeutischen Industrie erhebliche Vorteile, insbesondere durch starke Partnerschaften auf Augenhöhe, die weiterentwickelt werden können und damit bedeutende Veränderungen herbeiführen/hervorbringen können.

## Quellenverzeichnis


1. Bundesministerium für Wirtschaft und Klimaschutz (2019). Menschen, Maschinen und Produkte sind direkt miteinander vernetzt: die vierte industrielle Revolution hat begonnen, in: Was ist Industrie 4.0? 2019 [online] https://www.plattform-i40.de/IP/Navigation/DE/Industrie40/WasIndustrie40/was-ist-industrie-40.html, [11.2023)].
2. Bundesinstitut für Bevölkerungsforschung (2023). Bevölkerungsstand in Deutschland 1950 bis 2060, in: [online]: https://www.bib.bund.de/DE/Fakten/Fakt/B02-Bevoelkerungsstand-1950-Vorausberechnung.html, [29.10.2023].
3. Canzler, W. (2015). *Zukunft der Mobilität: An der Dekarbonisierung kommt niemand vorbei.* Bonn: Aus Politik und Zeitgeschichte, Nr. 31/32, 19–25.
4. ChemCologne (2023). Die leistungsstarke Chemieregion im Herzen Europas, in: ChemCologne, [online]: https://www.chemcologne.de/investitionen/die-chemie-region, [29.10.2023].
5. CHEManager (2023). Logistikoutsourcing: Studie gibt Einblicke in Erfolgsfaktoren, in: [online] www.chemanager-online.com/news/logistikoutsourcing-studie-gibt-einblicke-erfolgsfaktoren, [19.03.2024].
6. Destatis (2023). Die größten Städte der Welt, in: [online] https://www.destatis.de/DE/Themen/Laender-Regionen/Internationales/Thema/bevoelkerung-arbeit-soziales/bevoelkerung/Stadtbevoelkerung.html, [29.10.2023].
7. Häfen und Güterverkehr Köln AG (2023). *Geschäftsbericht.* Köln.
8. Haitsch, A. (2023). So marode sind Deutschlands Straßen und Schienen, in: Der Spiegel, Nr. 36/2023, online abgerufen: https://www.spiegel.de/auto/so-marode-sind-deutschlands-strassen-und-schienen-a-130d190c-c655-414a-929c-a85ab3b5025b, [29.10.2023].
9. Hoffmann, R. (2023). Miebach Study Logistics Outsourcing: Success Factors of a successful realization Phase, in: [online]: Germany | Logistics Outsourcing 2023 | Miebach Consulting, [19.03.2024].

10. Jung, K.-P. (2023). Kostenoptimierung in der Chemie-Industrie, in: [online] www.chemanager-online.com/news/kostenoptimierung-der-chemieindustrie, [19.03.2023].
11. Kellermann, C. (Juli 2023). Investitionen im Fokus, in: [online] https://www.vci.de/ergaenzende-downloads/standardfoliensatz-forschung-und-entwicklung.pdf, [29.10.2023].
12. Kille, C. und Reuter, C. (2018). Leitfaden für Logistik-Outsourcing in der Chemieindustrie, in: [online]: Chemielogistik 4.0: Wann 4PL, LLP und 3PL Sinn machen, www.chemie.de/news/1155890/chemielogistik-4-0-wann-4pl-llp-und-3pl-sinn-machen.html, [19.03.2024].
13. Kille, C. und Meißner, M. (2023): Impulse zur Herausforderung eines herausfordernden Logistikjahres 2024, in [online]: s [3.11.2023].
14. Kuipers, B. (2023). Cargo is King, in: Publikation Port of Rotterdam, [online]: [29.10.2023].
15. Lin-Hi, N. (2023). Licence to operate, in: Gabler Wirtschaftslexikon, [online] https://wirtschaftslexikon.gabler.de/definition/licence-operate-51612#definition, [29.10.2023].
16. LIS (2023). Intermodaler Verkehr, in: lis.eu/lexikon, [online] https://www.lis.eu/lexikon/intermodaler-verkehr, [29.10.2023].
17. Naisbitt, J. (2015). *Das Schrumpfen akzeptieren: Europas Städte im demografischen Wandel.* Bonn: Aus Politik und Zeitgeschichte, Nr. 31/32, 3–6.
18. Schroer, K. (2023). Warehousing, in: BWL-Lexikon [online] bwl-lexikon.de/wiki/warehousing., [29.10.2023].
19. Statistisches Bundesamt (2023). Umsatz der chemisch-pharmazeutischen Industrie in Deutschland, in: Statista Research Department, [online] https://de.statista.com/statistik/daten/studie/36292/umfrage/umsatz-der-deutschen-chemieindustrie-seit-1991, [29.10.2023].
20. Thornagel, M. (2021). *Ist das digital oder kann das weg?.* Kunststoffe 10/201, München: Carl Hanser Verlag.
21. TUP GmbH (2021). Constraints in der Logistik, in: Logistik Know-how by TUP.com [online] logistikknowhow.com/materialfluss-und-transport/constraints-in-der-logistik-theory-of-constraints/, [19.03.2024].
22. Verband der chemischen Industrie (2017). Chemie 4.0 – Wachstum durch Innovation in einer Welt im Umbruch, in: VCI Deloitte-Studie 2017 [online]: https://www.vci.de/services/publikationen/broschueren-faltblaetter/vci-deloitte-stuide-chemie-4-punkt-0-langfassung.jsp, [11.2023].
23. Verband der chemischen Industrie (2023). Chemiewirtschaft in Zahlen, in: vci.de [online] https://www.vci.de/vci/downloads-vci/publikation/chiz-historisch/chemiewirtschaft-in-zahlen-2022.pdf, [29.10.2023].
24. Wiechmann, T. (2015). *Das Schrumpfen akzeptieren: Europas Städte im demografischen Wandel.* in: Bonn: Aus Politik und Zeitgeschichte, Nr. 31/32, 27–32.
25. Wikipedia, Imperial Logistics (2023). [online]: https://de.wikipedia.org/wiki/Imperial_Logistics, [29.10.2023].

# 14

# Outsourcing in der Pharmaindustrie – erfolgreiche Auswahl von und Zusammenarbeit mit Lohnherstellern

*Kai Hasler, Kayleigh Hearse und Dr. Sven Remmerbach*

*pharmBridge GmbH und Co. KG*

**Abstract**

*Dieser Beitrag behandelt das Outsourcing von Produktionsprozessen in der Pharmaindustrie und die Zusammenarbeit mit Lohnherstellern (CMOs). Die Autoren erläutern die Kriterien für die Auswahl geeigneter Partner, von Qualitätsstandards über regulatorische Compliance bis zu Flexibilität und Innovationsfähigkeit. Es werden Erfolgsfaktoren für die Vertragsgestaltung, das Risikomanagement und die Steuerung der Zusammenarbeit dargestellt. Herausforderungen wie Lieferkettenstörungen, Kapazitätsengpässe und der Schutz geistigen Eigentums werden analysiert. Praxisnahe Empfehlungen für eine erfolgreiche, langfristige Partnerschaft zwischen Pharmaunternehmen und Lohnherstellern im internationalen Wettbewerbsumfeld werden gegeben.*

## 14.1 Lohnherstellung in der Pharmaindustrie

### 14.1.1 Definition und Markt der Lohnherstellung in der Pharmaindustrie

Die Pharmaindustrie ist ein kontinuierlich wachsender Markt, dessen Entwicklung hauptsächlich von Innovation und neuen Produktvarianten getrieben wird. Die Bedeutung von Biopharmazeutika und personalisierten Medikamenten nimmt dabei stetig zu. Im Jahr 2022 betrug der Anteil an Biopharmazeutika bei neu zugelassenen Arzneimitteln in der EU bereits 59 % (vgl. [1], S. 4).

Gleichzeitig haben viele Firmen, die Produktneuheiten und Innovation treiben, keine eigenen Produktionskapazitäten und agieren als rein virtuelle Unternehmen. Dies macht die Nutzung von Lohnherstellern in der Pharmaindustrie unumgänglich und ist häufig ein strategischer Vorteil. Gerade neue, kleine und virtuelle Unternehmen stehen vor der Herausforderung zu entscheiden, ob der Aufbau von eigenen Produktionsstätten eine sinnvolle Investition darstellt.

Aufgrund der immer größer werdenden Spezialisierung der Arzneimittel und sinkender Stückzahlen lohnt sich dies häufig nicht. Die Individualisierung von Arzneimitteln wird als kontinuierliche Entwicklung prognostiziert (vgl. [2]). Dadurch spielt die Nutzung von spezialisierten flexiblen Lohnherstellern (auch: Contract Manufacturing Organisation = CMO) als Industrieservice in der Pharmaindustrie eine immer bedeutendere Rolle.

CMOs bieten Herstellungsdienstleistungen für pharmazeutische Unternehmen auf Vertragsbasis an. Häufig wird die Abkürzung CDMO, bei der das „D" für Development steht, synonym verwendet. Der Begriff „Herstellung" von Arzneimitteln wird im Arzneimittelgesetz (AMG) in § 4, Abs. 14 definiert und umfasst alle Produktionsschritte bis zur Auslieferung eines fertig verpackten Medikaments inklusive der Produktfreigabe.

Somit bedarf es zur „Herstellung" eines Medikaments vielfältiger Infrastruktur, die unter anderem Folgendes umfasst: die eigentliche Produktion und Verpackung, Labore zur Prüfung der Produkte, Versorgung mit Medien und Energie sowie eine geeignete Entsorgung (für zum Beispiel belastete Abwässer, lösungsmittelhaltige Abfälle oder Reste bedruckter Packmittel). Die benötigten Infrastrukturen sind regelmäßig instand zu halten, um einen störungsfreien Betrieb zu gewährleisten und die korrekte Funktion gemäß behördlichen Anforderungen zu garantieren.

Lohnhersteller sind mit den notwendigen Einrichtungen, Ressourcen, Fachkenntnissen und Fähigkeiten ausgestattet, um pharmazeutische Produkte gemäß der vom Auftraggeber bereitgestellten Spezifikationen herzustellen.

Der globale Markt der pharmazeutischen Lohnherstellung wird für 2023 auf ca. 161 Milliarden USD geschätzt und die Entwicklung wird mit einer durchschnittlichen Wachstumsrate (CAGR) von 5,46 % auf über 210 Milliarden USD für 2028 prognostiziert (vgl. [3]), siehe Abb. 14.1. Das Geschäftsmodell der Lohnherstellung ist in der Pharmaindustrie etabliert und fester Bestandteil der derzeitigen und zukünftigen Marktversorgung.

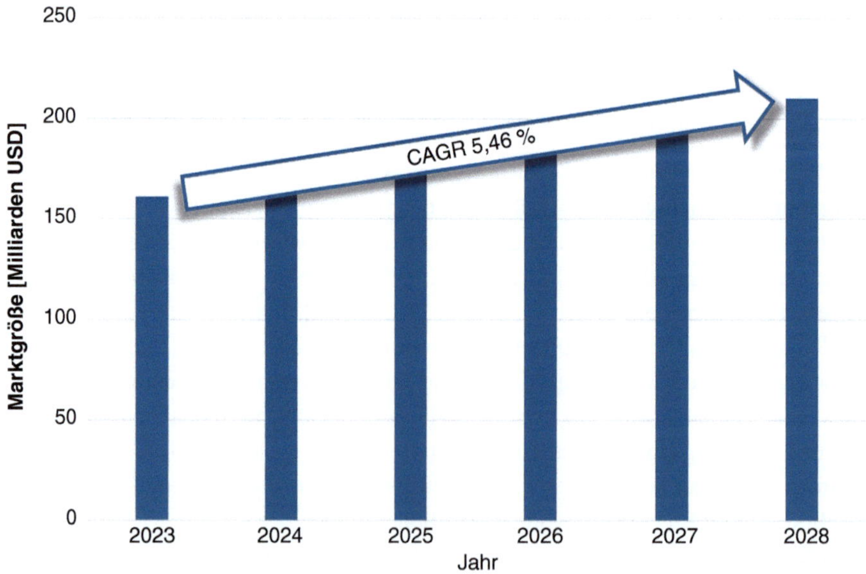


**Abb. 14.1** Prognostizierte Marktgröße pharmazeutischer Lohnherstellung (*Quelle:* verändert nach Report Linker [3]).

### 14.1.2 Vor- und Nachteile der Zusammenarbeit mit Lohnherstellern

Welche spezifischen Vorteile suchen und realisieren Pharmafirmen durch die Zusammenarbeit mit Lohherstellern?

Diese Frage ist sehr individuell und vielfältig zu beantworten. Es gibt zum einen sehr grundlegende operative Gründe, z. B.:

- Zugang zu einer spezifischen Technologie – viele pharmazeutische Produkte erfordern spezielle Produktionsprozesse oder Technologien. Lohnhersteller mit Fachkenntnissen in diesen Bereichen können dazu beitragen, komplexe Produkte effizient und gemäß der erforderlichen Qualitätsstandards herzustellen.
- Flexible Erweiterung der verfügbaren Kapazität, beispielhaft sei hier die Herstellung von COVID-19 Impfstoffen genannt, die mit Hilfe von Lohnherstellern in kürzester Zeit umgesetzt wurde.
- Fertigung im Zielmarkt und Optimierung der Logistik

Diese Aspekte werden häufig in hoch innovativen Organisationen, mit Fokus auf Forschung & Entwicklung und keinen oder geringen eigenen Produktionskapazitäten, über die Zusammenarbeit mit erfahrenen Lohnherstellern adressiert.

> „Wir sind ein junges Unternehmen, das mit einem kleinen, hochspezialisierten Team an innovativen Lösungsansätzen zur Behandlung von verschiedenen Krankheiten arbeitet. Wir konzentrieren unsere Stärken auf Forschung & Entwicklung und treiben die klinischen Studien zur Beweisführung der Wirksamkeit voran. Die Herstellung der Produkte haben wir an etablierte Lohnhersteller vergeben, die uns zum vereinbarten Zeitpunkt mit den benötigten Produktmengen versorgen. Ohne ein Netzwerk an Lohnherstellern wäre eine effiziente Entwicklung von neuen Arzneimitteln für uns nicht möglich.“
>
> Konstantin Petropoulos, CEO sterna biologicals GmbH

Zum anderen können über die Zusammenarbeit mit CMOs auch strategische Ziele umgesetzt und signifikante Vorteile in Bezug auf die Marktversorgung und Herstellkosten erzielt werden. Zu nennen sind hier unter anderem:

- Risikosteuerung über redundante flexible Herstellstätten
- Schnelle Markteinführung und Skalierung
- Abbilden von Bedarfsspitzen aufgrund von saisonalen Schwankungen (z. B. Grippeimpfstoffen) oder Produkten in der Markteinführung
- Reduktion bzw. Vermeidung von Investitionen in Infrastruktur bzw. gebundenem Kapital – Lohnhersteller ermöglichen es pharmazeutischen Unternehmen, ihre Produktionskapazitäten je nach Bedarf zu skalieren, ohne in kostenintensive Infrastruktur investieren zu müssen.

- Optimierte Herstellkosten – Die Partner können, durch ihre Spezialisierung und Skaleneffekte, Produktionseffizienzen erreichen, die im Vergleich zur „in house" Fertigung zu optimierten Gesamtkosten führen.
- Globale Compliance – Lohnhersteller sind oft international tätig und mit den regulatorischen Anforderungen verschiedener Länder vertraut. Dies erleichtert den Zugang zu globalen Märkten und gewährleistet die sichere Einhaltung internationaler Standards.

Gibt es Nachteile, die ein Auftraggeber bei der Zusammenarbeit mit einem Lohnhersteller berücksichtigen sollte?

Das Hauptaugenmerk des Auftraggebers sollte auf der sicheren und zuverlässigen Umsetzung der eigenen Bedürfnisse liegen.

Im Vergleich zu einer „in house" Herstellung sind unterschiedliche Mechanismen zur Umsetzung von Anpassungen im Produktzyklus erforderlich. Deshalb sind ein aktives Management der Lohnhersteller und eine bewusste Auswahl dieser ratsam. Besondere Aufmerksamkeit ist in der Zusammenarbeit auf folgende Aspekte zu richten:

A) Qualität und regulatorische Anforderungen
Der zukünftige Partner muss über alle erforderlichen behördlichen Genehmigungen verfügen und die zur Marktversorgung angestrebten Qualitätskriterien sicher erfüllen.
Es ist erforderlich, im Auswahlprozess und auch in der nachfolgenden Zusammenarbeit regelmäßige Überprüfungen vorzunehmen und im Vertrag die benötigten Standards zu vereinbaren.

B) Kompetenz und Kapazität
Bei der Suche nach einem Lohnhersteller sind Kompetenz und Kapazität von entscheidender Bedeutung, um eine sichere Versorgung der Patienten sicherzustellen.
Deshalb sollten bereits im Zuge der Ausschreibung klar die Bedürfnisse (z. B. benötigten Mengen, Lieferzeiten etc.) genannt werden und eine sorgfältige Prüfung der Umsetzungskonzepte des CMO erfolgen (vgl. 14.2.2). Insbesondere im kommerziellen Vertrag sind eindeutige Regelungen zu treffen, um Zugang zur benötigten Kapazität und Know-how sicher zu stellen (vgl. 14.3.2).

C) Kostenkontrolle und -entwicklung
Für die Auftraggeber ist Sicherheit in Bezug auf zukünftige Kostenplanung entscheidend. Hierzu ist es unerlässlich, im Zuge der Beauftragung und Vertragsverhandlungen entsprechende Regelungen zu treffen und auch festzuhalten. Eine sehr gute Möglichkeit Transparenz und Planbarkeit zu erzielen, ist die Anlehnung von Preisanpassungen an offizielle Indizes (z. B. branchenspezifische Erzeugerpreise).

Für eine erfolgreiche Kooperation und Marktversorgung ist die Schnittstelle zwischen Auftraggeber und Lohnhersteller besonders kritisch. Insbesondere in der Kommunikation ist viel „Fingerspitzengefühl" gefragt. Für einen reibungslosen Ablauf ist es ratsam, erfahrene Partner und Projektmanager einzubinden, die speziell in der Initialphase für effiziente und zielführende Kommunikationswege, Prozesse und Absprachen sorgen.

Der Erfolg steht und fällt mit der erfolgreichen Zusammenarbeit und Etablierung eines Teams mit gemeinsamen Zielen.

Die Partnerschaften sind so ausgereift und stabil, dass einige Marktteilnehmer ihre Herstellung überwiegend über Lohnhersteller realisieren.

### 14.1.3 Angebotsvielfalt und -übersicht

Neben der Bereitstellung der benötigten Infrastrukturen sind die CMOs häufig spezialisiert und bieten umfassende Produktionskapazitäten, Technologien und das Know-how für die Fertigung von Arzneimitteln an (vgl. [4]).

Inzwischen sind viele zuverlässige erfahrene CMOs am Markt etabliert, welche unterschiedliche Bedarfe bedienen können. Es gibt global agierende Lohnhersteller, die verschiedene Märkte, Arzneiformen und Technologien beherrschen und hoch spezialisierte „Nischen"-Anbieter, die komplexe technologisch anspruchsvolle Projekte realisieren.

Diese Angebotsvielfalt lässt sich anhand der Aufteilung des europäischen CMO-Markts erkennen. Circa 140 Lohnhersteller bieten in Europa Dienstleistungen aus über 520 Herstellstätten an (vgl. [5]).

Über 50 % dieser Herstellstätten konzentrieren sich in Zentraleuropa auf vier Länder (siehe auch Abb. 14.2):

- Frankreich (83 Herstellstätten)
- Italien (74 Herstellstätten)
- Deutschland (73 Herstellstätten)
- Spanien (48 Herstellstätten)

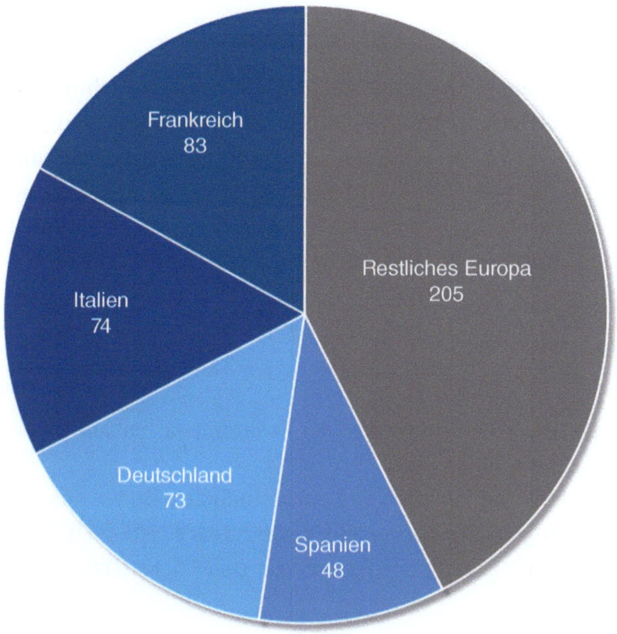


**Abb. 14.2** Verteilung der Herstellstätten in Europa (*Quelle:* verändert nach PharmaSource [5]).

Die Lohnhersteller bieten die nötigen Ressourcen und Strukturen, um Produkte in kurzer Zeit zu etablieren und somit einen schnellen Markteintritt bzw. eine gesicherte Marktversorgung zu garantieren.

Durch die Nutzung von Lohnherstellern müssen sich die Auftraggeber nicht um die einzelnen Industrieservices wie Medien- und Energieversorgung, Entsorgung, Instandhaltung und Weiteres kümmern – dies hat der Lohnhersteller alles etabliert und betreibt es erfolgreich.

Aufgrund der hohen Fragmentierung und Spezialisierung im Bereich der Lohnherstellung (75 % der Lohnhersteller haben weniger als 50 Millionen Euro Jahresumsatz, [vgl. [4]]), ist es hilfreich, über spezialisierte Einkaufsstrukturen oder erfahrene Partner zu verfügen und diese in den Prozess zur Etablierung der Zusammenarbeit mit einem Lohnhersteller einzubeziehen.

Nicht nur kleine und mittelständische, sondern auch global agierende Pharmaunternehmen mit eigenen Herstellkapazitäten nutzen regelmäßig die Services von Lohnherstellern, um beispielsweise die Produktion großer Volumina zu ermöglichen oder um eine Redundanz in der Fertigung und somit letztlich erhöhte Sicherheit für die Marktversorgung zu erreichen.

Auch in Bezug auf die Zusammenarbeit hat sich die Industrie in den letzten Jahrzehnten weiterentwickelt. Von dem traditionell üblichen „fee for service"-Modell, bei dem für eine Dienstleistung ein fest vereinbarter Preis gezahlt wird, haben sich weitere Varianten entwickelt. Zu nennen sind hier z. B. Partnerschaften, in denen Pharmaunternehmen und Lohnhersteller gemeinsam als „shared invest" in die Schaffung von Produktionskapazität und -infrastruktur investieren, welche dann exklusiv genutzt wird.

### 14.1.4 Ablauf der Zusammenarbeit mit Lohnherstellern

Dieses Kapitel konzentriert sich auf die Lohnherstellung von Arzneimitteln in der Pharmaindustrie als grundlegenden zukunftsweisenden Industrieservice und gibt einen Überblick, worauf bei der Auswahl und während der Zusammenarbeit mit Lohnherstellern geachtet werden sollte. Der Fokus wird dabei auf wichtige Aspekte und Kennzahlen während der Kooperation mit einem CMO gelegt. Die Zusammenarbeit zwischen Auftraggeber und Lohnhersteller lässt sich dabei in drei Phasen unterteilen:

I. Anfrage-/Angebotsphase
II. Projektphase und Produkttransfer
III. Kommerzielle Phase

In der jeweiligen Phase liegen die Schwerpunkte in der Zusammenarbeit auf unterschiedlichen Aspekten (siehe Abb. 14.3).

Durch jahrzehntelange Erfahrung, welche die Pharmaindustrie in der Zusammenarbeit mit Lohnherstellern gemacht hat, ist ein Verständnis entstanden, dass bereits zu Beginn der Suche nach geeigneten Herstellern und Dienstleistern der

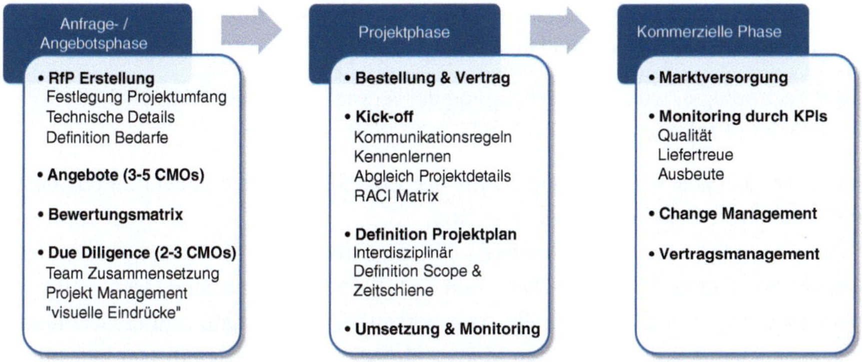


**Abb. 14.3** Phasen der Zusammenarbeit mit einem CMO (*Quelle:* eigene Darstellung).

gesamte Produktzyklus zu bedenken ist (vgl. [6]). Hierzu ist es erforderlich, die Partner mit strukturierten Prozessen, nach klaren Kriterien und am Bedarf orientiert auszuwählen (siehe Kapitel 14.2.2 Suche und Beauftragung des richtigen Lohnherstellers [Auswahl-/Angebotsphase]).

Im Folgenden werden die oben beschriebenen Phasen (siehe Abb. 14.3) einzeln betrachtet und einige Hauptaspekte, die aus operativer und strategischer Sicht zu beachten sind, mit Blick auf eine effiziente und sichere Marktversorgung aufgegriffen. Es wird exemplarisch auf verschiedene Details eingegangen, um die sensible Natur und Komplexität der Schnittstelle zum Lohnhersteller aufzuzeigen und zu verdeutlichen.

## 14.2 Suche und Beauftragung des richtigen Lohnherstellers (Anfrage-/Angebotsphase)

Wurde die Entscheidung getroffen, die Fertigung eines Arzneimittels extern durchführen zu lassen, ist zunächst ein geeigneter Lohnhersteller zu identifizieren. Dies geschieht in der Angebots- und Auswahlphase, welche die Angebotsanfrage, die Auswertung und die Lohnherstellerauswahl umfasst.

### 14.2.1 RfP Erstellung

Um eine spätere Vergleichbarkeit der erhaltenen Angebote zu gewährleisten ist es wichtig, dass jeder an der Ausschreibung beteiligte Lohnhersteller die gleichen Informationen erhält.

Dies wird durch eine standardisierte Angebotsanfrage, dem sogenannten „Request for Proposal" (RfP) (vgl. [7]), sichergestellt. Auf Basis der mit dem RfP zur Verfügung gestellten Informationen wird der Lohnhersteller entscheiden, ob er ein Angebot für die Fertigung des Arzneimittels legen wird bzw. kann. Dies wird maßgeblich von zwei Faktoren beeinflusst:

- der Technologie, welche zur Fertigung des Arzneimittels benötigt wird
- sowie dem Projektumfang (Zeit und benötigte Produktionsmenge)

Der Auftraggeber sollte die Angebotsanfrage so strukturieren und detaillieren, dass beide Aspekte ausreichend beleuchtet sind.

Für den technischen Teil des RfPs bedeutet dies, dass die auszugliedernden Schritte des Herstellprozesses mit allen Details beschrieben sind. Der Auftraggeber muss sich vor Erstellung der Angebotsanfrage überlegen und entscheiden, welche Services bei dem produzierenden Lohnhersteller eingekauft werden sollen und welche ggf. noch an weitere Dienstleister ausgegliedert werden oder evtl. „in house" verbleiben.

Die Lohnhersteller bieten in der Regel nicht nur die Produktion, sondern auch die anschließende analytische Testung und Freigabe des Arzneimittels für den Markt an. Gerade für virtuelle und kleine Unternehmen bietet dies den Vorteil, den Herstellprozess bis zur Freigabe des Arzneimittels in eine Hand abgeben zu können.

Für Pharmafirmen, die die Fertigung ihres Produktes aber ggf. an mehrere Lohnhersteller zur Fertigung ausgliedern, ist eine Lösung aus einer Hand häufig nicht gewollt. Der RfP muss also klar definieren, welchen Umfang der Lohnhersteller abbilden soll und welche Services weiterhin intern oder anderweitig extern durchgeführt werden (siehe Abb. 14.4).

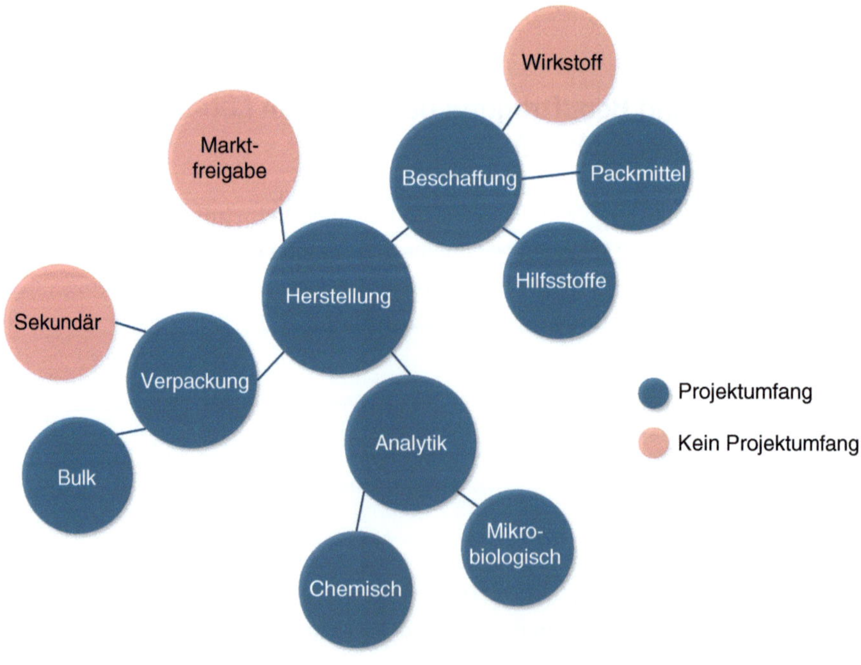


**Abb. 14.4** Möglicher Projektumfang CMO (*Quelle:* eigene Darstellung).

Die klare Definition des „Projektumfangs" ist besonders wichtig, um eingegangene Angebote vor allem in Bezug auf Preisunterschiede und Zeitschienen vergleichen und bewerten zu können. Für den technischen Teil der Anfrage bedeutet dies, nicht nur den geplanten Fertigungsprozess als solchen zu beschreiben, sondern Details wie z. B. Einsatzstoffe, -mengen und deren Qualität, eingesetzte Packmittel, Inprozesskontrollen sowie ggf. prozesskritische Schritte und Bedingungen (z. B. Haltezeiten, Temperaturen, Produktempfindlichkeiten etc.) detailliert herauszuarbeiten und zu kommunizieren.

Um den technischen Teil der Anfrage abzuschließen und zu vervollständigen, müssen zusätzlich zu den Spezifikationen des Fertigungsprozesses auch Informationen (idealerweise schon vorhandene Testmethoden) zur Durchführung und Spezifikation der analytischen Freigabe aufgenommen werden.

Nur mit diesem gesamtheitlichen Bild kann der Lohnhersteller seine Kosten kalkulieren und zuverlässig ein Angebot erstellen. Für die Angebotslegung spielen neben den erwähnten technischen Aspekten auch die Bedarfe und Lieferzeiträume eine entscheidende Rolle. Dies ist insbesondere aus Sicht der auftraggebenden Firma von Bedeutung. Da sichergestellt werden muss, dass nur Lohnhersteller, welche die zeitlichen Anforderungen und die Kapazitätsbedarfe erfüllen können, in die engere Auswahl kommen.

Für die Ausarbeitung der Bedarfe beschreibt der Auftraggeber daher, in welchem Zeitraum der Produkttransfer (Etablierung des Herstellprozesses bei dem ausgewählten Lohnhersteller) stattfinden und abgeschlossen sein soll, bzw. ab wann eine Fertigung des Produktes angestrebt ist.

Für die Phase nach dem Produkttransfer ist es außerdem wichtig, festzulegen, welche Produktmenge innerhalb welches Zeitraums benötigt wird. Hier wird es deutliche Unterschiede zwischen Produkten geben, die sich noch in der klinischen Erprobung befinden, und Produkten, die bereits zugelassen und am Markt kommerziell verfügbar sind.

Da sich bei klinischen Studien, häufig Änderungen durch neue Erkenntnisse ergeben, ist es ratsam, sich gewisse Flexibilitäten offen zu lassen und einen Partner mit entsprechender Kapazität und technologischer Varianz zu wählen.

Bei einem bereits zugelassenen Produkt sind die Bedarfe hingegen oft gut prognostizierbar. Hier kommt es vorrangig auf die Strategie des Auftraggebers an, welche Mengen angefragt werden.

Es kann sinnvoll sein, nur einen Lohnhersteller mit der Fertigung des Produktes zu beauftragen, um Transferkosten und -aufwand zu optimieren. Dies ist für Produkte in der klinischen Phase meist der präferierte Weg, um die ohnehin schon hohen Kosten der Entwicklung zu minimieren.

Für kommerzielle Produkte hingegen kann es strategisch sinnvoll sein, die Fertigung auf mehrere Lohnhersteller aufzuteilen. Zum einen führt dies zu einer Risikominimierung, da bei Aufteilung der Fertigung auf mehrere Lohnhersteller eine Marktversorgung bei Ausfall eines Lohnherstellers weiterhin sichergestellt werden kann. Zum anderen können evtl. globale Vertriebswege des Produktes es erstrebenswert machen, dass Produkt nicht nur in einem Land zu fertigen, sondern „vor Ort“ im Zielmarkt, um Transportzeiten und -kosten zu optimieren.

Speziell für Marktteilnehmer, die bisher noch nicht die Gelegenheit zur Zusammenarbeit mit CMOs hatten, kann die Unterstützung durch einen erfahrenen Partner schon in der Angebotsphase ratsam sein. Teure Versäumnisse können so verhindert werden.

### 14.2.2 Angebotsauswertung und Lohnherstellerauswahl

Für eine ausreichende Anzahl an Angeboten, sollte der erstellte RfP idealerweise an drei bis fünf Lohnhersteller geschickt werden. Dies stellt eine ausreichende Vielfalt an Varianten sicher, welche ausgewertet und verglichen werden können. So kann über eine detaillierte Analyse in Bezug auf Kosten und Erfüllung der angefragten Services der beste Partner ermittelt werden.

Basierend auf der für das jeweilige Produkt angestrebten Strategie kann und sollte eine Bewertungsmatrix erstellt werden (siehe Abb. 14.5).

**Abb. 14.5** CMO Bewertungsmatrix Beispiel: Kategorien & Kriterien (*Quelle:* eigene Darstellung).

In der Praxis hat es sich bewährt, die Kategorien spezifisch zu gewichten. Das ermöglicht es, einzelne Aspekte, die für das betreffende Produkt besonders kritisch sind, entsprechend zu berücksichtigen.

In eine spezifische Auswertung können individuell weitere Faktoren aufgenommen und ebenfalls nach Bedeutung gewichtet werden. Für ein klinisches Produkt sind Faktoren wie technologische Flexibilität und Services in der Regel entscheidend, wobei für bereits etablierte kommerzielle Produkte häufig die Kosten, eine optimierte Logistik, Risikominimierung und die Verfügbarkeiten von Kapazitäten eine größere Rolle spielen.

Nach Gegenüberstellung und Auswertung der Angebote sollte eine Auswahlliste mit zwei oder drei potenziellen Lohnherstellern erstellt werden, um den Aufwand in der folgenden Due Diligence zu steuern.

Der Lohnhersteller stellt einen verlängerten Arm des Auftraggebers dar. Eine funktionierende Partnerschaft, transparente und zeitnahe Kommunikation und gegenseitiges Vertrauen sind daher wichtig, um den Produkterfolg und eine sichere Marktversorgung zu gewährleisten.

Ob und wie die Zusammenarbeit mit dem Lohnhersteller funktionieren kann, lässt sich nicht ausschließlich auf Basis des Angebots bewerten. Es ist wichtig, den Lohnhersteller, seine Arbeitsweisen und Produktionsstätten kennen zu lernen und erste Grundsteine und Erwartungen an eine Zusammenarbeit festzulegen. Dafür sollten Due Diligence Besuche bei den verbleibenden potenziellen Lohnherstellern durchgeführt werden. Diese können insbesondere bei der finalen Auswahl wertvolle Entscheidungshilfe geben.

Der Fokus in Due Diligence Besuchen sollte auf Präsenzprüfungen der Produktionsstätten sowie auf der Organisation des Lohnherstellers in der Transfer- und Fertigungsphase liegen. Während der vor Ort Begehung hat der Auftraggeber die Möglichkeit, sich die geplante technischen Umsetzung für die Fertigung des Produktes zeigen und erklären zu lassen und zu bewerten, ob diese tatsächlich den eigenen Vorstellungen und Bedürfnissen entspricht.

Zusätzlich ergibt sich die Gelegenheit einen detaillierten Einblick über Teammitglieder, die Infrastruktur und vorhandene Technologien zu gewinnen. Die Herstellungsstätte ist außerdem der Spiegel des Lohnherstellers und kann der auftraggebenden Firma einen Eindruck zur Arbeitsweise vermitteln. Saubere, aufgeräumte und strukturierte Produktionsräume sprechen eher für eine termingerechte qualitativ gute Fertigung des Produktes als Bereiche, die chaotisch und nicht standardisiert sind.

Die Vorstellung zur Gestaltung der Transferphase vermittelt dabei das Verständnis, ob der Lohnhersteller in dieser kritischen Phase auf die Bedürfnisse der auftraggebenden Firma eingehen kann und wird. Die Gestaltung des Teams des Lohnherstellers für einen Transfer kann dabei auch ein Indiz für die zeitgerechte Umsetzung des Projektes und der Versorgung mit Produkt sein. Es ist davon auszugehen, dass nur mit einem Team, in dem alle Funktionen mit ausreichend Kapazität und Know-how besetzt sind, ein zeitgerechter Transfer umzusetzen ist.

Nach Abschluss der Due Diligence Besuche und Bewertung der Eindrücke sowie Details aus den Angeboten kann die Entscheidung für den Lohnhersteller getroffen werden und die Projekt-/Produktimplementierungsphase starten.

Die Ausführungen machen deutlich, dass neben harten Zahlen, Daten und Fakten auch „Eindrücke“ bei der Auswahl des richtigen Partners eine Rolle spielen. Hier kann es ratsam sein, auf die Unterstützung von erfahrenen Industrieexperten zu vertrauen und eine zweite qualifizierte Meinung zu berücksichtigen.

## 14.3 Implementierung beim Lohnhersteller (Projektphase)

Nach getroffener Entscheidung für einen Lohnhersteller starten die Zusammenarbeit und der Produkttransfer. Da die Vertragsgestaltung und -verhandlung häufig mehrere Wochen in Anspruch nimmt, ist die Beauftragung per Bestellung häufig vorzuziehen, um eine schnellere Projektumsetzung zu ermöglichen. Das Kick-off Meeting und der Transfer finden daher oft parallel zur Ausgestaltung der Verträge zwischen Lohnhersteller und auftraggebender Firma statt (siehe hierzu Kapitel 14.3.2 Vertragsgestaltung).

Um einen reibungslosen Ablauf in der Transferphase zu gewährleisten, ist es wichtig, Regeln für die Zusammenarbeit festzulegen, die technischen Details schnellstmöglich final abzuklären und eine verbindliche Zeitschiene für die Produktimplementierung zu definieren. In einem Kick-off Meeting werden diese Regeln festgelegt und die Erwartungen an das Projekt im Detail definiert.

### 14.3.1 Produkttransfer

Das Angebot des Lohnherstellers und die Bedarfe des Auftraggebers sollten zu Beginn der Zusammenarbeit in einen detaillierten Projektplan übertragen werden, welcher zwischen Lohnhersteller und Auftraggeber abgestimmt und vereinbart wird. Teammitglieder beider Parteien sollten an der Erstellung und Diskussion des Projektplans teilnehmen, so dass dieser nach Erstellung von allen Parteien als vereinbarte Zeitschiene und abgestimmtem Umfang akzeptiert wird.

Der Plan sollte in einem solchen Detailierungsgrad erstellt werden, dass ein sinnvolles und einfaches Nachhalten durch die Projektmanager möglich ist (siehe Abb. 14.6).

Das Team sollte auftraggeberseitig und beim CMO alle benötigten Funktionen wie Projektmanagement, operative und analytische Umsetzung sowie Qualität belegen können und entsprechende Mitglieder aufweisen.

Je nach Produkttransfer und klinischer/kommerzieller Phase kann es erforderlich sein, weitere Experten im Transferteam zu integrieren (z. B. Validierung, Engineering, etc.). Die Verantwortlichkeiten und Aufgaben der einzelnen Teammitglieder sollten dabei in einer sogenannten RACI-Matrix festgehalten und transparent kommuniziert werden (vgl. [8]).

**Abb. 14.6** Beispielhafte Darstellung eines Projektplans (*Quelle:* eigene Darstellung).

Direkt zu Projektstart sollte sichergestellt werden, dass alle involvierten Teammitglieder befähigt sind, ihre zugeordneten Aufgaben gemäß den Anforderungen des Projektes und der avisierten Zeitschiene umzusetzen.

Des Weiteren ist es zu Beginn des Projektes wichtig, die Regeln und Verantwortlichkeiten für die Kommunikation im Projekt festzulegen. Es gilt zu klären, wie Informationen, Dokumente und Dateien zwischen den beiden Parteien ausgetauscht werden (z. B. E-Mail vs. SharePoint), in welcher Häufigkeit Meetings stattfinden und wie diese nachgehalten werden (z. B. Führen von standardisierten Gesprächsprotokollen). Die abgestimmten Regeln zu Informationsaustausch und Meetingkultur sollten dabei während des Projektes nicht geändert werden, wohingegen die Meetingfrequenzen sinnvoll an das Projekt angepasst und geändert werden können. In allen Projektphasen sollte ein besonderes Augenmerk auf die unterschiedlichen Standards zwischen Auftraggeber und Lohnhersteller gelegt werden, da diese während der Transferphase zu Herausforderungen führen können.

Um eine erfolgreiche Produktion des Produktes sicherzustellen, muss der Lohnhersteller die technischen Anforderungen der auftraggebenden Firma bei sich zuverlässig umsetzen. Er wird diese Anforderungen während des Transfers beschreiben und innerhalb seiner Organisation etablieren.

Der Lohnhersteller wird in der Regel seine eigenen Standards (z. B. für Herstellungsanweisungen, Testmethoden, Validierungspläne etc.) verwenden. Das macht es für den Auftraggeber erforderlich, diese auf Korrektheit und Kongruenz mit den Anforderungen und regulatorischen Dokumenten zu prüfen. Oftmals haben die auftraggebenden Firmen jedoch eigene Vorlagen etabliert, welche für das Projekt genutzt werden sollen.

Beide Parteien sollten sich schon zu Beginn des Projektes über den Umfang der Dokumentation austauschen und die Standards definieren. Dabei gilt es eine Balance zu finden, welche für beide Seiten umsetz- und vertretbar ist.

Nicht immer ist es sinnvoll für den Auftraggeber, auf die eigenen Grundsätze zu bestehen, da dies zu Umsetzungsfehlern bei dem Lohnhersteller führen kann. Gut etablierte Prozesse und Abläufe des Lohnherstellers führen bei den Mitarbeitern zu einer Routine und sind daher weniger fehleranfällig.

Es ist offensichtlich, dass insbesondere in der Kommunikation und bei der Definition der Schnittstellen viel „Fingerspitzengefühl" gefragt ist. Für einen reibungslosen Ablauf ist es ratsam, erfahrene Partner und Projektmanager einzubinden, die insbesondere in der Initialphase für effiziente und zielführende Kommunikationswege, Absprachen und Zusammenarbeit sorgen.

Der Erfolg steht und fällt mit der erfolgreichen Zusammenarbeit und Etablierung eines Teams mit gemeinsamen Zielen.

### 14.3.2 Vertragsgestaltung

Das bereits erwähnte „Fingerspitzengefühl" ist auch für das Aufsetzen und die Verhandlung des Vertragswerks gefragt. Die für den Produkttransfer benötigten technischen Absprachen finden innerhalb des Projektteams statt und sind in der Regel zu detailliert, um in einem Vertrag aufgenommen zu werden.

Ein Vertrag ist für den Produkttransfer und die anschließende Fertigung jedoch unerlässlich, denn er regelt die Gestaltung der Zusammenarbeit zwischen auftraggebender Firma und Lohnhersteller und muss gleichzeitig gesetzliche Anforderungen umsetzen (u. a. § 9 Abs. 1 Satz 1 AMWHV [9]). Aufgrund der Komplexität der Geschäftsbeziehung und um allen kommerziellen, qualitätsrelevanten, aber auch gesetzlichen Anforderungen gerecht zu werden, ist es nicht ausreichend, den Vertrag ausschließlich durch Rechtsanwälte verhandeln zu lassen.

Die Verhandlung sollte von einem Team begleitet werden, das Rechtsverständnis, technisches Know-how bzw. Prozessverständnis, Kenntnis der Qualitätsanforderungen und der benötigten Bedarfe für die Marktversorgung besitzt.

Nur so kann sichergestellt werden, dass der Vertrag die Basis für eine gute Zusammenarbeit zwischen Auftraggeber und Lohnhersteller bildet. Da dies häufig recht umfangreich ist, gibt es in der Regel zwei Verträge, welche zu einem gesamten Vertragswerk führen: den so genannten Qualitäts- oder Abgrenzungsvertrag (Quality Agreement, vgl. [9]) und den kommerziellen Vertrag (Supply Agreement).

Zusätzlich können spezifische technische Details in vertragsbegleitenden Dokumenten festgehalten werden (siehe Abb. 14.7).

Häufig wird das Quality Agreement durch Mitarbeiter der Qualitätsabteilung, die sich mit den behördlichen und arzneimittelrechtlichen Anforderungen auskennen, aufgesetzt. Die Abstimmung zwischen den Parteien wird dabei in der Regel durch einen Rechtsanwalt begleitet.

**Abb. 14.7** Übersicht der einzelnen Vertragsbestandteile (*Quelle:* eigene Darstellung).

Für die Verhandlung des Supply Agreements sollten Mitarbeiter einbezogen werden, die den Produkttransfer begleiten und ein Verständnis für die benötigten Bedarfe (Auftraggeber) bzw. vorhandenen Fertigungskapazitäten (Lohnhersteller) besitzen.

Dies ist notwendig, um sicherzustellen, dass getroffene Vereinbarungen auch tatsächlich umsetzbar und relevant sind.

Die Sicherung der Marktversorgung ist ein elementares Thema, welches im kaufmännischen Vertrag fixiert ist und für dessen Verhandlung spezifisches Wissen zu Bedarfen und Fertigungskapazitäten benötigt wird. Um die Marktversorgung zu sichern, aber auch Flexibilität in Zeiten von sich ändernden Bedarfen (z. B. bei Produktzulassung in weiteren Märkten, Eintritt von Wettbewerbern in den Markt) zu erreichen, wird der Auftraggeber Produktionssicherheit bei gleichzeitiger Flexibilität erzielen wollen. Dies stellt ein Risiko für den Lohnhersteller dar, da er so zum einen keine verlässliche Kapazitätsplanung (Anlagen und Infrastruktur) durchführen kann und zum anderen keine gesicherte Organisation der Ressourcen (vornehmlich Personalverfügbarkeit) möglich ist. Im schlimmsten Fall werden zu viele Produktionszusagen gemacht und es können nicht alle zugesagten Produktvolumen gefertigt werden.

Je nach Versorgungsstrategie kann dies für den Auftraggeber dazu führen, dass Marktbedarfe nicht bedient werden können. Die garantierte Abnahme von Produktionskapazitäten und die zugesicherte Verfügbarkeit sind damit eines der zentralen Themen in der Vertragsgestaltung.

Seitens des Auftraggebers gilt es, Flexibilität gegen das Risiko potenziell fehlender Marktversorgung abzuwägen, wohingegen der Lohnhersteller durch die Gestaltung der Verträge sicherstellen muss, dass er alle zugesagten Bedarfe auch erfüllen kann und gleichzeitig Planungssicherheit erreicht, um Budgets aber auch Ressourcen verlässlich steuern zu können.

Neben den Basisthemen des Vertrags (Bedarfssicherheit, Liefertermintreue, Vergütung, Haftung, Zahlungsziele etc.), welche durch Rechtsanwälte in Zusammenarbeit mit dem funktionsübergreifenden Team verhandelt werden, kann es weitere wichtige, im Vertrag festzuhaltende Aspekte geben.

Dies können zum Beispiel produktspezifische Besonderheiten, Regelungen zu Übergabe und Transport (Incoterms), zollrechtliche Bestimmungen, Lagerung und Weiteres sein. Die vielfältigen Themen, die in dem Vertragswerk zwischen Auftraggeber und Lohnhersteller zu belegen sind, machen deutlich, dass das richtige Team nicht nur für den Produkttransfer eine Rolle spielt, sondern auch in der Ausgestaltung der vertraglichen Basis.

Auch hier ist es daher zu empfehlen, erfahrene Partner und Projektmanager einzubinden, die insbesondere während der Vertragsverhandlungen das Verständnis für die Bedarfe und Anforderungen an das Projekt und das Produkt haben. Dies ist insbesondere wichtig, um in dem verhandelten Vertrag den Grundstein für eine erfolgreiche und langfristige Zusammenarbeit zwischen Auftraggeber und Lohnhersteller zu legen und eine sichere Versorgung von Patienten mit Arzneimitteln zu gewährleisten.

## 14.4 Marktversorgung in Kooperation mit Lohnherstellern (Kommerzielle Phase)

Nach der erfolgreichen Etablierung des Produktes beim Lohnhersteller (Abschluss der Transferphase) ändert sich der Fokus des Auftraggebers. Das Produkt ist sicher implementiert, behördliche Genehmigungen zur Herstellung, Testung, Lagerung etc. in der Betriebsstätte des CMO liegen vor und der Vertrag für die weitere Zusammenarbeit ist geschlossen.

### 14.4.1 Sicherstellung der Marktversorgung

In der kommerziellen Phase geht es darum, die Marktversorgung durch die Fertigung beim Lohnhersteller sicherzustellen und Optimierungen voranzubringen. Im Rahmen der kommerziellen Marktversorgung ist es erforderlich, die Zusammenarbeit zu pflegen und die Verfügbarkeit des Produktes sicherzustellen.

Hierbei ist es hilfreich, die beim Lohnhersteller platzierten Aufträge zu überwachen und die Leistung über die Wertschöpfungskette objektiv zu messen.

Für die Marktversorgung spielt insbesondere die Bereitstellung des Arzneimittels in der richtigen Menge, zur richtigen Zeit und in der richtigen Qualität eine wichtige Rolle.

Es ist wahrscheinlich, dass sich aufgrund des wechselnden Fokus das Team bei Auftraggeber und Lohnhersteller in der kommerziellen Phase ändern wird. Auch der benötigte Aufwand von Ressourcen zum Managen des Lohnherstellers in der kommerziellen Phase sollte im Vergleich zur Transferphase deutlich abnehmen.

Dafür ist es notwendig, effiziente Prozesse zur Steuerung und objektiven Überwachung des Lohnherstellers zu nutzen. Bewährt hat sich das Einführen von gemeinsamen Kennzahlen. Anhand dieser ist es auf einfache und schnelle Weise möglich, zu erkennen, ob die Marktversorgung durch die Fertigung beim Lohnhersteller gesichert ist und wechselseitige Vereinbarungen zuverlässig umgesetzt werden.

Es empfehlen sich drei Kernthemen, an denen sich schnell Trends und Risiken erkennen lassen:

1. Die Einhaltung der geforderten Qualität kann z. B. an der Anzahl der Abweichungen abgelesen werden.
2. Die Lieferung des Produktes zum richtigen Zeitpunkt lässt sich z. B. anhand der Liefertermintreue überwachen.
3. Die Lieferung der benötigten Menge des Produktes kann unter anderem anhand der Ausbeute bewertet werden.

Die Zielwerte werden zwischen Auftraggeber und Lohnhersteller abgestimmt und sollten ein balanciertes Bild aus Erwartung des Auftraggebers und tatsächlich erreichbaren Zielen widerspiegeln.

Wichtig ist außerdem, dass Auftraggeber und Lohnhersteller sich auf eine eindeutige und übereinstimmende Messung der Kennzahlen verständigen. Nur wenn beide Parteien dieselben Definitionen verwenden und auf dieselbe Art messen, können Missstände erkannt und gemeinsam behoben werden.

### 14.4.2 Steuerung der Zusammenarbeit durch Kennzahlen

Alle Kennzahlen hängen zusammen und vermitteln bei gemeinsamer Betrachtung ein realistisches und objektives Gesamtbild.

Die Performance des Lohnherstellers sollte regelmäßig überwacht und zwischen Auftraggeber und Lohnhersteller besprochen werden (z. B. auf monatlicher Basis).

Zusätzlich bieten sich persönliche Treffen, so genannte Business Review Meetings (BRMs), an. In diesen Meetings kommen je nach Auftragsvolumen und Leistung quartalsweise halbjährlich oder jährlich Vertreter des Auftraggebers und Lohnherstellers zusammen, um die vereinbarten Kriterien zu reviewen. Häufig werden für diese Gespräche Scorecards als Grundlage für die Abstimmung genutzt (siehe Abb. 14.8).

| Produkt: Beispiel 100 mg | Kennzahl | Zielwert | Aktuelle Monat | Aktuelles Jahr | Zielerreichung |
|---|---|---|---|---|---|
| Qualität | Anzahl Abweichungen | < 2 pro Monat | 1 | 1 | |
| | Offene Change Controls | <3 | 2 | 2 | |
| Liefertreue | Termingerechte Chargenfreigabe | > 98 % | 99 % | 99 % | |
| | Lieferung zum Zieltermin | > 98 % | 96 % | 97 % | |
| Ausbeute | Anzahl gelieferte Einheiten vs. Bestellung | > 95 % | 97 % | 95 % | |

**Abb. 14.8** Beispielhafte Darstellung einer Scorecard (*Quelle:* eigene Darstellung).

Gegebenenfalls müssen, bei nicht ausreichender Performance des Lohnherstellers, Maßnahmen definiert und gemeinsame Korrekturen eingeleitet werden. Die Erwartungen und Maßnahmen können in diesem Meeting ausgetauscht, definiert und verbindlich festgehalten werden.

Neben der Leistung des Lohnherstellers ist es in der kommerziellen Phase wichtig, evtl. anstehende Änderungen und Herausforderungen zu betrachten und gemeinsame Lösungen zu definieren.

In dem hoch regulierten pharmazeutischen Umfeld kommt es regelmäßig zu Revisionen der Anforderungen von Behörden (z. B. Anhang 1 zum EG-Leitfaden der guten

Herstellungspraxis, letzte umfangreiche Änderungen in Kraft getreten am 25.08.2023, [vgl. [10], S. 1–58]), welche zu Anpassungen in der Zusammenarbeit führen.

Evtl. sind Änderungen von abgestimmten Lieferumfängen (wie z. B. Dokumentation, Prüfumfang, etc.) vorzunehmen, zeitliche Abläufe oder aber Bedarfsmengen anzupassen. Um diese Anpassungen und Optimierungen kurzfristig und erfolgreich zu adressieren und umzusetzen, ist eine partnerschaftliche und stetige Zusammenarbeit zwischen Auftraggeber und Lohnhersteller notwendig.

Idealerweise findet ein regelmäßiger Abgleich der Bedarfe und Anforderungen des Auftraggebers mit dem CMO statt – Abb. 14.9 stellt den optimalen Zyklus dar.

Wiederkehrende Audits, laufendes Vertrags- und Leistungsmanagement und ggf. benötigte Vertragserneuerung sowie Kostenmanagement stellen einen großen Teil der Zusammenarbeit in der kommerziellen Phase dar.

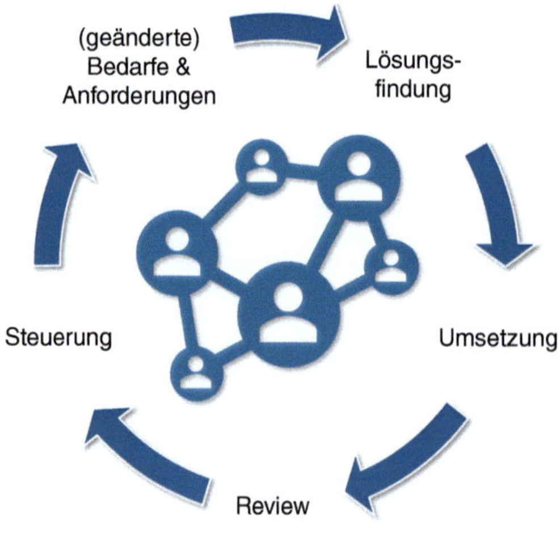


**Abb. 14.9** Zyklus der Zusammenarbeit mit einem CMO (*Quelle:* eigene Darstellung).

Hierfür benötigt der Auftraggeber Ressourcen mit der richtigen Erfahrung und Expertise, um den Lebenszyklus des Produktes erfolgreich zu managen und eine Marktversorgung zu wirtschaftlich attraktiven Kosten sicherzustellen.

Wie auch in den zwei vorhergehenden Phasen kommt es also auch in der kommerziellen Phase auf das richtige Personal mit dem nötigen „Fingerspitzengefühl" und Know-how an.

## 14.5 Fazit

Abschließend lässt sich sagen, dass die Zusammenarbeit mit Lohnherstellern in der pharmazeutischen Industrie seit Jahrzehnten einen festen Platz hat und kontinuierlich an Umfang gewinnt. Für die Auftraggeber bietet sich eine einzigartige Gelegenheit auf Kapazitäten, Technologien, Ressourcen und Know-how zurückzugreifen, ohne eigene Investitionen vorzunehmen oder kostenintensive Infrastruktur vorzuhalten. Wenn man so möchte: „Das Outsourcing aller Industrieservices unter einem Dach".

Die Kooperation ermöglicht eine Flexibilität, die mit „in house" Lösungen oft nicht zu realisieren ist. Als Beispiel sei hier die Herstellung von COVID-19 Impfstoffen genannt. Die Marktversorgung wäre ohne die vertrauensvolle Zusammenarbeit mit Lohnherstellern in verschiedenen Bereichen der Wertschöpfung und Nutzung der dort angebotenen Ressourcen und Kapazitäten nur schwerlich in der realisierten Geschwindigkeit möglich gewesen. Dieses Beispiel belegt eindrucksvoll, welche Chancen in der gezielten und gut koordinierten Einbindung von Lohnherstellern in die Wertschöpfungskette liegen.

Zum Erfolg wird eine Kooperation mit einem Lohnhersteller immer dann führen, wenn die Kommunikation zwischen den Parteien effizient und reibungslos erfolgt und klare Absprachen zur Umsetzung kommen. Hierzu ist es unabdingbar, dass qualifizierte Teams von erfahrenen Projektmanagern und Führungskräften aktiv, flexibel und zielgerichtet Produktetablierungen und auch kommerzielle Herstellungsaktivitäten begleiten.

Eine erfolgreiche und gut kontrollierte Zusammenarbeit ermöglicht es pharmazeutischen Unternehmen, sich auf ihre Kernkompetenzen wie Forschung & Entwicklung und die Marktversorgung zu konzentrieren. Ressourcen können so zielgerichtet eingesetzt werden, um innovative Arzneimittel zu entwickeln, Märkte zu erschließen und sich auf die Optimierung des Portfolios zu konzentrieren.

## Quellenverzeichnis


1. Lücke, J. und Bädeker, M. (2023). *Medizinische Biotechnologie in Deutschland 2023 – Biopharmazeutika: Wirtschaftliche Kennziffern für den Biotech-Standort Deutschland, Biotech-Report Kompakt.* Boston Consulting Group, vfa.
2. Bayer global (2024, 23. Januar). Eine steigende Nachfrage nach gesundheitlicher Versorgung und neue Technologien verändern die Pharmaindustrie grundlegend, in: Bayer, [online] https://www.bayer.com/de/investoren/megatrends-in-der-pharmaindustrie [12.02.2024].
3. Report Linker (2023, 5. Juli). Pharmaceutical Contract Manufacturing Organization (CMO) Market Size & Share Analysis – Growth Trends & Forecasts (2023–2028), in: Yahoo Finance [online] https://finance.yahoo.com/news/pharmaceutical-contract-manufacturing-organization-cmo-205100258.html [06.02.2024].
4. Klein, C., (2021, 25. März). Pharmaindustrie: Welche Rolle spielen europäische Lohnhersteller?, in: IKB Blog, [online] https://www.ikb-blog.de/pharmaindustrie-welche-rolle-spielen-europaeische-lohnhersteller [05.12.2023].
5. PharmaSource (2024). CDMO Explained: An Overview of Contract Development and Manufacturing Organisations in Pharma, in: PharmaSource [online] https://pharmasource.global/content/cdmo-explained-an-overview-of-contract-development-and-manufacturing-organisations-in-pharma (18.04.2024).
6. Contract Pharma (2022, 23. August). New CPHI Report Forecasts Global Shift in Outsourcing Strategies, in: Contract Pharma, [online] https://www.contractpharma.com/contents/view_breaking-news/2022-08-23/new-cphi-report-forecasts-global-shift-in-outsourcing-strategies/?widget=listSection [05.12.2023].

7. OMR (2023). Request for Proposal (RFP), in: OMR, [online] https://omr.com/de/daily/glossary/request-for-proposal-rfp [05.12.2023].
8. Martins, J. (2023, 11. Januar). Raci-Matrix: Beispiele und Vorlage im Überblick, in: asana, [online] https://asana.com/de/resources/raci-chart [14.02.2024].
9. Bundesamt für Justiz (2006, 6. November). Verordnung über die Anwendung der Guten Herstellungspraxis bei der Herstellung von Arzneimitteln und Wirkstoffen und über die Anwendung der guten fachlichen Praxis bei der Herstellung von Produkten menschlicher Herkunft (Arzneimittel- und Wirkstoffherstellungsverordnung – AMWHV) § 9, in: Gesetze im Internet, [online] https://www.gesetze-im-internet.de/amwhv/__9.html [05.12.2023].
10. European Commission (2022, 22. August). The Rules Governing Medicinal Products in the European Union Volume 4 EU Guidelines for Good Manufacturing Practice for Medicinal Products for Human and Veterinary Use

# Teil 4

# Zukünftige Entwicklungen der Industrieservices in der Chemie- und Pharmabranche

# 15

# Neue Industrieservice-Konzepte auf der Basis der digitalen Transformation – Fallbeispiele aus der chemisch-pharmazeutischen Industrie

*Ralf Küper-Rampp*

*Emerson*

**Abstract**

Der Autor befasst sich mit den Chancen und Herausforderungen der digitalen Transformation im Industrieservice und zeigt, wie digitale Technologien – von IoT über KI bis zu Cloud-Lösungen – neue Servicekonzepte ermöglichen, Prozesse automatisieren und Transparenz schaffen. Es werden Beispiele für datenbasierte Geschäftsmodelle, vorausschauende Wartung und digitale Plattformen vorgestellt. Herausforderungen wie Datensicherheit, Schnittstellenmanagement und die Qualifizierung von Mitarbeitenden werden diskutiert. Der Beitrag schließt mit Handlungsempfehlungen für die erfolgreiche Implementierung digitaler Services und betont die Bedeutung von Innovationskultur und agilen Organisationsstrukturen.

## 15.1 Einleitung

In diesem Artikel wird erläutert, wie mit Hilfe der Digitalen Transformation die bisherige Arbeitsweise zum Anlagenservice optimiert werden kann. Das umfasst die Bestimmung der kritischen Assets, die Beurteilung ihres Gesundheitszustands auf Grund von Diagnose-Daten und das richtige Konzept, um diese Datenmengen einfach und sinnvoll zu beherrschen.

### 15.1.1 Unzuverlässige Ausrüstung erhöht das Risiko der Sicherheit und des Profits

Außerplanmäßige Stillstandzeiten aufgrund von Assetausfällen in der Anlage wirken sich sowohl auf das Wartungsbudget als auch auf die Produktionsziele aus. Die routinemäßige Wartung kann hilfreich sein, zeigt jedoch nicht die sich entwickelnden Probleme auf, die zu Prozessreduzierungen oder -stillständen führen.

Diese vorhersehbaren Fehler lassen sich durch routinemäßige Wartung allein nicht vermeiden. Die Einführung einer Technologie zur Überwachung dieser Assets klingt nach einer vernünftigen Lösung. Eine Herausforderung ist die Breite und Tiefe derartiger Lösungen. Aufgrund eines eingeschränkten Budgets lässt sich meist nicht für jedes Asset in der Anlage das passende Überwachungssystem installieren. Hier sind Entscheidungen notwendig, welche Assets überwacht und welche Assets ignoriert werden sollen.

Im Zeitalter der digitalen Transformation der schier unbegrenzten technologischen Möglichkeiten ist die Priorisierung der Arten und Einsatzzwecke neuer Technologien erfolgskritisch. Kritische Assets spielen dabei eine wichtige Rolle: Sie müssen häufig über zertifizierte Schutzsysteme verfügen, damit die Betriebsmittel unter unsicheren Betriebsbedingungen abgeschaltet werden. Aber manchmal sind diese Abschaltungen nicht erforderlich – und die Produktion wird unterbrochen, während nach der Ursache des Problems gesucht wird. Daher sollte über einen modernen Ansatz zum Schutz der Assets, der vorausschauende Informationen umfasst, nachgedacht werden.

Um Anlagen verfügbar zu halten und mit ihnen Profit zu erzielen, werden Lösungen benötigt, die auf die Kritikalität der zu überwachenden Anlagen zugeschnitten sind und es müssen die Anlagen identifiziert werden, bei denen das Risiko eines Ausfalls besteht. Hier ist es sinnvoll, zusammen mit den Anlagenbetreibern eine Kritikalitätsstudie durchzuführen, um die „Bad Actors" zu identifizieren und die Wartung auf die kritischen Assets zu konzentrieren. Es geht bei dieser Kritikalitätsstudie um zwei Faktoren:

1. Wie teuer ist es, das jeweilige Asset zu reparieren oder zu tauschen?
2. Mit welcher Wahrscheinlichkeit entsteht welcher finanzielle Schaden bei Ausfall dieses Assets?

Hier ein Beispiel dazu: Eine Pumpe, die in der Anschaffung und Austausch nur wenige hundert Euro kostet, kann bei Ausfall einen Produktionsschaden im Millionen-Bereich verursachen.

Deshalb ist es wichtig die Punkte 1. und 2. zu kombinieren, um die richtige Einstufung der Kritikalität vorzunehmen.

**Wenn jetzt noch die Einstufung der Kritikalität mit dem aktuellen Gesundheitsstatus der Assets verknüpft wird, erhält der Betreiber eine gute Basis für die Priorisierung, welche Assets als erstes gewartet werden müssen.**

Eine Schlüsselstrategie zur Verbesserung der Zuverlässigkeit ist die Überwachung des Zustands sowohl der Assets als auch der Automatisierungstechnologie in der Anlage. Emerson bietet eine Vielzahl von Zustandsindikator-Technologien an, die speziell auf die Art und Kritikalität dieser Anlagen abgestimmt sind – tragbare Handheld- und Anlagenverwaltungslösungen, Wireless-Feldgeräte und kontinuierliche Online-Überwachungssysteme, die Schutzfunktionen, sowie vorausschauende Diagnose beinhalten können.

Das Feldgerätemanagement nutzt Konfigurations- und Kalibrierungsdaten, um zu bestätigen, dass die Automatisierungsanlagen effektiv arbeiten, und schützt so die Zuverlässigkeit der Produktionsanlagen.

Emerson (NYSE: EMR) ist ein weltweit führendes Technologie- und Softwareunternehmen, das innovative Automatisierungslösungen anbietet. Mit seinem unübertroffenen Portfolio an intelligenten Geräten, Steuerungssystemen und industrieller Software liefert Emerson Lösungen zur Automatisierung und Optimierung der Geschäftsleistung. Emerson hat seinen Hauptsitz in St. Louis, Missouri, und kombiniert innovative Technologie mit bewährter operativer Exzellenz, um die Zukunft der Automatisierung zu gestalten. Weitere Informationen finden Sie auf Emerson.com.

### 15.1.2 Wartungskosten mit vorausschauender Intelligenz senken

Die Reparatur einer ausgefallenen Anlage kostet etwa 50 % mehr, falls das Problem nicht rechtzeitig erkannt und behoben werden kann. Die vorausschauende Intelligenz von Zustandsindikatoren verbessert die Gesamtzuverlässigkeit, indem sie geplante und ungeplante Ausfallzeiten reduziert, die Wartungskosten senkt und die Sicherheit und Verfügbarkeit erhöht.

### 15.1.3 Zuverlässigkeit der Ausrüstung erhöht sich durch intelligente Feldgeräte

Die proaktive Verwaltung der Feldgeräte, so dass diese genau konfiguriert und kalibriert werden, ist der Schlüssel zur Sicherstellung des Wertes von vorausschauenden Diagnosen. Mit effektivem Asset-Management und vorausschauender Intelligenz konzentriert man sich auf die Leistungssteigerung der Geräte.

### 15.1.4 Vorteile moderner Innovationen nutzen

Fortschritte bei maschinellem Lernen und von KI-basierten Systemen auf der Basis vorkonfigurierter Fehlermöglichkeits- und Einflussanalyse (FMEA), sowie das Aufkommen von Industrie IoT (IIoT) und dezentralen Analysen haben zu neuen Ansätzen der Asset-Überwachung und Zusammenarbeit geführt. Jetzt kann man mehr denn je wichtige Informationen und Diagnosen von mehr Assets erhalten und diese nützlichen Informationen den verantwortlichen Mitarbeitenden in Echtzeit auf dem Mobiltelefon oder Tablet zur Verfügung stellen.

So haben die Mitarbeitenden, egal wo er sich befindet, z. B. im Homeoffice, alle für ihn relevanten Informationen verfügbar und das in Echtzeit.

Das Arbeiten mit Experten für vorrausschauende Instandhaltung führt zum Erlernen von neuem Wissen, unabhängig davon, wo auf dem Weg zur Verbesserung der Zuverlässigkeit man sich befinden. Die Experten können dabei helfen, neues Wissen zu vermitteln, leiten an oder integrieren sich in die für die Assets verantwortlichen Teams der Kunden, um die gesteckten Ziele zu erreichen.

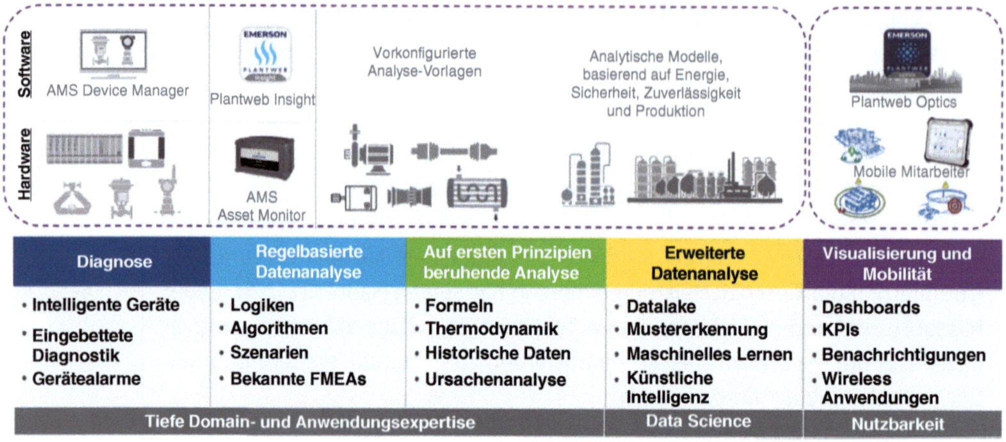


**Abb. 15.1** Die vielfältigen Ebenen der Zustandsdiagnose. Beispiele für die erfolgreiche Integration von Service-Konzepten auf der Basis von digitaler Transformation (*Quelle:* Emerson, eigene Darstellung).

Im Folgenden werden Digitalisierungsprojekte vorgestellt, in denen die Kunden zusammen mit Emerson, in kurzer Umsetzungsphase, einen deutlichen Mehrwert ihrer Industrieservices erreicht haben. Diese Beispiele sind nur eine Auswahl aus vielen weiteren Projekten, spiegeln aber den Bedarf wider, der in fast jeder Prozessanlage vorherrscht.

Die Themen Sustainability und Energieeinsparungen sind momentan in aller Munde, wie dies auch im folgenden Beispiel der Firma DSM aufgezeigt wird.

## 15.2 Praxisbeispiel 1: Kontinuierliche Überwachung von Kondensatabscheidern (DSM)

### Nur weil man Fehler nicht sieht, heißt es nicht, dass diese nicht existieren …

### 15.2.1 Problem

In typischen Prozessanlagen werden ca. 50 % der Energie für Elektrizität und ca. 50 % zur Erzeugung von Dampf verbraucht. Bei der Verwendung des Dampfes für z. B. Wärmetauscher, Reaktoren, Erhitzer, Reinigung von Behältern (Zippen) etc. kühlt dieser ab und es entsteht flüssiges Kondensat. Dieses Kondensat in den Dampfleitungen kann zu Kondensatschlägen führen, die Rohrleitungen beschädigen und die Effizienz des Dampfes verringern können. Deshalb sind Kondensatabscheider in Prozessanlagen verbaut, um den flüssigen Anteil von Dampf, das Kondensat aus den Rohrleitungen zu entfernen. Die Kondensatabscheider sind mechanisch aufgebaut und hohen Temperaturschwankungen ausgesetzt. Diese werden normalerweise nur einmal jährlich manuell bei Anlagenrundgängen überprüft. Da aber nicht alle Dampfsysteme immer in Betrieb sind, werden auch nicht alle Kondensatabscheider in der Anlage überprüft.

Ausfälle von Kondensatabscheidern haben große Auswirkungen auf das Geschäftsergebnis und die Umweltemission des Unternehmens. Die Ausfallraten von Kondensatabscheidern liegen erfahrungsgemäß zwischen 10 und 25 % pro Jahr.

5–10 % der gesamten Energiekosten werden üblicherweise durch undichte Kondensatabscheider vergeudet.

### 15.2.2 Lösung

Die kontinuierliche Überwachung von Kondensatabscheidern unterstützt die Feststellung von Ausfällen in Echtzeit und ermöglicht somit eine schnelle Reparatur oder einen schnellen Austausch dieser Feldgeräte. Die Wireless-Technologie bietet hier eine kostengünstige und zuverlässige Lösung, um flexibel in bestehenden Anlagen Messsysteme nachzurüsten. Dabei erlauben besonders nicht-intrusive Messumformer eine schnelle und einfache Installation.

### 15.2.3 Effizienzsteigerung durch die Funktionsweise der Kondensatableiter-App

Die Kondensatableiter-App bestimmt den Online-Zustand der Kondensatabscheider, indem sie überprüft, ob ein Abscheider ein Problem hat. Damit ist eine schnelle Erkennung des Zustands von Kondensatabscheidern möglich und es lässt sich leicht erkennen, ob diese gewartet werden müssen. Die Ausfallarten „Durchblasen" (Energieverlust), „Verstopft" (Sicherheitsproblem) und „Geflutet" (Falsche Auslegung) werden sofort angezeigt. Dies wird mithilfe eines Zustandsalgorithmus überwacht, der basierend auf jahrelanger Industrieerfahrung und Analytik eigens dafür erstellt wurde. Mit dieser App können Trends vom Zustand zu Emissionen und Energieverlusten pro Abscheider konsolidiert angesehen und die Auswirkungen den Leistungszielen gegenübergestellt werden.

Die App nutzt die gemessene Temperatur sowie den Akustikwert des WirelessHART Akustikmessumformers (Rosemount 708) zur kontinuierlichen Bestimmung des Zustands der Kondensatabscheider. Mittels zweier Metallschellen wird der Akustikmessumformer, ohne Medienkontakt oder Prozessunterbrechung, einfach von außen auf der Rohrleitung befestigt. Der Messumformer ist für den explosionsgefährdeten Bereich (Atex Zone 0) zugelassen und wird mit einer Atex Zone 0 zugelassenen Batterie betrieben, die somit auch im explosionsgefährdeten Bereich gewechselt werden darf. Die Lebenszeit beträgt, abhängig von Abtastrate, Außentemperatur und Lage des Messumformers im Netzwerk, im Durchschnitt bis zu 10 Jahre. Die Batterie kann innerhalb von wenigen Sekunden gewechselt werden.

Falls der Betreiber einer Anlage nicht die Zeit hat, sich um die Auswertung der Daten und Zustände der Kondensatableiter zu kümmern, kann diese Dienstleistung als „Connected Service" auch bei Emerson beauftragt werden. Die App-Lösung und Konnektivität werden parallel zum Leitsystem aufgebaut, sodass diese Lösung dem Konzept der NAMUR Open Architecture (NOA) entspricht (vgl. Abb. 15.2). Somit können die Daten auch zu einem externen Dienstleister sicher weitergegeben werden, der sich um die Auswertung der Daten kümmert und regelmäßig einen Zustandsreport erstellt.

### 15.2.4 Von CAPEX zu OPEX

Eine weitere Möglichkeit besteht darin, diese Lösung nicht als einmalige Investition zu erwerben (CAPEX), sondern eine monatliche Rate pro überwachten

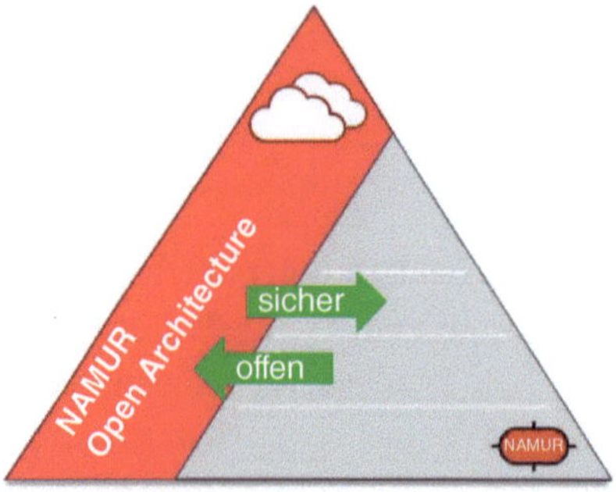


**Abb. 15.2** NAMUR Open Architecture (NOA) – Pyramide mittels der Diagnose- und Zustands-Daten parallel zum Leitsystem genutzt werden können. (*Quelle:* NAMUR).

**Abb. 15.3** Einbau Messumformer (*Quelle:* Emerson).

Kondensatableiter zu bezahlen (OPEX) und den Service durch einen externen Experten durchführen zu lassen. Da diese Lösung im CAPEX-Bereich schon einen „Return on Invest" (ROI) von wenigen Monaten bereitstellt, eröffnet das OPEX-Model eine sofortige Gewinnzone.

### 15.2.5 Umsetzung im Life Sciences-Bereich

Nach der erfolgreichen Implementierung der Online-Überwachung von 200 Kondensatableitern mittels WirelessHART Akustik-Messumformern (siehe Abb. 15.4) und der einjährigen Verfolgung der Ergebnisse in einer Anlage mittels der App-Software beschloss der Life Sciences-Hersteller DSM, die Lösung auf sechs Anlagen weltweit auszuweiten. Die erwarteten Einsparungen für sechs Anlagen betragen mehrere tausend Tonnen $CO_2$ pro Jahr. Für dieses Sustainability Projekt wurden bestehende teils recht alte Kondensatabscheider mit 3800 WirelessHART Akustik Messumformern ausgerüstet, die batteriegespeist und somit ohne Verkabelung, schnell und unkompliziert im laufenden Betrieb montiert wurden. Zu der Datenauswertung und Darstellung der Gesundheitswerte der Kondensatabscheider wurde weiterhin auf die webbasierte App-Plattform gesetzt. Ein Teil dieses Projektes wurde von dem Bundesministerium für Wirtschaft und Ausfuhrkontrolle und dem BAFA-Modul 3 (siehe Abb. 15.5) mit 30 % aus öffentlichen Geldern gefördert.

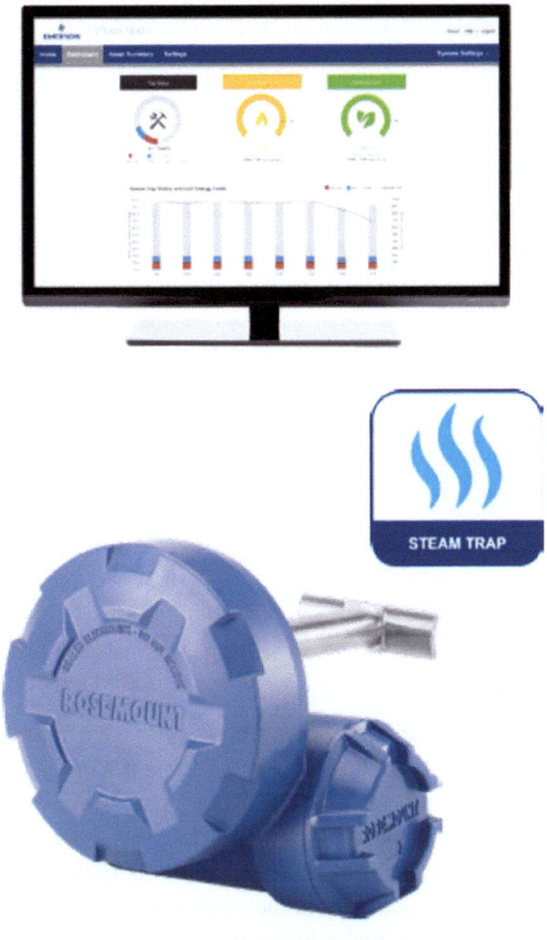


**Abb. 15.4** Rosemount 708 WirelessHART Messumformer mit der Plantweb Insight Software von Emerson für die Überwachung von Kondensatableitern oder Sicherheitsventile (*Quelle:* Emerson).

STEAM TRAP

FÖRDERPROGRAMM DER BUNDESREGIERUNG

für investive Maßnahmen zur Senkung und Vermeidung des fossilen Energieverbrauchs oder CO2-intensiver Ressourcen

Sparen Sie doppelt, indem Sie durch die Lösung von Emerson zur Überwachung Ihrer Kondensatableiter Ihre Energieverbräuche nach ISO-50001 optimieren und Ihren CO2-Verbrauch stark reduzieren. Mit der Wireless HART Lösung von Emerson konzipieren wir Ihre förderbare Maßnahme schnell, einfach und unkompliziert.

| BERECHNUNGSBEISPIEL ZUR KOSTENEINSPARUNG | | |
|---|---|---|
| Kondensatableiter Druckstufe/Nennweite | 4bar / DN25 | 32bar / DN50 |
| Summe der zu überwachenden Kondensatabscheider in Betrieb | 100 | |
| Ausfallrate (jährlich) | 10% | |
| **Dampfverlust bei 100 Ableitern** | | |
| jährlicher Dampfverlust in Tonnen (Undichtigkeit von 50%) | 3.065 t | 22.601 t |
| vermeidbare Verluste aufgrund von Ausfällen pro Jahr (Dampfpreis 21€/t) | 64.365 € | 474.621 € |
| **CO2-Verbrauch** | | |
| Verringerung der jährlichen CO2-Emmisionen in t | 385 | 2.375 |
| Kosten pro Jahr bei 88€/t CO2 | 33.880 € | 209.000 € |
| Gesamtkostenverlust pro Jahr | 98.245 € | 683.621 € |
| **Investitionskostenbeispiel bei 100 Geräten** | | |
| Hardware + Software + inkl. Service | 125.000 € | |
| **BAFA Förderung von 40%** | **50.000 €** | |
| Investitionskosten gesamt | 75.000 € | |
| ROI exkl. Förderung | 15,2 Monate | 2,2 Monate |
| **ROI inkl. Förderung** | **9,1 Monate** | **1,3 Monate** |

BAFA Modul 3 - Förderung bis zu 40% der Investitionskosten

**Abb. 15.5** Beispiel-Berechnung des Return On Invest (ROI) bei der Online-Überwachung von Kondensatabscheidern (Quelle Emerson).

## 15.3 Praxisbeispiel 2: Monitoring von Sicherheitsventilen

### 15.3.1 Problem

In der Prozessindustrie wird auf jedem Behälter, der unter Druck steht, ein Sicherheitsventil benötigt, das den Behälter vor einem kritischen Überdruck schützt, da es bei einem eventuellen Überdruck diesen entspannt (So wie bei dem pfeifenden Schnellkochtopf von Oma). Teilweise kommt es vor, dass ein Sicherheitsventil öffnet und die Abgasfackel oder Abgasverbrennung eine große Flamme zeigt. Dann startet in den Betrieben die Suche, welches Sicherheitsventil dies von den teilweise hunderten verbauten ausgelöst hat. Diese Suche kann oft Stunden dauern. Durch defekte Sicherheitsventile können auch Leckagen auftreten, die eine Vergeudung großer Mengen wertvoller Produkte sowie Energie zur Herstellung dieser Produkte bedeuten. Leckagen von Druckentlastungsvorrichtungen sind gängig, werden aber oft nicht angezeigt oder bleiben unentdeckt. Schon eine kleine Leckage (0,1 % vom Durchfluss des Sicherheitsventils) kann einen Materialverlust in Höhe von mehreren Zehntausend Euro pro Jahr bedeuten.

### 15.3.2 Lösung

Meistens ist an diesen Druckbehältern keine Verkabelung frei, um eine zusätzliche Überwachung der Sicherheitsventile kostengünstig zu realisieren. Die nicht-intrusive Wireless-Lösung mittels WirelessHART Akustik Messumformer (vgl. Abb. 15.4) ermöglicht eine kostengünstige und schnelle Echtzeitüberwachung der Sicherheitsventile, sowie Verfügbarkeit von Informationen, die für die Einhaltung von Vorschriften benötigt wird. Außerdem bietet sie eine schnelle und einfache Erkennung der Ursache, welches Sicherheitsventil oder welche Berstscheibe im Fackelsystem angesprochen hat oder undicht ist. Eine Einhaltung der behördlichen Vorschriften ist damit möglich.

### 15.3.3 Umsetzung

Der Einsatz einer Sicherheitsventil-Online-Überwachung bei einem großen Raffineriebetreiber sorgt für erhebliche Materialeinsparung. Nach der erfolgreichen Implementierung der Onlineüberwachung an 69 Sicherheitsventilen mittels den von außen aufschnallbaren WirelessHART Akustik Messumformern (siehe Abb. 15.6) stellte sich der „Return on Invest" (ROI), aufgrund erheblicher Materialeinsparungen, bereits nach fünf Monaten ein. Es wurden sogar drei offene Beipässe gefunden, die einen immensen Produktverlust verursacht haben.

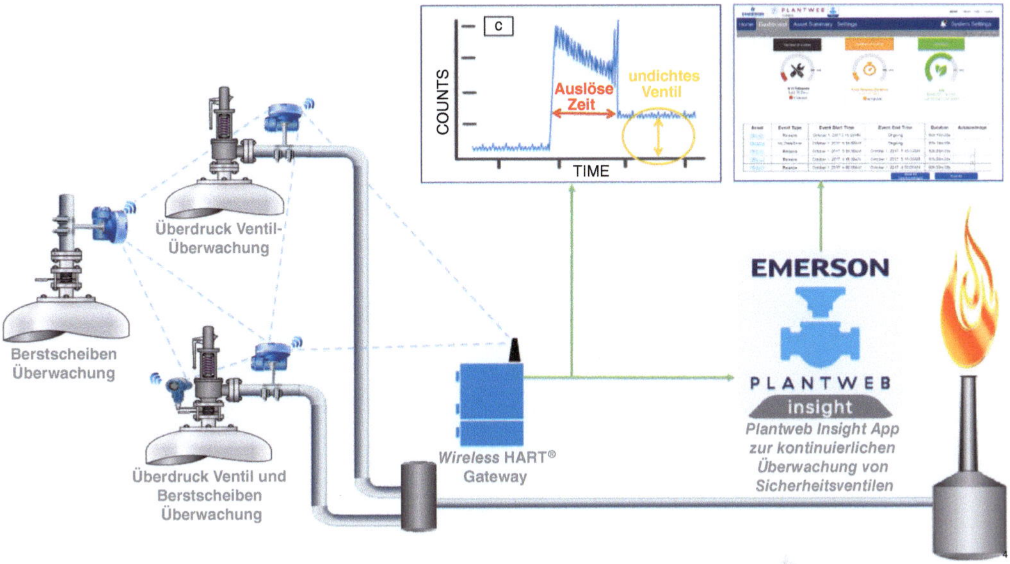


**Abb. 15.6** Echtzeit-Überwachung von Sicherheitsventilen mittels der Rosemount 708 WirelessHART Akustik-Messumformern um den genauen Abblasezeitraum zu bestimmen, sowie Undichtigkeiten der Sicherheitsventile zu detektieren. (*Quelle:* Emerson).

## 15.4 Praxisbeispiel 3: Pumpenüberwachung in Echtzeit

### 15.4.1 Problem

Statistisch gesehen fallen Pumpen alle 12 Monate aus oder ihre Leistung verschlechtert sich. Pumpenausfälle können Prozessstörungen und Ausfallzeiten verursachen, und es kann Stunden oder Tage dauern, bis der normale Betrieb wieder aufgenommen werden kann. Häufige Schäden an Pumpen sind Kugellager, defekte verstopfte Saugfilter oder undichte Gleitringdichtungen.

Reaktive Wartung führt zu 50 % höheren Kosten als vorbeugende Wartung.

Eine geringe Verfügbarkeit hat Auswirkungen auf den Arbeitsschutz in Form von Sicherheitsvorfällen, Geldbußen und Prozessabschaltungen.

### 15.4.2 Lösung

Durch die ganzheitliche Überwachung der gesamten Pumpeneinheit können die meisten Pumpenfehler, wie oben auszugsweise genannt, frühzeitig vorhergesagt werden. Hierfür kann z. B. die Software-App für Pumpen eingesetzt werden, die herstellerunabhängig jegliche Pumpen nach vordefinierten Modellen überwacht. Für die nachfolgend aufgezählten Fehlererkennungen sind WirelessHART Messumformer für Druck/Differenzdruck, Temperatur und Füllstand (vgl. Abb. 15.7) ideal geeignet.

- Gleitring-Dichtung: Monitoring nach der Norm API 682 für Druck, Temperatur- und Füllstandlösungen.

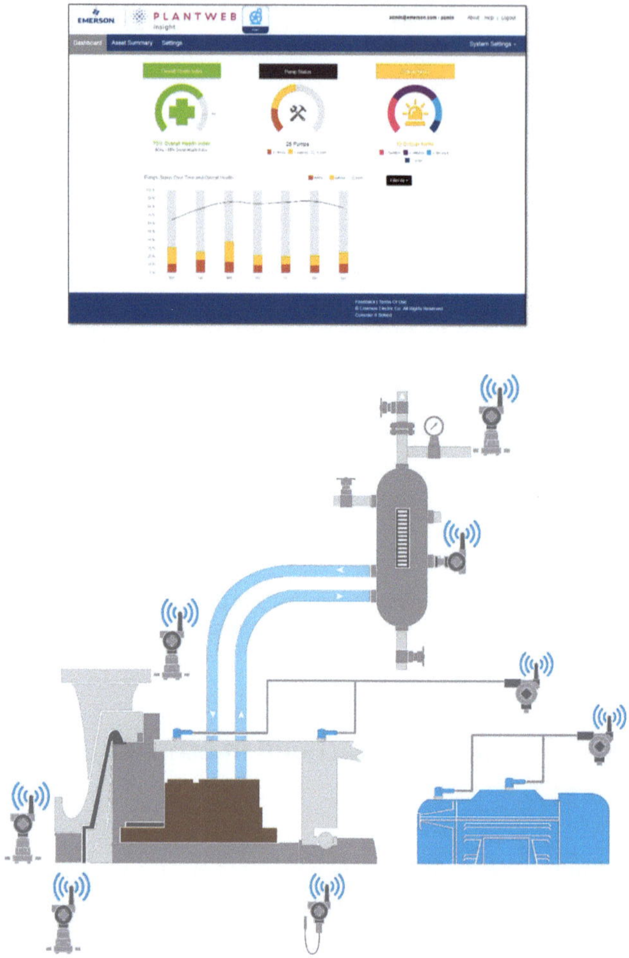


**Abb. 15.7** Herstellerunabhängige Online-Überwachung von Pumpen mittels der WirelessHART Technologie und der Plantweb Insight Pumpen-App (*Quelle:* Emerson).

- Filter: Überwachung des Differenzdrucks entlang des Filters zur Erkennung von Verstopfungen.
- Kavitation: Monitoring bietet eine statistische Analyse von Prozess- und Schwingungsdaten zur Erkennung von Kavitation.
- Kugellager: Schwingungsmessungen an den Lagern

### 15.4.3 Vibration: Monitoring zeigt Schwingungsfehler frühzeitig an

Der WirelessHART Vibration Monitor (AMS-9530) (vgl. Abb. 15.8) erkennt Schwingungsprobleme in allen drei Achsen X, Y und Z. Durch die integrierte intelligente Edge-Funktion im Sensor gibt dieser direkt Klartextmeldungen heraus, ob beispielsweise an den Kugellagern ein Schmierungsproblem vorherrscht und

**Abb. 15.8** WirelessHART AMS-9530 Schwingung Messumformer mit integrierter Edge-Funktion zur automatisierten Fehlererkennung (*Quelle:* Emerson).

nur nachgeschmiert werden muss oder ob ein mechanischer Fehler vorliegt, der z. B. zum Ausfall des Kugellagers führt. Bei einem Ansatz mit Mehrfachmessungen gibt die kontinuierliche Pumpenüberwachung und -analyse einen besseren Einblick in die Prozess- und Anlagenbedingungen.

### 15.4.4 Reduzierung der Kosten

Die WirelessHART Schwingungsmessungen können einfach parallel zu vorhandenen Systemen integriert werden und stellen einen kostengünstigen Ansatz für fehlende Messpunkte nach dem NOA-Prinzip (vgl. Abb. 15.2) dar. Durch die Batteriespeisung der Messumformer entfällt der Verkabelungsaufwand und auch der Planungsaufwand wird deutlich reduziert. Somit sind die gesamten Projektkosten deutlich günstiger als bei „altbewährten" verkabelten Systemen.

### 15.4.5 Proaktives Handeln

Vorausschauende Diagnose- und Analyse-Tools ermöglichen vorbeugende Wartung und Priorisierung.

### 15.4.6 Funktionsweise

Die Pumpen-App (vgl. Abb. 15.7) bietet mit einer Gesamtansicht des Zustands aller Anlagenteile eine umfassende Überwachung von Pumpen. Zustand und

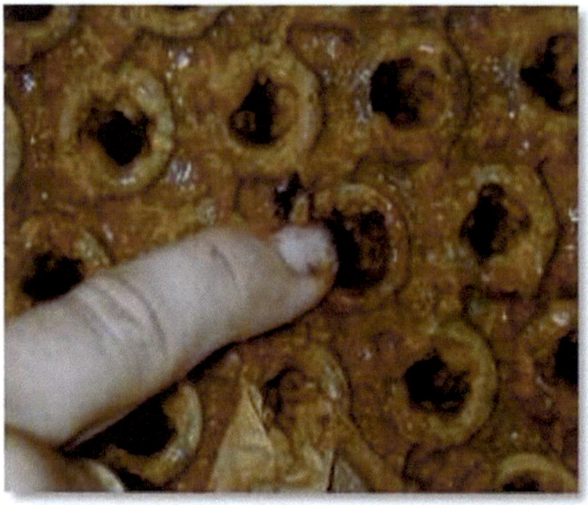

**Abb. 15.9** Verrotteter Wärmetauscher (*Quelle:* Emerson).

Warnmeldungen werden mit vordefinierten Algorithmen auf der Basis jahrelanger Erfahrung und industriegeprüfter Analytik berechnet. Die Gewichtung auf vorbeugende Diagnose und Warnmeldungen bei dieser Lösung ermöglicht eine bessere Priorisierung der Pumpenwartung, wodurch Anwender die Anzahl meldepflichtiger Vorfälle reduzieren und Anlagenteile, die gewartet werden müssen, schnell erkennen können.

Auch diese Lösung kann als „Connected Service"-Dienstleistung beauftragt werden. Die App-Lösung und Konnektivität werden parallel zum Leitsystem aufgebaut, so dass diese Lösung dem NOA-Konzept (vgl. Abb. 15.2) entspricht. Somit können die Daten, auch zu einem externen Dienstleister, sicher weitergeleitet werden, der sich um die Auswertung der Daten zum Zustand der Pumpen kümmert und regelmäßig einen Zustandsreport erstellt.

## 15.5 Praxisbeispiel 4: Wärmetauscher zur Effizienzsteigerung

### 15.5.1 Problem

Normalerweise verfügen Wärmetauscher nicht über eine automatisierte kontinuierliche Überwachung, somit geben die meisten Wärmetauscher nur wenig Einblick in den tatsächlichen Zustand. Wenn überhaupt werden bei Anlagenrundgängen manuell die Temperaturwerte des Wärmetauschers erfasst und per Hand nachgerechnet. Somit werden Energieverluste und Fehlzustände nicht sicher und rechtzeitig erkannt. Die Wärmeübertragung ist am wirksamsten, wenn es keine Verschmutzung (Fouling) (vgl. Abb. 15.9) gibt. Dann ist weniger

Energie für die Förderung des Prozessmediums durch den Wärmetauscher nötig und der Durchfluss des Heiz-/Kühlmediums fällt geringer aus. Die Wirksamkeit des Wärmetauschers nimmt ab, sobald die Bündelrohre oder Platten des Wärmetauschers verschmutzen. Jetzt ist ein höherer Energiebedarf nötig, um das Prozessmedium zu fördern und auch der Durchfluss des Heiz-/Kühlmediums ist höher.

**2 % Verschmutzung eines Wärmetauschers erzeugen 10 % Energieverlust und 0,7 % Kapazitätsverlust.**

### 15.5.2 Lösung

Eine kontinuierliche automatisierte Datenerfassung und -analyse ermöglichen eine verbesserte Zustandsüberwachung von Wärmetauschern und frühzeitige Erkennung von Fouling. Durch die Überwachung von Wärmetauschern nach dem NOA-Prinzip (vgl. Abb. 15.2) mit schnell zu installierenden WirelessHART Temperatur-, Druck- und Durchflussmessungen (vgl. Abb. 15.10 und Abb. 15.11) kann die Effizienz von Wärmetauschern in Echtzeit durch die vorkonfigurierte Wärmepumpen-App-Lösung berechnet werden und diese Information dem zuständigen Mitarbeiter auf sein Mobiltelefon gesendet oder an übergeordnete Systeme weitergeleitet werden.

Somit können die nächste anstehende Reinigung des Wärmetauschers rechtzeitig geplant und hohe Energieverluste verhindert werden.

Diese Lösung kann auch als „Connected Service", wie von externen Dienstleistern durchgeführt werden, da die Daten sicher und parallel zum Leitsystem nach dem NOA-Prinzip (vgl. Abb. 15.2) übertragen werden.

**Abb. 15.10** WirelessHART Temperatur-Messumformer an einem Wärmetauscher montiert, um die Wärmeeffizienz des Wärmetauschers zu berechnen. (*Quelle:* Emerson).

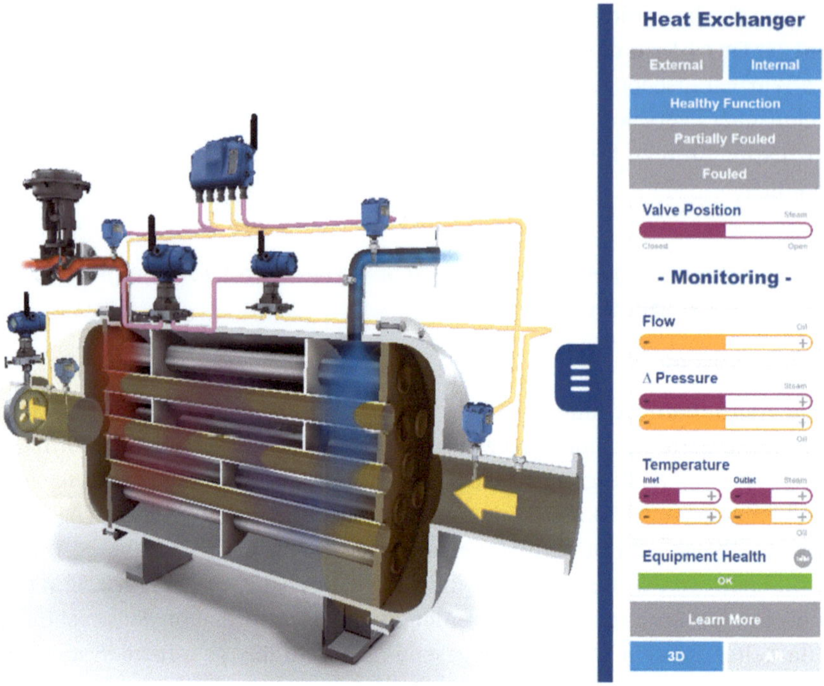


**Abb. 15.11** Schnittmodell eines Wärmetauschers mit nachgerüsteten WirelessHART Messumformern (*Quelle:* Emerson).

## 15.6 Praxisbeispiel 5: Wanddickenmessung in Echtzeit

### 15.6.1 Problem

Alternde Anlagen, eine höhere Korrosivität der Prozessmedien, strengere Arbeitschutzregelungen, knappere CAPEX/OPEX-Budgets und Kosten durch Leckagen sind weit verbreitete und bekannte Herausforderungen innerhalb der Branche. Durch die Verwendung aggressiver Medien in Prozessen wie Schwefel oder Chlor oder auch Mischstoffe kann eine Korrosion an Rohrleitungen und Behältern an unterschiedlichen Stellen und auch zeitlich verschieden auftreten (vgl. Abb. 15.12). Auch Erosion an Rohrbögen durch abrasive Partikel kann eine Ursache von Undichtigkeiten sein.

### 15.6.2 Lösung

Durch die frühzeitige Erkennung von Korrosions- und Erosionsereignissen lassen sich Leckagen vermeiden und die Prozesssicherheit gewährleisten. Als Folge der automatischen Wanddickenmessung muss kein Personal in Gefahrenbereiche entsendet werden.

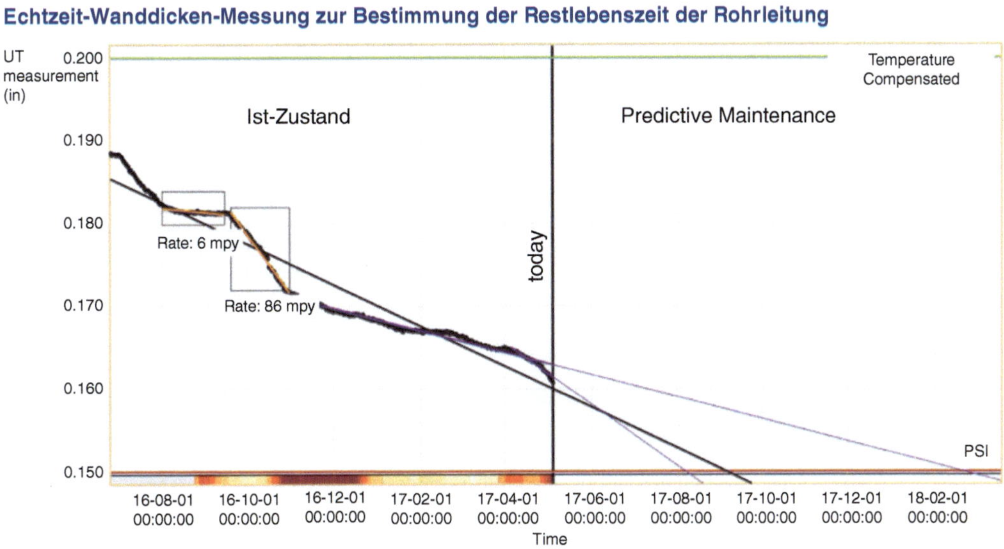


**Abb. 15.12** Abnutzungskurve der Wanddicke von Rohrleitungen online gemessen (*Quelle:* Emerson).

**Abb. 15.13** Permasense WirelessHART Wanddicken-Messungen können im laufenden Betrieb montiert werden und messen die Wanddicke in Echtzeit (*Quelle:* Emerson).

Die Lösungen mittels WirelessHART-basierten Wanddicken-Messungen (vgl. Abb. 15.13) liefern ein aktuelles Bild der Anlagenintegrität und zeigen auf, wie der aktuelle Zustand der Anlage mit den auf sie einwirkenden Korrosions- und Erosionsbelastungen ist. So lassen sich Korrosionsereignisse frühzeitig erkennen. Ebenso möglich wird eine Abmilderung der Auswirkungen oder die Durchführung von Wartungstätigkeiten, um ungeplante Abschaltungen zu vermeiden. Diese Einblicke ermöglichen darüber hinaus eine Optimierung des Zeitablaufs und des Umfangs geplanter Wartungseingriffe.

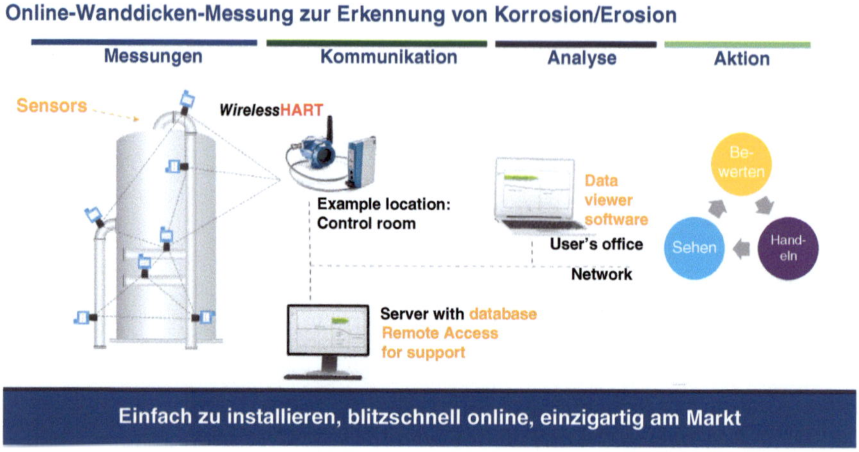


**Abb. 15.14** Aufbau des Online-Wanddicken-Messsystems (*Quelle:* Emerson).

Die Lösungen von Emerson ermöglichen die Online-Optimierung und -Validierung chemischer Behandlungsprogramme und gewährleisten, dass die Wanddicke der Rohrleitungen und Behälter im Rahmen tolerierbarer Werte bleibt und die entstehenden Kosten im Rahmen bleiben und es zu keinen Undichtigkeiten sowie Produktaustritten kommt.

Ein Großteil der Raffinerien in Deutschland sind mit dem online-Online-Wanddicken-Messsystem von Emerson ausgestattet und haben mehrere 100 Permasense WirelessHART Sensoren verbaut. Mit dieser innovativen Lösung erreichen die Raffinerien durch den kurzen ROI von wenigen Monaten einen schnellen Gewinn.

## 15.7 Fazit

Hersteller sind stets bestrebt, die Anforderungen ihrer Kunden auf sichere und effiziente Weise zu erfüllen. Die heutigen betrieblichen Herausforderungen in der chemisch-pharmazeutischen Industrie gehen jedoch über die Aufrechterhaltung der Sicherheit und Anlagenverfügbarkeit hinaus und beinhalten eine flexible Produktion, die Erfüllung betrieblicher und geschäftlicher Kennzahlen und einen optimierten Energieverbrauch. Jährlich gehen bis zu 5 Prozent der Produktion aufgrund ungeplanter Reduktionen und Abschaltungen verloren. Zuverlässigkeit und Effizienz leiden meist jedoch nicht deshalb, weil die kritischen Anlagen nicht überwacht werden, sondern aufgrund weniger kritischer, aber dennoch wichtiger Assets, denen eine angemessene Überwachung fehlt. Hier ist es sinnvoll ein Service-Konzept zu etablieren. Als erstes sollten durch eine Kritikalitätsstudie, wie in der Einleitung beschrieben, die wichtigen Assets ausgewählt werden, die zuerst überwacht werden sollen. Später kann das Projekt auf weniger kritische Assets ausgeweitet werden.

Wie anhand der erfolgreich umgesetzten Beispiele dargestellt, ist es sinnvoll mit der Hilfe der Digitalen Transformation die Service-Strategie der Produktionsanlagen, auf Basis von modernen Technologien und Konzepten wie z. B. NOA als parallele und unabhängige Überwachung zum Leitsystem umzusetzen. Weiterhin helfen Wireless-Sensoren zusätzlich benötigte Messstellen an den zu überwachenden Assets schnell, einfach und kostengünstig nachzurüsten, auch in bestehende ältere Anlagen. Zum Auswerten der neuen und auch schon bestehenden Sensordaten können App-Lösungen verwendet werden, mit denen Gruppen von Asset-Typen wie z. B. Pumpen, Wärmetauscher, Kühltürme, Wanddicken, Kondensatabscheider, Sicherheitsventile interoperabel, also herstellerunabhängig auf ihren Gesundheitsstatus überwacht werden können. Im nächsten Schritt besteht die Möglichkeit, rollenbasierte Meldungen und Alarme mittels der App-Lösungen zu generieren, die der zuständigen Person unverzüglich auf das Mobiltelefon, Tablet oder PC geleitet werden. Somit wird die Person nicht mit Meldungen überhäuft, sondern erhält nur die für ihren Verantwortungsbereich wichtigen Informationen und dies ortsunabhängig, auch im Homeoffice. Diese Meldungen können mit dem ERP-System verknüpft werden, so dass automatisiert Wartungsmeldungen erzeugt und bearbeitet werden können.

Wenn das Service-Konzept bis hierher erfolgreich umgesetzt wurde und verifizierte Daten vorliegen, kann auch als nächster Schritt über eine KI-Software nachgedacht werden, um die Meldungen und Alarme mit den sinnvollen Handlungsanweisungen intelligent zu verknüpfen.

Damit werden die Assets optimal überwacht und der Gesundheitszustand der Assets mit klaren Handlungsanweisungen verknüpft, um eventuelle Fehlzustände vor einem Ausfall zu reparieren.

Die vorgestellten Konzepte können als CAPEX-Projekte aufgesetzt werden, was oft durch eine längere Genehmigungsphase des benötigten Budgets verzögert wird oder wie mittlerweile möglich als OPEX-Projekt. Hier wird die Lösung „geleast" und die monatlichen Raten bezahlen sich durch die Einsparungen, die die neuen Service-Konzepte erzeugen. Mit dem OPEX-Modell können die Lösungen mit einem niedrigen finanziellen Risiko schneller umgesetzt werden.

Bringen Sie das Problem zum Experten und nicht den Experten zum Problem!

# 16

# Erfolgreiche Zukunftsgestaltung für Industrieservice-Unternehmen

*Prof. Dr. Kerstin Seeger*

*Performance Consulting GmbH*

**Abstract**

*Die anstehenden inhaltlichen Herausforderungen in den Bereichen Nachhaltigkeit, Mitarbeiterverfügbarkeit und Digitalisierung stellen Industrieservice-Unternehmen in der Chemie- und Pharmaindustrie vor große Herausforderungen, um auch in Zukunft erfolgreich am Markt agieren zu können. Hier bedarf es nicht nur der richtigen strategischen Ausrichtung, sondern auch der richtigen Methodik, um das Unternehmen auf die Bewältigung dieser Herausforderungen auszurichten.*

*Der Beitrag zeigt die großen Herausforderungen für Industrieservice-Unternehmen auf und stellt ein Vorgehen vor, die erfolgreiche Gestaltung der Zukunft umzusetzen.*

## 16.1 Einleitung

In den vergangenen Jahren hat sich die Wettbewerbssituation von Industrieservice-Unternehmen im chemisch-pharmazeutischen Umfeld weiter gewandelt. Eine konsequente strategische Ausrichtung ist entscheidend, um auch in Zukunft wettbewerbsfähig zu sein und erfolgreich am Markt bestehen zu können (Vgl. Seeger/Müller [1], S. 17 ff.).

Insbesondere die sich wandelnden Herausforderungen am Markt machen es erforderlich, die Industrieservice-Unternehmen in der Chemieindustrie strategisch auszurichten. Die Branche sieht sich aktuell umfassenden Veränderungen gegenüber, die eine Anpassung der Prozesse bis hin zu den Geschäftsmodellen bedingen (vgl. zur Erarbeitung des Geschäftsmodells im Rahmen des Strategieprozesses Seeger/Suntrop [2], S. 51 ff.). Hier stehen insbesondere die Themen Nachhaltigkeit, Mitarbeiterverfügbarkeit und Digitalisierung im Fokus.

Zunehmend erwarten die chemisch-pharmazeutischen Kunden der Industrieservice-Unternehmen einen wesentlichen Beitrag ihrer Dienstleister zu den eigenen

Nachhaltigkeitszielen. Damit steht der Industrieservice vor der Herausforderung, die Dienstleistungen in der Chemieindustrie im Sinne der ökologischen Effizienz zu erbringen. Hierauf müssen sich die Industriedienstleister einstellen und Verfahren, Prozesse und eingesetztes Material auf ihre Nachhaltigkeit überprüfen und ggf. anpassen. Hierzu sind zum einen technische Gegebenheiten zu verändern, um der Nachhaltigkeit Rechnung zu tragen. Zum anderen stellen die finanziellen Gegebenheiten Anforderungen an die Ausgestaltung der Dienstleistungen in der chemisch-pharmazeutischen Industrie.

Gleichzeitig stellt sich die Mitarbeiterverfügbarkeit als Engpass dar. War es in den vergangenen Jahren teilweise gerade eine Chance für den Industrieservice, dass Service-Spezialisten für die chemisch-pharmazeutischen Kundenunternehmen nur schwer zu bekommen waren, und damit der Industrieservice diese Aufgaben verrichtet hat, stellt sich die Personalbeschaffung zunehmend auch für den Industrieservice als Herausforderung dar. Dies entspricht der allgemeinen Situation am Arbeitsmarkt und macht es für die Unternehmen erforderlich, ihr Personalmanagement darauf auszurichten.

Schließlich werden auch Dienstleistungs- und Serviceprozesse verstärkt durch digitale Lösungen unterstützt oder erweitert. Hier gilt es zum einen, die Erwartungen der Kunden zu erfüllen. Gleichzeitig bieten sich zum anderen für den Industrieservice Chancen, mit neu entwickelten Dienstleistungsangeboten neue Marktpotenziale in der chemisch-pharmazeutischen Industrie zu erschließen.

Hierzu bedarf es eines klaren Strategieprozesses, der von der Analyse des Unternehmens und des Wettbewerbsumfeldes über die eindeutige Formulierung und Operationalisierung der Strategie bis hin zur konsequenten Umsetzung der Strategie durchgängig durchgeführt wird.

Der vorliegende Beitrag gibt zunächst einen kurzen Überblick über aktuelle Herausforderungen im Industrieservice in der chemisch-pharmazeutischen Industrie. Hierbei werden die drei Themen Nachhaltigkeit, Mitarbeiterverfügbarkeit und Digitalisierung näher beleuchtet.

Anschließend wird ein Vorgehen zur erfolgreichen Zukunftsgestaltung dargestellt. Dieses umfasst den Performance Check zur Aufnahme der Ist-Position, die Formulierung der Strategie zur Ausrichtung des Unternehmens sowie die Sicherstellung der Umsetzung der Strategie. Abschließend werden die Potenziale guter Strategiearbeit für die erfolgreiche Zukunftsgestaltung dargestellt.

## 16.2 Aktuelle Herausforderungen für Industrieservice-Unternehmen in der chemisch-pharmazeutischen Industrie

Der Markt für Industrieservice-Unternehmen im chemisch-pharmazeutischen Umfeld ist einem ständigen Wandel unterworfen (vgl. Seeger/ Seeger [3], S. 1 ff.).

Die Erwartungen der Kunden bestimmen maßgeblich die Anforderungen, denen Industrieservice-Unternehmen gerecht werden müssen.

Aktuell prägen insbesondere drei Themen das Geschäftsumfeld im Industrieservice in der Chemieindustrie: Nachhaltigkeit, Mitarbeiterverfügbarkeit und Digitalisierung.

### 16.2.1 Nachhaltigkeit

Die Bedeutung der Nachhaltigkeit wird nicht nur gesellschaftlich, sondern auch konkret in den Unternehmen verstärkt im Bewusstsein verankert. Damit einher geht eine zunehmende Formulierung ökologischer Ziele in den Unternehmen mit der Folge der Veränderung von Verfahren, Prozessen und Materialien.

Die Unternehmen in Chemie und Pharma beschränken sich bei der Formulierung ihrer Nachhaltigkeitsziele häufig nicht auf die eigene Wertschöpfungskette. Vielmehr besteht zunehmend der Anspruch, auch vorgelagerte Wertschöpfungsstufen in die Zielsetzungen zu integrieren. Damit umfassen die ökologischen Ziele der Industrieunternehmen auch die Lieferanten und Dienstleister und stellen neue Anforderungen an die Verfahren, Prozesse und Materialien der Lieferanten und Dienstleister.

Diese neuen Nachhaltigkeits-Anforderungen der Kunden in der chemisch-pharmazeutischen Industrie müssen die Industrieservice-Unternehmen in ihre eigenen Ziele integrieren. Vielfach formulieren Unternehmen dazu eigenständige Nachhaltigkeitsstrategien, um der Bedeutung dieser Thematik gerecht zu werden. Daraus resultiert die Notwendigkeit, die eigenen Verfahren, Prozesse und verwendeten Materialien nachhaltiger zu gestalten. Vielfach sind hierzu neue Verfahren zu entwickeln oder neue Einsatzstoffe auf ihre Wirksamkeit zu erproben. Dabei sind die Umweltaspekte idealerweise in allen Geschäftsbereichen und Prozessen zu hinterfragen und zu optimieren. Dies umfasst auch die Zulieferer und Subunternehmen des Industrieservice in der chemisch-pharmazeutischen Industrie, um alle Potenziale nutzen zu können.

Entsprechend sind zur Umsetzung einer Nachhaltigkeits-Strategie im Industrieservice für chemische und pharmazeutische Industrieunternehmen nicht nur hohes technisches Know-how, sondern auch finanzielle Leistungsfähigkeit erforderlich, um die Neuentwicklungen finanzieren zu können.

Darüber hinaus stellt sich die Frage der Preisgestaltung. Stellen sich ökologisch-effizientere Verfahren als kostenintensiver heraus als die traditionellen Verfahren, ist die Frage zu klären, wie sich dies auf die Preissetzung auswirkt. Und schließlich ist die Frage offen, inwieweit die Zahlungsbereitschaft der Kundenunternehmen für nachhaltige Lösungen gegeben ist.

Damit die Kundenunternehmen die Bemühungen des Industrieservice um Nachhaltigkeit wahrnehmen und bei ihrer Entscheidung im Anfrageprozess berücksichtigen können, ist eine klare Kommunikation erforderlich. Diese kann bis hin zum Ausweis des ökologischen Fußabdrucks gehen.

Durch die Formulierung und Umsetzung einer Nachhaltigkeits-Strategie kommen Industrieservice-Unternehmen nicht nur ihrer sozialen Verantwortung nach. Vielmehr können sie hieraus auch Wettbewerbsvorteile erlangen, da die chemischen und pharmazeutischen Kundenunternehmen verstärkt die Erreichung von Nachhaltigkeitszielen im Fokus haben.

### 16.2.2 Mitarbeiterverfügbarkeit

In der Vergangenheit konnten Industrieservice-Unternehmen in der chemischen und pharmazeutischen Industrie über die Stellung von Spezialisten in ihren Dienstleistungsbereichen häufig Vorteile am Markt erzielen. Doch stellen sich zwischenzeitlich die Rekrutierung und Bindung eben dieser Spezialisten auch für Industriedienstleister als Herausforderung dar. Die Arbeitsmarktlage stellt alle Unternehmen bei der Suche nach geeigneten Fachkräften vor neue Herausforderungen.

Gerade für Serviceunternehmen ist dies von besonderer Bedeutung, da die Möglichkeit und Qualität der Leistungserbringung maßgeblich von der Verfügbarkeit und Qualifikation der Mitarbeiter abhängen. Gleichzeitig ist die Nachfrage nach Fachkräften hoch, der Wettbewerb um die geeigneten Mitarbeiter intensiviert sich. Dies lässt die Anforderungen und Erwartungen der (potenziellen) Mitarbeiter steigen.

Um dem Mangel an Fachkräften begegnen zu können, müssen Industrieservice-Unternehmen daher innovative Personalstrategien entwickeln, um geeignete Mitarbeiter zu rekrutieren und zu binden.

Innovative Bewerbungswege, die die Bewerbungshürden für potenzielle Mitarbeiter niedrig legen, erhöhen die Anzahl an Bewerbungen. Hier können neue kreative Wege in den geeigneten Medien zum Einsatz kommen, um ein möglichst großes Bewerberfeld anzusprechen, wie z. B. Bewerbungsformulare, für deren Ausfüllen der Bewerber nur wenige Minuten benötigt, und bei denen erst im zweiten Schritt Zeugnisse einzureichen sind.

Zur Erhöhung der finanziellen Attraktivität des Arbeitsangebots können maßgeschneiderte Anreizsysteme zum Einsatz kommen, die zum einen die finanzielle Leistungsfähigkeit des Unternehmens berücksichtigen, zum anderen die Motivationslage der Mitarbeiter ansprechen. Hier wird aktuell beispielsweise die Förderung alternativer Verkehrsmittel wie Jobrad oder Jobticket genutzt.

Zudem kommt der Gestaltung des Arbeitsumfeldes in räumlicher und zeitlicher Hinsicht zunehmende Bedeutung zu. Dienstleister haben mit der Leistungserbringung vor Ort beim Kunden nahezu keine räumlichen Gestaltungsspielräume. Hier können lediglich Überlegungen zum regional definierten Einsatz der Mitarbeiter genutzt werden. Umso mehr sollten die Möglichkeiten der zeitlichen Gestaltung des Arbeitsumfeldes genutzt werden. Auch hier sind maßgeschneiderte Lösungen zu erarbeiten, die zum einen den vertraglichen Vereinbarungen mit dem Kunden gerecht werden, zum anderen die Motivationslage der Mitarbeiter positiv beeinflussen. Hierbei kann sowohl die Verteilung der Arbeitszeit am Tag, in der Woche, im Monat oder im Jahr genutzt werden.

Da Industrieservice-Unternehmen in der chemisch-pharmazeutischen Industrie i. d. R. Spezialwissen benötigen, um die Dienstleistungen in den Chemie- und Pharmaunternehmen erbringen zu können, kommt der Sicherstellung der Verfügbarkeit dieses Wissens eine entscheidende Rolle zu. Dabei sollten sich die Unternehmen nicht nur auf die Rekrutierung der erforderlichen Qualifikationen am Arbeitsmarkt beschränken, sondern auch die eigene Aus- und Weiterbildung strategisch aufstellen. Die schnellen technologischen Änderungen – die sich u. a. auch aus der Digitalisierung ergeben, wie das nächste Kapitel aufzeigt – erfordern eine kontinuierliche Anpassung der Qualifikationen an die Anforderungen an Markt.

Auch die Soft Facts sollten verstärkt Berücksichtigung finden, um die Mitarbeiter langfristig an das Unternehmen zu binden. Eine ansprechende Unternehmens- und Führungskultur bestimmt maßgeblich das Klima im Unternehmen. Aus Sicht der Mitarbeiter nimmt die Bedeutung eines guten Unternehmensklimas zu, so dass die Erwartungen der Mitarbeiter in die Gestaltung der Unternehmens- und Führungskultur integriert werden sollten.

Insgesamt wird die Attraktivität als Arbeitgeber damit zum strategischen Erfolgsfaktor für Industrieservice-Unternehmen in der chemisch-pharmazeutischen Industrie. Es bedarf einer langfristig ausgerichteten Personalstrategie, die aus der Unternehmensstrategie abgeleitet wird, da gerade Änderungen an der Qualifikation oder Mitarbeiterstruktur i. d. R. nicht kurzfristig realisierbar sind.

### 16.2.3 Digitalisierung

Die fortschreitende Digitalisierung in allen gesellschaftlichen und wirtschaftlichen Bereichen verändert auch das Arbeitsumfeld für Industrieservice-Unternehmen in der Chemie- und Pharmaindustrie. Hieraus ergeben sich einerseits Herausforderungen, andererseits Chancen, die gerade bei einem frühzeitigen Einstieg in die Digitalisierung realisierbar erscheinen.

Die Integration neuer digitaler Technologien ist für den zukünftigen Erfolg der Unternehmen und die Erfüllung der Erwartungen der Kunden häufig entscheidend. Die Bandbreite möglicher Technologien, die zum Einsatz kommen können, ist groß: Sei es die Datenanalyse, das Internet der Dinge (IoT) oder künstliche Intelligenz.

Die Erfassung und Analyse großer Datenmengen bspw. aus den Maschinen können eine Verbesserung in den Prozessen, wie Energieeinsparung, Ressourceneinsatz oder vorausschauende Instandhaltung, ermöglichen.

Mit der Implementierung von IoT-Anwendungen werden Echtzeitüberwachungen von Maschinen und Anlagen ermöglicht. Die so erhobenen Daten können auch als große Datenmengen wiederum digital verarbeitet werden.

Auch die künstliche Intelligenz kann im Industrieservice eingesetzt werden. Denkbare Anwendungsfelder sind automatisierte Inspektionen oder die Analyse großer Datenmengen.

Für den Industrieservice kommt es darauf an, geeignete Anwendungsfelder für die Digitalisierung zu identifizieren, passende Anwendungen zu entwickeln und bei den Kunden zu implementieren. Teilweise gibt es bereits Standards, die als digitale Produkte zum Einsatz kommen können; in anderen Bereichen jedoch muss der Industrieservice erst Entwicklungsarbeit leisten, um das Potenzial der Digitalisierung nutzen zu können.

Dies können zum einen Standards, wie innovative Messverfahren, sein, die sich bei verschiedenen Kunden mit vergleichbaren Problemen einsetzen lassen. Zum anderen können mit der Digitalisierung auch Lösungen entwickelt werden, die individuelle Kundenprobleme lösen. Hier kommt der Kompetenz im Bereich Digitalisierung herausragende Bedeutung zu. Darin zeigt sich die enge Verbindung der Herausforderungen der Digitalisierung mit den Herausforderungen der Mitarbeiterverfügbarkeit.

Im Rahmen der Wandlung zu digitalen Anwendungen und Prozessen kommt es bei den Mitarbeitern nicht nur darauf an, dass diese über das entsprechende Knowhow verfügen. Vielmehr müssen sie auch den Wandel zur digitalen Arbeitsumwelt mitgehen, um die Umsetzung der digitalen Anwendungen sicherzustellen.

Die angesprochenen Digitalisierungsvorhaben sind – insbesondere, wenn es sich um Neuentwicklungen handelt – i. d. R. große Projekte, die sowohl zeit-, ressourcen- als auch kostenintensiv sind. Hier ist eine Fokussierung auf die erfolgsversprechenden Projekte wichtig, um die Ressourcen des Unternehmens möglichst gut zu nutzen. Daher bietet sich die Entwicklung eine Digitalisierungsstrategie an, die ebenso wie die Personalstrategie aus der Unternehmensstrategie abgeleitet wird.

## 16.3 Erfolgreiche Zukunftsgestaltung mit der richtigen Strategie

Eine gute Strategie und deren konsequente Umsetzung unterstützen Unternehmen bei der erfolgreichen Zukunftsgestaltung (vgl. ausführlich bei Seeger [4], S. 1 ff.).

Dabei ist Strategie die grundsätzliche Ausrichtung eines Unternehmens, die die Gestaltung der Ressourcen und Kompetenzen sowie seine dauerhafte Verhaltensweise bestimmt. Eine gute Strategie ermöglicht es dem Unternehmen, sich in seinem Wettbewerbsumfeld dauerhaft Vorteile zu verschaffen. Diese Vorteile äußern sich in einer Überlegenheit gegenüber den direkten Wettbewerbern – anderen Industrieservice-Unternehmen. Die Vorteile können zudem in einer Überlegenheit gegenüber der Eigenerstellung der Leistung durch die Kundenunternehmen in der Chemie- und Pharmaindustrie liegen. Durch die Nutzung dieser Vorteile legen Unternehmen die Basis für die erfolgreiche Zukunftsgestaltung und den langfristigen Erfolg.

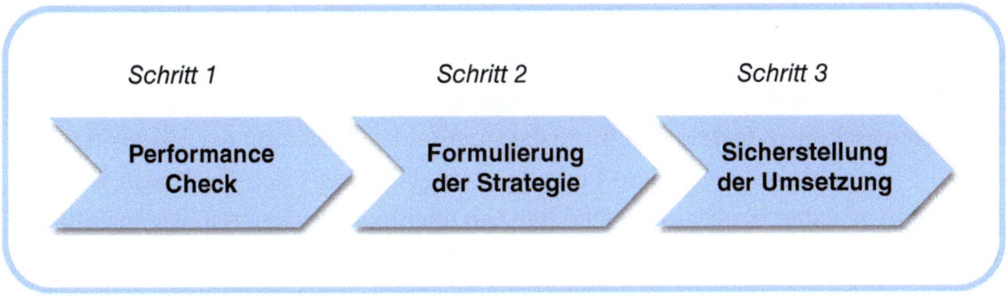


**Abb. 16.1** Strategieprozess (*Quelle:* eigene Darstellung).

Grundvoraussetzung für eine gute Strategie und deren konsequente Umsetzung ist ein strukturierter Strategieprozess von der strategischen Analyse über die Formulierung der Strategie, die Operationalisierung und Umsetzung bis zum Umsetzungscontrolling (vgl. Abb. 16.1).

Im ersten Schritt des Strategieprozesses wird im Rahmen des Performance Check die Ist-Situation des Unternehmens und seines Umfeldes aufgenommen und analysiert. Im zweiten Schritt erfolgen aufbauend auf dem Performance Check die Entwicklung und Auswahl geeigneter Strategieoptionen, um das Unternehmen ganzheitlich auf eine gemeinsame Zielsetzung auszurichten. Dazu werden die Vision, strategische Kernaussagen sowie strategische Ziel-Positionen festgelegt und formuliert. Im dritten Schritt wird die gewählte Strategie operationalisiert und im Unternehmen verankert, indem geeignete Maßnahmen zur Realisierung der Ziel-Positionen formuliert werden. Gestützt wird die Umsetzung durch ein individuelles Strategiecontrolling sowie die zielgruppenspezifische Kommunikation der Inhalte der Strategie innerhalb des Unternehmens.

### 16.3.1 Performance Check zur Aufnahme der Ist-Situation

Der erste Schritt auf dem Weg zur erfolgreichen Zukunftsgestaltung ist die Analysephase. Dabei wird im Rahmen des Performance Checks die Ist-Situation des Unternehmens und des Umfeldes – vor allem Kunden und Wettbewerber, aber auch das globale Umfeld – erhoben (vgl. Seeger [5], S. 3 ff.).

Zur Analyse des Unternehmens und seines Umfeldes können eine Reihe etablierter Verfahren zur Anwendung kommen (vgl. zu den Verfahren der strategischen Analyse Welge/Al-Laham/Eulerich [6], S. 299 ff. und Bea/Haas [7], S. 99 ff.).

Die Ergebnisse dieser Analysen gehen in den Performance Check ein. Dazu werden zunächst die wesentlichen Handlungsfelder des Unternehmens identifiziert. Diese lassen sich in die vier Bereiche Finanzen, Kunden/Produkte, Prozesse und Mitarbeiter einteilen.

Für den Bereichen Finanzen werden i. d. R. die Themenfelder Ergebnis, Umsatz, Kosten und Finanzierung untersucht.

Der Bereich Kunden/Produkte umfasst mindestens die Handlungsfelder Produkte/Dienstleistungen, Kundengruppen, Geografische Märkte, Kundenbindung/

Kundendurchdringung, Image, Differenzierung vom Wettbewerb, Kundenzufriedenheit, Qualität, Nachhaltigkeit und Preisgestaltung. Vor dem Hintergrund der anstehenden Herausforderungen für Industrieservice-Unternehmen in der chemisch-pharmazeutischen Industrie kommt insbesondere der Erhebung der Ist-Position im Bereich Nachhaltigkeit besondere Bedeutung zu. Hier stellt sich die Frage, was das Unternehmen bisher bereits umgesetzt hat, um nachhaltig zu agieren, wie nachhaltig das Unternehmen bereits ist und welche Nachhaltigkeits-Kennzahlen erreicht werden.

Im Bereich Prozesse werden die erfolgskritischen Prozesse des Unternehmens untersucht. Dies können u. a. sein Vertrieb, Leistungserstellung, Service, Entwicklung, Einkauf, Logistik, Kaufmännische Prozesse, Personalmanagement und IT/Digitalisierung. Um einen guten Überblick über die Herausforderungen der Digitalisierung für das Unternehmen zu bekommen, ist eine detaillierte Ist-Position für das Handlungsfeld Digitalisierung zu erheben. Hierbei sind alle Prozesse im Unternehmen daraufhin zu untersuchen, inwieweit diese bereits digitalisiert sind. Auch die Schnittstellen zu Kunden und Lieferanten sollten in Bezug auf den Grad der Digitalisierung untersucht werden.

Im Bereich Mitarbeiter stehen neben der Mitarbeiterstruktur und der Qualifikation die Führung und die Motivation im Fokus. Da die Mitarbeiterverfügbarkeit eine Herausforderung für den Industrieservice in der Chemie- und Pharmaindustrie darstellt, sollte hier eine genaue Betrachtung der aktuell vorhandenen Mitarbeiter sowie der bereits bekannten Veränderungen erfolgen. Das Handlungsfeld Motivation ist vor dem Hintergrund der Mitarbeiterbindung genauer zu betrachten.

Im Ergebnis wird zu allen wesentlichen Handlungsfeldern die Ist-Position formuliert. Damit wird deutlich, wo das Unternehmen heute steht. Dies bildet die Basis für die Formulierung der Ziel-Position des Unternehmens im zweiten Schritt des Strategieprozesses. Nur durch eine genaue Erfassung der Ist-Position können Unternehmen realistische Ziele setzen und Maßnahmen ergreifen, um ihre Zukunft erfolgreich zu gestalten.

### 16.3.2 Formulierung der Strategie zur Ausrichtung des Unternehmens

Im zweiten Schritt im Rahmen eines strukturierten Strategieprozesses wird die Strategie des Unternehmens formuliert. Hierbei ist die Frage zu beantworten, was das Industrieservice-Unternehmen zukünftig erreichen möchte (vgl. Abb. 16.2).

Ein erstes Element ist die Formulierung der Mission als Aufgabe des Unternehmens sowie der Vision als eine auf die Zukunft gerichtete Leitidee des Unternehmens. Mit Hilfe der Vision kann die gesamte Organisation auf die erfolgreiche Zukunftsgestaltung ausgerichtet werden. Die Vision wird in wenigen Sätzen formuliert und erhält typischerweise Aussagen zum Angebotsspektrum, zu Zielkundengruppen, zu den geographischen Märkten, zur Differenzierung vom Wettbewerb und zu Umsatz und Ergebnis. Vor dem Hintergrund der aktuellen Herausforderungen für Industrieservice-Unternehmen und dem damit häufig verbundenen Handlungsbedarf sollten zudem Aussagen zu Mitarbeitern, Nachhaltigkeit und

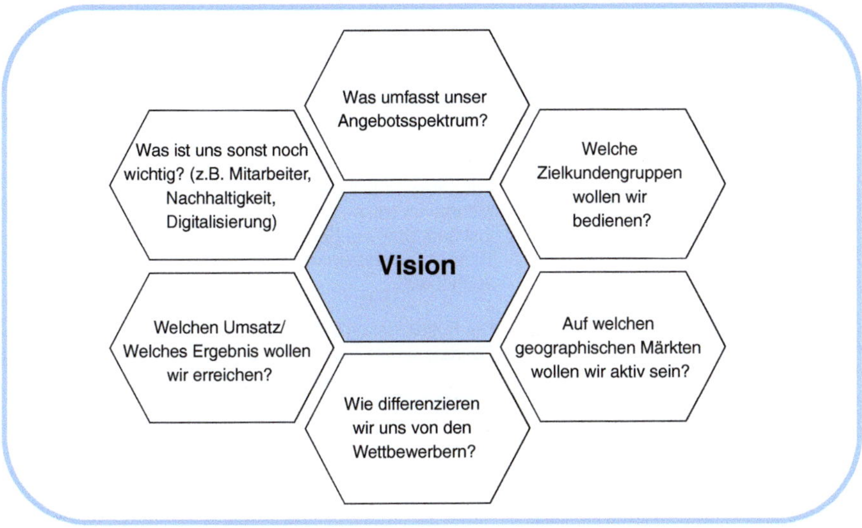


**Abb. 16.2** Typische Aussagen in der Vision (*Quelle:* eigene Darstellung).

**Vision**

Im Jahr 2028 sind wir in Deutschland und Benelux anerkannter Partner unserer Kunden in der chemischen Industrie und bieten komplexe Dienstleistungen auf hohem technischem Niveau, die nachhaltig ausgerichtet sind. Mit unseren hoch qualifizierten Mitarbeitern haben wir die Digitalisierung unseres Leistungsspektrums weiterentwickelt.
Wir realisieren einen profitablen Umsatz in Höhe von 450 Mio. Euro.

**Abb. 16.3** Beispiel einer Vision (*Quelle:* eigene Darstellung).

Digitalisierung getroffen werden, um die Organisation für diese Themen zu sensibilisieren und ihr Verhalten daraufhin auszurichten.

Eine Vision sollte kurz und prägnant formuliert sein, um sie leicht kommunizierbar zu machen. Ein Beispiel für eine Vision eines Industriedienstleisters in der chemischen Industrie zeigt Abbildung 16.3. Dadurch können ggf. nicht alle erforderlichen Details abgebildet werden. Um solche Details dennoch zu klären, bietet sich die Formulierung strategischer Kernaussagen an. Diese bilden jede Aussage einer Vision in wenigen erklärenden Sätzen ab. Dadurch werden die Aussagen aus der Vision konkretisiert und möglicherweise vorhandene Interpretationsspielräume beseitigt. Dies ist notwendig, um eindeutige Aussagen zur strategischen Ausrichtung des Unternehmens zu treffen und das Verhalten der Mitarbeiter in die richtige Richtung zu lenken.

Das nächste Element bei der Formulierung der Strategie sind die strategischen Ziel-Positionen. Diese konkretisieren die Aussagen aus der Vision und der strategischen

| Ist-Position (2024) | Ziel-Position (2028) | Handlungs-bedarf |
|---|---|---|
| Unsere Mitarbeiter sind gut ausgebildet und verfügen über die passenden Qualifikationen für unser aktuelles Leistungsangebot<br><br>Die Führungsqualifikation entsprechen noch nicht vollumfänglich den sich ändernden Anforderungen der Mitarbeiter. | Wir haben die Qualifikation unserer Mitarbeiter weiter gesteigert und insbesondere die Kompetenz im Bereich Digitalisierung weiter ausgebaut.<br><br>Die Führungskompetenz unserer Führungskräfte haben wir durch geeignete Weiterbildungsmaßnahmen ausgebaut. | hoch |

**Abb. 16.4** Beispiel der Ist- und Zielposition für das Handlungsfeld Mitarbeiter (*Quelle:* eigene Darstellung).

Kernaussagen für jedes Handlungsfeld des Unternehmens. Die strategischen Ziel-Positionen werden für jedes Handlungsfeld formuliert, für das im vorangegangenen Schritt die Ist-Position analysiert worden ist.

Die Ist-Position sowie die Vision und strategischen Kernaussagen bilden die Grundlage für die strategische Ziel-Position. Idealerweise werden die Ist-Position und die strategische Ziel-Position je Handlungsfeld einander unmittelbar gegenübergestellt, um einen guten Überblick über den Handlungsbedarf zu bekommen.

Dabei zeigt sich, dass der Abstand zwischen der Ist-Position und der Ziel-Position in den verschiedenen Handlungsfeldern unterschiedlich ist. Vielfach liegen bei einzelnen Handlungsfeldern Ist- und Ziel-Position nahe beieinander, es besteht (nahezu) keinen Handlungsbedarf. Bei anderen Handlungsfeldern existiert eine große Lücke zwischen der aktuellen Ist-Position und der angestrebten strategischen Ziel-Position. Dies dürfte insbesondere bei den aktuellen Herausforderungen für Industrieservice-Unternehmen in der Chemie- und Pharmaindustrie – Nachhaltigkeit, Mitarbeiterverfügbarkeit, Digitalisierung – der Fall sein. In diesen Bereichen werden viele Unternehmen großen Handlungsbedarf haben, um diesen Herausforderungen erfolgreich zu begegnen. Abbildung 16.4 zeigt ein Beispiel für die Formulierung der Ist- und Zielposition für das Handlungsfeld Mitarbeiter.

Zur Verdeutlichung dieses Vorgehens eignet sich das Bild der Strategiebrücke in Abb. 16.5 (vgl. Seeger [5], S. 13 ff.). Die Ist-Position sowie die strategische Ziel-Position stellen in diesem Bild die beiden Pfeiler einer Brücke dar. Zwischen den beiden Pfeilern der Strategiebrücke liegt eine Lücke. Die Operationalisierung der Strategie führt dazu, die Entwicklungslücke zwischen der Ist-Position und der strategischen Ziel-Position zu schließen. Hier ist also die Frage zu beantworten,

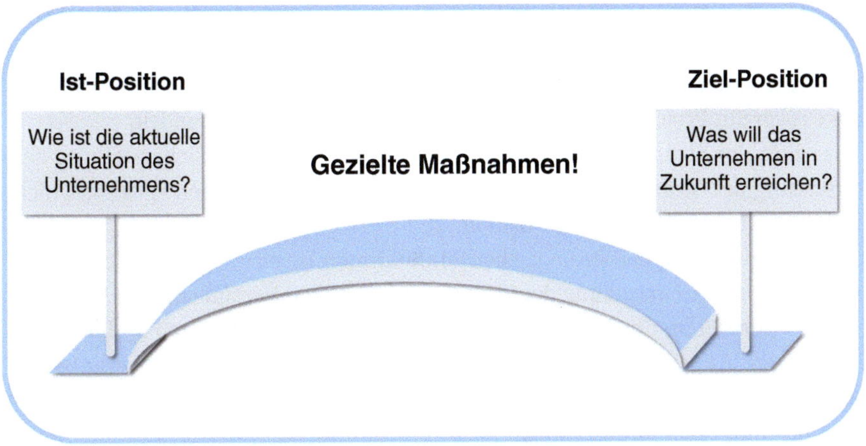


**Abb. 16.5** Strategiebrücke (*Quelle:* eigene Darstellung).

welche Maßnahmen das Unternehmen ergreifen muss, um von der Ist-Position zur strategischen Ziel-Position zu kommen.

An diesem Bild lässt sich erkennen, dass die Formulierung der strategischen Ziel-Position von den verfügbaren Ressourcen des Unternehmens abhängig ist. Die Maßnahmen werden mit den zur Verfügung stehenden finanziellen, personellen und technischen Ressourcen umgesetzt. Reichen diese nicht aus, um die Ziel-Position zu erreichen, ist eine Anpassung der Ziel-Position zu prüfen. Im Bild der Strategiebrücke würde dies bedeuten, den zweiten Brückenpfeiler anders zu positionieren, also die Lücke zwischen den beiden Brückenpfeilern zu verkleinern.

### 16.3.3 Sicherstellung der Umsetzung

Der dritte Schritt des Strategieprozesses umfasst die Sicherstellung der Umsetzung der Strategie. Mit der Formulierung der strategischen Ziel-Position hat das Industrieservice-Unternehmen für die chemisch-pharmazeutische Industrie definiert, was es in den einzelnen Handlungsfeldern erreichen möchte. Die Frage, wie diese Ziel-Positionen erreicht werden können, ist im nächsten Arbeitsschritt zu beantworten.

Um die strategische Ziel-Position in einem Handlungsfeld zu erreichen, ist die Lücke zwischen der Ist-Position und der Ziel-Position zu überwinden. Dazu sind strategische Maßnahmen zu formulieren, die ausgehend von der Ist-Position auf die Erreichung der strategischen Ziel-Position abzielen. Je größer die Lücke zwischen Ist- und Ziel-Position, je größer ist der Handlungsbedarf. Für diesen Handlungsbedarf sind angemessene Maßnahmen zu formulieren. Gerade bei den skizzierten aktuellen Herausforderungen Nachhaltigkeit, Mitarbeiterverfügbarkeit und Digitalisierung ist – abhängig von der Ist-Position des Unternehmens in diesen Handlungsfeldern – zu erwarten, dass umfassende strategische Maßnahmen erforderlich sind, um die Ziel-Position zu erreichen.

Der Umfang dieser Maßnahmen kann sehr unterschiedlich sein: von Projekten, die nur wenige Arbeitsstunden in Anspruch nehmen bis hin zu sehr umfangreichen Projekten, in denen 100 Arbeitstage aufgewendet werden. Gemeinsam ist ihnen, dass es sich um Projekte mit definiertem Start- und Endtermin handelt.

Das Bild der Strategiebrücke eignet sich ebenfalls, um die Sicherstellung der Umsetzung der Strategie zu erläutern. Die Maßnahmen schlagen sprichwörtlich die Brücke von der Ist- zur Ziel-Position.

Die Formulierung der strategischen Maßnahmen ist nur ein erster Schritt zur Sicherstellung der Umsetzung der Strategie. Im weiteren Verlauf sind die Maßnahmen zu priorisieren, um die Ressourcen zunächst für die wichtigsten Maßnahmen einzusetzen. Anschließend ist für jede Maßnahme ein Maßnahmenverantwortlicher festzulegen, der die Maßnahme verantwortlich umsetzt; auch mit Unterstützung eines Maßnahmenteams.

Schließlich ist für jede Maßnahme ein detaillierter Maßnahmensteckbrief zu erstellen. Dieser umfasst neben dem Namen der Maßnahme, dem Verantwortlichen und dem Team eine kurze Erläuterung der Maßnahme, detaillierte Meilensteine mit Endterminen sowie den Start- und Endtermin der Maßnahmen.

Um diese Maßnahmensteckbriefe im weiteren Verlauf für ein Strategiecontrolling nutzen zu können, sind diese um Statusangaben zu ergänzen. Hierdurch wird es ermöglicht, einen aktuellen Überblick über den Stand der Maßnahmenumsetzung und damit den Stand der Strategierealisierung zu erhalten.

Ein vertiefendes Controlling kann zusätzlich um Kennzahlen ergänzt werden. Hier ist der Aufwand für die Kennzahlenermittlung dem Nutzen der Kennzahl gegenüberzustellen (vgl. zum Strategiecontrolling Müller-Stewens/Lechner [8], S. 689 ff.). Häufig ist ein konsequentes Maßnahmencontrolling eine pragmatische Lösung, mit überschaubarem Aufwand einen guten Überblick über den Stand der Strategierealisierung zu bekommen.

Neben einem Maßnahmencontrolling in Berichtsform ist ein Maßnahmencontrolling in Gesprächsform eine gute Option, einen Überblick über den Stand der Maßnahmenumsetzung zu bekommen. Dazu berichten die Maßnahmenverantwortlichen in regelmäßigen Terminen über den Status ihrer Maßnahmen. Gleichzeitig können diese Runden genutzt werden, offene Fragen während der Bearbeitung der Maßnahme oder Abstimmungsbedarfe zwischen mehreren Maßnahmen zu besprechen. Hierdurch erhalten alle Beteiligten einen guten Überblick. Gleichzeitig wirkt sich ein Maßnahmencontrolling in Form von Strategiecontrolling-Gesprächen häufig auch positiv auf die Motivation für die Umsetzung der Maßnahmen aus. Dadurch werden die Anstrengungen der Maßnahmenverantwortlichen auf die Erreichung der Strategie ausgerichtet.

Um die Strategieumsetzung in den Fokus aller Mitarbeiter zu rücken, ist abschließend eine gute Kommunikation der relevanten Elemente der Strategie an alle Mitarbeiter erforderlich. Hierbei können der Detaillierungsgrad sowie die Kommunikationswege individuell auf die jeweilige Mitarbeitergruppe angepasst werden.

## 16.4 Potenziale guter Strategiearbeit für die erfolgreiche Zukunftsgestaltung

Eine gute Strategiearbeit ermöglicht es Industrieservice-Unternehmen in der Chemie- und Pharmaindustrie, eine durchgängige Strategie zu entwickeln und diese konsequent umsetzen. Damit erschließen sich die Unternehmen viele Potenziale für nachhaltigen Erfolg und eine erfolgreiche Zukunftsgestaltung.

Diese Potenziale umfassen zum einen den Umgang mit den skizzierten Herausforderungen. Finden diese im Rahmen der Entwicklung der Strategie angemessen Berücksichtigung, können konkrete Mitarbeiter-, Digitalisierungs- und Nachhaltigkeitsstrategien abgeleitet werden. Damit können Unternehmen diesen Herausforderungen erfolgreich begegnen und die Herausforderungen in Chancen für den zukünftigen Erfolg des Unternehmens umwandeln.

Zum anderen zeigen sich die Potenziale guter Strategiearbeit für die erfolgreiche Zukunftsgestaltung als weit über den Umgang mit den Herausforderungen hinausgehend. Die umfassende Formulierung der Strategie über die Bereiche Finanzen, Kunden/Produkte, Prozesse und Mitarbeiter hinweg berücksichtigt alle relevanten Aspekte des Unternehmens.

So ermöglicht eine gute Strategie den Industrieservice-Unternehmen, ihre Wettbewerbsfähigkeit zu steigern. Indem sich das Unternehmen auf seine Stärken fokussiert und den Anforderungen der Kunden in der Chemie- und Pharmaindustrie angemessen begegnet, kann es gelingen, sich von den Wettbewerbern zu differenzieren und die Wettbewerbsfähigkeit zu stärken.

Entsprechend steht auch die Optimierung der Prozesse und des Ressourceneinsatzes im Fokus, so dass Effizienzsteigerungen und Kostensenkungen realisiert

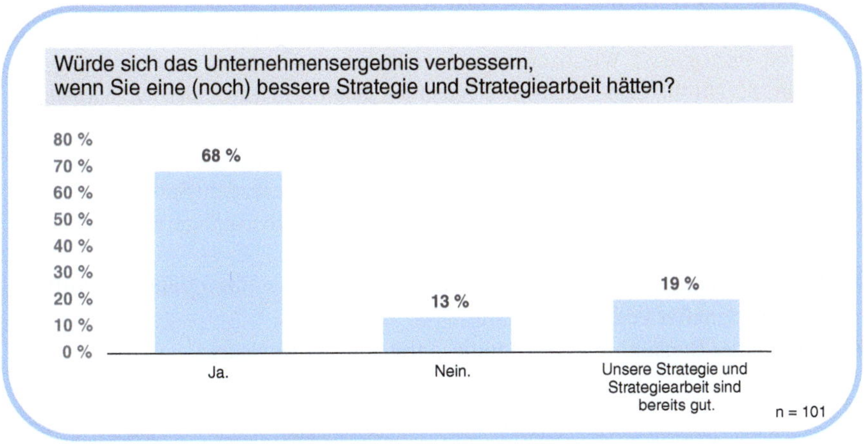


**Abb. 16.6** Eine gute Strategie und Strategiearbeit verbessern das Ergebnis des Unternehmens (*Quelle:* Strategiearbeit im Mittelstand(2021) Performance Consulting).

werden können. Dies wiederum kann sich auf die Preisgestaltung des Unternehmens und damit seine Wettbewerbsfähigkeit auswirken.

Eine gute Strategie berücksichtigt auch die Interessen und Bedürfnisse der Mitarbeiter, da das Unternehmen so seine Position als Arbeitgeber ausbauen kann und damit seine Möglichkeiten steigert, geeignete Mitarbeiter zu finden und zu binden.

Die genannten Potenziale wirken auf den Umsatz und die Kosten des Unternehmens, so dass schließlich eine gute Strategie zu einem verbesserten Ergebnis des Unternehmens führen kann (vgl. Abb. 16.6). Dies zeigen auch Studien, bei denen Manager nach ihrer Einschätzung der Strategiearbeit befragt wurden: Während 19 % ihre Strategiearbeit mit sehr gut bewertet haben, geben 68 % der Manager an, dass sich das Ergebnis ihrer Unternehmen mit einer noch besseren Strategie und Strategiearbeit weiter verbessern ließe. Dabei erwartet mehr als die Hälfte der Manager eine Verbesserung des Ergebnisses um mehr als 10 % (vgl. Performance Consulting [9], vgl. auch die Studie zur Strategiearbeit im Mittelstand bei Seeger [5], S. 5). Darin zeigt sich die Bedeutung einer guten Strategiearbeit für die erfolgreiche Zukunftsgestaltung von Industrieservice-Unternehmen.

## Quellenverzeichnis


1. Seeger, K. und Müller, N. (2010). Entwicklung wettbewerbsfähiger Strategien für Industriedienstleister. In: *Management von Industriedienstleistern – Herausforderungen, Konzepte, Beispiele* (K. Seeger und A. Seeger), 15–32. Wiesbaden: Gabler.
2. Seeger, K. und Suntrop, C. (2011). Geschäftsstrategien in der Chemielogistik. In: *Chemielogistik, Markt, Geschäftsmodelle, Prozesse* (C. Suntrop), 51–80. Weinheim: Wiley VCH.
3. Seeger, K. und Seeger, A. (2010a). Herausforderungen an Industriedienstleister. In: *Management von Industriedienstleistern – Herausforderungen, Konzepte, Beispiele* (K. Seeger und A. Seeger), 1–14. Wiesbaden: Gabler.
4. Seeger, K. (2014a). *Erfolgreiche Strategiearbeit im Mittelstand, Erkenntnisse aus der Unternehmenspraxis.* Wiesbaden: SpringerGabler.
5. Seeger, K. (2014b). *Erfolgreiche Strategiearbeit für Industriedienstleister.* Wiesbaden: SpringerGabler.
6. Welge, M.K., Al-Laham, A. und Eulerich, M. (2017). *Strategisches Management, Grundlagen – Prozess – Implementierung.* 7. Auflage, Wiesbaden: SpringerGabler.
7. Bea, F.X. und Haas, J. (2019). *Strategisches Management.* 10. Auflage, München: UVK Verlag.
8. Müller Stewens, G. und Lechner, C. (2016). *Strategisches Management.* 5. Auflage, Stuttgart: Schäffer Poeschel.
9. Performance Consulting (2021). Studie „Strategie im Mittelstand“ .

# 17

# Ausblick zum Industrieservice-Markt in der chemisch-pharmazeutischen Industrie und Zukunftsperspektiven

*Linus Armbrust, Clara Hiemer, Prof. Dr. Carsten Suntrop und Dr. Thomas Wagner*

*CMC² GmbH*

**Abstract**

*Mit diesem abschließenden Beitrag werden die wichtigsten Erkenntnisse des Buches zusammengefasst und ein Ausblick auf die zukünftige Entwicklung des Industrieservice-Marktes in der chemisch-pharmazeutischen Industrie gegeben. In diesem Kontext werden die Ergebnisse einer Befragung zum Stimmungsbild von Führungskräften zur Zukunft der Industrieservices analysiert. Zu den befragten Führungskräften zählen hierbei Geschäftsführer, Standortleiter, Site Service Manager und Chief Technology Officers (CTO). Die Autoren leiten aus den Befragungen ab, dass Digitalisierung, Nachhaltigkeit, Flexibilisierung und Partnerschaften zentrale Erfolgsfaktoren bleiben. Herausforderungen wie globale Unsicherheiten, steigende Anforderungen an Compliance und der Fachkräftemangel werden weiterhin prägend sein. Die Autoren betonen die Notwendigkeit, Innovationen voranzutreiben, neue Geschäftsmodelle zu entwickeln und die Zusammenarbeit zwischen Unternehmen, Dienstleistern und Standorteigentümern zu stärken, um die Wettbewerbsfähigkeit der Branche langfristig zu sichern.*

## 17.1 Industrie 2024

Die Zukunftsaussichten im derzeitigen Umfeld von Industrieservice-Dienstleistern in der chemisch-pharmazeutischen Industrie sind als anspruchsvoll und herausfordernd einzustufen. Die derzeitige Lage der deutschen chemisch-pharmazeutischen Industrie ist als kritisch zu beurteilen, sicherlich nicht für jedes chemisch-pharmazeutische Unternehmen und nicht für jeden Industriedienstleister. Hier gibt es eine Reihe von Unterschieden und sehr individuellen Beurteilungen. So geht es der Pharma-Branche und den Spezialchemikalien-Herstellern in vielen Teilen noch sehr gut – in anderen Bereichen, wo der Kostendruck vorher bereits sehr hoch war, wie in der Petro-, Basis- oder Polymer-Chemie, kann dies zu längerfristigen strukturellen Veränderungen führen.

Daraus ergeben sich für die Industriedienstleister unterschiedliche Möglichkeiten, die chemisch-pharmazeutische Industrie sicherer, wettbewerbsfähiger und freier zu machen. Indem die Industriedienstleister die Supportprozesse übernehmen, können sich die chemisch-pharmazeutischen Unternehmen auf ihre Kernprozesse konzentrieren („freier werden"). In einer komprimierten Befragung ist das Stimmungsbild von Führungskräften zur Zukunft der Industrieservices in der chemisch-pharmazeutischen Industrie abgefragt worden. Zu den befragten Führungskräften zählen Geschäftsführer, Standortleiter, Site Service Manager, Chief Technology Officer aus den Unternehmen Infraserv GmbH & Co. Höchst KG, MVV Industriepark Gersthofen GmbH, Chemiepark Bitterfeld-Wolfen GmbH, BASF SE, COVESTRO und Leadec Management Central Europe BV & Co. KG.

Im Fokus standen dabei acht zentrale Fragen, die Themen wie Digitalisierung und Nachhaltigkeit, aktuelle Herausforderungen von Industrieservices und zukünftige Perspektiven und Partnerschaftsmodelle beleuchteten. Die Antworten auf die Fragen offenbaren sowohl übereinstimmende Meinungsbilder als auch unterschiedliche Ansätze innerhalb der Branche. Diese Einblicke sollen ein besseres Verständnis für die aktuellen und zukünftigen Entwicklungen und die vielfältigen Herangehensweisen in diesem Bereich bieten.

## 17.2 Zukunftsausblick: Trends und Herausforderungen für Industrieservices

Alle Interviewpartner sind sich darüber einig, dass Industrieservices vor allem sicher, zuverlässig und wirtschaftlich sein müssen. Die Meinungen über die Bedeutung dieser Anforderungen unterscheiden sich jedoch zwischen der Chemie- und der Pharmaindustrie. Für Unternehmen der Chemieindustrie steht der wirtschaftliche Aspekt im Vordergrund, während in der Pharmaindustrie der Fokus stärker auf Zuverlässigkeit und Sicherheit der Services gelegt wird.

### 17.2.1 Trend 1 - Dekarbonisierung und Defossilisierung

Ein zentrales Thema für Serviceanbieter ist die Dekarbonisierung, die von den Führungskräften allgemein als äußerst wichtig eingestuft wird. Die Meinungen darüber, auf welchen Ebenen diese Herausforderung besonders anspruchsvoll ist, gehen jedoch auseinander. Einige betonen die Dringlichkeit und technische Komplexität der Umstellung, die sich z. B. bei der Umstellung auf $CO_2$-freie Energieversorgung ergibt. Spezifisch für dieses Beispiel besteht die Herausforderung insbesondere im Bereich der Wärme, wo neue technische Installationen erforderlich sind. Die Umstellung auf $CO_2$-freien Strom hingegen wird als einfacher angesehen, da sie im Wesentlichen eine Frage der Beschaffung ist.

Neben den technischen Aspekten müssen sich die Serviceanbieter auch auf organisatorische und wirtschaftliche Veränderungen einstellen, die die Dekarbonisierung mit sich bringen könnte. Diese Entwicklung eröffnet gleichzeitig neue Geschäftsfelder für die Dienstleister. Ein aktuelles Beispiel ist der Chemiepark Bitterfeld-Wolfen, wo eine $CO_2$-Abscheideanlage in die Müllverbrennung integriert werden soll. Diese Anlage ist jedoch in Verbindung mit einer Methanol-Herstellung besonders sinnvoll. Solche Investitionsentscheidungen bieten den Dienstleistern nicht nur die Möglichkeit, neue Geschäftsfelder zu erschließen, sondern auch ihre eigene Rolle und Identität neu zu definieren.[1]

### 17.2.2 Trend 2 - Digitalisierung

Ein weiteres zentrales Thema ist die Digitalisierung, die alle Bereiche von der Sensorik in Fertigungsanlagen bis hin zur Künstlichen Intelligenz im Büroumfeld durchdringt. Die rasante technologische und organisatorische Entwicklung stellt die Unternehmen vor zusätzliche Herausforderungen, da es schwierig ist, Stabilität und den Fokus auf die Umsetzung zu wahren. Für Servicedienstleister ist es entscheidend, sich diese neuen Technologien anzueignen und ihre Services zu digitalisieren. Einige Experten sind sogar der Ansicht, dass Industrieservices in der Digitalisierung und im Einsatz neuer Technologien eine führende Rolle übernehmen müssen. Nur so können sie zukünftig effektiv auf Herausforderungen wie den wachsenden Fachkräftemangel und zunehmende Regularien reagieren.

Dekarbonisierung und Digitalisierung stellen für Industrieserviceanbieter sowohl Trends als auch Herausforderungen dar. Viele der notwendigen Maßnahmen könnten bereits jetzt umgesetzt werden, doch dies erfordert einen erheblichen Mehraufwand. Ein branchenübergreifendes Problem besteht darin, dass solche wichtigen Maßnahmen oft aufgeschoben werden. Dies liegt daran, dass Unternehmen ihre bestehende Sicherheit, Berechenbarkeit und Ergebnisse aufs Spiel setzen müssten, ohne die zukünftigen Margen und Erträge genau vorhersagen zu können. Dies macht es für Unternehmen weitaus weniger attraktiv, in den Wandel zu investieren, als weiterhin das bestehende Geschäftsfeld zu betreiben, in dem Stabilität und gute Margen vorherrschen, bis eine Umstellung unvermeidbar wird.

Dieser Wandel wird jedoch zunehmend dringlicher, da die Herausforderungen durch verschärfte Regularien immer größer werden. Alle befragten Experten erwarten, dass in Zukunft die Vorschriften in verschiedenen Bereichen, wie z. B. dem Eisenbahnrecht, dem Brandschutz am Standort sowie im Bereich Energie und Umwelt, weiter zunehmen werden. „Die Bewältigung dieser wachsenden Bürokratie ist für das Fortbestehen von Chemieparks und die Erbringung qualitativ hochwertiger Services entscheidend – sie zählt zu den zentralen Kompetenzen

1 https://www.fona.de/medien/pdf/04_SB_Wsserstoff_CarbonCycle_BF.pdf.

eines Chemieparkbetreibers"[2]. Das Nichterfüllen von Vorschriften bei der Wasserentnahme und -einleitung kann schwerwiegende Folgen haben. Durch frühzeitige Erprobung neuer Technologien, wie beispielsweise in der Wasseraufbereitung, kann der reibungslose Betrieb langfristig sichergestellt werden.

### 17.2.3 Trend 3 - Fachkräftemangel

Für viele der Interviewten stellt der Fachkräftemangel die größte Herausforderung dar. Kritisch sehen dabei einige der Experten den damit einhergehenden doppelten Effekt des Fachkräftemangels für Chemie- oder Pharma-Unternehmen. Das bedeutet, dass es durch den Mangel an qualifizierten Arbeitskräften zur Auslagerung bestimmter Service-Geschäftsbereiche kommt. Dies führt zu dem Problem, dass durch den Fachkräftemangel in den Service-Unternehmen die Verfügbarkeit und Flexibilität sinken könnte. Es kommt darüber hinaus zum Wissens- und Kompetenzverlust, was die Zusammenarbeit und Geschäftsbeziehung zwischen Serviceanbieter und -abnehmer nicht vereinfacht. „Hier ist ein klareres und professionelleres Projektmanagement in der täglichen Zusammenarbeit zwischen Service-Kunden und Industriedienstleister notwendig, um diesen Herausforderungen in der Zusammenarbeit entgegenzuwirken", betont Dr. Kreysing, Geschäftsführer der Infraserv Höchst. Andere Experten sehen den Schlüssel in der Gewinnung und Qualifizierung von Personal für zukünftige Anpassungen und Innovationen als entscheidend. Sie sind der Ansicht, dass hochwertige Services nur durch entsprechend qualifizierter Mitarbeiter erbracht werden können.

Herr Heine, Geschäftsführer des Chemieparks Bitterfeld-Wolfen, unterstreicht in diesem Zusammenhang, dass Unternehmen künftig mehr tun müssen, als nur für ausreichend und gut bezahlte Arbeit zu sorgen. Mit dem Satz: „Leben ist für mich Arbeit, Wohnen und Freizeit.", betont er, dass Unternehmen künftig auch in den Bereichen Wohnen und Freizeit stärker Verantwortung übernehmen sollten. Um Fachkräfte zu gewinnen und langfristig zu binden, muss eine Region in allen drei Bereichen überzeugen. Herr Heine und andere Experten sind der Ansicht, dass es für Unternehmen in Zukunft zunehmend wichtig wird, sich intensiver mit den jeweiligen Regionen und Standorten auseinanderzusetzen und gemeinsame Projekte zur Standortentwicklung zu initiieren. Die Führungskraft der BASF ergänzt, dass „weiche Faktoren" wie gesellschaftliche Erwartungen und Meinungen zunehmend an Bedeutung gewinnen und als weitere Herausforderung für die Zukunft betrachtet werden müssen.

### 17.2.4 Trend 4 - Make-or-Buy-Entscheidungen

Ein weiterer, bereits erwähnter Trend sind die „Make-or-Buy-Entscheidungen", die durch Fachkräftemangel, Kostendruck und steigende Regularien immer relevanter für Chemie- und Pharma-Unternehmen werden. Unter den befragten Experten gibt

---

2 Dr. Klaus Schäfer, ehemaliger CTO der COVESTRO AG.

es jedoch keine einheitliche Meinung über das zukünftige Verhalten von Unternehmen hinsichtlich des In- und Outsourcings von Industrie-Services. Die meisten stimmen jedoch darin überein, dass solche Entscheidungen stark von den jeweiligen Aufgaben und spezifischen Unternehmensanforderungen abhängen.

Neben den bereits genannten Herausforderungen bezüglich der Anpassung von Industriedienstleistungen stellt sich eine weitere wichtige Frage, die die befragten Experten beschäftigt: Wie werden sich die Preise für Dienstleistungen entwickeln? Diese Situation ist komplex, da Servicedienstleister erhebliche Investitionen tätigen müssen, um den Transformationsprozess der Industrie zu unterstützen. Gleichzeitig sieht sich die Chemieindustrie einem enormen Kostendruck ausgesetzt, wobei Unternehmen möglichst günstige Preise verlangen. Dies führt zu einem paradoxen Szenario, in dem die Anforderungen an die Services steigen, während gleichzeitig die Kosten gesenkt werden sollen. Die Mehrheit der Experten ist skeptisch, ob es realistisch ist, diese Anforderungen zu erfüllen. Für Kunden mit stark begrenztem Budget könnte es demnach schwierig werden, dennoch qualitativ hochwertige Services zu erhalten.

## 17.3 Zukünftige Verfügbarkeit und Qualität von Industrieservices in Chemie und Pharma

Im Anschluss an die Fragen bezüglich der unterschiedlichen Trends und Herausforderungen geben die Experten eine Einschätzung bezüglich der zukünftigen Verfügbarkeit und Qualität von Industrieservices in der chemisch-pharmazeutischen Industrie ab.

### 17.3.1 Zugang zu hochwertigen Industrieservices

In den Gesprächen mit den Experten über die Abnahme von Industrieservices zeigt sich eine überwiegende Tendenz zur Einschätzung, dass der Zugang zu hochwertigen Services zunehmend herausfordernder wird. Die Mehrheit der Befragten bewertete diese Thematik auf einer Skala von 1 (sehr einfach) bis 6 (nicht möglich) im Bereich von 4 bis 5. Dies deutet darauf hin, dass viele Experten der Meinung sind, dass es für Chemie- und Pharma-Unternehmen immer schwieriger wird, sehr gute Industrieservices zu beziehen.

Der Trend geht dahin, dass die Anforderungen an Qualität und Verfügbarkeit von Services steigen, was die Beschaffung solcher Services komplizierter macht. Ein weiterer zentraler Grund für diese Entwicklung ist, dass auch die Dienstleister mit Herausforderungen wie dem bereits diskutierten Fachkräftemangel konfrontiert sind, was es ihnen zunehmend erschwert, hochwertige Services zu wettbewerbsfähigen Preisen anzubieten. In Kombination mit dem bestehenden Kostendruck in der chemisch-pharmazeutischen Industrie wird es allgemein schwieriger, geeignete Lösungen zu finden. Besonders herausfordernd wird die Situation in Chemieparks, die mit dem Rückgang oder Abbau von Produktionskapazitäten konfrontiert sind, da es in einem schrumpfenden Umfeld schwierig ist, wettbewerbsfähige Preise aufrechtzuerhalten. In prosperierenden Umgebungen könnten jedoch weiterhin angemessene Preis-Leistungs-Verhältnisse sein. Ein Experte sieht zusätzliches Potenzial darin, durch die Anpassung der Services an steigende Chemie-und Pharma-Anforderungen und die Implementierung neuer integrierter Service-Lösungen gleichzeitig Kosten zu senken. Dies bietet die Möglichkeit, auch zukünftig gute Services zu attraktiven Preisen anzubieten.

### 17.3.2 Angebot von Industrieservices

Die Frage, wie sich der Grad der Herausforderung für das Angebot von Industrieservices entwickelt – ob es einfacher wird, sehr gute Services anzubieten (1) oder ob es nahezu unmöglich wird, gute Industrieservices zu bieten (6) –, zeigt eine etwas optimistischere Einschätzung der Experten. Die Mehrheit bewertete diesen Schwierigkeitsgrad mit einer 3, was darauf hindeutet, dass sie glauben, es werde etwas einfacher, gute Services anzubieten. Es wird jedoch darauf hingewiesen, dass dies differenziert betrachtet werden muss. Einige einfache Services werden auch in Zukunft problemlos angeboten werden können, während andere hingegen schwieriger umsetzbar sein könnten. Dies ist stark von der jeweiligen Unternehmensstruktur und den spezifischen Rahmenbedingungen abhängig. Unter starkem Preisdruck, wie etwa bei einem Rückgang der Produktion in einem Chemiepark, sind sich alle Experten einig, dass es schwieriger wird, attraktive Leistungen anzubieten.

### 17.3.3 Künstliche Intelligenz im Industrieservice Umfeld

Die Digitalisierung ist bereits im ersten Abschnitt als zentrales Thema für Service-Dienstleister etabliert worden. Seit einiger Zeit wird dieses Thema durch die aufkommende Technologie der Künstlichen Intelligenz (KI) weiter ergänzt. In diesem Zusammenhang haben wir Branchenvertreter nach ihrer Einschätzung zur Rolle der KI und ihrer Auswirkungen auf Industrieservices in der chemisch-pharmazeutischen Industrie befragt.

Die Experten sind sich einig, dass KI in der Zukunft die Serviceerbringung und -prozesse erheblich beeinflussen wird und ein enormes Veränderungspotenzial birgt. Die meisten Experten gehen davon aus, dass die Entwicklung in der Branche eher schrittweise und evolutionär verlaufen wird, anstatt eine plötzliche, revolutionäre Veränderung zu erleben. Sie erwarten, dass kontinuierliche und schrittweise Verbesserungen erfolgen, sobald die Einsatzmöglichkeiten klarer definiert sind. Einige Experten sehen den aktuellen Entwicklungsstand von KI in der Industrie noch als ungewiss an und können nicht genau abschätzen, wann bedeutende Fortschritte zu erwarten sind. Die Meinungen darüber, wie schnell und umfassend diese Veränderungen eintreten werden, gehen jedoch auseinander.

Die Experten sehen potenzielle Anwendungsbereiche für KI in Bereichen wie der Supply-Chain sowie der Steuerung und Optimierung von Anlagen. Ein in den Interviews genanntes Beispiel ist eine KI-gesteuerte Kläranlage, die eine Energieeinsparung von 15 % ermöglichte und die Abwasserparameter verbesserte. Dabei betonen die Experten jedoch, dass KI nicht die Rolle des Menschen übernehmen wird. Sie sind überzeugt, dass es immer Fachkräfte geben muss, die die Prozesse initiieren, begleiten und bewerten. Besonders für Industriedienstleister wird es interessant sein, wie sich KI in den Bereichen Sicherheit, Brand- und Gefahrenerkennung sowie -abwehr weiterentwickelt. Darüber hinaus könnte KI eine Lösung für den Fachkräftemangel bieten, indem sie dazu beiträgt, Wissen zu bewahren und für weniger erfahrene Mitarbeiter zugänglich zu machen, etwa durch die Bereitstellung von Reparaturanleitungen.

Die Einführung von KI wird zweifellos herausfordernd sein. Die Experten heben hervor, wie wichtig eine reibungslose Integration und Abstimmung der Systeme innerhalb der Unternehmen sind. Eine besonders interessante Frage bleibt, inwieweit sich die neuen Technologien in bestehende ältere Anlagen und Maschinen integrieren lassen. Dr. Schäfer, ehemaliger CTO von Covestro, sieht außerdem eine Herausforderung für Service-Dienstleister darin, sich in einem sich wandelnden Geschäftsumfeld anzupassen. Dienstleister müssen sich darauf einstellen, dass neue Wettbewerber auf den Markt drängen könnten, die zuvor nicht existierten. Ebenso besteht die Möglichkeit, dass Kunden bestimmte Services plötzlich insourcen, weil sie durch neue Technologien in der Lage sind, diese selbst zu erbringen. Diese Fragen sind entscheidend und gehören unbedingt in die Diskussion über die Entwicklung von KI in der Industrieservicebranche.

### 17.3.4 Beeinflussung der Industrieservices durch Nachhaltigkeitsaspekte und Green Deal

Alle interviewten Experten sind sich einig, dass die Erfüllung des Green Deals und die Integration von Nachhaltigkeitsaspekten für den Erfolg in der Zusammenarbeit mit der chemisch-pharmazeutischen Industrie entscheidend sind. Unternehmen, die zu 100 % grün produzieren möchten, sind auf entsprechende grüne Industrieservices angewiesen. Zwar legen Kunden zunehmend Wert auf Nachhaltigkeit, erwarten jedoch, dass diese Services ohne Preissteigerungen angeboten werden – eine Erwartung, die von den Experten mit Skepsis betrachtet wird. Es besteht die Sorge, dass die Klimaziele von maximal +1,5 °C nicht erreicht werden könnten, da weder der Staat noch die Industrie bereit sind, die dafür notwendigen Kosten zu tragen. Trotz einer gegenwärtigen gesellschaftlichen Gegenbewegung, die zur Verschiebung oder Streichung nachhaltiger Projekte führt, sind die meisten Experten überzeugt, dass Nachhaltigkeit langfristig das Kernelement für die Zukunft der Industrie, besonders in Europa sein wird. Ressourceneffizienz und die Bewältigung nicht wettbewerbsfähiger Energiekosten gewinnen an Bedeutung, und Unternehmen müssen selbst aktiv werden, wie das Beispiel der BASF zeigt, die als Chemieunternehmen in einem Joint Venture zwei Windparks betreibt.

In Zukunft wird erwartet, dass Services spezifizierte Attribute wie den $CO_2$-Footprint pro Tonne Dampf oder den Rezyklatanteil in Produkten aufweisen müssen. Verfahren wie die Massenbilanzierung über ICC Plus werden dabei eine zentrale Rolle spielen. Zusammenfassend wird von den Servicedienstleistern erwartet, dass sie ihre Geschäftsmodelle konsequent an Nachhaltigkeitsaspekten ausrichten und den Green Deal umsetzen, um die Transformation der Branche voranzutreiben – allerdings ohne die Kosten übermäßig zu erhöhen.

## 17.4 Partnerschaftsmodelle der Zukunft

Die Experten sind sich einig, dass individualisierte Services in der Zukunft eine zunehmend wichtige Rolle spielen werden. Der Trend zu maßgeschneiderten Lösungen wird zunehmen, da Standardprodukte immer weniger nachgefragt werden. Stattdessen müssen Services spezifisch auf die Bedürfnisse und Gegebenheiten vor Ort zugeschnitten werden, um erfolgreich zu sein. Besonders betonen die Experten, dass individualisierte Angebote und Beratungen in Kombination mit hochstandardisierten Modulbaukästen eine zentrale Rolle spielen werden. Dabei ist die Standardisierung im Back-End der Services entscheidend, um Effizienz zu gewährleisten, während das Front-End flexibel an die individuellen Kundenbedürfnisse angepasst werden muss.

Die Individualisierung wird nicht nur bei spezifischen Services, sondern auch bei der Zusammenstellung größerer Servicepakete an Bedeutung gewinnen, wenn dadurch Effizienzvorteile erreicht werden können. Diese Pakete müssen zunehmend auf die spezifischen Anforderungen und Nachhaltigkeitsziele der Kunden abgestimmt werden, da diese je nach Kunde zeitlich und nach Gewichtung unterschiedlich stark ausgeprägt sind. Industriedienstleister für die Chemie- und Pharma-Industrie müssen daher jeden Kunden und dessen Transformationsweg individuell verstehen, um passende Lösungen anbieten zu können.

Eine zentrale Frage in diesem Kontext ist, wie sich Partnerschaftsmodelle zwischen produzierenden Chemie- und Pharmaunternehmen und Industriedienstleistern in Zukunft entwickeln werden. Die Experten sind sich darin einig, dass Partnerschaftsmodelle in der chemisch-pharmazeutischen Industrie zunehmend wichtig, aber auch komplexer werden. In bestimmten Bereichen, wie der Umstellung auf einen dekarbonisierten Fuhrpark oder der Berechnung des Carbon Footprints, werden langfristige Partnerschaften als notwendig erachtet, um Konsistenz und Qualität zu gewährleisten. Langfristige Zusammenarbeit kann hier entscheidend sein, um kontinuierliche und qualitativ hochwertige Dienstleistungen sicherzustellen.

Auf der anderen Seite wird erwartet, dass auch Verträge mit kürzeren Laufzeiten zunehmen werden, da Unternehmen sich immer dynamischer entwickeln und schneller an neue Umweltbedingungen anpassen müssen. Diese Flexibilität ermöglicht es, auf sich ändernde Anforderungen rascher zu reagieren.

Einige Experten sehen eine steigende Bereitschaft, Anlagen und Infrastrukturen outzusourcen, da die Investitionen in grüne Technologien für viele Chemieunternehmen zu groß sind. Da der Kernfokus dieser Unternehmen nicht auf der Erzeugung von Dampf, Strom und ähnlichen Leistungen liegt, könnten Service-Dienstleister diese Aufgaben übernehmen. Eine engere Einbindung der Dienstleister, etwa durch die Übernahme von Investitionsrollen oder sogar durch das Modell Build & Operate, würde die Partnerschaft auf eine neue Ebene heben. Dies könnte jedoch auch zu einer stärkeren Abhängigkeit von externen Partnern führen, weshalb längerfristige Verträge mit bewährten Dienstleistern sinnvoll sein könnten, um eine gleichbleibend hohe Qualität sicherzustellen. Besonders in Chemie- und Pharmaparks ist eine enge, vertrauensvolle Beziehung zu Partnern aufgrund der langfristigen Zusammenarbeit entscheidend.

Es besteht Konsens darüber, dass es in Zukunft kein einheitliches Partnerschaftsmodell geben wird. Diese Modelle müssen flexibel und anpassungsfähig sein, um den unterschiedlichen Bedürfnissen und Professionalisierungsgraden der Standorte gerecht zu werden. Kurzfristige Renditeoptimierung sollte vermieden werden, und es muss ein ausgewogenes Verhältnis zwischen Outsourcing und der Beibehaltung von Kernkompetenzen gefunden werden. Insgesamt erwarten die Experten, dass die Bedeutung von Dienstleistern in den nächsten Jahren zunehmen wird, da viele Unternehmen nicht mehr alle Investitionen selbst tragen können und verstärkt auf externe Partner angewiesen sein werden.

## 17.5 Realisierung von Potenzialen in der Zusammenarbeit

Aus den vorherigen Abschnitten wird deutlich, dass eine intensivere Zusammenarbeit zwischen der Chemie- und Pharmaindustrie und den Service-Dienstleistern zunehmend für den Erfolg und das Fortbestehen der Branche entscheidend wird. Die zentrale Frage ist nun, welche Maßnahmen beide Seiten ergreifen müssen, um das Potenzial dieser Zusammenarbeit optimal auszuschöpfen und sich in einem immer wettbewerbsintensiveren Umfeld zu behaupten.

Die Experten betonen, dass Chemie- und Pharmaunternehmen mutiger werden sollten, indem sie größere Prozessschritte an externe Dienstleister übergeben. Dies würde ihnen ermöglichen, sich stärker auf ihre Kernkompetenzen zu konzentrieren und durch Outsourcing effizienter zu agieren. Ein zentrales Element dafür ist der Aufbau von Vertrauen sowie eine enge und vertrauensvolle Zusammenarbeit zwischen den Unternehmen und ihren Industrieservice-Anbietern. Vertrauen bildet die Grundlage für langfristigen Erfolg. Ebenso wichtig ist eine enge Kooperation bei der gemeinsamen Entwicklung von Chemie- und Pharma-Standorten, um sicherzustellen, dass die angebotenen Services den tatsächlichen Marktanforderungen entsprechen. Stabilität und Planbarkeit werden dabei ebenfalls als wichtige Faktoren betrachtet, um das volle Potenzial dieser Partnerschaften zu entfalten.

Gleichzeitig weisen einige Aussagen darauf hin, dass das Outsourcing von industriellen Service-Aufgaben häufig mit erheblichen Herausforderungen verbunden ist. Die Komplexität solcher Prozesse wird oft unterschätzt, was dazu führen kann, dass Outsourcing-Projekte nicht den erhofften Erfolg bringen. Ein tiefes Verständnis für die Komplexität und die anspruchsvollen Aufgaben, das eine verstärkte Zusammenarbeit mit sich bringt, kann jedoch dazu beitragen, die Erfolgsaussichten solcher Projekte zu erhöhen.

Um das volle Potenzial der Zusammenarbeit auszuschöpfen, müssen auch die Service-Dienstleister ihren Beitrag leisten. Die Experten sind sich einig, dass ein starker Kundenfokus nicht nur beibehalten, sondern kontinuierlich verbessert werden sollte, um sich gemeinsam mit dem Kunden zu entwickeln. Dabei ist entscheidend, den Mehrwert der Zusammenarbeit klar herauszustellen und auf kurzfristige Renditeoptimierung zu verzichten. Ein offener Dialog sowie die Bereitschaft, auf Kundenbedürfnisse einzugehen und den Service entsprechend anzupassen, sind wesentliche Erfolgsfaktoren. Darüber hinaus sollten Dienstleister in den Aufbau von Know-how investieren, Zukunftsthemen wie Künstliche Intelligenz in das operative Geschäft integrieren und die Digitalisierung vorantreiben. Nur durch eine enge Zusammenarbeit und gemeinsame Konzeptentwicklung können langfristig Erfolge erzielt werden.

Es gibt unterschiedliche Meinungen darüber, wie stark Industrieservices zur Bewältigung der strukturellen Transformation der deutschen chemisch-pharmazeutischen Industrie beitragen können. Einige Experten sind der Ansicht, dass der Einfluss der Service-Dienstleister entscheidend sein wird und eine Weiterentwicklung der Industrie ohne eine entsprechende Weiterentwicklung der Services nicht möglich ist. Andere Experten erkennen zwar Potenzial für die Unterstützung durch die Dienstleister, glauben jedoch, dass die wesentlichen Aufgaben des Transformationsprozesses über die Rolle der Services hinausgehen und von den Unternehmen selbst sowie der Politik gelöst werden müssen. Sie sehen den Einfluss der Services auf die wirtschaftliche Optimierung als begrenzt an. Eine Optimierung aller Dienstleistungskosten um 10 % führt „nur“ zu einer Margenverbesserung der Chemie- und Pharma-Produkte von etwa 2 %, da der Einfluss der Services insgesamt nur rund 15 bis 25 % auf die Kosten des Endproduktes ausmacht. Allerdings wäre diese Margenverbesserung bei einigen kostensensitiven Chemieprodukten auch ein wichtiger Schritt in die richtige Richtung – allerdings müssten dazu auch 10 % der Service-Kosten über alle Services hinweg reduziert werden. Bei den beschriebenen Herausforderungen ein anspruchsvolles Projekt, was nur in der Zusammenarbeit zwischen Kunden und Dienstleister erfolgreich sein wird.

## 17.6 Super-Hero der strukturellen Transformation

Die industrielle Transformation bleibt auch bei voller Ausschöpfung der Potenziale eine gewaltige Herausforderung. Offen bleibt die Frage, wer die treibende Kraft hinter dieser Transformation sein wird. Dabei herrscht Einigkeit, dass kein

Unternehmen diese Aufgabe allein bewältigen kann. Vielmehr sollte die Industrie künftig verstärkt im Verbund arbeiten, um Wissen und Erfahrungen auszutauschen und Synergien effizient zu nutzen. Hinsichtlich der Frage, wer diese führende Rolle übernehmen sollte, gehen die Meinungen jedoch auseinander.

Einige Experten sehen den VCI (Verband der Chemischen Industrie) als vielversprechendes Instrument, um einen gemeinsamen Geist in der Branche zu schaffen und Kräfte zu bündeln. Veranstaltungen und Netzwerke könnten dabei helfen, den Austausch zu fördern. Besonders wichtig wäre es, dass der VCI eine branchenübergreifende Zusammenarbeit mit den Service-Dienstleistern etabliert.

Andere Experten sehen hingegen große Chemie- und Pharmaunternehmen und eben auch die sehr großen Industriedienstleister für die Chemie- und Pharma-Branche als die zentralen Akteure der Transformation. Eine wichtige Rolle werden auch jene Unternehmen spielen, die fest mit ihren Produktionsstandorten verbunden sind, da sie hier Assets besitzen, mit denen man nicht so leicht umziehen kann. Diese Unternehmen müssen ebenfalls ein starkes Interesse daran haben, die Transformation erfolgreich zu gestalten. Die Unternehmen könnten dementsprechend zu den stärksten Treibern des Wandels werden.

Einigkeit besteht jedoch darin, dass ein verstärkter Einfluss auf die politische Entwicklung notwendig ist. Politische Rahmenbedingungen spielen für den Erfolg der Transformation eine entscheidende Rolle, und die Experten erhoffen sich eine stärkere Einflussnahme seitens der führenden Akteure. Auch Chemiepark-Betreiber sollten sich stärker für die Interessen ihrer Kunden einsetzen und in diesem Prozess eine aktivere Rolle einnehmen.

In diesen umfassenden Transformationen zu einer starken Industrieservice-Partnerschaft in der chemisch-pharmazeutischen Industrie bedarf es zum einen positiv denkenden, willensstarken, integrativen, fachlich exzellenten Führungskräften, Beratern und Fachkräften, die als Team für alle Parteien Vorteile erzielen möchten. Zum anderen sind eben auch die Meinungsbildner und führenden neutralen Kräfte notwendig, die diese übergreifenden Vorhaben initiieren und steuern.

Vielen Dank für die wertvollen Impulse aus den zahlreichen Interviews und Experten-Gesprächen, mit denen dieser Beitrag entstehen konnte.

# Liste der Autoren

## Vorwort

**Dr.-Ing. Jens Reichel** absolvierte sein Studium des Allgemeinen Maschinenbaus und promovierte im Bereich „Instandhaltungsgerechte Strukturierung technischer Anlageninformationen“. Sein Berufseinstieg war bei den Mannesmann-Röhrenwerken. Ab 1990 war er tätig bei den Hüttenwerken Krupp Mannesmann, von 2016 bis 2022 bei der thyssenkrupp Steel Europe AG als Leiter Technische Dienstleistungen & Energie. Von 2023 bis 2025 war er verantwortlich für die strategische Energietransformation des Unternehmens. Seitdem ist Dr. Reichel als Berater für die Anwendung von Wasserstoff in industriellen Anwendungen und der Restrukturierung von Instandhaltungs- und Serviceprozessen tätig.
Seit 1995 ist Dr. Reichel Mitglied des Fachausschusses Instandhaltung im VDI, von 2013 bis 2021 Vorsitzender des Vorstandes der VDI-Gesellschaft für Produktion und Logistik. Von 2013 bis 2018 war er Vorsitzender des Ausschusses für Energie- und Klimapolitik der Wirtschaftsvereinigung Stahl; von 2017 bis 2023 Vorstand des VIK, Verband der Industriellen Energie- und Kraftwirtschaft und Vorstand in der Initiative 4.OPMC. Seit 2022 ist er außerdem Vorstand im Verband für Anlagentechnik und Industrieservice VAIS.
jens.reichel@brainfleet.de

**Dr. Andreas Weber** war 17 Jahre selbstständiger Unternehmer im Mittelstand und ist ein anerkannter Experte für Industrieservices, insbesondere in der Eigen-Fremd Steuerung sowie im Out- und Insourcing. Er hat Elektrotechnik und Wirtschaftswissenschaften studiert und in Sourcing-Modellen im Service promoviert. Er verfügt über umfangreiche Branchenkenntnisse in der Petrochemie (on-/offshore), Kraftwerksindustrie und Lebensmittelindustrie. In diesen Industrien hat er in verschiedenen Konzernfunktionen im Technischen Service und Engineering operative, kaufmännische und strategische Rollen übernommen. Dr. Weber ist ein leidenschaftlicher Digitalisierungsevangelist und integriert IT- und I-Lösungen in der Anlagentechnik und den technischen Services der Prozessindustrie. Er ist Mitgründer und 1. Vorsitzender bei 4opmc e. V. einem Wirtschaftsverein zur Transformation der Industrie mit Fokus auf Bestandsanlagen.
a.weber@mcp-dankl.com

**Kapitel 1**

**Dr. Thomas Wagner** ist Senior Manager bei CMC². Seine Tätigkeitsschwerpunkte sind u. a. Nachhaltigkeitsstrategien, Projektmanagement, Produkt-Portfolio-Management und Lean Six Sigma. Er hat 18 Jahre praktische Erfahrung mit Forschung & Entwicklung, Produktinnovation und Produktdesign im Chemie-Umfeld. Thomas Wagner ist promovierter Chemiker und hat ein Diplom in Betriebswirtschaft.
thomas.wagner@cmc-quadrat.de

**Prof. Dr. Carsten Suntrop** ist Unternehmensberater, Managing Partner der Strategieberatung CMC² GmbH und Professor an der CBS International Business School. Seine Tätigkeitsschwerpunkte sind Strategieentwicklung und -umsetzung, Organisationsgestaltung und die Unterstützung in der Transformation von produzierenden mittelständischen und großen Chemie-/Pharmaunternehmen sowie von Standortbetreibern und -dienstleister der Chemie- und Pharmaindustrie. Er ist promovierter

Wirtschafts- und Sozialwissenschaftler und begleitet die chemisch-pharmazeutische Industrie seit 30 Jahren in ihrer strukturellen, prozessualen und sozio-emotionalen Entwicklung.
carsten.suntrop@cmc-quadrat.de

**Clara Hiemer** hat einen Masterabschluss in Wirtschaftschemie und ist seit mehr als 7 Jahren als Beraterin für CMC² in der chemischen Industrie tätig. Ihre Themenschwerpunkte sind u. a. Strategieentwicklung, Change-Management, agiles Arbeiten, Lean Six Sigma und Projektmanagement.
clara.hiemer@cmc-quadrat.de

**Kapitel 2**

**Prof. Dr. Karla Ohler-Martins** hat seit 2017 eine ordentliche Professur für Industrieservice am Wirtschaftsinstitut an der Hochschule Ruhr West (HRW) in Mülheim an der Ruhr. In Lehre und Forschung liegen ihre Schwerpunkte insbesondere auf Instandhaltungskonzepten, Instandhaltungsorganisation, vorausschauender Instandhaltung, Instandhaltungsoptimierung, Digitalisierung der Instandhaltung und industriellen Dienstleistungen. Zuvor war sie 10 Jahre bei thyssenkrupp Steel Europe AG, Deutschland, tätig und leitete dort Energieeffizienzsteigerungsprojekte, Modernisierungsprojekte sowie ein umfangreiches Greenfield-Projekt.
karla.ohler-martins@hs-ruhrwest.de

**Kapitel 3**

**Stefan Schubert** verantwortet als Consultant der Lünendonk & Hossenfelder GmbH Studien- und Beratungsprojekte in den Märkten Real Estate Services, Personaldienstleistungen und Industrieservice. Zu seinen Schwerpunkten gehören die Lünendonk-Studien und -Listen in Deutschland, Österreich und der Schweiz sowie Publikations- und Beratungsprojekte über Marktpotenziale, Strategie und Sales Support.
schubert@luenendonk.de

## Kapitel 4

**Andreas Freutsmiedl** ist Gründer und geschäftsführender Gesellschafter der Inotectis GmbH – einer spezialisierten Beratung für Business Transformation. Der Maschinenbau- und Verfahrenstechnikingenieur (TU München) verfügt über 30 Jahre internationale Führungs- und Industrieerfahrung – u. a. als CEO, COO und CRO. Als Interim Executive und Trusted Advisor verantwortet er Projekte von der Analyse bis zur Umsetzung – besonders bei Restrukturierung, Performance Improvement, M&A, Carve Outs und strategischer Neuausrichtung. Inotectis steht für hands-on Leadership, schnelle Entscheidungen und messbare Ergebnisse – effektiver als klassische Beratung, nachhaltiger als reines Projektmanagement. Seine Branchenexpertise umfasst Topadressen aus Chemie, Maschinen- und Anlagenbau, B2B-Services, Energie und Infrastruktur – vom Start-up bis zum internationalen Großkonzern.
andreas.freutsmiedl@inotectis.com

**Dr. Albrecht Schwerin** verfügt über mehr als 27 Jahre Erfahrung in der chemischen Industrie. Seit 2022 ist er als COO der OQ Chemicals mit Sitz in Monheim am Rhein tätig. Davor war er Geschäftsführer und Werkleiter der Dynamit Nobel GmbH ES, einem Unternehmen der Novasep-Gruppe. Weitere Stationen seiner beruflichen Laufbahn waren leitende Funktionen u. a. bei Henkel, Cognis, Celanese, sowie Oxea, dem Vorgängerunternehmen von OQ Chemicals. Dr. Albrecht Schwerin studierte Chemie, mit dem Schwerpunkt Chemische Technologie und promovierte bei Professor Dr.-Ing. Johann Gaube an der TU Darmstadt. Während seiner Promotion war Herr Schwerin als wissenschaftlicher Mitarbeiter auch am Lehrstuhl für Thermische Verfahrenstechnik bei Professor Dr.-Ing. Andreas Pfennig an der RWTH Aachen tätig. Er hat zusätzlich einen Abschluss als Global Executive Master of Business Administration (GEMBA) von der IESE Business School in Barcelona. Dr. Albrecht Schwerin ist derzeit ehrenamtlich im Vorstand der ChemCologne e. V. tätig.
albrecht.schwerin@oxea.com

**Kapitel 5**

**Dr. Ernst Grigat** ist Chemiker. Er begann seine Laufbahn als Forscher für Kunststoffe bei der Bayer AG und wechselte dann in die Produktion, auch international. Mit der Abspaltung von Lanxess übernahm er die Geschäftsführung für alle belgischen Aktivitäten mit Sitz in Antwerpen. Bei der Etablierung der heutigen Currenta übernahm er die Leitung des Chemparks, dessen Struktur er mitgestaltete. Seit 2017 ist Grigat selbständiger Berater mit Schwerpunkt Chemie- und Pharmaparks sowie Deal Advisory, inzwischen als Partner der Sapherior Consult GmbH.
ernst.grigat@sapherior-consult.com

**Kapitel 6**

**Dennis Lubsch** begann 2009 seine Karriere bei BASF als Industriemechaniker. Nach einem dualen Studium zum Bachelor of Engineering und einem Auslandssemester in den USA arbeitete er ab 2015 weltweit als Technical Consultant für Bilfinger. 2018 übernahm er die Leitung des Geschäftsbereichs Turnaround und führte ab 2022 zusätzlich den Geschäftsbereich Maintenance Süd. 2023 trat er als Chief Operating Officer in die Geschäftsleitung der Bilfinger Engineering & Maintenance GmbH ein und ist seit 2024 für Sales & Business Development in der DACH-Region verantwortlich. Dennis Lubsch ist Chief Operation Officer Maintenance & Turnaround bei Bilfinger
dennis.lubsch@bilfinger.com

**Franz Prattes** Seit 28 Jahren bei Bilfinger, begonnen als Maintenance Manager bei einem der ersten IH-Outsourcingprojekten.
Nach mehreren Stationen als Site-Manager und Geschäftsführer, seit ca. 15 Jahren als Senior Maintenance Consultant tätig.
Als Maintenance Expert, Lean Manager / Six Sigma, unterstütze ich die Bilfinger Gesellschaften global, sowie International bei der Entwicklung / Implementierung von Maintenance Konzepten / Methoden & Tools.
Franz Prattes ist Director Products & Innovation bei Bilfinger
franz.prattes@bilfinger.com

**Kapitel 7**

**Julian Pitz** absolvierte bei der INNEXIS Marburg zunächst eine Ausbildung zum Bauzeichner, gefolgt von einem dualen Bachelorstudium zum Bauingenieur (B. Eng.) und einem Masterstudium zum Wirtschaftsingenieur (MBA Eng.). Anschließend übernahm er verschiedene Aufgaben im Bereich Facilities und war maßgeblich mit Tätigkeiten des Produktmanagements betraut. Seit 2022 trägt er im Bereich Business Development/Mergers & Acquisitions der INNEXIS Holding maßgeblich zum Wachstum der Unternehmensgruppe bei. In dieser Position leitet er Akquisitionsprojekte und initiiert Entwicklungsprojekte mit Kunden.
julian.pitz@innexis.com

**Kapitel 8**

**Andreas Beyerle-Köster** war als Geschäftsführer der WISAG Gebäude- und Industrieservice Süd-West GmbH & Co. KG für das technische Facility Management und die Koordination aller übrigen WISAG-Leistungen in der Industrie verantwortlich. Seit seinem Maschinenbaustudium ist er in den Bereichen Anlagenbau, Produktionsinstandhaltung und Facility Management tätig. Schwerpunkte sind die Entwicklung langjähriger Partnerschaften mit den Zielen Kostensenkung, Produktivitätssteigerung und Qualitätserhöhung.
andreas.andreas.beyerle@gmx.de

**David Scherpe** ist ein erfahrener Executive mit umfassender Expertise in der Chemieindustrie, im Anlagenbau und in Industrie 4.0. Als ehemaliger Segmentleiter Chemie der WISAG war er zentraler Sparringpartner für Industriedienstleistungen. Seine mehr als 20-jährige Branchenerfahrung bildet die Grundlage für seine heutige Tätigkeit als unabhängiger Berater für Unternehmensentwicklung. Mit seiner Marke „Brillante Strukturen“ setzt er neue Maßstäbe in moderner und innovativer Unternehmensführung david.scherpe@brillante-strukturen.de

**Kapitel 9**

**Dr. Guido Zimmermann** begann seine Karriere in der Pharmaindustrie bei der Schering AG (heute Bayer AG). Als Vorstandsmitglied der MVS AG und später CEO der MVS Zeppelin baute er u. a. die CAT Rental Stores in Deutschland auf. Danach brachte er seine Expertise in der Prozess- und Chemieindustrie bei Bilfinger Industrial Services als COO Westeuropa ein und trug maßgeblich zum starken Wachstum des Unternehmens bei. In der Folgezeit übernahm er herausfordernde Interim-Management-Mandate als CEO oder COO in mittelständischen Unternehmen, die sowohl Konsolidierung als auch Wachstum anstrebten und von Private Equity Gesellschaften akquiriert worden waren. Seit dem 1. Januar 2020 leitete er bei GETEC die Chemieparks GETEC PARK.SWISS (CH) und GETEC PARK.EMMEN (NL), bevor er die Position des CEO der GETEC Plattform Schweiz übernahm. Seit Juli 2023 ist er als Chief Transformation Officer der GETEC Group tätig. Er ist außerdem Mitglied des Group Executive Committee der GETEC Group.
guido.zimmermann@getec.de

**Kapitel 10**

**Edgar Heep** arbeitet nach dem Studium der Elektrotechnik seit 1986 bei der Infraserv GmbH & Co. Höchst KG. Er hat eine mehrjährige Beschäftigung als EMR-Betriebsingenieur, Technikleiter des Entsorgungsbetriebs, Projektleiter für die Entsorgungsanlagen und eine Ausbildung zum Green Belt. Im Anschluss war er als Betriebsleiter und Technikleiter in der Rückstandsverbrennung. Seit 2014 leitet er die Abteilung Betriebstechnik EMR der Infraserv.
edgar.heep@infraserv.com

**Roland Junker** arbeitet nach dem Studium des Maschinenbaus und einer Beschäftigung als Projektleiter bei Mannesmann seit 2000 bei der Infraserv GmbH & Co. Höchst KG. Nach mehrjähriger Beschäftigung als Projektleiter für die Entsorgungsanlagen wurde er Six Sigma Black Belt. Im Anschluss war er als Betriebsleiter und Betriebsingenieur in den Bereichen Abwasser und Ersatzbrennstoffkraftwerk tätig. Seit 2019 leitet er die Abteilung Betriebstechnik Mechanik.
roland.junker@infraserv.com

**Dr.-Ing. Robert Schleich** ist seit ca. 10 Jahren Leiter der Technik Ver- und Entsorgung der Infraserv GmbH & Co. Höchst KG. Die Technik hat sich in dieser Zeit zu einem modernen und wettbewerbsfähigen internen Technik Dienstleister entwickelt. Nach dem Studium und der Promotion in den Fachrichtungen Maschinenbau/ Verfahrenstechnik/ Technische Chemie startete Dr. Schleich seine Karriere bei der Hoechst AG und bald darauf bei der Infraserv GmbH & Co. Höchst KG., wo er verschiedene Führungspositionen innehatte.
robert.schleich@Infraserv.com

**Ralph Urban** ist aktuell als Leiter Digitalisierung bei der Infraserv GmbH & Co. Höchst KG beschäftigt. Nach mehrjähriger Tätigkeit als Projektingenieur und Prozessexperte im Bereich Engineering, Produktion und Instandhaltung war er Abteilungsleiter im Bereich der IT Kompetenzbereiche Instandhaltung, Engineering, IoT und Mobile Systeme. Seit 2023 leitet er die Abteilung Digitalisierung für die Ver- und Entsorgungseinheiten der Infraserv Höchst. Schwerpunkte der Tätigkeit ist die Transformation von Prozessen und Systemen hin zur automatisierten und digitalen Abwicklung.
ralph.urban@infraserv.com

**Tim Waldeck** ist aktuell für die Programmleitung der strategischen Entwicklungsprojekte des Bereichs Ver- und Entsorgung Technik bei der Infraserv GmbH & Co. Höchst KG verantwortlich. In dieser Funktion begleitete er die Entwicklung des Bereichs zu einem modernen und wettbewerbsfähigen internen Technik-Dienstleister. Nach seiner Ausbildung und dem Studium der Betriebswirtschaftslehre begann Tim Waldeck 2006 seine berufliche Laufbahn bei Infraserv im Bereich Site Management. Dort war er in verschiedenen Funktionen als Team- und Projektleiter tätig. Seit 2023 unterstützt er als Projektsteuerer verschiedene Großprojekte der Infraserv.
tim.waldeck@infraserv.com

**Kapitel 11**

**Dipl.-Phys. Thomas Grundler** ist Business Developer bei Energy & Facility Solutions von ENGIE Deutschland und begleitet dort große und mittelständische Industrieunternehmen auf ihrem Weg zur Dekarbonisierung. Er hat 13 Jahre Erfahrung in der Geschäftsentwicklung in den Sektoren Wasserstoff und Geothermie, der Transaktionsberatung (M&A) im Industrie- und Erneuerbare Energien-Sektor, sowie als Wissenschaftler in der Materialforschung für Photovoltaik. Thomas Grundler hat einen Master of European Business, Grade de Master.
thomas.grundler@engie.com

**Dipl.-Ing. Otto Klatte** ist Bereichsleiter Industrie der Energy & Facility Solutions von ENGIE Deutschland GmbH und verantwortet bundesweit die Industrie-Services für Energie und Dekarbonisierung bei Industriekunden: ein strategischer Ansatz zur Fokussierung auf das Kerngeschäft mit ENGIE-Energiezentralen von der Konzeption, über Finanzierung und Implementierung bis zum Betrieb über 10 bis 20 Jahre. Er verfügt über eine 30-jährige Expertise in Energie und -dienstleistungen u. a. bei Alstom, EnBW und GETEC.
otto.klatte@engie.com

**Kapitel 12**

**Martin Naundorf** ist seit 2004 in verschiedenen Funktionen und Führungspositionen für die InfraLeuna GmbH tätig. Im Jahr 2009 übernahm er die Leitung des Bereichs Standortentwicklung. Seit 2013 ist er Prokurist und Leiter des Bereichs Vertrieb/Standortentwicklung/Öffentlichkeitsarbeit der InfraLeuna. Er studierte Betriebswirtschaftslehre und Japanologie an der Martin-Luther-Universität in Halle und hatte dort von 1998 bis 2003 am Institut für Japanologie einen Lehrauftrag.
m.naundorf@infraleuna.de

**Claudia Herrmann** ist seit 2023 in der Öffentlichkeitsarbeit bei der InfraLeuna GmbH tätig. Sie übernimmt Aufgaben der Pressearbeit und ist Ansprechpartnerin für alle Themen im Bereich Presse/Funk/TV. Zuvor arbeitete sie 13 Jahre im B2B-Marketing in der Dienstleistungsbranche mit den Schwerpunkten Unternehmenskommunikation, Online-Marketing und Event Management. An der Martin-Luther-Universität Halle/Wittenberg absolvierte die Diplomkauffrau bis 2009 das Studium der Betriebswirtschaftslehre.
c.herrmann@infraleuna.de

**Kapitel 13**

**Markus Krämer** ist seit November 2020 Mitglied der Geschäftsführung der HGK Logistics and Intermodal GmbH (ehemalige neska Schiffahrts- und Speditionskontor GmbH). Er wurde im Oktober 2021 zum Vorsitzenden der Geschäftsführung berufen. Zuvor hatte er verschiedene Führungspositionen in der HGK-Gruppe inne, u. a. als Prokurist für das Beteiligungsmanagement sowie als Vertriebsleiter der HGK-Beteiligung RheinCargo. Mit dem Schwerpunkt „Marketing & Sales" hat er sein Studium an der Hochschule für Ökonomie und Management als Master of Arts (MA) abgeschlossen.

**Dr. Jan Zeese** ist seit September 2025 Mitglied der Geschäftsführung der Rail Cargo Logistics Germany GmbH. Nach Abschluss seines Studiums sowie seiner journalistischen Ausbildung war Dr. Jan Zeese als Berater tätig und absolvierte eine nebenberufliche Promotion. Ab 2009 verantwortete er die Kommunikation der HGK. 2014 wechselte in das Leitungs-Team der Shell Rheinland Raffinerie. 2019 kehrte er zur HGK-Gruppe zurück und war von April 2019 bis Dezember 2023 Geschäftsführer der neska bzw. der HGK Logistics and Intermodal GmbH. Bis August 2025 war er Berater für Transformation in der Logistik.
jan.zeese@gmx.de

**Kapitel 14**

**Kayleigh Hearse** absolvierte ihr Studium 2011 als B.Sc. in pharmazeutischer Technologie und schloss ein MBA Studium an. Sie besitzt mehr als 12 Jahre Erfahrung bei einem bedeutenden pharmazeutischen Lohnhersteller in den Bereichen Geschäftsentwicklung, Projekttransfer, Kundenservice sowie dem Betrieb und Management von technischen Investitionsprojekten. Seit 2024 ist Frau Hearse geschäftsführende Gesellschafterin der pharmBridge® GmbH & Co. KG.
kayleigh@pharmbridge.de

**Kai Hasler** hat sein Studium in 2001 als Dipl.-Ing. (FH) Pharmatechnik abgeschlossen. Mehrere Jahre hatte er verschiedene Führungsrollen in der Produktion bei einem global agierenden Lohnhersteller inne. Seit 2019 ist Herr Hasler als selbständiger Berater in der pharmazeutischen Industrie tätig mit dem Schwerpunkt der Zusammenarbeit von Pharmaunternehmen mit Lohnherstellern und ist seit 2024 geschäftsführender Gesellschafter der pharmBridge GmbH & Co. KG.
kai@pharmbridge.de

**Dr. Sven Remmerbach** ist Apotheker und verfügt über mehr als 20 Jahre Erfahrung in der pharmazeutischen Industrie. Seine Schwerpunkte liegen in der Führung und im Management in den Bereichen Produktion, Technologietransfer, Analytik, Prozessentwicklung und Kundenservice. Er gestaltete und verantwortete Auftragsherstellungen als Auftraggeber und auch als Auftragnehmer. Seit Anfang 2024 ist Dr. Remmerbach geschäftsführender Gesellschafter der pharmBridge GmbH & Co. KG.
sven@pharmbridge.de

**Kapitel 15**

**Ralf Küper-Rampp** ist Senior Technical Consultant & Strategic Accounts DACH bei Emerson Automation Solution und verantwortlich für die Kontakte zu ZVEI, NAMUR und wichtigen Kunden. Ralf Küper-Rampp ist seit 2005 bei Emerson Automation Solution beschäftigt und entwickelte zuvor die Digitalisierungsstrategie für Deutschland, Österreich und die Schweiz. Darüber hinaus war er für Asset Optimization und WirelessHART, sowie die Marktentwicklung für neue Produkte verantwortlich. Vor 2005 war Ralf Küper-Rampp Elektroingenieur bei Sabic Polyolefine GmbH, DSM und Evonik in Gelsenkirchen und Marl.
ralf.kueper@emerson.com

**Kapitel 16**

**Prof. Dr. Kerstin Seeger** ist Expertin für das Management im Mittelstand. Sie unterstützt die Manager bei allen Fragen rund um die erfolgreiche Zukunft der Unternehmen, sowie in der Überwindung von Turbulenzen. Prof. Dr. Seeger ist Autorin zahlreicher Veröffentlichungen im Bereich Strategisches Management und hält regelmäßig Vorträge zu diesen Themen.
kerstin.seeger@performance-consulting.de

**Kapitel 17**
Gleiche Co-Autoren wie für Kapitel 1 dieses Buches.
Zusätzlicher Co-Autor:

**Linus Armbrust** ist Consultant bei der Strategieberatung CMC² GmbH. Seine fachlichen Schwerpunkte liegen in den Bereichen Nachhaltigkeit und Künstliche Intelligenz in der chemischen Industrie – zu beiden Themen wurden eigene Studien erarbeitet, darunter „Defossilisierte Chemieindustrie“ sowie „Künstliche Intelligenz in der chemisch-pharmazeutischen Industrie“ (in Kooperation mit dem VCI). Seine Projekterfahrung umfasst die Strategieentwicklung und -umsetzung sowie die Unterstützung bei anderen strategischen Projekten in mittelständischen und großen Chemie- und Pharmaunternehmen – ebenso wie bei Standortbetreibern und Industriedienstleistern. Er ist Wirtschaftschemiker (B.Sc.) und seit 1,5 Jahren in der Strategieberatung tätig.
linus.armbrust@cmc-quadrat.de

# Stichwortverzeichnis

### k

**Z**